機械系の基礎力学

Fundamental Mechanics of Mechanical Systems

山川　宏　著

共立出版

プロローグ

・・・・・・・・・・・・・

シムプリチオ：私はサルヴィヤチ君が嫌悪という言葉を使うことを非常に嫌悪しておられるのがおかしくて笑いたい位です．でも嫌悪という言葉は，この難点を説明するにもって来いですよ．

サルヴィヤチ：いいですとも，それでシムプリチオ君のお気に入れば，この嫌悪という言葉を私達の疑問を解く鍵としましょう．それはさておき，もう一度問題の中心に帰りましょう．私達は既に比重の違う物体の速度の差は抵抗力の強い媒体の中ほど著しく見られることを知りました．例えば水銀という媒体の中では金は鉛より早く底に沈むのみでなく，およそ水銀中で沈む唯一のものであって，他のどんな金属や石もみな表面に浮き上がります．ところが空気の中では，金，鉛，銅，斑岩，その他の重金属の球の速度の差は非常に僅かで，100 キュービット落下する間に，金の球はきっと指幅四つも銅の球に先んじないと思われるほどです．このように観察を進めて来て，私は抵抗力の全然ない媒体中ではあらゆる物体は皆同じ速さで落下するだろうという結論に達しました．

シムプリチオ：それは少し大胆すぎる主張ですね，サルヴィヤチ君．私にはたとえ真空中でも――かかる場所で運動が可能として―― 一房の羊毛と一片の鉛が同じ速度で落下するなんて，とても信じられそうにありませんね．

・・・・・・・・・・・・・

（今野武雄・日田節次訳，ガリレオ・ガリレイ著『新科学対話』，1973 年，岩波書店）

上記はガリレオ・ガリレイ（1564 年–1642 年）が 1638 年に自分の一生を振り返って書いた報告書のようなもので，サグレド（ヴェネチア市民），サルヴィヤチ（新しい科学者），シムプリチオ（アリストテレス哲学に通じた学者）の 3 人の登場人物の対話の形式でいろいろな科学現象に対するガリレオ自身の考え方を述べたものである．上記の内容は重力下の自然落下についてである．

さて，筆者が「初等力学」の教育に携わったのは，36 年前に早稲田大学理工学部の専任講師に嘱任されたときである．恩師である奥村敦史教授は「機械工学の基礎 A」の科目の中で静力学や定常状態の回転系の力学などを講じていて，その手伝いに引張り出されて，最初は師の傍で講義を聴いていた．その時の印象は今でも鮮明に覚えているが，静力学のつりあい問題の図的な解法に感動し，自分でもいろいろなつりあいの問題を解いてみて，直観的に未知の力の大きさやその方向がわかることの重要さを見つけたときである．元来，数学は好きであったが，静力学の問題をベクトル，あるいはその成分で解くとき，正負やオーダーの間違い等が結果として大きな誤りに通ずることもよく体験していた．この点，図的解法は，力の方向や大きさの概略が直観的に捉えられるので技術者（engineer）として極めて重要な道具となり得る．特に摩擦力を摩擦角を用いて図的に扱う方法は図的解法の有効性がさらに明確になる．

残念ながら，最近のいろいろな大学の機械工学科の「力学」は「動力学」が主となり，静力学はほとんどの場合簡単にふれるか，あるいは割愛してしまっている．ましてや図式解法を取り扱うことは極めて少ないと思われる．機械系の技術者として何かを設計するときに作用する力の正負，大きさ，方向などの概略を知ることは，大きな誤りを防止するうえで極めて重要である．

そこで本書では静力学を第Ⅰ編に取り上げ，その中で図式解法にも触れることにした．また十分ではないが力学の歴史や形成に関する記述も行っている．定常状態の振動系や回転系の力学は「ダランベールの原理」に基づけば静力学の問題と同じ形になり，この静力学の解法が活用できる．

第Ⅱ編では，ニュートンの三つの法則やダランベールの原理を取り上げ，その応用に焦点を当てた．その中で運動学として移動座標上の変位，速度，加速度の取り扱いについて少し詳しく述べている．多くの応用の際に移動座標における記述も重要であると考えているからである．したがって「力学」に関する多くの書が存在する中で，それらの点が少し他の著書と異なる点と考えている．理工学術院長の役職に就いてしまい，時間を見つけながら執筆したために約4年の月日が経過してしまった．今はもう少し早く出版できればとの思いである．

末筆ながら本書の執筆に際し，原稿のワープロ入力に関しては秘書の尾澤由樹子さんには多くの時間を費やしていただいた．また図表の作成に関しては，当時助手の鳥阪綾子君，大学院修士学生の野口知生君ならびに現助手の勝又暢久君，博士課程の金享俊君に面倒な作業をそれぞれ忙しい中，無理にお願いして図表の完成をみた．さらに共立出版の野口訓子様には遅れがちな原稿の細部に目を通していただき適切な指摘をいただいた．ここに皆に心から感謝いたしたい．

2012年9月

著　者

重版（第4刷り）に寄せて

拙書「機械系の基礎力学」が多くの読者の方の関心を引き，ここに再度重版の運びとなりましたことは著者として誠に喜ばしい限りである．

しかしながら，その一方で内容や記述が読者の方の期待に沿ったものかは心配である．特に2012年11月に発行された初版本の1刷りの際にはミスプリントや誤記等が散見されて，共立出版のホームページに正誤表を掲載させていただいた．読者の方には大変にご迷惑をおかけしましたことを重ねてお詫び申し上げる．その後，それらのミスプリントや誤記をできるだけ排除したつもりであるが，今回の重版に当たって改めて全面的に検討させていただいた．また第6章に，静的な平衡問題の解析の手順（フロー）を加筆させていただいた．

本書が長く皆様の傍においていただき，お役にたてば幸甚と考えている．

2021年3月

著　者

目　次

第Ⅱ編　動力学の基礎　*Fundamentals of Dynamics*

A Short History of Dynamics and the Scope of This Book

序論

力学小史と本書の対象

OVERVIEW

本書の目的としている力学（mechanics）は，量子力学との対比で古典力学（classic theory of mechanics）としばしば呼ばれるものである．力学の歴史を簡単に述べることは極めて難しい．なぜならば“力学”に登場し，我々が使っている力をはじめとした諸概念の歴史的形成ならびに発展をきちんと説明する必要があり，またそれらは宗教や人間の自然観，世界観に大きく関連してきているからである．そこで本章の0.1節の力学小史では，十分ではないが，力学が関連する年表的なものを作成して示し，その中でいくつかを説明することに留め，続く0.2節では古典力学を含む力学の体系的な説明を試み，本書で特に対象としている機械系の力学に関して焦点をあてて，その説明を行う．

ガリレオ・ガリレイ（Galileo Galilei）
1564年～1642年，イタリア

- 物理学者，天文学者，哲学者
- 科学分野で実験結果を数学的に分析する画期的手法採用
- 哲学や宗教から科学を分離
- 「科学の父」と呼称
- 望遠鏡，落体の法則，地動説を言及，天体の観測他

0.1 力学小史

右ページの表0.1に力学に関する年表を示す．同表にはいわゆる古典力学（classic theory of mechanics）に関する1400年代以降の事柄が少し詳しく書かれ，解析力学（analytical mechanics）の誕生過程に関する事柄も少し記述してある．この表中には古典力学全般に関連する事柄には◎を，古典力学の関連ではあるが特に変分法（variational caliculus or principle）に関する事柄には○印を，また振動学（theory of vibrations）に関する事柄には□印が，そして解析力学（analytical mechanis）に関する事柄には△印を付してある．これらの先人たちの大きな業績の上に現在の古典力学が成立して，今日ではいろいろな分野の解析・設計に応用され，不可欠の道具となっている．この表からガリレオ，ケプラー，ニュートンの時代からこの分野が長足の進歩を遂げたことがわかる．また本書の第Ⅰ編で取り扱う静力学と第Ⅱ編で取り扱う動力学に関する事柄も混在していることがわかる．古典力学を基にラグランジュ，ハミルトン，ヤコビといった先人達がラグランジュの運動方程式などの解析力学を発展させたこともわかる．

0.2 力学の体系

0.2.1 ◆ 力学の体系

自然に対する人間の観察，あるいは自然が強制的に人間に与える影響等の中で形成されていった力学観は，前述の多くの偉人たちによってその体系化および分化が徐々に進んで，図0.1に示すような現在の力学系の体系が築かれた．静力学，動力学の古典力学の流れは解析力学の形成に結びつき，ニュートン力学の限界に対するアインシュタインの相対性原理の提唱があり，その後のシュレディンガー，ハイゼンベルグ，ファインマンらによる量子力学の形成の道をたどった．

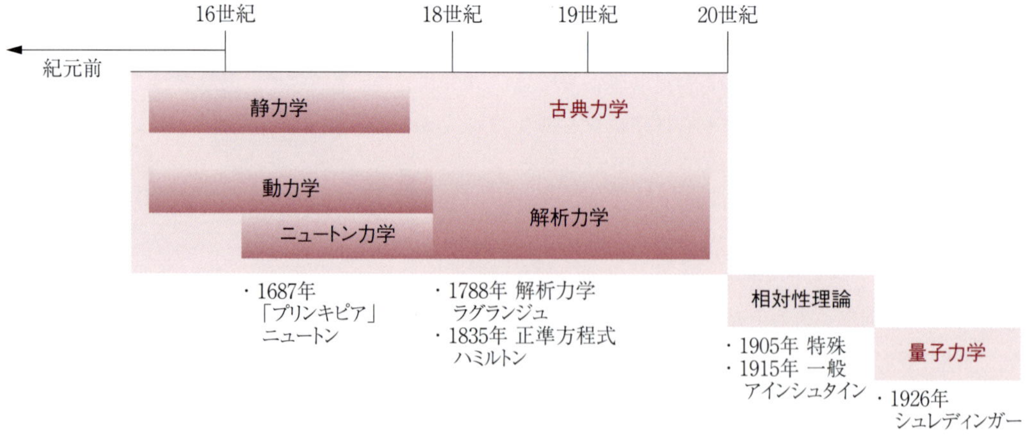

図0.1　力学系の体系図

表 0.1　力学の年表（◎：力学一般，変分法：○，振動学：□，解析力学：△）

年代（世紀）	年	名前	力学上の業績	種別
紀元前	360 年頃？	プラトン	宇宙論	◎
	330 年頃？	アリストテレス	自然学，形而上学	◎
	260 年	アルキメデス	てこの原理	◎
紀元後 ～ 1599 年	1490 年	ダ・ヴィンチ	毛細管現象	◎
	1543 年	コペルニクス	天体の回転について	◎
	1581 年	ガリレイ	振子の等時性	◎
	1589 年	〃	異なる重さの物体が同一加速度で落下	◎
1600 年 ～ 1699 年 （17 世紀）	1600 年	オブラーエ	惑星の精度の高い資料作成	◎
	1609 年	ケプラー	惑星の運動第一法則，第二法則（第三法則は 1619 年）	◎
	1633 年	デカルト	宇宙論	◎
	1638 年	ガリレイ	「新科学対話」出版	◎
	1644 年	デカルト	哲学原理	◎
	1658 年	ホイヘンス	サイクロイド軌道，サイクロイド振子の等時性	○
	1666 年	ニュートン	力の平行四辺形の法則	◎
	1687 年	ニュートン	「自然科学の哲学的諸原理（プリンキピア）」出版	◎
	1687 年	ヴァリニヨン	モーメントの合成	◎
	1690 年	ヤコブ・ベルヌーイ	サイクロイド曲線等時性問題の解	○
	1691 年	〃	カテリーナ曲線	○
	1691 年	ヨハン・ベルヌーイ	サイクロイド曲線が最速降下問題の解	○
1700 年 ～ 1799 年 （18 世紀）	1714 年	テイラー	弦の振動と基本振動数	□
	1733 年	ダニエル・ベルヌーイ	鎖の振動	□
	1734 年	〃	棒の振動	□
	1738 年	〃	流体力学（流体の流れ）	◎
	1739 年	オイラー	強制振動	□
	1742 年	マクローリン	マクローリン楕円体	◎
	1743 年	ダランベール	動力学概論	◎
	1747 年	モーベルテューイ	最小作用の原理	△
	1759 年	オイラー	太鼓の面の振動	□
	1788 年	ラグランジュ	解析力学（Méchanique analytique）でラグランジュの方程式	△
	1789 年	ラヴォアジィ	質量保存則	◎
	1797 年	キャヴェンディッシュ	キャヴェンディッシュの実験（万有引力定数の高精度測定）	◎
1800 年 ～ 1899 年 （19 世紀）	1821 年	ハミルトン	ハミルトン関数の解析	△
	1834 年	ラッセル	ソリトン観察	□
	1835 年	ハミルトン	ハミルトンの正準方程式	◎
	1835 年	コリオリ	コリオリの力	◎
	1842 年	ドップラー	ドップラー効果	◎
	1847 年	ヘルムホルツ	エネルギ保存則の定式化	◎
	1851 年	フーコー	フーコー振子（地球の自転）	◎
	1872 年	レーリー	「音響理論（Theory of Sound）」著	△
1900 年～ （20 世紀～）	1902 年	ジーンズ	動力不安定性によるゆらぎの成長条件（ジーンズ長）	◎
	1906 年	アインシュタイン	特殊相対性理論	◎
	1915 年	〃	一般相対性理論	◎

0.2.2 ◆ 機械系の力学

各種の機械や機械システムを古典力学の対象としたとき，**機械系の力学**（mechanics of machine or mechanical systems）と呼ぶことがある．内容的には古典力学そのものではあるが，その応用面において分化して独自の力学体系を築いている．自動車のエンジン等の回転体の力学や回転体のつり合わせやロボットアーム等のリンクの運動学や動力学は，剛体の力学ではあるが内容的には機械系の力学として独自の展開がなされた典型的な例である．

また理想化された質点や剛体のモデルから，実際に荷重下で変形し，荷重を除いたとき（除荷時）に元に復元する物体（弾性体）の力学である**材料力学**（mechanics of materials）およびその発展形である**弾性学**（mechanics of elastic materials），および除荷時に変形が残る**塑性力学**（mechanics of plastic materials）が体系化されている．構造部材や構造の振動や他の振動現象の解析に対しては**振動学**（theory of vibration）が形成されている．さらに周辺には流体や熱エネルギーを対象にした**流体力学**（fluid dynamics），**熱力学**（thermo-dynamics）が，また材料力学，弾性学，塑性学などを基盤として機械，土木，建築の各種構造を解析する**構造力学**（structural mechanics）が存在する．図 0.2 に機械系の力学の体系図を示す：

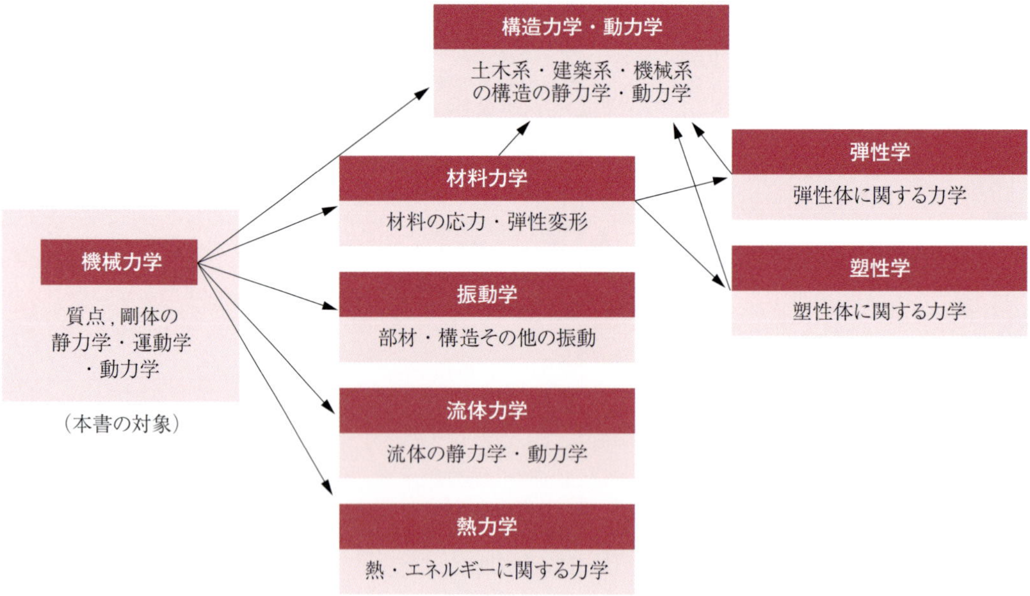

図 0.2　機械系の力学の体系図

機械あるいは機械系の典型的なものとして例えば自動車を考えてみよう．図 0.3 に示す自動車の設計においては，多くの工学的分野の要求に対する解析を行い，その結果に基づき，最終的にはそれらの要求を満足するような設計を決定する必要がある．種々な要求に対する工学的な解析は，実車に対する実験解析や解析モデルに対する理論解析の両面から行われている．特に近年のコンピューター性能の長足な進歩および構造解析，流体解析，熱解析，電磁解析，振動解析などの高度な解析用のソフトウェアの開発と実用化によって，コンピューター解析が実験解析の代替として考えられるようになってきている．最近の自動車の新車の開発期間の急速な短縮はコンピューターによる解析に負うところが大きい．図 0.4 には自動車の有限要素解析の際のモデルを示す．

また図 0.5 には，コンピューターによる構造解析の代表的な手法である**有限要素法**（finite element method）の際の車全体の有限要素モデル化と右側オフセット衝突時の変形の様子を示す．さらに図 0.6，0.7 にはエンジンシリンダ内の燃焼解析や車の周囲の空気の流れの解析の一例を示す．これらの諸解析の基礎をなすものは本書で学ぶ力学であり，また自動車の走行等の巨視的な解析には第Ⅱ編の第 2 章，第 3 章で学ぶ質点系や剛体系の動解析が直接的に適用される．

部品単体解析	・サスペンション，アクスル系部品 ・ステアリング系部品 ・タイヤ・ロードホイール ・エンジン・マウント系部品など	・ディスク・ブレーキ部品 ・ドラム・ブレーキ部品 ・ブレーキ・コントロール部品など	・主運動部・構造系 ・吸排気系 ・動弁系 ・冷却系 ・補機構部品系など	・MT部品 ・AT部品 ・シャフト類	・車体パネル部品 ・燃料タンク ・部品取り付け部 ・バンパー ・モール類など	・シート ・インストルメント・パネル ・ワイパー ・電子部品 ・ハーネス・ランプ類など
コンポーネント系の解析	・サスペンション・アクスル系 ・排気系など	・ブレーキ・システム	・燃焼 ・摩擦損失など	・歯車 ・駆動系など	・成形性 ・車体全体特性など	・エアコン

車両系の解析	エンジン性能	動力性能	操安・乗心地	振動・騒音	安全性	空力	居住性
	・出力 ・振動騒音 ・燃費排気	・動力性能 ・燃費 ・排気 ・社外騒音	・操安 ・乗心地 ・ブレーキ性能	・振動 ・騒音	・衝突 ・乗員挙動 ・安全強度	・車体回り流れ ・車室内流れ	・空調 ・視界 ・操作性

図 0.3　自動車設計における解析項目

クライスラー・ネオン（実車）

FEMモデル	初期モデル
モデル図	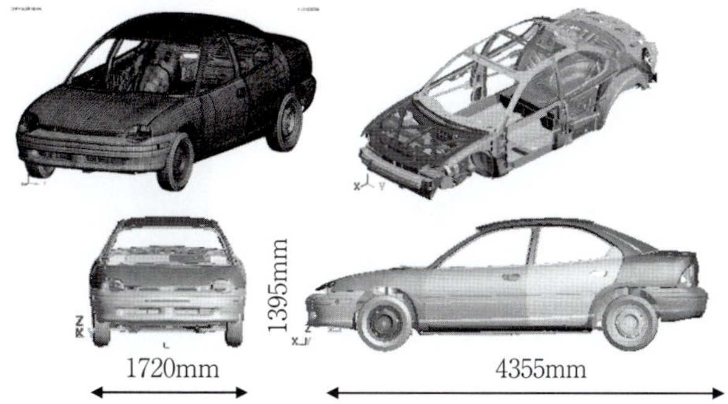
部品数	315
要素数	276455
備考	Shell·Solid要素，モノコック構造 シートなど内装部品以外はモデル化

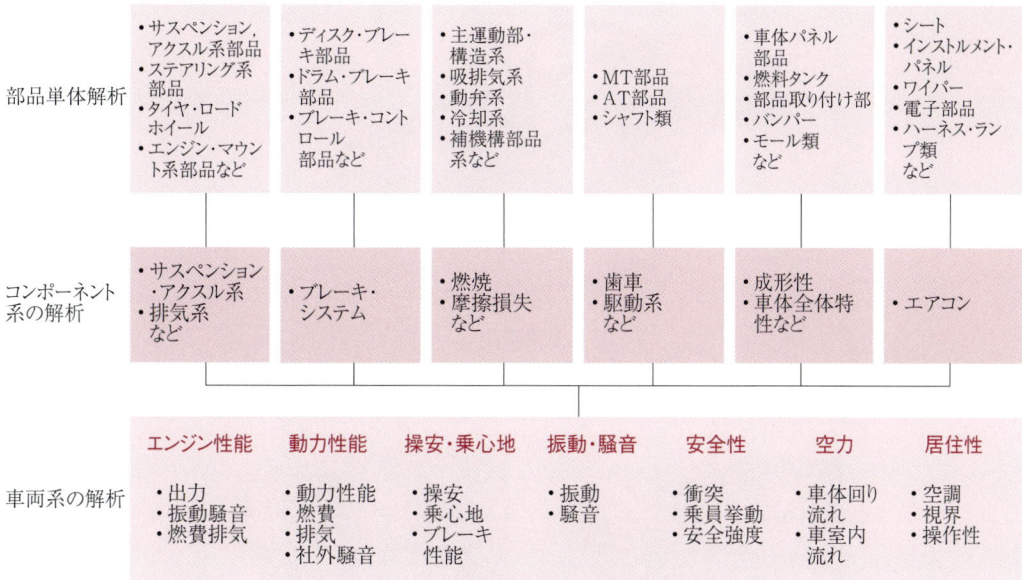

図 0.4　自動車の有限要素解析の際のモデル
（ESI 社データ提供）

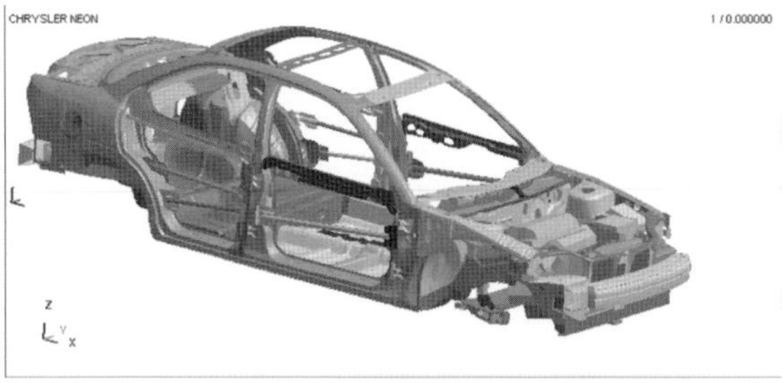

変形図(外板非表示)

評価項目

・エンジン侵入

・キャビン変形大

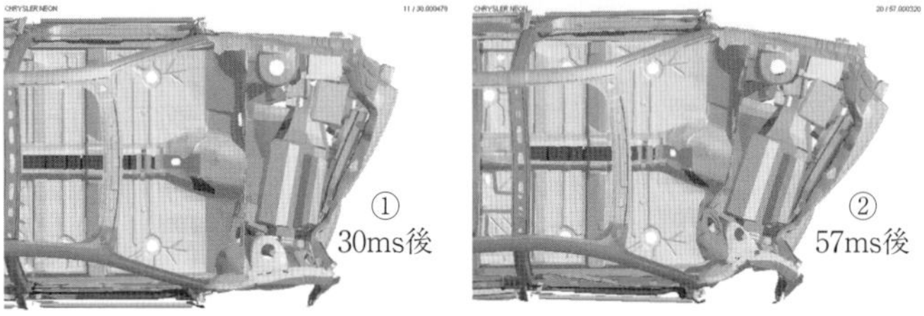

図 0.5　自動車右側オフセット衝突時の変形

クランク角度：100°ATDC　　クランク角度：160°ATDC

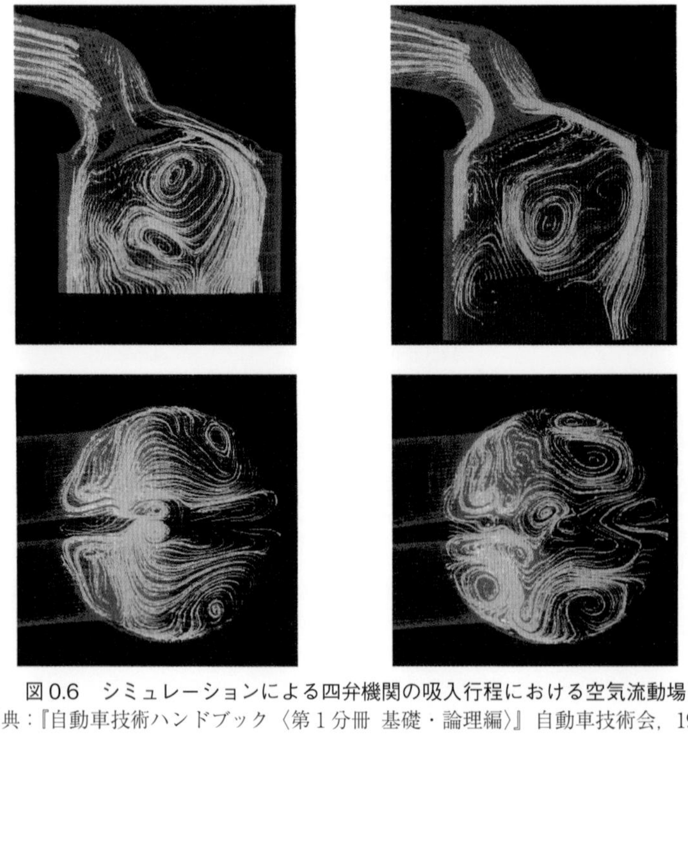

図 0.6　シミュレーションによる四弁機関の吸入行程における空気流動場
(出典:『自動車技術ハンドブック〈第 1 分冊 基礎・論理編〉』自動車技術会, 1990 年)

スポーティーカーの空力特性の解析

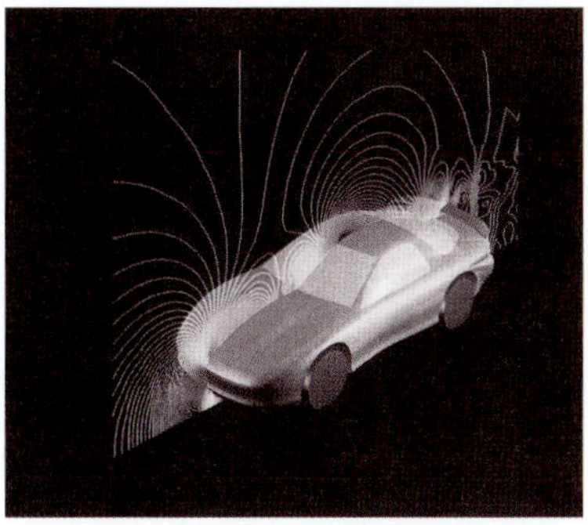

車体まわりの流れ場

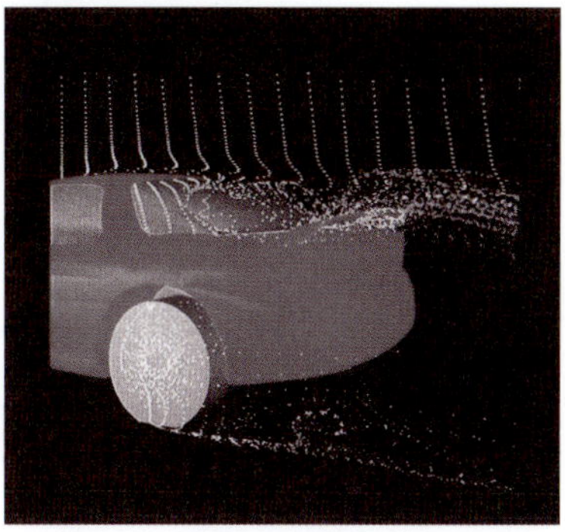

車体後部の流れ場

図 0.7　車体まわりの流れ場
（出典：『自動車技術ハンドブック〈第 1 分冊 基礎・論理編〉』自動車技術会，1990 年）

図 0.2 に示したこれらの機械系の力学の体系図の入口に相当する，いわば基礎となるのが本書で対象とする力学であり，本書の題名を**機械系の基礎力学**（fundamental mechanics of mechanical systems）としたゆえんである．

ところで本書を用いた学習に際しては，第 I 編の静力学においては，第 1 章の力と第 2 章のモーメントの概念とその数学的な取り扱いをまず学び，次に支持条件等の第 5 章を学んだうえで，第 6 章の力学的平衡（力とモーメントのつりあい）を学ぶことを勧める．第 3 章の分布力と第 4 章の摩擦力に関しては必要に応じて学ぶことを勧める．すなわち図 0.8 に示すような学習を勧める．

また第 II 編の動力学においては，図 0.9 に示すように第 7 章の変位，速度，加速度の関係を示す運動学の基礎を学んだ後，第 8 章のニュートンの法則およびダランベールの原理について学ぶ．この段階で基礎的な準備が整い，質点系の運動に対しては第 9 章を，剛体系の運動に対しては第 10 章を学ぶことを勧める．さらに第 11 章で仕事やエネルギーの概念を学び，第 8 章のニュートンの法則やダランベールの原理と異なる解析法を学ぶ．その後，必要に応じて，第 12 章の力積，運動量，衝突を学ぶことを勧める．

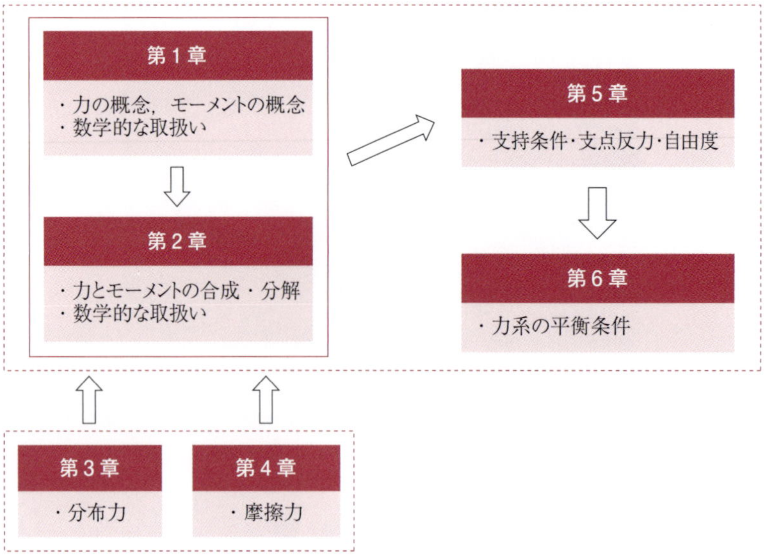

図 0.8　第 I 編の静力学の学習方法

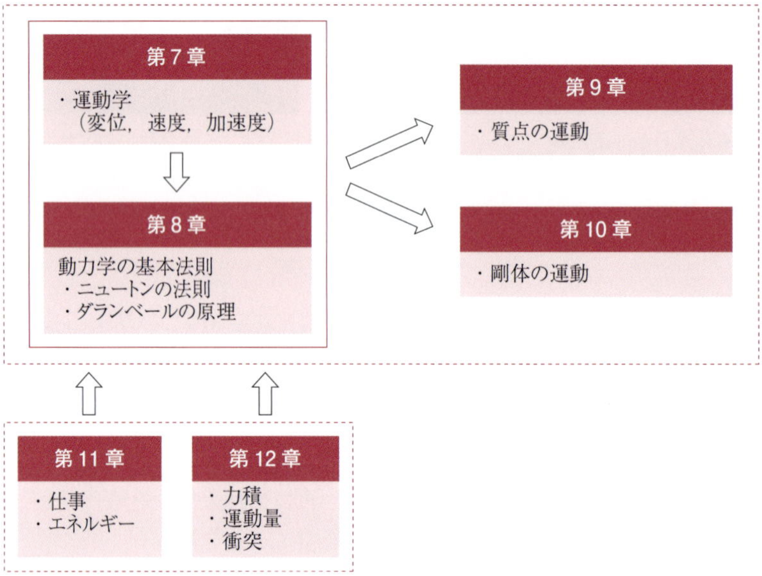

図 0.9　第 II 編の動力学の学習方法

第 I 編

静力学の基礎

Fundamentals of Statics

Concepts of Forces and Moments, Those Units, and Fundamentals of Statics

第 1 章

力，モーメントの概念と単位，静力学の基礎法則

OVERVIEW

本章では，まず力とモーメントの基礎的な概念を示し，その数学的な表現を説明する．この過程で今日，自明と考えられている“力”の概念に若干のコメントを加える．また力学で使用する単位系について説明し，力とモーメントの単位を示す．さらに時間的に変化しない力に関係する力学，すなわち静力学（statics）に関して経験的に得られてきた基本法則を含む，いわゆる静力学の基本法則（fundamental principles of statics）について解説をする．

ロバート・フック（Robert Hooke）
1635 年～1703 年，イギリス

- 科学者，自然哲学者，建築家，博物学者
- フックの法則，ぜんまい時計
- 実験と理論の両面で活躍．各種測定
- ニュートンと重力，光の波動説の確執
- ぜんまい時計をめぐりホイヘンスとの論争の確執

1.1 力の概念，種類，単位およびその数学的表現

1.1.1 ◆ 力の概念

人類は物を持上げて他の場所に運んだり，物にロープを結び付けて引張ったり，物と衝突したりして対象物を通じて，あるいは自ら手足を動かす，物を噛むなどの身体の行動を通じて経験的に意識的に“力”という存在を古来より認識してきた．しかしながら“力”という概念は，時にはあいまいで，今日でも力学の分野以外でも“力”（force），“強さ”（strength），“努力”（effort），“力能”（power），“仕事”（work）などが，関連する言葉として混在した形で用いられている．また人類は，石，河川，海，雲など生きていないものに対しても，その動きより生きていると感じ，自らの身体で感じていると同様の“力”を感じてきたものと思われる．これは歴史的にもいろいろな形で現れている．“力”の概念は，神や王などに対しても抽象的な形で拡大されて用いられてきた．この場合の抽象的な“力”は神や王の重大な，かつ顕著な属性の一つと認識されてきた．また権威や権力の象徴を表す概念でもあった．

現在，力学における“力”の概念は一般的に自明なものと考えられ，その応用における成果などから既に承認済みのものとも考えられ，その本性を改めて問うことは少ないであろう．しかしながら現在の形の“力”の概念が形成されるには多くの再定義や論争を巻き起こしてきた歴史があり，その本性を改めて問うことも重要であろう．今日，我々が自明と考えている“力”の概念は，いわゆる科学的な力の概念であり，17 世紀のケプラー（Kepler），ガリレオ（Galileo），ニュートン（Newton）らの業績に伴ってその時代の活発な論議を経て形成されてきたものである．彼らの関心の主な対象は天体の運動，物の運動，特に重力に向けられた．この科学的“力”の形成過程やニュートンと同時代のデカルト（Decartes）の重力や力に関する異なる概念と関連の論争は興味深いものではあるが，本書の範囲とページ数の制限のためにここでは数多くの文献の中からいくつかの文献[(1)～(6)]のみを示すことに留める[(注 1)]．1867 年に刊行されたニュートンの“プリンキピア”は，いわゆるニュートンの三つの法則で有名であるが，その中で第二法則と共に力の平行四辺形の定理も述べられている[(4)]．この平行四辺形の定理は力の合成，特に同一時間内の力の合成を示しており，今日の一般的な力のベクトル表示への道を拓いたものである．

以下にはニュートン以降の，いわゆる今日的な力の概念を基に各種の説明を行うことにする．

1.1.2 ◆ 力の種類

物体に作用する力を想定してみよう．図 1.1 のように物体 A を物体 B にて押し付ける場合を想定してみると物体 A には，その接触面 S を通じて力が加わる．例えば物体 B が 5［kg］の質量を有していると考えれば，その重力に相当する約 $5\times9.8=49$［N］の力が面積 S を通して物体 A に作用する．面積 S が 7［cm^2］つまり 7×10^{-4}［m^2］とすれば，単位面積当り，$49/(7\times10^{-4})=7\times10^4$［$\mathrm{N/m}^2$］の力が加わっていることになる[(注 2)]．このように力は一般的にはある面積上や体積上で分布的に作用している．このような力を分布力（distributed force）と呼ぶ．さら

（注 1）力の概念は物理理論の基本的・根元的な概念の一つであり，物理理論形成の歴史的側面にふれるものである．
（注 2）ここに表れている単位に関しては後述 1.1.4 項を参照されたい．

に面に作用する圧力のような分布力を**表面力**（surface force），重力のように物体の各点に作用する分布力を**体積力**（body force）と呼ぶ．

一方，面積 S が微小で一点[注3]に作用すると近似・理想化される場合や，後述の重力のように重心などの一点に作用する等価力として考えられる場合の力は，**集中力**（concentrated force）と呼ばれる．初等の力学で扱う力は，まずこの理想化された集中力を基に説明されている場合が多い．

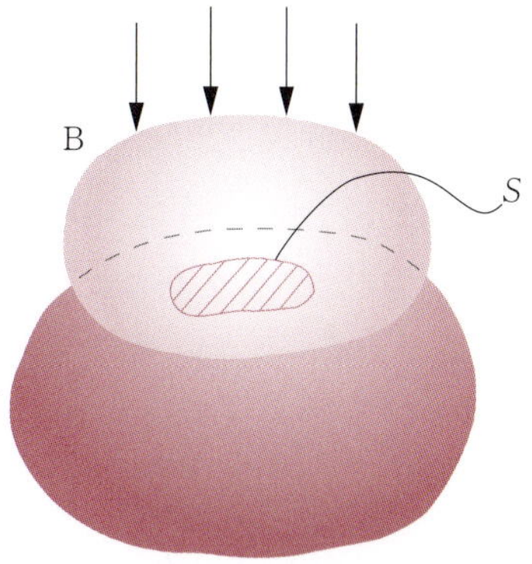

図 1.1　物体 A へ物体 B の押付け

1.1.3 ◆ 力の数学的表現

集中力を表すには，どの位の大きさの力が，どの方向にどの点で作用しているかが重要である．すなわち図 1.2 に示す下記の三つの要素が重要で，力の三要素と呼ぶ．

（1）　**大きさ**（magnitude）

（2）　**方向**（direction）

（3）　**作用点**（あるいは**着力点**）（point of application）

力の方向は，作用点を通る一本の線で示され，それを**作用線**（line of application）と呼ぶ．つまり数学的に見ると力は空間内の有向線分，すなわち一つの**ベクトル**（vector）として表すことができる．平面内の 1 点 P に作用する力（集中力）を一つのベクトル $\boldsymbol{F}$ として表し，その x，y 座標方向の単位ベクトル[注4]を $\boldsymbol{i}$，$\boldsymbol{j}$ とすれば $\boldsymbol{F}$ は

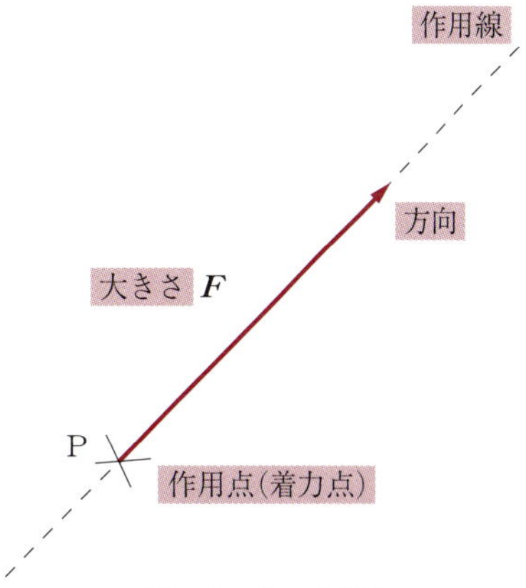

図 1.2　力の三要素

$$\boldsymbol{F} = X\boldsymbol{i} + Y\boldsymbol{j} \tag{1.1}$$

と記すことができる．さらに $\boldsymbol{F}$ の大きさ F，すなわち $F = |\boldsymbol{F}|$ は以下のように表すことができる．

$$F = |\boldsymbol{F}| = \sqrt{X^2 + Y^2} \quad (= \sqrt{\boldsymbol{F} \cdot \boldsymbol{F}} \ :\boldsymbol{F}\text{の内積の平方根}) \tag{1.2}$$

また $\boldsymbol{F}$ の x，y 方向の各成分，X，Y と F の比 l，m は，図 1.3 に示すように $\boldsymbol{F}$ と x 軸の角度を θ とすれば

$$l = \frac{X}{F} = \cos\theta, \quad m = \frac{Y}{F} = \cos\theta' = \sin\theta \tag{1.3}$$

となり，x，y 方向の**方向余弦**（direction cosine）と呼ばれる．定義から明らかなように次式が成り立つ．

（注 3）数学の“点”の概念も大きさがなく位置のみを表す，いわば理想的な概念である．
（注 4）x，y の正方向を向いているそれぞれ長さ 1 のベクトル．$|\boldsymbol{i}| = |\boldsymbol{j}| = 1$，$\boldsymbol{i} \cdot \boldsymbol{j} = 0$（$x$，$y$ が直交）

$$l^2+m^2=1 \tag{1.4}$$

$$X=lF,\ \ Y=mF \tag{1.5}$$

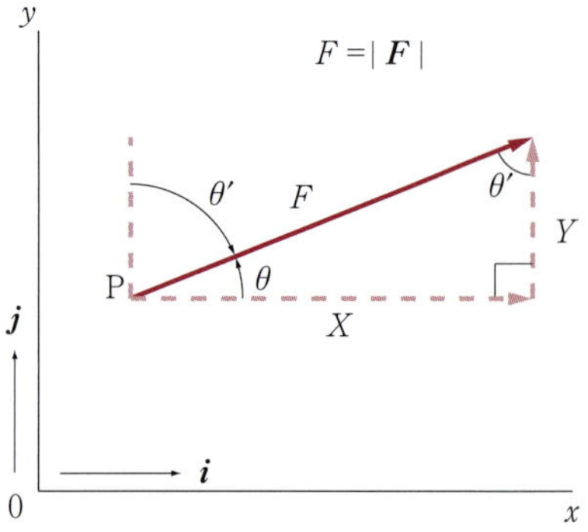

図 1.3　平面内に作用する力（集中力）

さらに図 1.4 のように三次元空間内に一般に作用する力は一つのベクトル $\boldsymbol{F}$ として表され，$\boldsymbol{F}$ の x，y，z 成分を X，Y，Z とし，x，y，z 方向の単位ベクトル成分を $\boldsymbol{i}$，$\boldsymbol{j}$，$\boldsymbol{k}$ とすれば $\boldsymbol{F}$ はその x，y，z 方向の各成分 X，Y，Z で

$$\boldsymbol{F}=X\boldsymbol{i}+Y\boldsymbol{j}+Z\boldsymbol{k} \tag{1.6}$$

と表される．$\boldsymbol{F}$ の大きさ F および各成分 X，Y，Z と F の比，l，m，n は平面内の力の場合と同様に方向余弦と呼ばれ，それぞれ以下のように表される．

$$F=|\boldsymbol{F}|=\sqrt{X^2+Y^2+Z^2}\quad\left(=\sqrt{\boldsymbol{F}\cdot\boldsymbol{F}}\right) \tag{1.7}$$

$$l=\frac{X}{F}=\cos\theta_x,\ \ m=\frac{Y}{F}=\cos\theta_y,\ \ n=\frac{Z}{F}=\cos\theta_z \tag{1.8}$$

ここでも明らかなように

$$l^2+m^2+n^2=1 \tag{1.9}$$

$$X=lF,\ \ Y=mF,\ \ Z=nF \tag{1.10}$$

の関係が成立する．

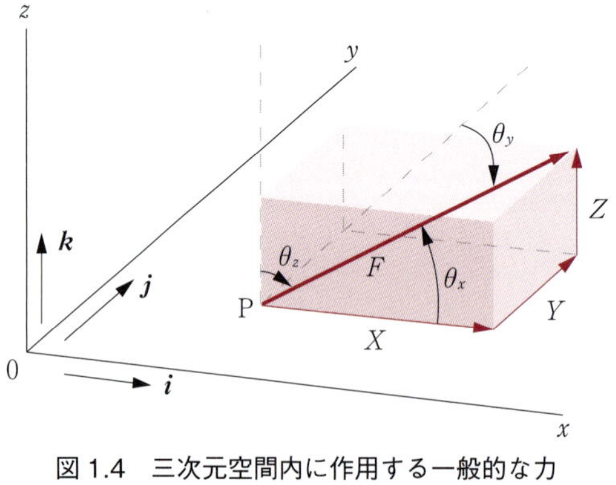

図 1.4　三次元空間内に作用する一般的な力

一方，分布力も集中力の場合と同様に大きさ，方向，作用点を要素とする面上や体積上に分布する無数のベクトルとして表されるが，その個々のベクトルの大きさは表面力のときには単位面積あたり，体積力のときには単位体積あたりの大きさになることが前述の集中力の場合と異なる．

例題 1.1　支柱に作用する力

図 1.5 に示すように垂直に立っている支柱の A 部に斜めの力 $F=500$[N] が作用している．図の x 軸，y 軸方向の単位ベクトルをそれぞれ $\boldsymbol{i}$，$\boldsymbol{j}$ とする．次の問に答えよ．

(1) 力 $\boldsymbol{F}$ を単位ベクトル $\boldsymbol{i}$，$\boldsymbol{j}$ を使って表し，x 軸，y 軸方向の力の成分 X，Y を求めよ．

(2) 図の x'，y' 座標に関して力の成分 X'，Y' を求めよ．

(3) 力 $\boldsymbol{F}$ の x，y' 軸（斜交軸）に関する力の成分 X，Y' を求めよ．

【解答】　(1) 図 1.5(a) から

$$\boldsymbol{F}=(F\cos\theta)\boldsymbol{i}-(F\sin\theta)\boldsymbol{j}=(500\cos 60°)\boldsymbol{i}-(500\sin 60°)\boldsymbol{j}=250\boldsymbol{i}-433\boldsymbol{j}[\mathrm{N}]$$

となる．したがって，$X=250$[N]，$Y=-433$[N]

(2) 図 1.5(b) から $X'=500$[N]，$Y'=0$[N] となる．

(3) 図 1.5(c) から

$$\frac{|X|}{\sin 90°}=\frac{500}{\sin 30°}\rightarrow |X|=1000[\mathrm{N}],\quad \frac{|Y'|}{\sin 60°}=\frac{500}{\sin 30°}\rightarrow |Y'|=866[\mathrm{N}]$$

$$X=1000[\mathrm{N}],\quad Y'=-866[\mathrm{N}]$$

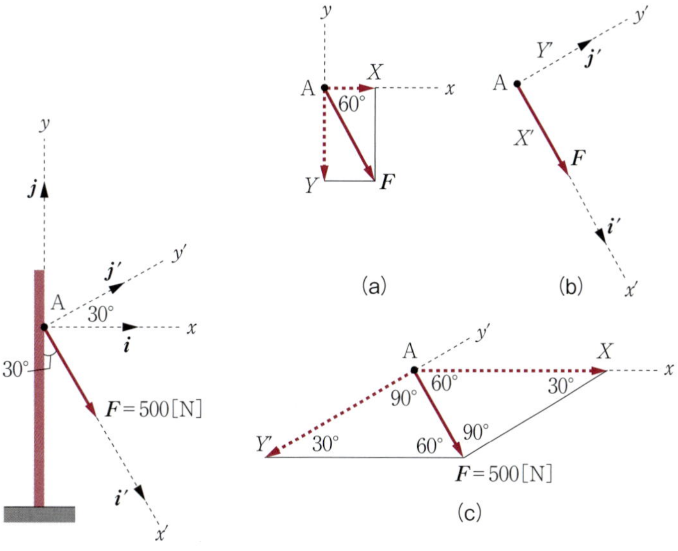

図 1.5　支柱に作用する力

1.1.4 ◆ 力の単位

力の大きさを定量的に表すにはその尺度となる**単位**（units）が必要である．ここで紛らわしいのは“重さ”の考え方である．体重が 60［kg］という表現を日常的には用いるが，地球が引張る力，すなわち**重力**（weight）としての表現なのか，**質量**（mass）としての表現なのか，実はあいまいな場合が多い．この点はニュートンの時代に重力に対する考え方，すなわち固有の力なのか，他に起因する力なのか，という本質的な議論とも関連している．一定の質量 m に作用する外力 F はその際に生ずる加速度を a とすると，ニュートンの第２法則から

$$F = ma \tag{1.11}$$

の形に記すことができる（ニュートンの第二法則は，詳しくは第２章の 2.1 節で解説する）．式(1.11）の右辺の加速度 a を地球の引力によって生ずる加速度，すなわち重力加速度を g とすれば左辺は地球の引力によって物が引かれる力，すなわち**重力**（weight）を表すことが今日では知られている．重力加速度が地球上，どこでも同じと考えるならば二つの異なる質量(m_1，m_2)に対する重力の値 W_1，W_2 は，それぞれ

$$W_1 = m_1 g,\quad W_2 = m_2 g \tag{1.12}$$

となる．その比は $W_1/W_2 = m_1/m_2$ となり，重力比と質量比は等しくなるが，重力加速度は厳密に言えば地球上の場所によってその値が少しずつ異なる（注５）．つまり質量 m_1 のある場所の重力加速度を g_1，m_2 のある場所の重力加速度を g_2 とすれば

$$W_1 = m_1 g_1,\quad W_2 = m_2 g_2 \tag{1.13}$$

となる．その際に，重力の比は $W_1/W_2 = (m_1/m_2)(g_1/g_2)$ となり，質量比 (m_1/m_2) とは (g_1/g_2) 倍，異なることになり，厳密には等しくない．極端な例として m_1 は地球上で，m_2 を月面で重力を測ったとすれば，月の重力加速度 g_2 は地球の重力加速度の約 1/6 であるので $(g_1/g_2) \fallingdotseq 6$ となり，$W_1/W_2 \fallingdotseq 6(m_1/m_2)$ となり，重力比と質量比は約６倍異なる．

①　重力単位系（工学単位系）

さて力を何らかの尺度で表現しようとすると，ある重さのものを地球が引張る力，重力を単位とする考え方が経験上，自然に出てくるであろう．実際に古くからこのような単位が考えられ，今日では**重力単位系**（weight units system）あるいは工学単位系と総称されている単位系のグループである．重さそのものは kg，g，lb（重量ポンド：weight-pound）など国や地域等によっ

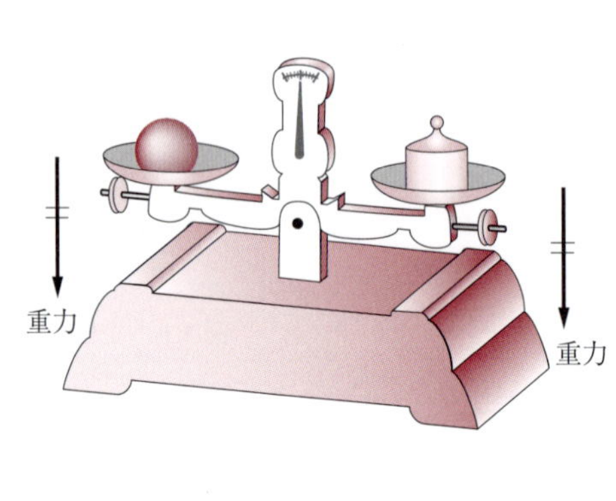

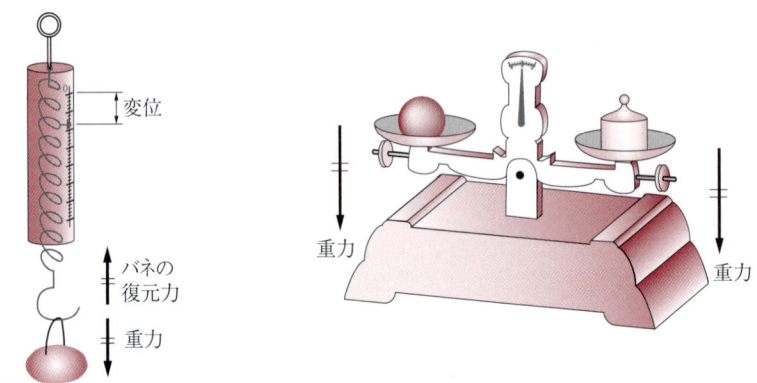

(a) バネばかりによる重さの測定　　(b) 天秤による重さの測定

図 1.6　重さの測定

（注５）例えば，札幌は $g = 9.805$，鹿児島は $g = 9.795$.

てその尺度が違うので重力単位系はいくつかの種類のものが存在する．紛らわしいが注意すべきこととして，ここで重さと言っているのは厳密には質量に相当するものである．重さを測る方法としてよく用いられるのは図 1.6 のようにバネばかり，天秤ばかりなどで測定する方法である．しかしながら両者で測る重さには実は大きな相違がある．

バネばかりの場合は，つり下げた物を地球が引張る力，すなわち重力によりバネが変位し，その結果生じるバネの引き戻そうとする力である，バネの復元力とつりあう．明らかに重力を測ることになるので，バネばかりの目盛に対応するバネの変位する量は測定地点の重力加速度 g の値に依存する．一方，天秤ばかりの方は，測定する物に作用する重力と重りの重力とをつり合わせる形で測定される．この場合の物と重りに作用する重力加速度は同一であるので，測定結果は重力加速度に依存しない[注6]．つまり質量を測定していることに相当する．このように重力単位系では，力の大きさは厳密に言えば重力加速度 g の値に依存するので，単位として定めるには g の特定の基準値を定める必要がある．実際に後述の MSK 重力単位系では，質量 1［kg］を定めたメートル原器に北緯 45° の平均海面の重力加速度 $g_0 = 9.805$［$\mathrm{m/s^2}$］を基準値と定めている．

②　絶対単位系

一方，重力加速度の値に依存しないような形で力の単位を定めることも考えられてきており，その方法は質量を基準としてニュートンの第二法則，すなわち運動方程式から力を定める方法である．この単位系のグループは重力単位系のように地上の特定地域の重力加速度 g_0 に依存することがないため**絶対単位系**（absolute units system）と総称されている．

③　SI 単位系

以上見てきたように単位系はその国や地域等により，また分野により，重力単位系，絶対単位系が混在し，学問上のみならず貿易による製品輸出時の障壁，使用時の不便さなどの多くの問題が生じたために，19 世紀からその世界的に共通化が進められてきた．例えば 1875 年に締結されたメートル条約に由来する単位系として，メートル系の単位が考えられた．しかしこのメートル単位系には依然として MKS 系・CGS 系，重力系，静電系・電磁系・ガウス系，有理系・無理系などのいくつもの系統が含まれており，混乱を生じたために 1948 年以来，国際度量衡総会で世界共通の国際単位系として SI 単位系（Le Système International d'Unités：SI）が採択され，その後，多少の修正・拡大を経て今日の形になった．現在，世界各国で学会や産業界などでも広範な支持を集めつつある単位系である．

SI 単位系は，表 1.1 に示すような七つの基本単位から構成されている[7]．この基本単位はそれぞれ表の下に示されている (a)～(g) によって定義されている．

④　力の単位系のまとめとディメンションおよび異なる単位系間の換算

表 1.2 に上述①～③の力の単位系の例を絶対単位系と重力単位系に分けて示す[6]．ここで表中にあるディメンションに関する説明を行っておく．

ディメンション

絶対単位系では**長さ**（length），**質量**（mass），**時間**（time）を**基本単位**（fundamental units）としてその頭文字 L，M，T を，重力単位系では長さ，力（force），時間の三つを基本単位として，その三つの頭文字 L，F，T を用いるとすると，初等力学で現れる代表的な他の量は表 1.2

（注6）$W_1 = W_2$ で $m_1 g = m_2 g$ により $m_1 = m_2$.

表 1.1　SI 基本単位

量	名　称	記　号	定　義
長　さ	メートル	m	(a)
質　量	キログラム	kg	(b)
時　間	秒	s	(c)
電　流	アンペア	A	(d)
熱力学温度	ケルビン	K	(e)
物質量	モル	mol	(f)
光　度	カンデラ	cd	(g)

(a) ^{86}Kr 原子の準位 $2p_{10}$ と $5d_5$ との間の遷移に対応する光の真空中における波長の 1650763.73 倍.
(b) 国際キログラム原器の質量.
(c) ^{133}Cs 原子の基底状態の二つの超微細準位の間の遷移に対応する放射の 9192631770 周期の継続時間.
(d) 真空中に 1 m の間隔で平行に置かれた無限に小さい円形断面積を有する無限に長い 2 本の直線状導体のそれぞれを流れ，これらの導体の長さ 1 メートルごとに 2×10^{-7} N の力を及ぼし合う一定の電流.
(e) 水の三重点の熱力学温度の 1/273.16.
備考：ケルビン[K]のかわりにセルシウス度[℃]を用いてよい．セルシウス度で表される温度の数値は，ケルビンで表される温度の数値から 273.15 を減じたものに等しい．温度差を表すにもケルビンまたはセルシウス度を用いる.
(f) 0.012 キログラムの ^{12}C の中に存在する原子と等しい数の構成要素を含む系の物質量.
(g) 周波数 540×10^{12} ヘルツの単色光を放出し，所定の方向における放射強度が 1/683 ワット毎ステラジアンである光源の，その方向における光度（この定義は第 16 回国際度量衡総会（1979 年）で採用された).

表 1.2　種々の単位 の対照表 (7)

単位 / 系 / 物理量	絶対単位系				重力単位系（工学単位系）		
	ディメンション	SI (MKS)	CGS	FPS (英国制)	ディメンション	MKS	FPS (ft-lb 系)
長さ	[L]	m	cm	ft	[L]	m	ft
質量	[M]	$kg_{(m)}$	$g_{(m)}$	$lb_{(m)}$	$[L^{-1}FT^2]$	$kg_{(f)}\cdot s^2/m$	$lb_{(f)}\cdot s^2/ft$ (slug)
時間	[T]	s	s	s	[T]	s	s
力	$[LMT^{-2}]$	$kg_{(m)}\cdot m/s^2$ (Newton：N)	$g_{(m)}\cdot cm/s^2$ (dyne)	$lb_{(m)}\cdot ft/s^2$ (poundal)	[F]	$kg_{(f)}$	$lb_{(f)}$
速度	$[LT^{-1}]$	m/s	cm/s	ft/s	$[LT^{-1}]$	m/s	ft/s
加速度	$[LT^{-2}]$	m/s^2	cm/s^2 (gal)	ft/s^2	$[LT^{-2}]$	m/s^2	ft/s^2
仕事エネルギ	$[L^2MT^{-2}]$	$kg_{(m)}\cdot m^2/s^2$ (Joule：J)	$g_{(m)}\cdot cm^2/s^2$ (erg)	$lb_{(m)}\cdot ft^2/s^2$ (poundal·ft)	[LF]	$kg_{(f)}\cdot m$	$lb_{(f)}\cdot ft$
力のモーメント（トルク）	$[L^2MT^{-2}]$	$kg_{(m)}\cdot m^2/s^2$ (m·N)	$g_{(m)}\cdot cm^2/s^2$ (cm·dyne)	$lb_{(m)}\cdot ft^2/s^2$ (ft·poundal)	[LF]	$kg_{(f)}\cdot m$	$lb_{(f)}\cdot ft$
パワー（仕事率，動力）	$[L^2MT^{-3}]$	$kg_{(m)}\cdot m^2/s^3$ (Watt：W)	$g_{(m)}\cdot cm^2/s^3$ (erg/s)	$lb_{(m)}\cdot ft^2/s^2$ (poundal·ft/s)	$[LFT^{-1}]$	kg(f)·m/s	lb(f)·ft/s

の中にあるようにその組合せで記すことができる．このように基本単位の組合せによって記すことのできる単位を**誘導単位**（derived units）と呼ぶ．例えば加速度はいずれの単位でも長さ／(時間)^2 の単位を持っているので $[LT^{-2}]$ の形で略記される．また力は絶対単位系ではニュートンの運動方程式から考えて $[MLT^{-2}]$ のディメンションを持つことがわかり，一方，重力単位系では単に [F] のディメンションを持つ．誘導単位と基本単位の代数的な関係は**次元**，または**ディメンション**（dimension）と呼ばれる.

表 1.3　工学単位系と SI 単位系間の相互換算係数表

量	工学単位	SI の単位
	記号　$kgf\cdot s^2/m$	記号　kg
質量	0.101972	1
	1	9.80665
	$kgf\cdot s^2/m^4$	kg/m^3
密度	0.101972	1
	1	9.80665
	$kgf\cdot m\cdot s^2$	$kg\cdot m^2$
慣性モーメント	0.101972	1
	1	9.80665
	kgf	N
力	0.101972	1
	1	9.80665
	kgf·m	N·m
トルクおよび力のモーメント	0.101972	1
	1	9.80665
	kgf/cm^2	Pa
	1.01972×10^{-5}	1
	1	9.80665×10^4
	mmH_2O	Pa
	0.101972	1
	1	9.80665
	Toor, mmHg	Pa
圧力	7.50062×10^{-3}	1
	1	1.33322×10^2
	atm	Pa
	9.86923×10^{-6}	1
	1	1.01325×10^5
	bar	Pa
	10^{-5}	1
	1	10^5
	kgf/mm^2	Pa
応力	1.01972×10^{-7}	1
	1	9.80665×10^6
	kgf·m	J
エネルギおよび仕事	0.101972	1
	1	9.80665
	kgf·m/s	W
	0.101972	1
動力及び仕事率	1	9.80665
	PS	W
	1.35962×10^{-3}	1
	1	7.35499×10^2

異なる単位系間の換算

世界共通の単位系，SI 単位系が制定されたとはいっても現在，SI 単位のみが全世界で用いられているまでには至っていない．従来からの重力単位系や欧米の一部では長さをフィート［ft］やインチ［in］で表したり，重さをポンド［lb., pound］で表すことも行われている．したがって異なる単位系間の換算は必要である．

例えば重力単位系の MKS 単位系と FPS（英国制）および SI 単位系間の関係を表 1.3，表 1.4 に示す[(7)]．表 1.3 では，MKS 重力単位系から SI 単位系への相互の換算を念頭においている．ま

表 1.4　FPS 単位系（ft－lb 系）から SI 単位系への換算表

量	換　算	換算係数
長さ	in から m	2.54×10^{-2}
	ft から m	3.048×10^{-1}
速度および速さ	ft/s から m/s	3.048×10^{-1}
	ft/min から m/s	5.08×10^{-3}
加速度	ft/s^2 から m/s^2	3.048×10^{-1}
質量	oz(avoir) から kg	2.834953×10^{-2}
	lb(avoir) から kg	4.535924×10^{-1}
	slug から kg	14.59390
慣性モーメント	$slug\cdot ft^2$ から $kg\cdot m^2$	1.355818
力	lbf から N	4.448222
トルクおよび力のモーメント	lbf·in から N·m	1.129848×10^{-1}
	lbf·ft から N·m	1.355818
圧力および応力	lbf/ft^2 から Pa	4.788026×10
	lbf/in^2 から Pa	6.89475710^3
エネルギおよび仕事	ft·lbf から J	1.355818
動力および仕事率	hp(550ft·lbf/s) から W	7.45699910^2
温度	°F から K	°tF = (t + 459.67)/1.8K

た表 1.4 では簡単のために FPS 重力単位系から SI 単位系の換算のみを念頭においている.

例題 1.2

重量 W の物体が，自重を無視しうる剛体はりを介してその両端でばねによって支えられている．このとき次の二つの問に対して工学単位系による計算と SI 単位系による計算を行なって解を求めよ．

(1) 物体の位置でみた総合ばね定数を求めよ．

(2) この系の固有振動数を求めよ．ただし，$W=50.0$ [kgf]，$k_1=15.0$ [kgf/cm]，$k_2=7.50$ [kgf/cm]，$a=0.5$ [m]，$b=1.0$ [m] とする．

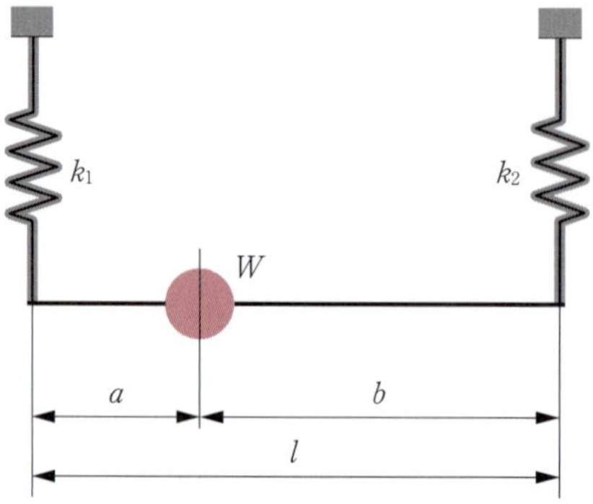

図 1.7　ばね−質量系

【解答】 求めるばね定数は

$$k=\frac{l^2k_1k_2}{a^2k_1+b^2k_2}$$

によって，また固有振動数は，重力の加速度を g とすれば，

$$f_{\rm n}=\frac{1}{2\pi}\sqrt{\frac{k}{({\rm W/g})}}=\frac{1}{2\pi}\sqrt{\frac{l^2k_1k_2}{a^2k_1+b^2k_2}\Big/({\rm W/g})}$$

によって与えられる．ここに，$l=a+b$ である．

(1) 工学単位系による計算

$$k=\frac{(l/a)^2k_1k_2}{k_1+(b/a)^2k_2}=\frac{(1.5/0.5)^2\times15.0\times10^2[\mathrm{kgf/m}]\times7.50\times10^2[\mathrm{kgf/m}]}{\{15.0+(1.0/0.5)^2\times7.50\}\times10^2[\mathrm{kgf/m}]}$$

$$=\frac{1.01}{45.0}\times10^5[\mathrm{kgf/m}]=2.24\times10^3[\mathrm{kgf/m}]$$

質量は

$$m=W/g=50[\mathrm{kgf}]/9.81[\mathrm{m/s^2}]=5.10[\mathrm{kgf\cdot s^2/m}]$$

よって固有振動数は

$$f_n=\frac{1}{2\pi}\sqrt{\frac{2.24\times10^3[\mathrm{kgf/m}]}{5.10[\mathrm{kgf\cdot s^2/m}]}}=3.3[\mathrm{Hz}]$$

ただし $\pi=3.14$ を用いた．

(2) SIの単位による計算

計算に用いる諸量をSIの単位に換算する．

$$k_1=15.0\times10^2\times9.81[\mathrm{N/m}]=1.47\times10^4[\mathrm{N/m}]$$

$$k_2=7.50\times10^2\times9.81[\mathrm{N/m}]=0.736\times10^4[\mathrm{N/m}]$$

$$m=50.0\times9.81[\mathrm{N}]/9.81[\mathrm{m/s^2}]=50.0[\mathrm{kg}]$$

よって

$$k=\frac{(1.5/0.5)^2\times1.47\times10^4[\mathrm{N/m}]\times0.736\times10^4[\mathrm{N/m}]}{[1.47+(1.0/0.5)^2\times0.736]\times10^4[\mathrm{N/m}]}$$

$$=9.74\times10^8/(4.41\times10^4)[\mathrm{N/m}]=2.21\times10^4[\mathrm{N/m}]=22[\mathrm{kN/m}]$$

(1) の結果から直接換算すれば，

$$k=2.24\times10^3\times9.81[\mathrm{N/m}]=22[\mathrm{kN/m}]$$

以上より，固有振動数は

$$f_n = \frac{1}{2\pi}\sqrt{\frac{2.20\times10^4[\mathrm{N/m}]}{50.0[\mathrm{kg}]}} = 3.3[\mathrm{Hz}]$$

1.2 モーメントの概念とその数学的表現

1.2.1 ◆ モーメントの概念

図 1.8（a）のように固定軸 O を持つ物体に，O から物体上の離れた地点 P に力 $\boldsymbol{F}$ を加えると物体には回転しようとする効果が生じる．固定軸の軸心 O から力の作用線までの偏心距離を ε とすると，$\boldsymbol{F}$ の大きさである $F=|\boldsymbol{F}|$ と ε の積，εF にこの効果が比例することは同図（b）～(d) に示す滑車（pulley wheel），てこ，輪軸などの道具の使用過程で経験的に容易に認識されてきたものと思われる．この回転効果を示すものとして εF の値が用いられ，モーメント（moment）と名づけられた．いま，このモーメントを M と記せば

$$M = \varepsilon F \tag{1.14}$$

となる．ここで ε はモーメントの腕（moment arm）と呼ばれている．モーメントの単位は ε を [m]，F を［N］で測れば［N・m］となり，仕事やエネルギーと見掛け上は同じであるが，まったく異なる概念であることは言うまでもない．また図 1.8（a）に示すように力 $\boldsymbol{F}$ の半径方向（OP 方向）の成分を F_r，それに直交する法線方向の成分を F_t とすれば，

$$M = \varepsilon F = rF_t = \text{平行四辺形 OPQS の面積} \tag{1.15}$$

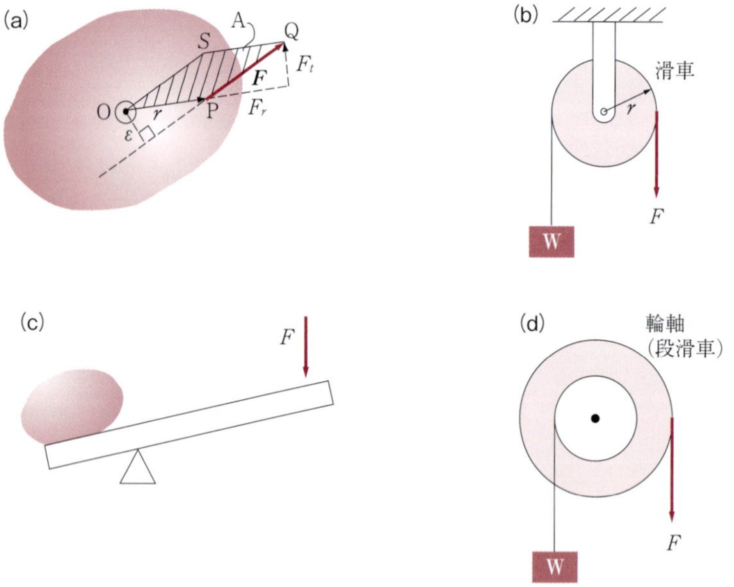

図 1.8　固定点を持つ物体に作用する力の効果

となる．以上は体験から考えられてきたモーメントの素朴な概念である．

1.2.2 ◆ モーメントの数学的表現

1.2.1 項のモーメントの概念を一般化して数学的に表現しよう．いま図 1.9 のように作用点 P に作用する力ベクトル $\boldsymbol{F}$ の存在する平面を（A）として，その平面上の任意の点 O を考える．さらに面（A）上の任意の方向に直交座標 x，y 成分を取り，力 $\boldsymbol{F}$ の x，y 成分を X，Y，OP を結んだ P 方向のベクトル $\boldsymbol{r}$ の x，y 成分を x，y とする．力 $\boldsymbol{F}$ の O 点に関するモーメント M は（A）面に直交して角度が正方向（x から y に回転する方向）を正とすれば M の大きさは

$$M = xY - yX \tag{1.16}$$

となる．ここに x, y は力の成分 X, Y のモーメントの腕である．回転の向きを考慮して式（1.16）の大きさを持つモーメントは，一つのベクトルとして次のように定義される．

$$\boldsymbol{M} = (xY - yX)\boldsymbol{k} \tag{1.17}$$

ここに $\boldsymbol{k}$ は（A）面に垂直外向き方向の z 軸方向の単位ベクトルである．ここでベクトル $\boldsymbol{M}$ は回転方向も具備するので**軸性ベクトル**（axial vector）と呼ばれ（注7），その方向は，しばしば右ネジの回転と関連付けられる．すなわち図のように x から y 方向にネジを回すと進む方向が z 方向が正になるように関連付けられる．

さらに一般的に図 1.10 に示すような三次元空間上の一点 P に作用する力ベクトルを $\boldsymbol{F}$ として，別の任意の点 O を考え，O から P に至る位置ベクトルを $\boldsymbol{r}$ とする．すなわち $\overrightarrow{\mathrm{OP}} = \boldsymbol{r}$ とする．

力 $\boldsymbol{F}$ と位置ベクトル $\boldsymbol{r}$ の乗る面を（A）とする．力 $\boldsymbol{F}$ の x，y，z 方向の成分を X，Y，Z とし，位置ベクトル $\boldsymbol{r}$ の x，y，z 方向の成分を x，y，z，さらに x，y，z 方向の単位ベクトルを $\boldsymbol{i}$，$\boldsymbol{j}$，$\boldsymbol{k}$ とすれば，式（1.17）の導出の場合と同様に考えると力 $\boldsymbol{F}$ の O 点に関するモーメントは一般的に次のように記述することができる．

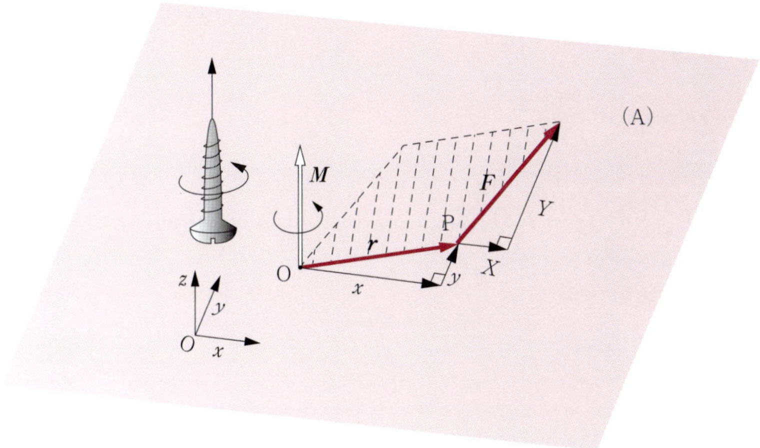

図 1.9　平面内に作用する力とそのモーメント

（注7）これに対して変位，速度，加速度のような通常のベクトルは**極性ベクトル**（polar vector）と呼ばれる．

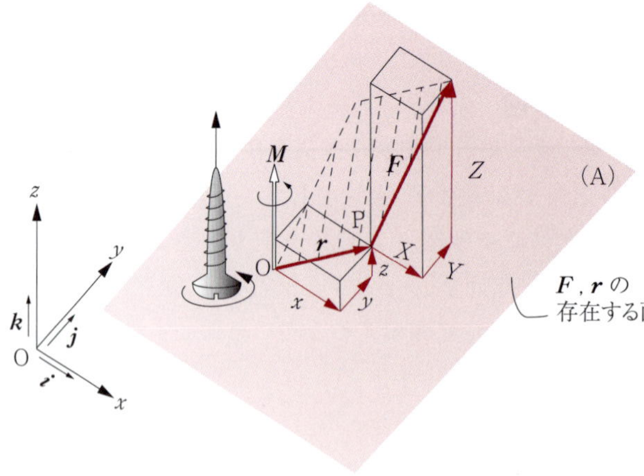

図 1.10　三次元空間の力とそのモーメント

$$\boldsymbol{M} = (yZ - zY)\boldsymbol{i} + (zX - xZ)\boldsymbol{j} + (xY - yX)\boldsymbol{k} \tag{1.18}$$

ここで式（1.18）の第３番目の項は式（1.17）と一致することは言うまでもない．式（1.18）の $\boldsymbol{i}$, $\boldsymbol{j}$, $\boldsymbol{k}$ の係数を M_x, M_y, M_z と書けば

$$\boldsymbol{M} = M_x\boldsymbol{i} + M_y\boldsymbol{j} + M_z\boldsymbol{k} \tag{1.19}$$

の形になる．ここで $M_x = yZ - zY$, $M_y = zX - xZ$, $M_z = xY - yX$ となり，モーメントベクトルの x, y, z 成分である．式（1.18）は数学的には**ベクトルの外積**（outer product）あるいは**ベクトル積**（vector product）と行列式の概念を用いると次のように簡明に書くことができる（注8, 9）．

$$\boldsymbol{M} = \boldsymbol{r} \times \boldsymbol{F} = \begin{vmatrix} \boldsymbol{i} & \boldsymbol{j} & \boldsymbol{k} \\ x & y & z \\ X & Y & Z \end{vmatrix} = (yZ - zY)\boldsymbol{i} + (zX - xZ)\boldsymbol{j} + (xY - yX)\boldsymbol{k} \tag{1.20}$$

$\boldsymbol{M}$ の大きさ，$M = |\boldsymbol{M}|$ は

$$M = |\boldsymbol{M}| = rF\sin\theta \tag{1.21}$$

となり，$\boldsymbol{r}$ と $\boldsymbol{F}$ を一辺とする斜線で示す平行四辺形の面積に相当し，$\boldsymbol{M}$ の方向は面（A）に垂直で右ネジの法則に従う方向（$\boldsymbol{r} \rightarrow \boldsymbol{F}$ の方向にネジを回すとき進む方向）となる．

（注８）外積 $\boldsymbol{A} \times \boldsymbol{B} = \boldsymbol{C}$ は一つのベクトル $\boldsymbol{C}$ となりその大きさ $|\boldsymbol{C}| = |\boldsymbol{A} \times \boldsymbol{B}|$ は $|\boldsymbol{C}| = AB\sin\theta$ となり $\boldsymbol{A}$, $\boldsymbol{B}$ の存在する面に垂直で $\boldsymbol{A}$, $\boldsymbol{B}$ の作る平行四辺形の面積を持ち $\boldsymbol{A} \rightarrow \boldsymbol{B}$ の方向にネジを回すと進む方向（右ネジの法則）に向くベクトルである．ベクトルの外積において交換法則は成立しない．つまり $\boldsymbol{A} \times \boldsymbol{B} = -\boldsymbol{B} \times \boldsymbol{A}$ となる．

（注９）行列式は下記のように各行，各列から一つずつの要素を取った際の積の総和である．右下に向う方向は正，左下へ向う方向は負の符号を持つ．

例題 1.3　支柱の固定部に作用するモーメント

図 1.11 に示すように先端部に $T=10$[kN] の荷重を受けている垂直に立てられた支柱を考える．この支柱の固定部 O に関するモーメントベクトル $\boldsymbol{M}_{\mathrm{O}}$ を求めよ．

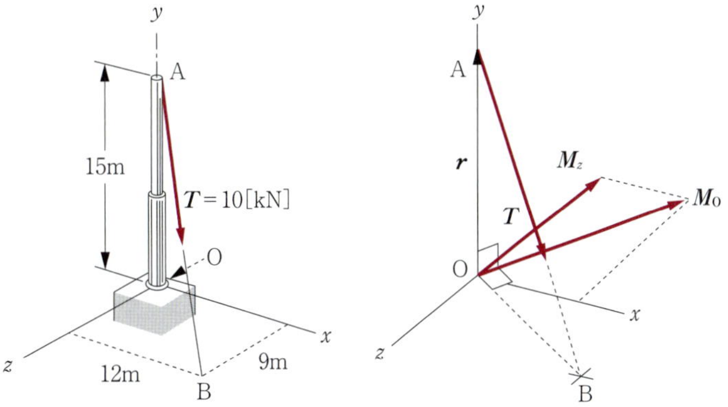

図 1.11　支柱に作用するモーメント

【解答】　AB 間の長さ $\overline{\mathrm{AB}}$ は次のように計算できる．

$$\overline{\mathrm{AB}}=\sqrt{9^2+15^2+12^2}=\sqrt{450}=21.2[\mathrm{m}]$$

したがって方向余弦 l, m, n はそれぞれ，$12/\overline{\mathrm{AB}}=0.566$，$-15/\overline{\mathrm{AB}}=-0.707$，$9/\overline{\mathrm{AB}}=0.424$，となる．したがって

$$\begin{aligned}\boldsymbol{M}_{\mathrm{O}}&=15\boldsymbol{j}\times 10(0.566\boldsymbol{i}-0.707\boldsymbol{j}+0.424\boldsymbol{k})\\&=150(-0.566\boldsymbol{k}+0.424\boldsymbol{i})\,[\mathrm{KN\cdot m}]\end{aligned}$$

1.2.3 ◆ 偶力と偶力のモーメント

図 1.12 に示すように，平行な作用線を持ち，大きさが等しく逆向きの一つの物体に作用する2力（$\boldsymbol{F}_1, \boldsymbol{F}_2$）を一組の力と考えたとき，これを**偶力**（couple of forces あるいは単に couple）と言う．偶力の二つの作用線間の距離 d を**偶力の腕**（arm of couple）と言う．二つの力の大きさ，$F=|\boldsymbol{F}_1|=|\boldsymbol{F}_2|$ と偶力の腕 d の積 dF は偶力のモーメントの大きさを表す．偶力のモーメント $\boldsymbol{M}_c$ は，二つの力が存在する面（A）に垂直で，その方向は右ネジの法則に従う方向となる．偶力は

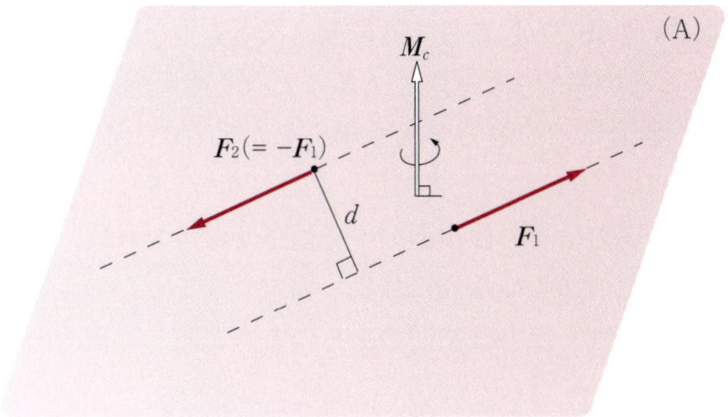

図 1.12　偶力とそのモーメント

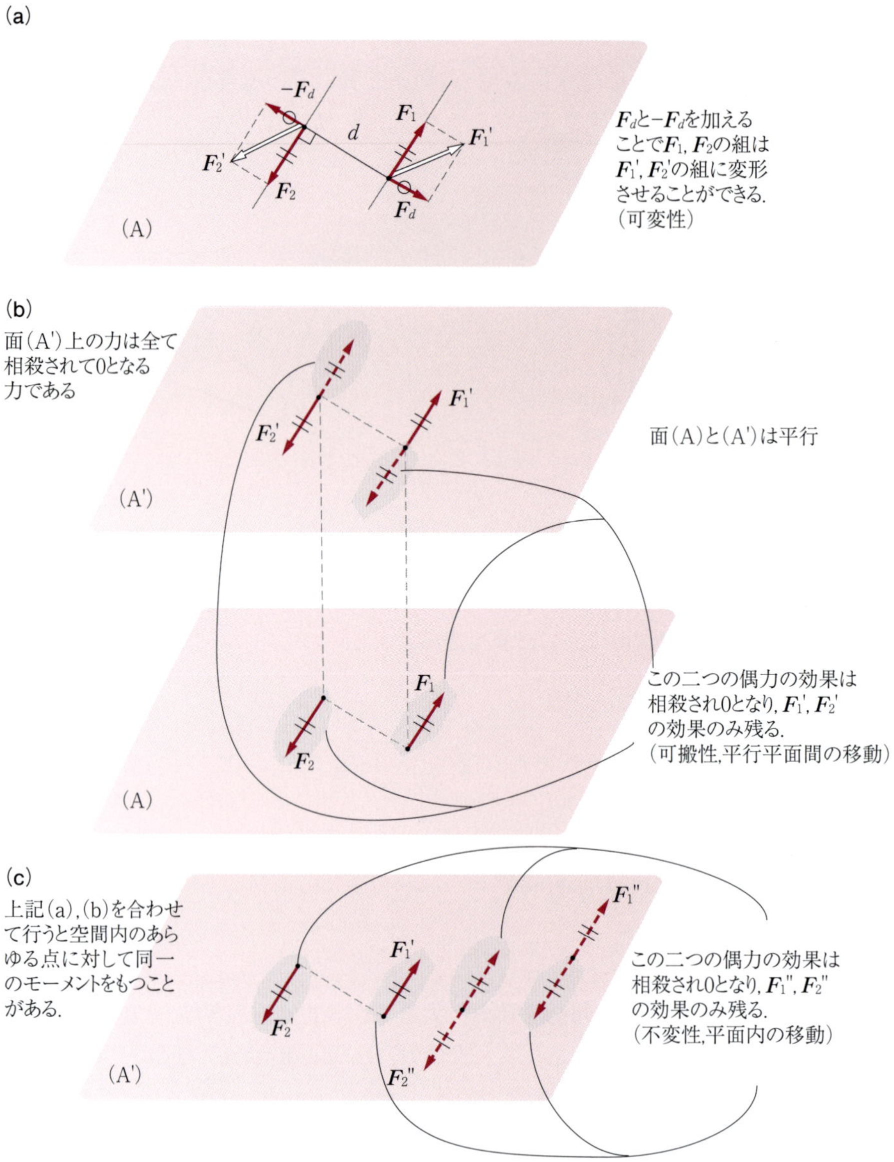

図 1.13　偶力のモーメントの可変・可搬性

静的な平衡状態におよぼす効果のみに着目する限り，次のような可変，可搬等の特性を有する．すなわち $\boldsymbol{M}_c$ のベクトルはその静的な効果を変えることなく空間内のいろいろな点に移動できる．

（1）偶力の可変形性：偶力はその静力学的な効果を変えることなく変形させることができる（図 1.13（a））

（2）偶力の空間可搬性：偶力はその作用面の平行性させ保持すれば，その静力学的な効果を変えることなく，空間上のあらゆる点に移動・固定することができる（図 1.13（b））

（3）偶力モーメントの不変性：偶力は空間のあらゆる点に関して同一のモーメントを持つ（図 1.13（c））

図 1.13 に破線で示しているように，これらの性質は静力学的に何の影響も与えない二つの力，

すなわちその和が0となるような二つの力（相殺二力）を意図的に加え，実際に作用する偶力を形成する実線で示した二つの力との組を作ることにより，証明することができる．

1.3 静力学の基本法則

初等的な静力学では，質点（particle）や剛体（rigid body）を対象として，拘束条件（constraint condition）の下でそれらに時間的に変化しない一定の集中力や分布力等の外からの力（静力学的な力），すなわち外力が加わった場合の力の作用状態を考察して，未知の支点反力などを決定することを主目的としている．ここに質点とは幾何学の点に質量が集中した理想的な力学的概念である，図1.14（a）に示すように，その動きはx，y，z座標系ではx，y，z方向の直線的な変位，すなわち三つの並進変位（translation）u，v，wで表現される．このような動き得る変位の数は自由度（degrees of freedom）と呼ばれる．質点の自由度は一般的に3である．自動車やロケットの運動は実際には大きさのある物体ではあるが，巨視的にその並進変位のみを考えるときには質点として扱われる．また剛体とは，有限の大きさを持つが，作用する力に対して全く変形しない，やはり力学的に理想的な物体の概念であり，図1.14（b）に示すようにその動きはx，y，z

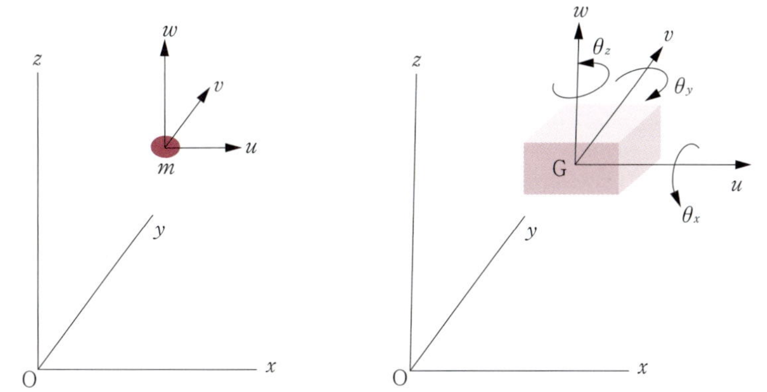

(a) 質点とその自由度　(b) 剛体とその自由度
図1.14　質点と剛体およびその自由度

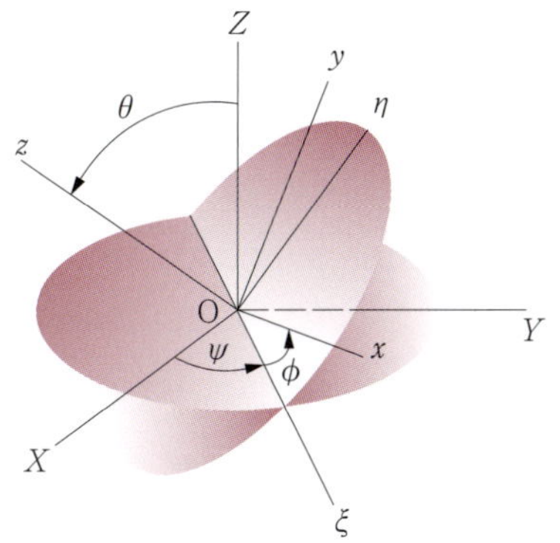

図1.15　オイラー角

座標系に対しては，通常質量中心（重心）G の各方向の三つの並進変位 u，v，w と各座標系の回りの三つの**回転変位**（rotation）θ_x，θ_y，θ_z を与えると定めることができる（注 10）．剛体の自由度はしたがって 6 である．

なお拘束条件に関しては第 5 章で，重心（質量中心）に関しては第 3 章で述べる．

例題 1.4　ジャイロスコープの回転変位のオイラー角による表示

図 1.16（a）に示すジャイロスコープの回転変位は，オイラー角による表示が便利である．オイラー角による表示と代表的な運動を図示せよ．

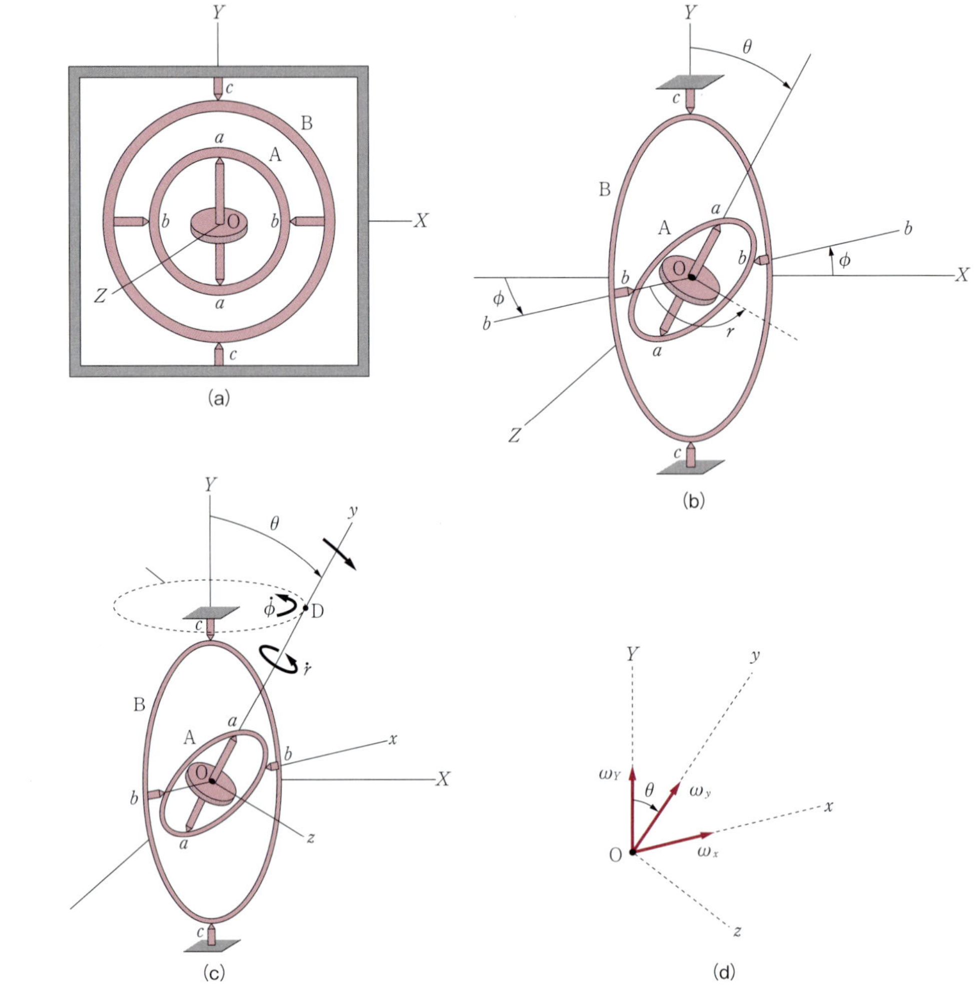

図 1.16　ジャイロスコープ

【解答】　オイラー角による表示を図 1.16(b) に，また代表的な運動を図 1.16(c) に示す．

（注 10）剛体の回転はこの他の表示方法，図 1.15 に示す三つのオイラー角（θ，ϕ，ψ）でも表示される．

ところで静力学の静的な平衡状態を運動の特別な状態と見れば，静力学を支配する基本法則はニュートンの運動の法則に他ならない．しかしニュートン以前に従来より，経験的に認識された，いわば静力学の基本法則と呼ぶことができる知見が存在する．これらの法則は数学における公理論的な構成の基礎となる公理系のように整備されたものでもなく，またその順序についても確かなものでもないことも付言しておく．

（1）**作用・反作用の法則**（action and reaction）
（2）**二力相殺の法則**（add nothing）
（3）**力の平行四辺形の法則**（parallelogram's law of forces）
（4）**平衡維持の法則**（equilibrium state）
（5）**力の伝達性の法則**（transmission of forces）

上記（1）はニュートンの第3法則そのものである．（2）は一つの作用線上にある大きさが同じで，方向が逆の二力を加えてもお互いにキャンセル，つまり相殺しあい，0の力を加える（add nothing）ことに相当し，平衡状態に影響を及ぼさないことを言っている．その典型的な事例は図1.17に示すような平衡状態にある物体に（a）のような引張り効果を示す大きさが等しい二力を加えても，（b）のような圧縮効果を示す大きさが等しい二力を加えても，その平衡状態が変わらない例である．ここで注意すべきは剛体でないような変形する物体，例えば弾性体と呼ばれる物体では（a）では伸び，（b）では縮むことになり，異なる効果を与えることである．（3）は図1.18に示すように1点Pに作用する二つの力 F_1，F_2 の合力は F_1，F_2 で形成される平行四辺形の対角線となることを述べているもので，力を作用線に拘束されたベクトルとして扱えることを示している．（4）は平衡状態にある物体は，新たに力が作用しないかぎり，平衡状態を保つというものである．最後の（5）は力の作用線上に作用点を任意に移動してもその力の効果は変わらないことを述べた法則である．

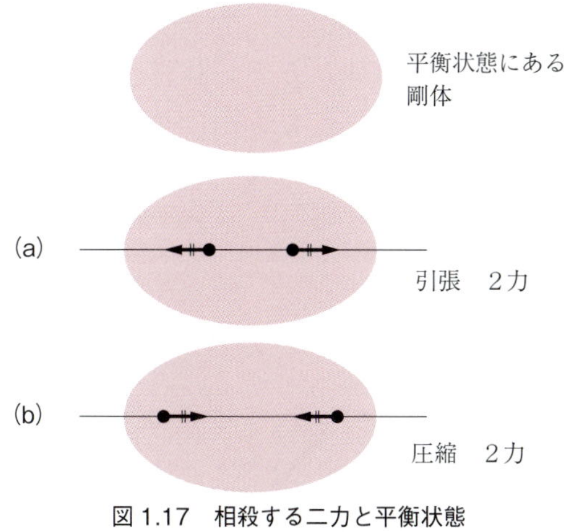

図1.17　相殺する二力と平衡状態

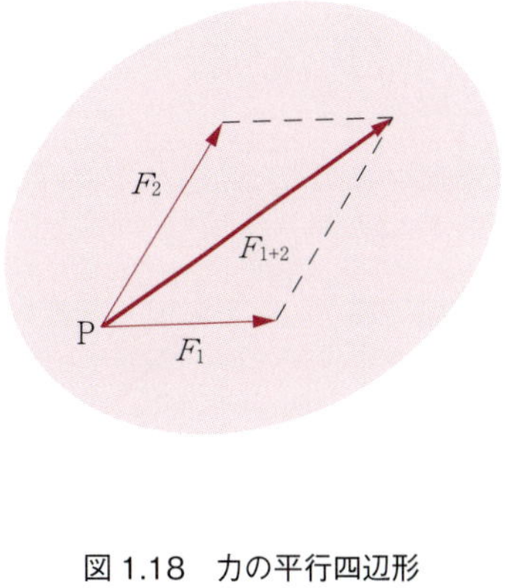

図1.18　力の平行四辺形

例題 1.5　平行力系の作用線

図 1.19（a）に示すような二つの平行力系を考える．上記の基本法則を用いて静力学的な効果を損なわないで二つの合力の作用線を求めよ．

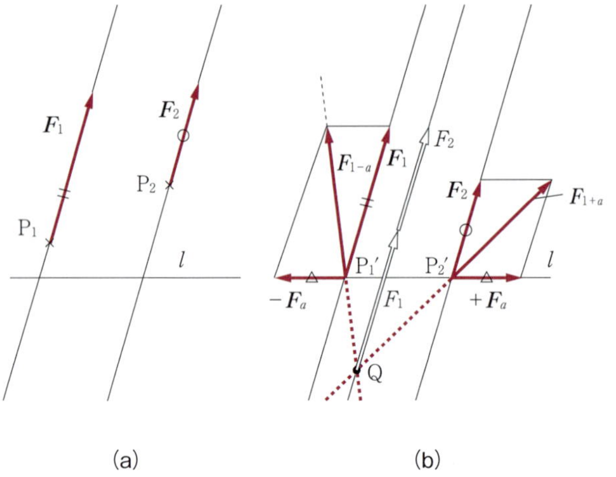

図 1.19　平行二力の作用線

【解答】　力は作用線上を移動してもその静力学的な効果は損なわれないので，図 1.18(b) のように作用点 P_1，P_2 を直線 l 上の P_1'，P_2' に移動する．ここで二力相殺の法則を使って適当な大きさの力 $\boldsymbol{F}_a$ と $-\boldsymbol{F}_a$ を P_1'，P_2' に加えてもその静力学的効果は損なわれない．さらに力の平行四辺形の法線を適用して $\boldsymbol{F}_1$ と $-\boldsymbol{F}_a$，$\boldsymbol{F}_2$ と $+\boldsymbol{F}_a$ を合成して $\boldsymbol{F}_{1-a}$，$\boldsymbol{F}_{1+a}$ の合力を求め，その作用線の交点 Q を得ることができる．二つの合力の大きさは F_1+F_2 となり，その作用線は Q を通り，$\boldsymbol{F}_1$ と $\boldsymbol{F}_2$ に平行な線である．

第１章　演習問題

［１］図 E1-1 の(a)，(b)に記載してある力を x，y，z 方向の単位ベクトル $\boldsymbol{i}$，$\boldsymbol{j}$，$\boldsymbol{k}$ を用いてベクトル表示せよ．また各力の方向余弦 m，n，l を求めよ（(a)の２次元の場合は，$\boldsymbol{k}$，l 成分はないので表示しなくてよい）．

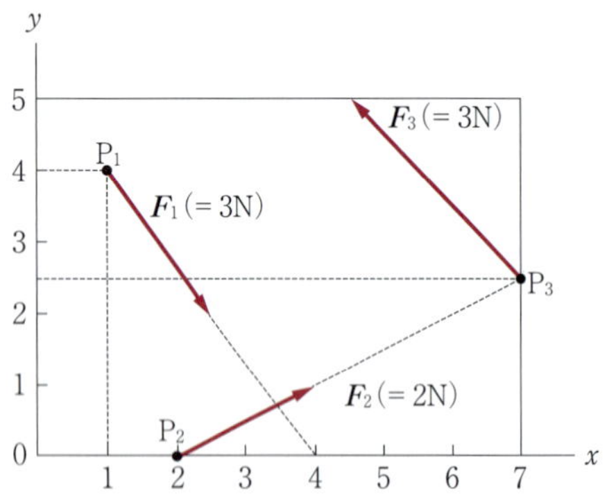

図 E1-1(a)　２次元平面内の力図

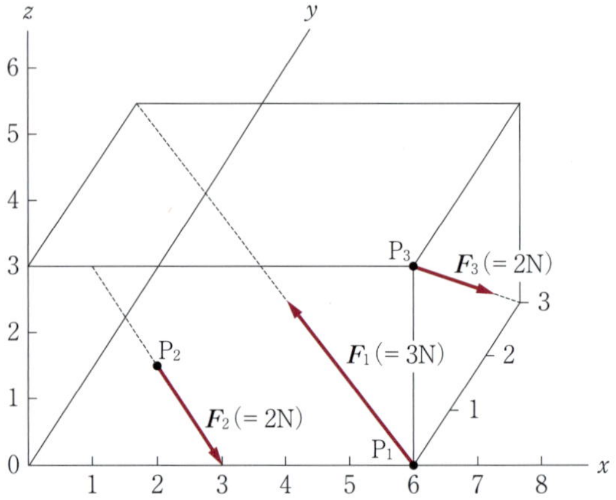

図 E1-1(b)　３次元空間内の力

［2］図 E1-2 の(a)，(b)に記載してある力の成分や方向余弦などを各図の付近に記載してある表に代入して表を完成させよ．

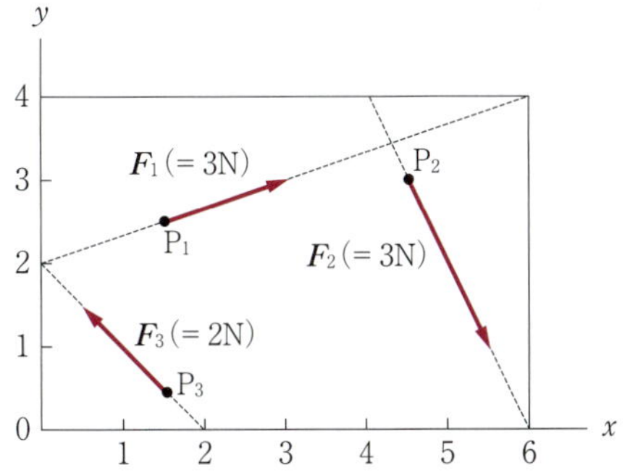

F_i	F_i = (|F_i|)	方向余弦		各軸方向の力	
		l_i	m_i	$X_i = lF_i$	$Y_i = m_i F_i$
F_1					
F_2					
F_3					
Σ					

図 E1-2(a)　2 次元平面内の力

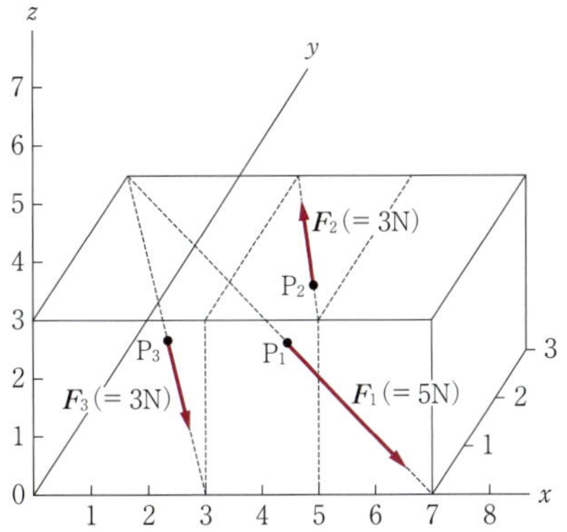

F_i	F_i = (|F_i|)	方向余弦			各軸方向の力		
		l_i	m_i	n_i	$X_i = lF_i$	$Y_i = m_i F_i$	$Z_i = n_i F_i$
F_1							
F_2							
F_3							
Σ							

図 E1-2(b)　3 次元空間内の力

［3］質量 60[kg]の人を地球が引張る力として 60kg 重（60kgf）と記す重力単位系がある．この重力単位系で 200[kgf]の力は，SI 単位系では，何[N]の力に相当するか（重力単位系の SI 単位系への換算）．

［4］SI 単位系では，重力の加速度の値としてしばしば 9.8[m/s^2]用いる．この重力加速度 g の FPS 単位系（ft-lb）単位系における値を求めよ（表 1-4 を参照せよ）．ここに FPS 単位系における g の単位は[ft/s^2]である．

［5］図 E1-3 の①，②の原点0 におけるモーメントを求めるために各図の下の表を完成せよ．

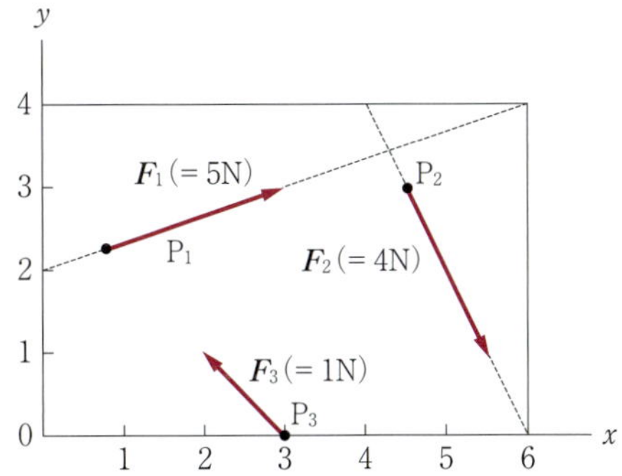

図 E1-3(図①)　2 次元空間内の力とモーメント

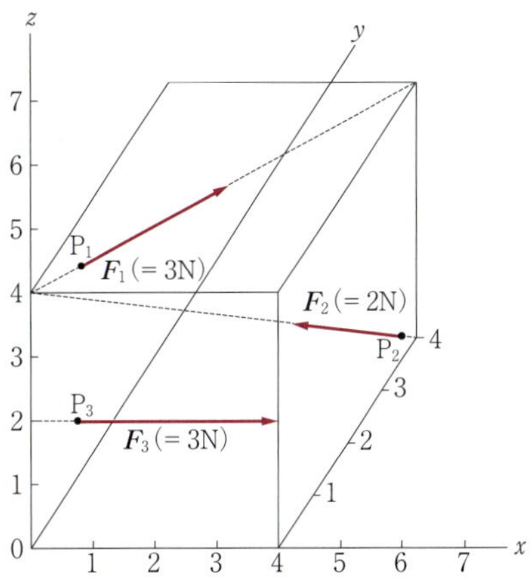

図 E1-3(図②)　3 次元空間内の力とモーメント

$\boldsymbol{F}_i$	$F_i = (\vert\boldsymbol{F}_i\vert)$	方向余弦		各軸方向の力		モーメントの腕		モーメント
		l_i	m_i	$X_i = lF_i$	$Y_i = m_i F_i$	x_i	y_i	$M_i = x_i Y_i - y_i X_i$
$\boldsymbol{F}_1$								
$\boldsymbol{F}_2$								
$\boldsymbol{F}_3$								
Σ								

図 E1-3（表①）　２次元平面内の力とモーメント

$\boldsymbol{F}_i$	$F_i = (\vert\boldsymbol{F}_i\vert)$	方向余弦			各軸方向の力			モーメントの腕			モーメント		
		l_i	m_i	n_i	$X_i = lF_i$	$Y_i = m_iF_i$	$Z_i = n_iF_i$	x_i	y_i	z_i	$M_{xi} = y_i Z_i - z_i Y_i$	$M_{yi} = z_i X_i - x_i Z_i$	$M_{zi} = x_i Y_i - y_i X_i$
$\boldsymbol{F}_1$													
$\boldsymbol{F}_2$													
$\boldsymbol{F}_3$													
Σ													

図 E1-3（表②）　３次元空間内の力とモーメント

［6］図 E1-4 の(a)は，直径 35cmの車のハンドルで，運転は右へカーブを切るために 7N の力を加えた．これらの力に関するモーメントを計算せよ．またハンドルの直径が大きくなることの効果を論じよ．

また同図(b)は，トラックのウィンチで質量 50kg で，長さ 5m の柱をゆっくりと引張っている状態である．柱と地面が 45° の角度をなすときケーブルには柱の重量の 30%の力が加わっているとする．このとき，O 点に作用しているモーメントを求めよ．

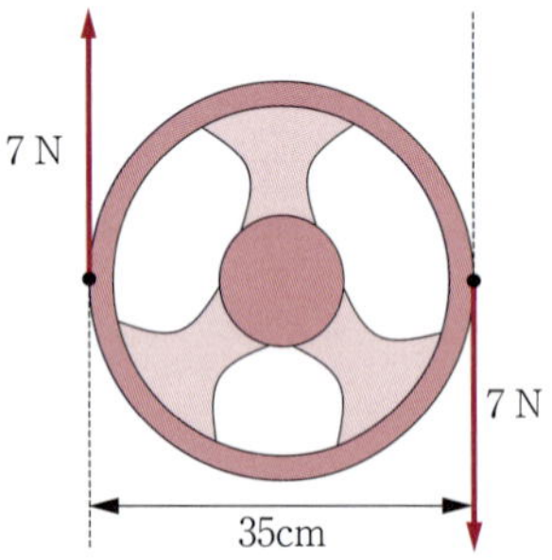

図 E1-4(a)　自動車のハンドル

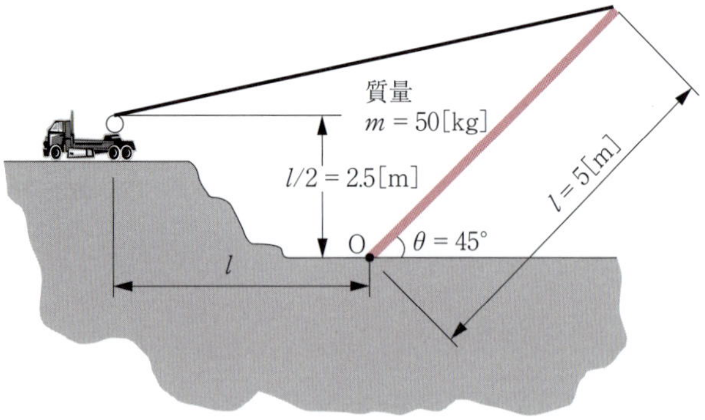

図 E1-4(b)　トラックのウィンチによる引上げ

［7］図 E1-5 に示すような水平にかかっている橋を考える．今橋の中央 B に体重 90kg（90kgf）の人が立っている．橋への影響（支点反力への影響）が同一になるようにするには橋の A，C 点にそれぞれ何 kg の人が立てばよいか．

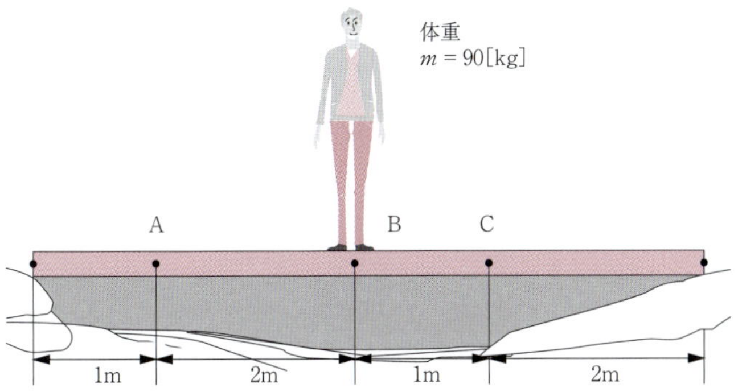

図 E1-5　橋の支点反力

［8］図 E1-6 に示すように質量 30kg の水平に吊るされた一様な長方形板が 3 本のケーブルで水平に支えられている．このとき各ケーブルに作用する張力を求めよ．

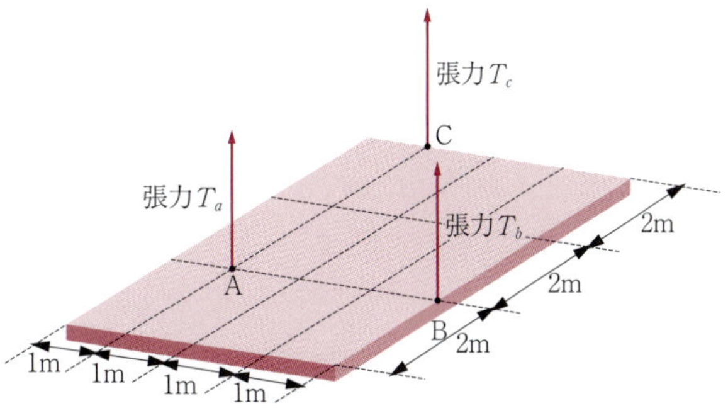

図 E1-6　水平に吊るしたケーブルの張力

［9］図 E1-7 に示すようにドアが 30° 開くように鎖 AB で吊られている．ここでドアの質量分布は一様であるとする．鎖 AB に作用する張力の大きさが 100N となったとき，この張力の CD 軸への成分を求めよ（ドアの質量は重心 G に集中力として作用していると考えよ）．

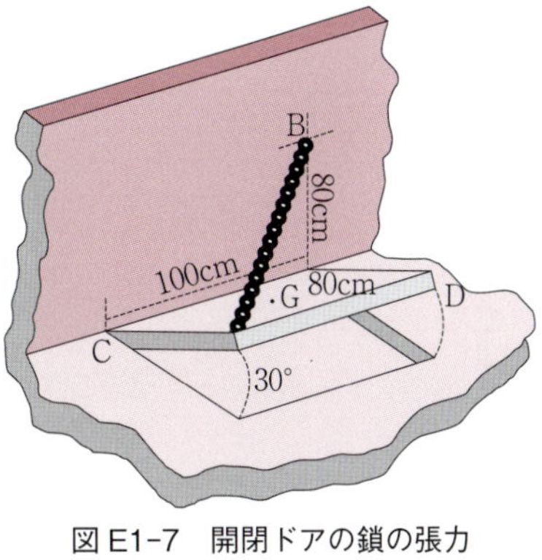

図 E1-7　開閉ドアの鎖の張力

［10］偶力（couple force）は，その平行さえ保持すれば，静力学的な効果を変えることなく空間上のあらゆる点に移動・固定することができることを証明せよ．

第2章

力，モーメントの合成と分解

OVERVIEW

前の章では，力は数学的にベクトル量として表せることを示した．一つの物体に多くの力が作用する系をまとめて一つの系と考えて力系と呼ぶことにする．多くの力を静力学に等価な単純な力系に置き換えることを力の合成（composition）という．力をベクトル量として扱うときに力の合成はベクトル量の合成として数学的に扱うことができ，幾何学的に，あるいはその成分表示を基に解析的に扱うことができる．以下には作用線が1点で交じる共点的な力系，共面的な力系，一般的な力系の順で簡単な力系から始めて力の合成を考える．

さらに単純な力系を逆にいくつかの力系に分解することも示す．

アイザック・ニュートン(Isac Newton)
1642年～1727年，イギリス

・物理学者，数学者
・万有引力の法則，運動の三つの法則
・「プリンキピア」出版（1687年）
・ライプニッツとの微分・積分の先取権をめぐっての争い
・月の観測データをめぐってフラムスティードとの争い
・光学（ニュートンリング）他
・力の単位ニュートン[N]の由来

2.1 力の合成

2.1.1 ◆ 共点的な力系の合成

図 2.1 に示すような一つの物体に作用する多くの力の作用線が共通の 1 点を通るような力系は，**共点的な力系**（concurrent force system）と呼ばれる．このような力系は第 1 章の静力学の基本法則（1.3 節）で示した平行四辺形の法則を用いれば一つの合力に合成することができる．まず全ての力 $\boldsymbol{F}_1$，$\boldsymbol{F}_2, \ldots$，$\boldsymbol{F}_n$ をその作用線上に移動して作用線の交点である P に移す．次に順序は問わないが，例えば番号順に合成する場合には $\boldsymbol{F}_1$ と $\boldsymbol{F}_2$ を平行四辺形の法則に従って合成して，その合力 $\boldsymbol{F}_{1+2}$ を求める．次にこの合力 $\boldsymbol{F}_{1+2}$ と $\boldsymbol{F}_3$ との合力 $\boldsymbol{F}_{1+2+3}$ を同じく平行四辺形の法則に従って求める．このような過程を繰り返すと最終的に全ての力，$\boldsymbol{F}_1$，$\boldsymbol{F}_2, \ldots$，$\boldsymbol{F}_n$ の合力 $\boldsymbol{F}_{1+2+\cdots+n}$ を求めることができる．この過程で平行四辺形の法則から力の三角形や力の多角形と呼ばれるものを使うと明解に合成を行うことができる．図 2.2（a）に示すように $\boldsymbol{F}_1$ ベクトルの終点へ $\boldsymbol{F}_2$ ベクトルの始点を重ね，$\boldsymbol{F}_1$ ベクトルの始点から $\boldsymbol{F}_2$ ベクトルの終点を結ぶと合力ベクトル $\boldsymbol{F}_{1+2}$ が形成され，その際に構成される三角形のことを**力の三角形**（force triangle）と呼ぶ．

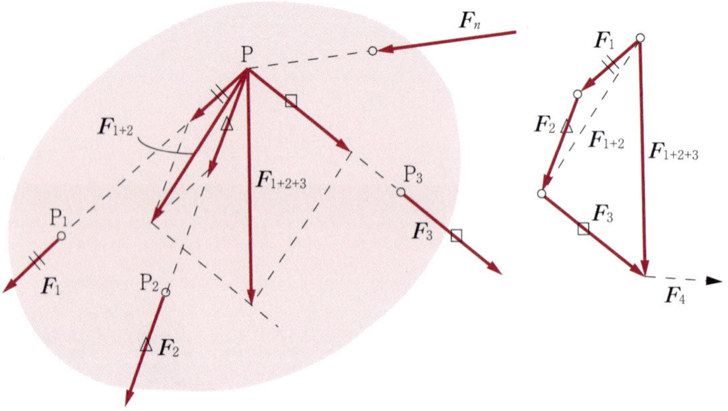

図 2.1　共点的な力の合成と力の多角形

$\boldsymbol{F}_1$，$\boldsymbol{F}_2$，$\boldsymbol{F}_3$ の合力は同様に $\boldsymbol{F}_1$，$\boldsymbol{F}_2$ の合力 $\boldsymbol{F}_{1+2}$ と $\boldsymbol{F}_3$ で力の三角形を形成すれば $\boldsymbol{F}_{1+2+3}$ として求めることができる．このように次々と力の三角形を形成することにより最終的に全ての力の合力 $\boldsymbol{F}_{1+2+\cdots+n}$ を形成することができ，図 2.2 の（b）に示すように力の三角形が重なって多角形が形成されてゆくので，これを**力の多角形**（force polygon）と呼ぶ．この力の多角形を形成して合力を求める方法は平行四辺形をそのつど作成する方法に比べて便利である．ここで力 $\boldsymbol{F}_1$，$\boldsymbol{F}_2, \ldots$，$\boldsymbol{F}_n$ が同一平面内にあれば図 2.2 に示す力の多角形も同一平面内にあり，平面幾何学的に，つまり作図によって合力を求めることができる．しかし同一平面上にない場合には力の多角形は三次元的なベクトルの結合した図形となり，作図による解法は難しく，以下に示すようにベクトル的な演算を行う必要がある．

P_i 点に作用する力 $\boldsymbol{F}_i$ は，直交座標軸 x，y，z 方向の単位ベクトルをそれぞれ $\boldsymbol{i}$，$\boldsymbol{j}$，$\boldsymbol{k}$ として，$\boldsymbol{F}_i$ の x，y，z 方向成分を X_i，Y_i，Z_i とすれば，

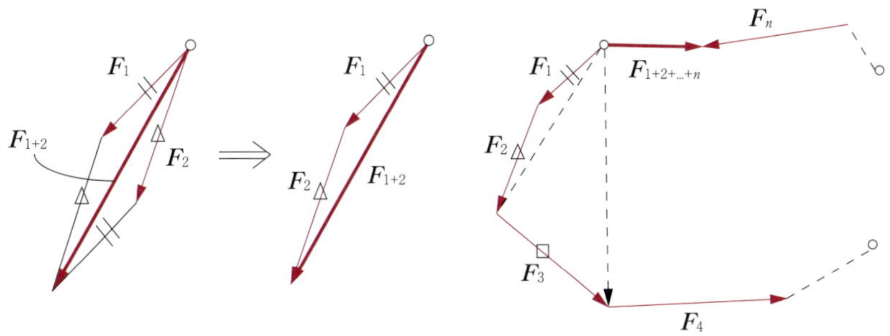

(a) 力の三角形　　(b) 力の多角形

図 2.2　力の三角形と力の多角形

$$\boldsymbol{F}_i = X_i\boldsymbol{i} + Y_i\boldsymbol{j} + Z_i\boldsymbol{k} \tag{2.1}$$

と表すことができる．したがって $\boldsymbol{F}_1$，$\boldsymbol{F}_2, \ldots,$ $\boldsymbol{F}_n$ の合力 $\boldsymbol{F}_{1+2,\ldots+n}$ を $\boldsymbol{F}$ と単に記し，その x，y，z 方向成分を X，Y，Z とすれば

$$\boldsymbol{F} = X\boldsymbol{i} + Y\boldsymbol{j} + Z\boldsymbol{k} \tag{2.2}$$

と書くことができる．ここで合力の成分 X，Y，Z は式（2.1）の各成分の和として

$$X = \sum_{i=1}^{n} X_i,\quad Y = \sum_{i=1}^{n} Y_i,\quad Z = \sum_{i=1}^{n} Z_i \tag{2.3}$$

で与えられる．合力 $\boldsymbol{F}$ の大きさ F とその方向余弦 l，m，n は下記にて算出することができる．

$$F = |\boldsymbol{F}| = \sqrt{X^2 + Y^2 + Z^2} \tag{2.4}$$

$$l = \frac{X}{F},\quad m = \frac{Y}{F},\quad n = \frac{Z}{F} \tag{2.5}$$

上記のようなベクトルの直交座標成分による合力を求める方法は，**成分法**（component method）または**射影法**（projection method）と呼ばれる．

2.1.2 ◆ 共面的な力系の合成

一つの物体に作用する力，$\boldsymbol{F}_1$，$\boldsymbol{F}_2, \ldots,$ $\boldsymbol{F}_n$ が単一の平面内に存在する力系を**共面的な力系**（coplaner force system）と呼ぶ．共面的な力系は以下のように合力を作ってゆく過程で最終的に作用線が 1 点で交わる場合と，作用線が平行になってしまって一点で交わらない場合の，二つの基本的な場合をまず考えると考えやすい．一般的な共面力系では両者が混在する場合となるのでこの点に関しても述べる．

① 作用線が最終的に 1 点で交わる場合

この場合は基本的に 2.1.1 項の共点的な力系の解法手順と同一である．つまり幾何学的には力の多角形を，あるいはベクトルの成分を利用した成分法にて合力を求めることができる．図 2.3 にこの種の力系の簡単な系を示し，少し説明を加えよう．図 2.3 において $\boldsymbol{F}_1$ と $\boldsymbol{F}_2$ の作用線は 1

点Pで交わり，その合力 $\boldsymbol{F}_{1+2}$ は共点的な力系の場合と同様，力の多角形（この場合は力の三角形）を形成して求められる．この合力 $\boldsymbol{F}_{1+2}$ と $\boldsymbol{F}_3$ の作用線は1点Qで交わり，最終的な合力 $\boldsymbol{F}_{1+2+3}$ も力の多角形を形成して求めることができる．また成分法による解法も共点的な力系の場合と全く同様に行うことができる．

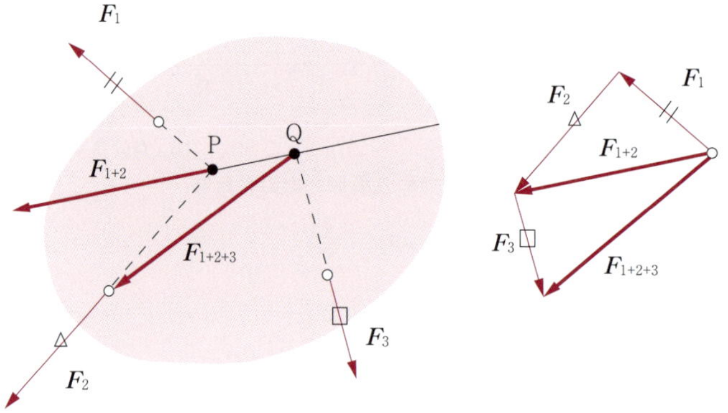

図 2.3　作用線が最終的に1点で交わる共面的力系

② 作用線が最終的に平行となり交わらない場合

力系を合成してゆくと最終的に作用線が1点で交わらずに平行になってしまう場合も生じる．簡単のために $\boldsymbol{F}_1$，$\boldsymbol{F}_2$，...，$\boldsymbol{F}_n$ を合成した結果，二つの平行な作用線を持つ二つの力 $\boldsymbol{F}_a$，$\boldsymbol{F}_b$ になったと想定しよう．この場合はさらに図 2.4（a），（b）に示すように $\boldsymbol{F}_a$ と $\boldsymbol{F}_b$ は同一方向の場合と逆方向の場合とが考えられる．いずれの場合も第1章で述べた静力学の基本法則（2）の二力相殺の法則を用い，その合力を求めることができる．しかしここで注意しなければならないことは（b）の $\boldsymbol{F}_a$ と $\boldsymbol{F}_b$ が逆向きの場合で，しかも $\boldsymbol{F}_a = -\boldsymbol{F}_b$ となる場合，つまり図 2.4 の（c）の偶力となる場合である．この場合は二力相殺の法則を活用しても，その結果は再び平行な二力，すなわち偶力になってしまい，その交点を求めることができない．

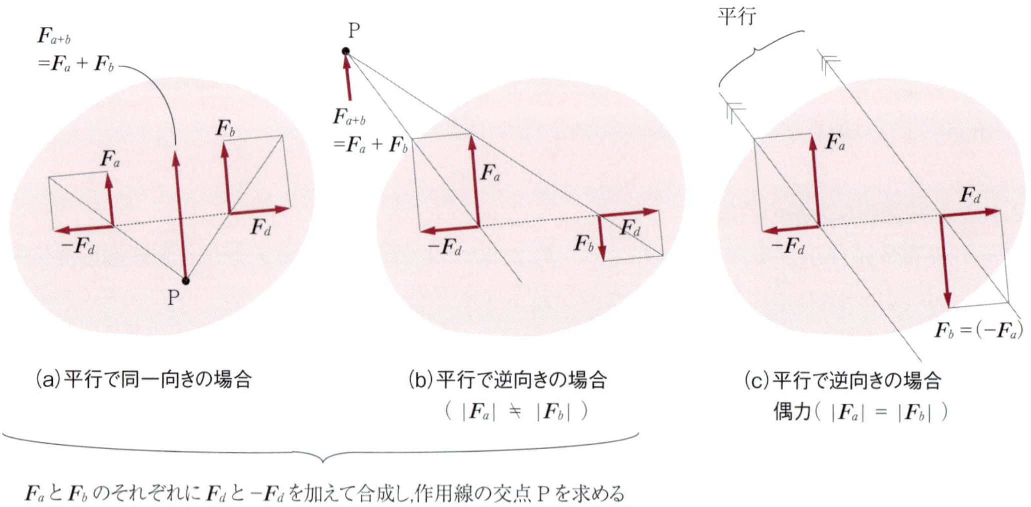

図 2.4　作用線が最終的に平行になる共面的な力系

③　共面的な力系の一般的な場合

一般的な共面的な力系では，上記①と②の場合が混在しているものと考えられる．すなわち作用線が最終的には１点で交わる力系と作用線が平行となる力系が混在する系となる．作用線が平行となる力系の中で偶力は偶力のモーメントの形で残ってしまうことになり，結局，一般的な共面力系は，１点に作用する全ての力の一つの合力と偶力のモーメントの形でまとめることができる．また，複数の偶力のモーメントは後述のように一つの偶力のモーメントの形でまとめられるので，結局，一つの合力と一つの偶力のモーメントの形で整理できる．以上は幾何学的な観点から一般的な共面力系の合成について説明をしたが，次の一般的な空間力系（三次元力系）におけるベクトルの成分法による取扱いが簡明である．

2.1.3 ◆ 一般的な空間力系（３次元力系）の合成

図 2.5 に示すような空間（３次元座標系）にある物体に作用する力 $\boldsymbol{F}_1$, $\boldsymbol{F}_2, \ldots, \boldsymbol{F}_n$ の合成を考えてみよう．幾何学的な観点からすれば前述の一般的な共面力系の場合を３次元空間に拡張したものと考えられるので，一般的な空間力系は一つの合力と一つの偶力のモーメントの形で最終的には合成される．この過程はベクトルの成分法によるとより明解になる．

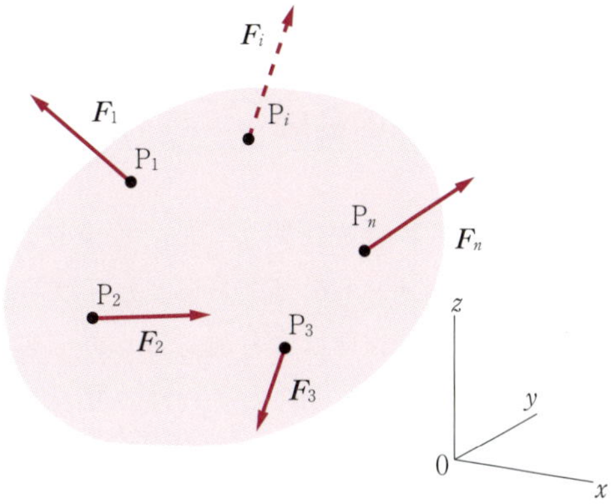

図 2.5　一般的な空間力系

その準備として力の着力点の静力学的に等価な移動について考察してみよう．図 2.6 に示すように点 P$_i$ に作用する力 $\boldsymbol{F}_i$ の着力点を静力学的に点 O に移すことを考える．まず，O 点に $\boldsymbol{F}_i$ の作用線に平行で大きさの等しい二つの相殺する力 $\boldsymbol{F}_d=\boldsymbol{F}_i$ と $-\boldsymbol{F}_d=-\boldsymbol{F}_i$ を加える．静力学の基本法則（２）により，このような相殺する２力を加えても静力学的な平衡状態には影響を及ぼさない．さて，$\boldsymbol{F}_d(=\boldsymbol{F}_i)$ と $-\boldsymbol{F}_d(=-\boldsymbol{F}_i)$ は，作用線が平行で大きさが等しく，逆向きであるので一つの偶力を形成して，その偶力のモーメント $\boldsymbol{M}_c^{(i)}$ を有する．したがって図 2.6 (a) に示す系は点 O を新しい着力点とする $\boldsymbol{F}_d(=\boldsymbol{F}_i)$ と偶力のモーメント $\boldsymbol{M}_c^{(i)}$ に置き換えることができる．ここで着力点を明確にするためにもとの着力点 P$_i$ に作用する力 $\boldsymbol{F}_i$ を $\boldsymbol{F}_c^{(i)}$，点 O に加えた $\boldsymbol{F}_d(=\boldsymbol{F}_i)$ を $\boldsymbol{F}_i^{(\mathrm{O})}$ と記すことにする．

上述の静力学的に等価な着力点の移動を利用して，図 2.5 の空間力系の力 $\boldsymbol{F}_1$, $\boldsymbol{F}_2, \ldots, \boldsymbol{F}_n$ を空間上の１点 O に全て移動することを考える．その結果は

$$\sum_{i=1}^{n}\boldsymbol{F}_i^{(i)}=\sum_{i=1}^{n}\boldsymbol{F}_i^{(\mathrm{O})}=\boldsymbol{F}^{(\mathrm{O})},\ \sum\boldsymbol{M}_{ci}=\boldsymbol{M}_c \tag{2.6}$$

と書くことができる．

ここに $\boldsymbol{F}^{(\mathrm{O})}=\sum\boldsymbol{F}_i^{(\mathrm{O})}$ で作用する力の合力を示し，i 点に作用する力の合力 $\sum_{i=1}^{n}\boldsymbol{F}_i^{(i)}$ と同一である．また $\boldsymbol{M}_c=\sum_{i=1}^{n}\boldsymbol{M}_c^{(i)}$ であり，次節で述べるような偶力のモーメントの合モーメントである．すなわち一般的な空間力系は，結果的には一つの点 O における合力 $\boldsymbol{F}^{(\mathrm{O})}$ と偶力の合モーメント $\boldsymbol{M}_c^{(\mathrm{O})}$ で表されることがわかる．

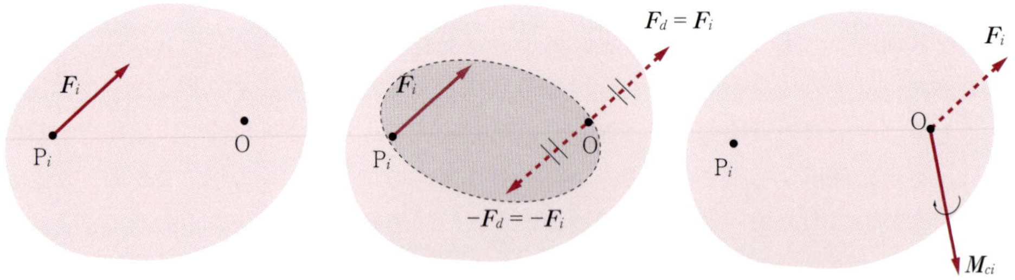

(a) F_i の着力点 P_i から O への移動　(b) O点に F_i の作用線に並行で F_i と大きさが等しく相殺する2力 $(F_d, -F_d)$ を加え，F_i と $-F_d$ を組として考える．　(c) 平行で逆向きの場合 偶力 $(|F_i| = |F_a| = |F_d|)$

図 2.6　力の着力点の静的に等価な移動

2.2 モーメントの合成

モーメントの合成に関しては，**ヴァリニヨン**（Varignon，1687 年）の定理が古くから知られている．モーメントをベクトルとして数学的に表現すればこの定理はある意味で明らかである．ヴァリニヨンの定理は今日風に書くと“共面的な二つの力 $\boldsymbol{F}_1$，$\boldsymbol{F}_2$ の共面上の任意の点 O に関するモーメントを $\boldsymbol{M}_1$，$\boldsymbol{M}_2$ とすれば，$\boldsymbol{M}_1$ と $\boldsymbol{M}_2$ の和は $\boldsymbol{F}_1$ と $\boldsymbol{F}_2$ の合力 $\boldsymbol{F}_{1+2}$ の O 点に関するモーメント $\boldsymbol{M}_{1+2}$ に等しい”という表現になる．図 2.7 に示すように，$\boldsymbol{F}_1$，$\boldsymbol{F}_2$ の作用線の交点 P から O に至る位置ベクトルを $\boldsymbol{r}$ とすれば $\boldsymbol{M}_1$，$\boldsymbol{M}_2$ は次のように表される．

$$\boldsymbol{M}_1 = \boldsymbol{r} \times \boldsymbol{F}_1 \tag{2.7}$$

$$\boldsymbol{M}_2 = \boldsymbol{r} \times \boldsymbol{F}_2 \tag{2.8}$$

式 (2.7) と式 (2.8) の和を取れば

$$\boldsymbol{M}_1 + \boldsymbol{M}_2 = \boldsymbol{r} \times \boldsymbol{F}_1 + \boldsymbol{r} \times \boldsymbol{F}_2 = \boldsymbol{r} \times (\boldsymbol{F}_1 + \boldsymbol{F}_2) = \boldsymbol{r} \times \boldsymbol{F}_{1+2} \tag{2.9}$$

となる．ここで式 (2.8) の中で $\boldsymbol{M}_{1+2}$ は $\boldsymbol{M}_1$ と $\boldsymbol{M}_2$ のモーメントの合成を，$\boldsymbol{F}_{1+2}$ は $\boldsymbol{F}_1$ と $\boldsymbol{F}_2$ の力

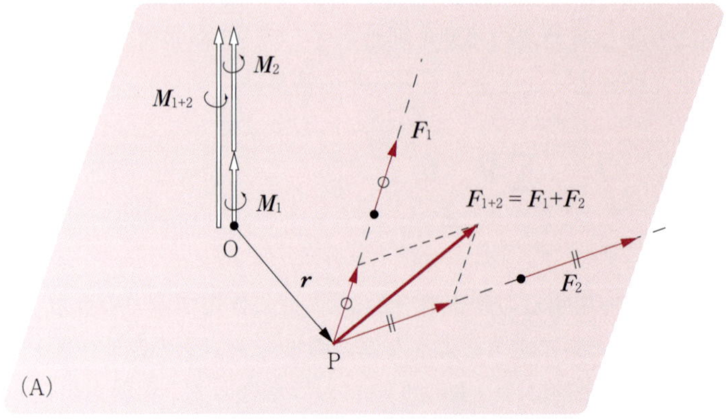

図 2.7　ヴァリニヨンの定理

の合成を表している．ヴァリニヨンの定理はベクトルの表現を用いればこのように簡単に証明できる．

例題 2.1　剛体ブロックに作用する二次元力系の合成

図 2.8 に示すように剛体ブロックに二次元的な力 $\boldsymbol{F}_1$，$\boldsymbol{F}_2$，$\boldsymbol{F}_3$ が作用している．このとき合力およびその x，y 成分ならびに合モーメントおよびその x，y 成分を求めよ．

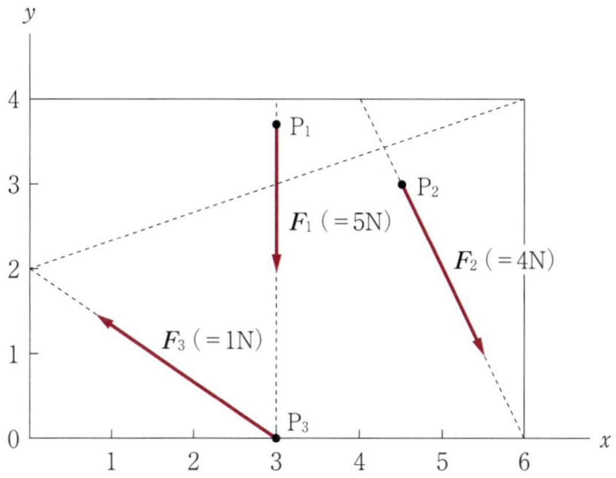

図 2.8　二次元力系の合成

【解答】　表 2.1 のような表を作成すれば，効率よく合力や合モーメントとその x，y 成分を求めることができる．

表 2.1　2次元平面内の力とモーメントの合成

$\boldsymbol{F}_i$	$F_i = (\lvert\boldsymbol{F}_i\rvert)$	方向余弦		各軸方向の力		モーメントの腕		モーメント
		l_i	m_i	$X_i = lF_i$	$Y_i = m_iF_i$	x_i	y_i	$M_i = x_iY_i - y_iX_i$
$\boldsymbol{F}_1$	5	0	-1	0	-5	3	0	-15
$\boldsymbol{F}_2$	4	$1/\sqrt{5}$	$-2/\sqrt{5}$	$4/\sqrt{5}$	$-8/\sqrt{5}$	4	4	$-48\sqrt{5}$
$\boldsymbol{F}_3$	1	$-3/\sqrt{13}$	$2/\sqrt{13}$	$-3/\sqrt{13}$	$2/\sqrt{13}$	3	0	$6/\sqrt{13}$
Σ								$-15-48\sqrt{5}+6/\sqrt{13}$

各力は，その作用線上に移動可能であるので，モーメントの腕は作用線上都合の良い点を選べばよい（図 1.9 参照）

例題 2.2　剛体ブロックに作用する三次元力系の合成

図 2.9 に示すように剛体ブロックに三次元的な力 $\boldsymbol{F}_1$，$\boldsymbol{F}_2$，$\boldsymbol{F}_3$ が作用している．このとき合力およびその x，y，z 成分ならびに合モーメントおよびその x，y，z 成分を求めよ．

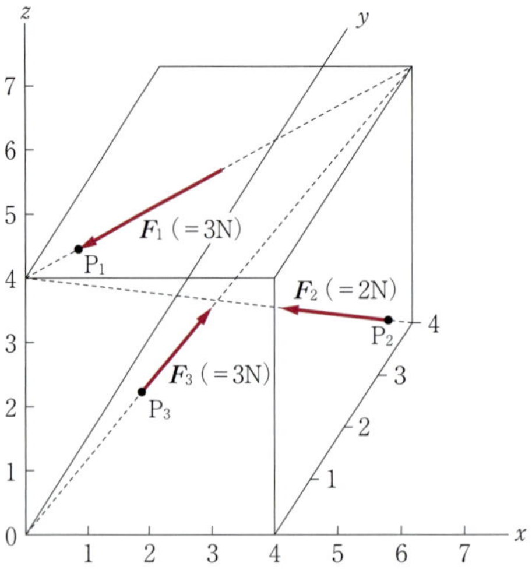

図 2.9　3 次元空間内の力とモーメント

【解答】　二次元力系の例題 2.1 と同様な三次元的な表 2.2 を作成する．この表に従えば合力や合モーメントおよびその x，y，z 成分が効率よく計算できる．

表 2.2　三次元空間内の力とモーメントの合成

$\boldsymbol{F}_i$	$F_i=$ $(\lvert\boldsymbol{F}_i\rvert)$	方向余弦			各軸方向の力			モーメントの腕			モーメント		
		l_i	m_i	n_i	$X_i=lF_i$	$Y_i=m_iF_i$	$Z_i=n_iF_i$	x_i	y_i	z_i	$M_{xi}=y_iZ_i-z_iY_i$	$M_{yi}=z_iX_i-x_iZ_i$	$M_{zi}=x_iY_i-y_iX_i$
$\boldsymbol{F}_1$	3	$-1/\sqrt{2}$	$-1/\sqrt{2}$	0	$-3/\sqrt{2}$	$-3/\sqrt{2}$	0	0	0	4	$12/\sqrt{2}$	$-12/\sqrt{2}$	0
$\boldsymbol{F}_2$	2	$-1/\sqrt{3}$	$-1/\sqrt{3}$	$1/\sqrt{3}$	$-2/\sqrt{3}$	$-2/\sqrt{3}$	$2/\sqrt{3}$	0	0	4	$8/\sqrt{3}$	$-8/\sqrt{3}$	0
$\boldsymbol{F}_3$	3	$1/\sqrt{3}$	$1/\sqrt{3}$	$1/\sqrt{3}$	$3/\sqrt{3}$	$3/\sqrt{3}$	$3/\sqrt{3}$	0	0	0	0	0	0
Σ											$12/\sqrt{2}$ $+8/\sqrt{3}$	$-12/\sqrt{2}$ $-8/\sqrt{3}$	0

例題 2.3　板構造に作用する三次元力系の合成

図 2.10 に示すような直角に組まれた板構造が三次元的な力を受けている．ねじれの関係にあるとき合力の作用点 P の座標 x，y と合力の大きさとその x，y，z 成分および合モーメントの大きさとその x，y，z 成分を求めよ．

【解答】　合力 $\boldsymbol{R}$ とその成分は

$$\boldsymbol{R}=20\boldsymbol{i}+40\boldsymbol{j}+40\boldsymbol{k},\quad R=\sqrt{(20)^2+(40)^2+(40)^2}=60$$

の形で求められる．また方向余弦は以下のようになる．

$$l=\cos\theta_x=20/60=1/3,\quad m=\cos\theta_y=40/60=2/3,\quad n=\cos\theta_z=40/60=2/3$$

合力 $\boldsymbol{R}$ の合モーメントの寄与分は

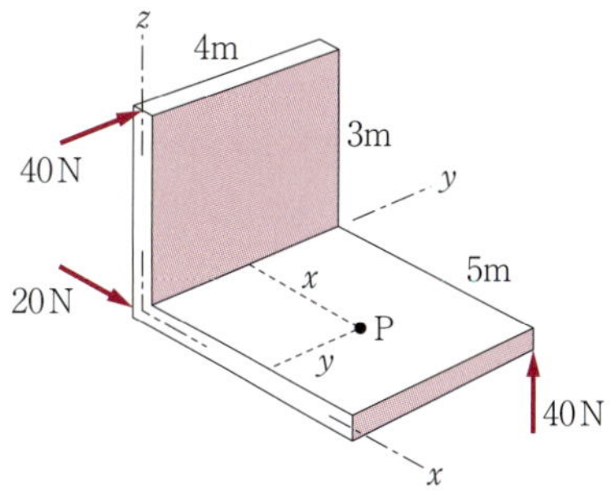

図2.10(a)　三次元的な力を受ける板構造

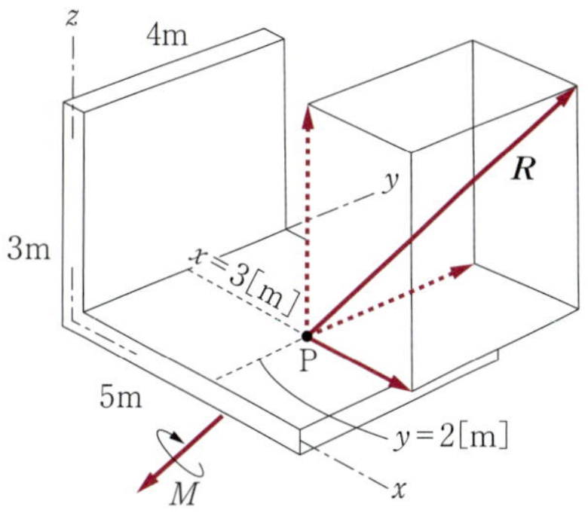

図2.10(b)　フリーボディダイヤグラム

$$(\boldsymbol{M})_{Rx}=20y\boldsymbol{k}[\mathrm{N\cdot m}],\ (\boldsymbol{M})_{Ry}=-40(3)\boldsymbol{i}-40x\boldsymbol{k}[\mathrm{N\cdot m}],\ (\boldsymbol{M})_{Rz}=40(4-y)\boldsymbol{i}-40(5-x)\boldsymbol{j}[\mathrm{N\cdot m}]$$

となる．すなわち合モーメントは

$$\boldsymbol{M}=(40-40y)\boldsymbol{i}+(-200+40x)\boldsymbol{j}+(-40x+20y)\boldsymbol{k}$$

の形で書ける．方向余弦は

$$l=\cos\theta_x=(40-40y)/M,\quad m=\cos\theta_y=(-200+40x)/M,\quad n=(-40x+20y)/M$$

ここに M は $\boldsymbol{M}$ の大きさである．したがって

$$40-40y=\frac{M}{3},\quad -200+40x=\frac{2M}{3},\quad -40x+20y=\frac{2M}{3}$$

となり，これらの式から

$$M=-120[\mathrm{N\cdot m}],\ x=3[\mathrm{m}],\ y=2[\mathrm{m}]$$

が得られる．なお図2.10(b)のフリーボディダイヤグラムは物体に作用する全ての力とモーメントを描いたものである．

例題 2.4　板に作用する平行力の合成

図2.11 (a) に示すように，作用線が平行な四つの力が平板に作用している．このとき合力 $\boldsymbol{R}$ の大きさと成分およびその作用点の x，z 座標ならびに合モーメント $\boldsymbol{M}$ の大きさとその成分を求めよ．

【解答】　O点における等価な力 $\boldsymbol{R}$ とモーメント $\boldsymbol{M}_O$ は

$$\boldsymbol{R}=\Sigma\boldsymbol{F}=(200+500-300-50)\boldsymbol{j}=350\boldsymbol{j}[\mathrm{N}]$$
$$\boldsymbol{M}_O=[50(0.35)-300(0.35)]\boldsymbol{i}+[-50(0.50)-200(0.50)]\boldsymbol{k}=-87.5\boldsymbol{i}-125\boldsymbol{k}[\mathrm{N\cdot m}]$$

となる．図2.11 (b) を参照して合力の作用点の座標を $(x,\ z)$，O点からの位置ベクトルを $\boldsymbol{r}$ とすれば

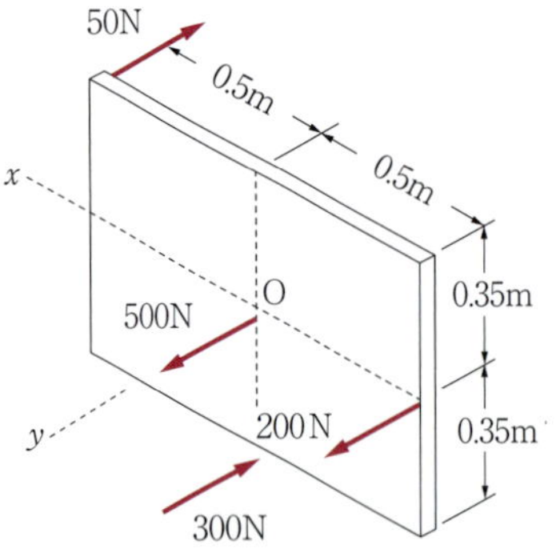

図 2.11 (a)　板に作用する平行力の合成

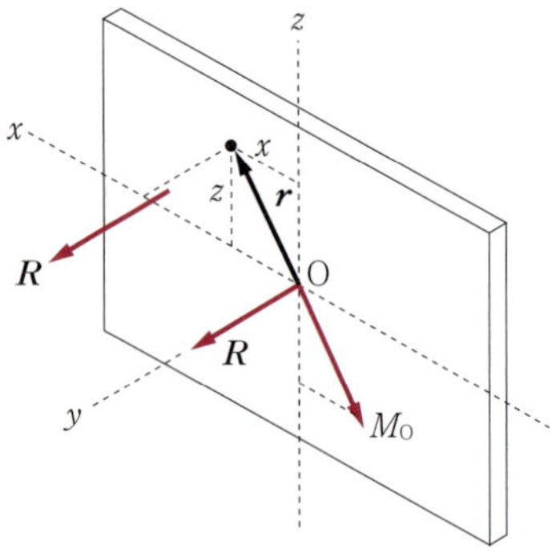

図 2.11 (b)　フリーボディダイヤグラム

$$\boldsymbol{M}_O = \boldsymbol{r} \times \boldsymbol{R} = (x\boldsymbol{i} + y\boldsymbol{j} + z\boldsymbol{k}) \times (350\boldsymbol{j}) = -87.5\boldsymbol{i} - 125\boldsymbol{k}$$

$$350x\boldsymbol{k} - 350z\boldsymbol{i} = -87.5\boldsymbol{i} - 125\boldsymbol{k}$$

が成立するので左右の成分が等しいとすると

$$350x = -125, \quad -350z = -87.5$$

となる．したがって，$x = -0.357$[m]，$z = 0.250$[m] が求められる．

2.3 力の分解

物体に作用する一つの力を，それと静力学的に等価な力系に分解することを，一般に力の分解 (resolution, decomposition) と言う．一つの力の分解は一般に無数の分解が可能であるが，それが一意的に決定される下記のような場合が実用上，重要である．

2.3.1 ◆ 同一着力点を持つ直交 3 方向への分解

図 2.12 に示すように一つの力 $\boldsymbol{F}$ は，直交 3 方向を示す x, y, z 座標の成分 X, Y, Z に分解される．このことは力のベクトル表記そのものである．すなわち

$$\boldsymbol{F} = X\boldsymbol{i} + Y\boldsymbol{j} + Z\boldsymbol{k} \tag{2.10}$$

と x, y, z の 3 方向の成分と単位ベクトルを用いて表すことができる．

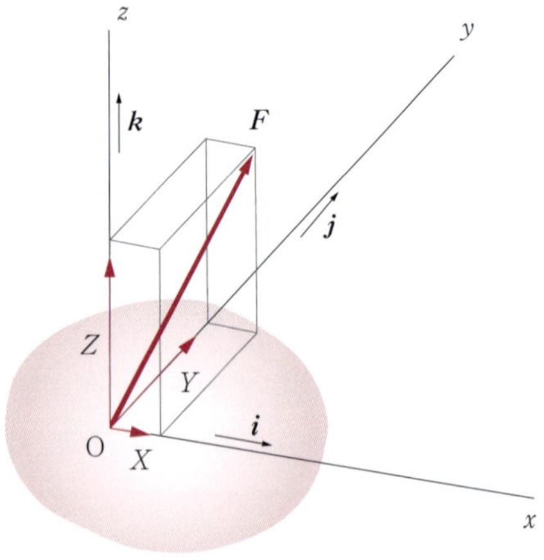

図 2.12　力 F の直行方向への分解

2.3.2 ◆ 同一着力点を持つ任意の 3 方向への分解

図 2.13 に示すように一つの力 $\boldsymbol{F}(X, Y, Z)$ は，同一着力点を持ち，なおかつ同一平面上にない，任意の 3 方向へ分解することができる．いま 3 方向の単位ベクトルを

$\boldsymbol{S}_1 = (l_1, m_1, n_1)$，$\boldsymbol{S}_2 = (l_2, m_2, n_2)$，$\boldsymbol{S}_3 = (l_3, m_3, n_3)$，

とすれば $\boldsymbol{F}$ は，$\boldsymbol{F}_1 = F_1\boldsymbol{S}_1$，$\boldsymbol{F}_2 = F_2\boldsymbol{S}_2$，$\boldsymbol{F}_3 = F_3\boldsymbol{S}_3$ の三つの力 $\boldsymbol{F}_1$，$\boldsymbol{F}_2$，$\boldsymbol{F}_3$ に分解され，その各成分

F_1，F_2，F_3 は下記のように決定される．

$$\begin{aligned}\boldsymbol{F}&=\boldsymbol{F}_1+\boldsymbol{F}_2+\boldsymbol{F}_3\\&=F_1\boldsymbol{S}_1+F_2\boldsymbol{S}_2+F_3\boldsymbol{S}_3\end{aligned}\quad\Rightarrow\quad\begin{cases}l_1F_1+l_2F_2+l_3F_3=X\\m_1F_1+m_2F_2+m_3F_3=Y\\n_1F_1+n_2F_2+n_3F_3=Z\end{cases}\tag{2.11}$$

式（2.11）を F_1，F_2，F_3 について解くと

$$F_1=\frac{1}{\Delta}\begin{vmatrix}X & l_2 & l_3\\Y & m_2 & m_3\\Z & n_2 & n_3\end{vmatrix},\quad F_2=\frac{1}{\Delta}\begin{vmatrix}l_1 & X & l_3\\m_1 & Y & m_3\\n_1 & Z & n_3\end{vmatrix},\quad F_3=\frac{1}{\Delta}\begin{vmatrix}l_1 & l_2 & X\\m_1 & m_2 & Y\\n_1 & n_2 & Z\end{vmatrix}\tag{2.12}$$

となる．ここに Δ は下記のような行列式（determinant）を表す（注１）．

$$\Delta=\begin{vmatrix}l_1 & l_2 & l_3\\m_1 & m_2 & m_3\\n_1 & n_2 & n_3\end{vmatrix}\tag{2.13}$$

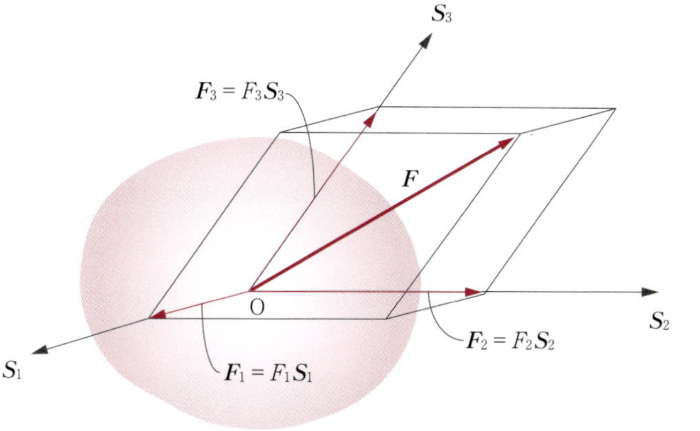

図 2.13　力 F の任意の３方向への分解

（注１）Δ は，$\boldsymbol{S}_1$，$\boldsymbol{S}$，$\boldsymbol{S}_3$ で形成する立体の体積を表す．

2.3.3 ◆ 任意の平面内の２方向への分解

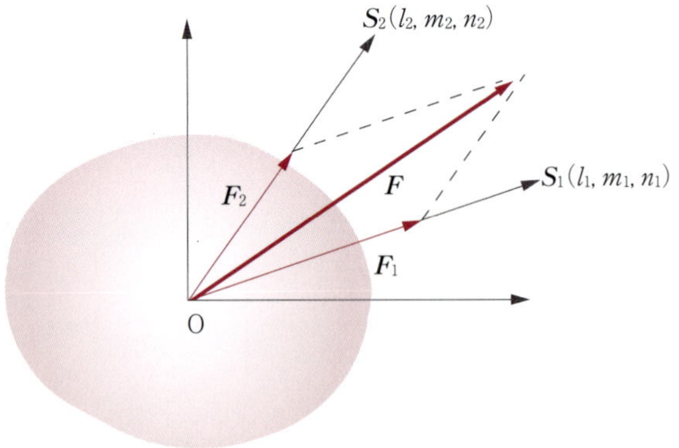

図 2.14　力 F の任意の２方向への分解

これは 2.3.2 項の平面内の２方向への縮小にほかならない．図 2.14 のように任意の平面を x，y 面に取れば

$$\begin{aligned}\boldsymbol{F}&=\boldsymbol{F}_1+\boldsymbol{F}_2\\&=F_1\boldsymbol{S}_1+F_2\boldsymbol{S}_2\end{aligned}\quad\Rightarrow\quad\begin{cases}l_1F_1+l_2F_2=X\\m_1F_1+m_2F_2=Y\end{cases}\tag{2.14}$$

となる．したがって力 $\boldsymbol{F}$ の分解した力 $\boldsymbol{F}_1$，$\boldsymbol{F}_2$ の大きさ F_1，F_2 は以下のようになる．

$$F_1=\frac{1}{\Delta}\begin{vmatrix}X & l_2\\Y & m_2\end{vmatrix},\quad F_2=\frac{1}{\Delta}\begin{vmatrix}l_1 & X\\m_1 & Y\end{vmatrix}\tag{2.15}$$

2.3.4 ◆ 任意の平面内の力から平行な２作用線の力への分解

図 2.15 に示すように平面内の力 $\boldsymbol{F}$ を二つのそれと平行な作用線を持つ力 $\boldsymbol{F}_1$，$\boldsymbol{F}_2$ に分解する場合を考える．静力学的に等価な二つの力 $\boldsymbol{F}_1$，$\boldsymbol{F}_2$ に分解するには力とモーメントの等価性を考える必要がある．すなわち

$$\begin{cases}\boldsymbol{F}=\boldsymbol{F}_1+\boldsymbol{F}_2\\\boldsymbol{r}\times\boldsymbol{F}=\boldsymbol{r}_1\times\boldsymbol{F}_1+\boldsymbol{r}_2\times\boldsymbol{F}_2\end{cases}\quad\Rightarrow$$

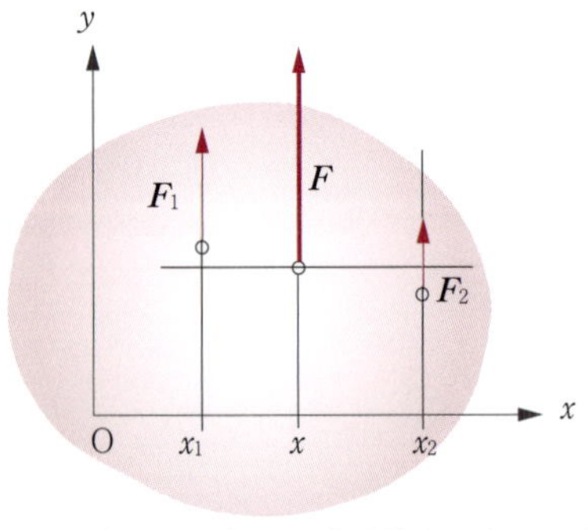

図 2.15　力 F の平行な２作用線上の力への分解

$$\begin{cases}F=F_1+F_2\\xF=x_1F_1+x_2F_2\end{cases}\tag{2.16}$$

の関係が成立する必要がある．式（2.16）の２式から $\boldsymbol{F}_1$，$\boldsymbol{F}_2$ を解けば

$$\boldsymbol{F}_1=\frac{x_2-x}{x_2-x_1}\boldsymbol{F},\quad\boldsymbol{F}_2=\frac{x-x_1}{x_2-x_1}\boldsymbol{F}\tag{2.17}$$

となる．

2.4 モーメントの分解

モーメントも力と同じベクトルと考えれば，モーメントの分解は 2.3 節の力の分解とほぼ同じである．ほぼ同じというあいまいな表現をしたのは力は極性ベクトル，モーメントは軸性ベクトルであり，量としては異なる[注2]ベクトルであるからである．モーメントの 2 方向，3 方向等の分解はベクトル的に力の場合と同様に扱うことができる．モーメントの分解では，軸性ベクトルとしてのモーメントの性質を垣間見ることができる．

図 2.16 (a) に示すような一つの物体に作用する力 $F_1, F_2, \ldots, F_i, \ldots F_n$ で構成される力系は，2.1 節でみたように同図 (b) に示すような任意の点 O に作用する一つの合力 F と一つのモーメント M に静力学的に等価に置換することができる．ここでさらに同図 (c) に示すような力 F に垂直な面 (A) を考え，面 (A) 上に 1 点 C を取る．OC の位置ベクトルを r とし，モーメント M を面 (A) に垂直な成分 M_c と平行な成分 M_t に分解する．ここで

(a) $F_1, F_2, \cdots, F_n$ が作用する物体

(b) 左図 (a) の任意の点 O において静力学的に等価な力系

(d) (a) の力系と静力学的に等価な F と M_c の方向が平行

固有な中心軸

(c) C 点と相殺する 2 力 F と $-F$ M の面 (A) の垂直成分 M_c と平行成分 M_t への分解

図 2.16

(注 2) 第 1 章の注 7 参照．

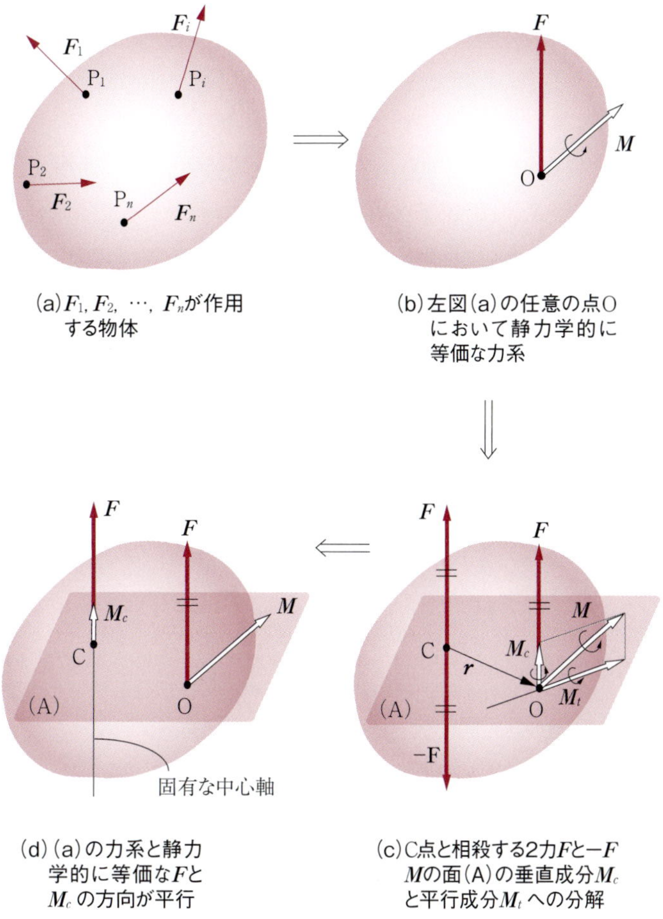

$$\overrightarrow{\mathrm{OC}} = |\boldsymbol{r}| = r = \frac{|\boldsymbol{M}_t|}{|\boldsymbol{F}|} = \frac{M_t}{F} \tag{2.18}$$

を満足するようにCの位置を選ぶと

$$\boldsymbol{r} \times \boldsymbol{F} = \boldsymbol{M}_t \tag{2.19}$$

が成立する．さらに図 2.16（c）のようにC点に力 $\boldsymbol{F}$ と逆向きの力 $-\boldsymbol{F}$，すなわち $\boldsymbol{0}$ となるような２力を加えても力系に影響をおよぼさない．平面（A）上にある二力C点の $-\boldsymbol{F}$ とO点の $\boldsymbol{F}$ はお互いに偶力を形成して偶力のモーメント $\boldsymbol{M}_t' = \boldsymbol{r} \times \boldsymbol{F}$ を持つ．

$\boldsymbol{M}_t$ と $\boldsymbol{M}_t'$ の和は $\boldsymbol{M}_t + \boldsymbol{M}_t' = \boldsymbol{r} \times \boldsymbol{F} - (\boldsymbol{r} \times \boldsymbol{F}) = \boldsymbol{0}$ となるのでC点には結局，C点に作用する $\boldsymbol{F}$ と $\boldsymbol{M}_c$ のみが残り，図 2.12（d）のように力と同じ向きのモーメント成分のみが残る形になる．この点Cを通り，面（A）に垂直な，すなわち $\boldsymbol{F}$ に平行な軸は，力系の**中心軸**（central axis of force system）と呼ばれる．すなわち一般に次のことが言える．“一つの物体に作用する $\boldsymbol{F}_1$, $\boldsymbol{F}_2, \ldots, \boldsymbol{F}_n$ の力系は，中心軸に沿う一つの力 $\boldsymbol{F}$ とモーメント $\boldsymbol{M}_c$ に静力学的に等価に置換できる．”この二つのベクトル（$\boldsymbol{F}$, $\boldsymbol{M}_c$）はまとめて**ねじ**（screw，wrench）の関係と略称される．

例題 2.5　力の分解

図 2.17 に示すように原点Oに $\boldsymbol{F} = 100$[N] の力が作用している．次の問に答えよ．
(1) 力 $\boldsymbol{F}$ の x, y, z 成分 X, Y, Z を求めよ．
(2) 力 $\boldsymbol{F}$ の x-y 平面の成分 $\boldsymbol{F}_{xy}$ を求めよ．
(3) OB の直線への投影成分を求めよ．

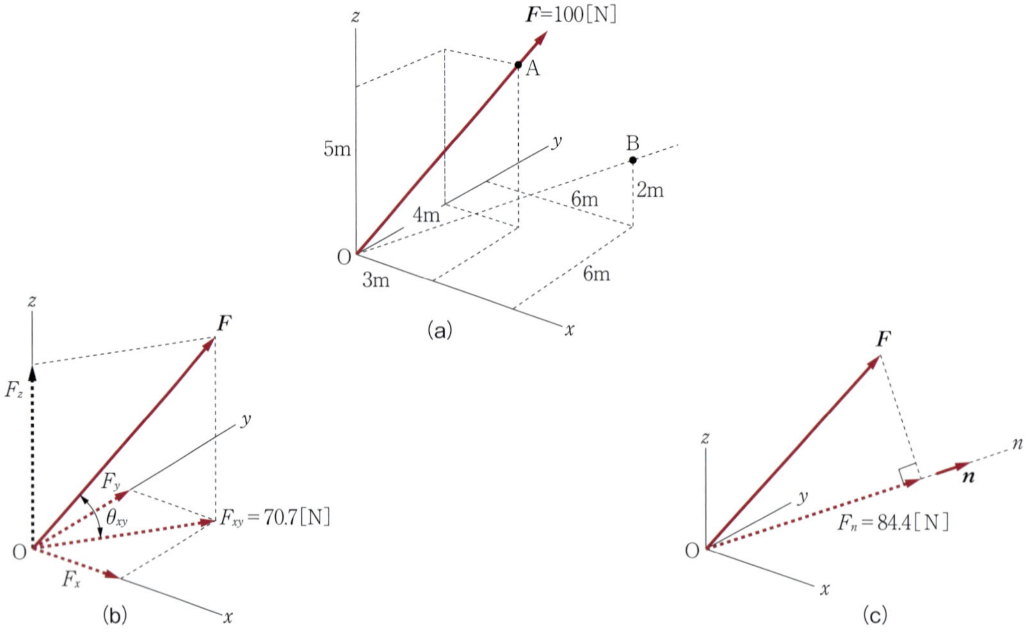

図 2.17　力の分解

【解答】（1）$\boldsymbol{F}$ の方向余弦 l，m，n は

$$l=\frac{3}{7.071}=0.424,\quad m=\frac{4}{7.071}=0.566,\quad n=\frac{5}{7.071}=0.707$$

と与えられる．ここに分母は OA 間の距離 $\overline{\mathrm{OA}}$ である．

$$\overline{\mathrm{OA}}=\sqrt{3^2+4^2+5^2}=\sqrt{50}=7.071\,[\mathrm{m}]$$

したがって，力 $\boldsymbol{F}$ の成分 X，Y，Z は

$$X=Fl=100(0.424)=42.4\,[\mathrm{N}]$$

$$Y=Fm=100(0.566)=56.6\,[\mathrm{N}]$$

$$Z=Fn=100(0.707)=70.7\,[\mathrm{N}]$$

（2）$\boldsymbol{F}$ と x–y 平面のなす角 θ_{xy} は

$$\cos\theta_{xy}=\frac{\sqrt{3^2+4^2}}{7.071}=0.707$$

となり，求める F_{xy} は

$$F_{xy}=F\cos\theta_{xy}=100(0.707)=70.7\,[\mathrm{N}]$$

となる．

（3）OB 方向の単位ベクトル $\boldsymbol{n}$ の方向余弦 α，β，γ は

$$\alpha=\beta=\frac{6}{\sqrt{6^2+6^2+2^2}}=0.688,\quad \gamma=\frac{2}{\sqrt{6^2+6^2+2^2}}=0.229$$

したがって $\boldsymbol{F}$ の投影成分 F_n は

$$F_n=\boldsymbol{F}\cdot\boldsymbol{n}=100(0.424\boldsymbol{i}+0.566\boldsymbol{j}+0.707\boldsymbol{k})\cdot(0.688\boldsymbol{i}+0.688\boldsymbol{j}+0.229\boldsymbol{k})$$
$$=100[(0.424)(0.688)+(0.566)(0.688)+(0.707)(0.229)]=84.4\,[\mathrm{N}]$$

となる．

第２章　演習問題

［１］図 E2-1 に示すような作用線が１点で交わる（共点的な）四つの平面内の力がある．これらの力を次の二つの方法で合成して等価的な一つの力を求めよ．
① 作図による方法
② 解析的な方法

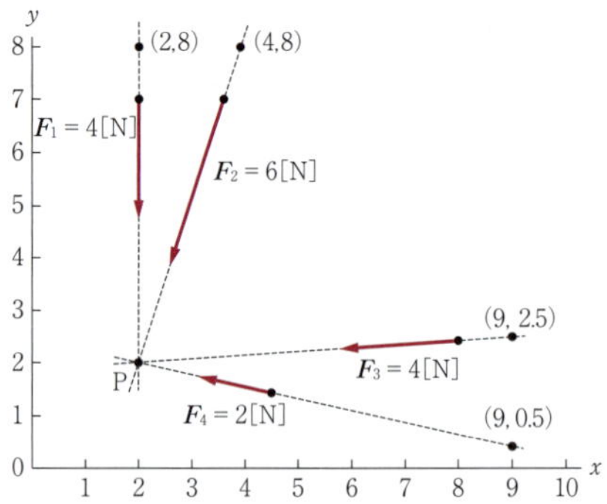

図 E2-1　共点的な平面４力の合成

［２］図 E2-2 に示すような作用線が並行で向きが同一の二つの力を作図によって合成して，その大きさと作用線を求めよ．

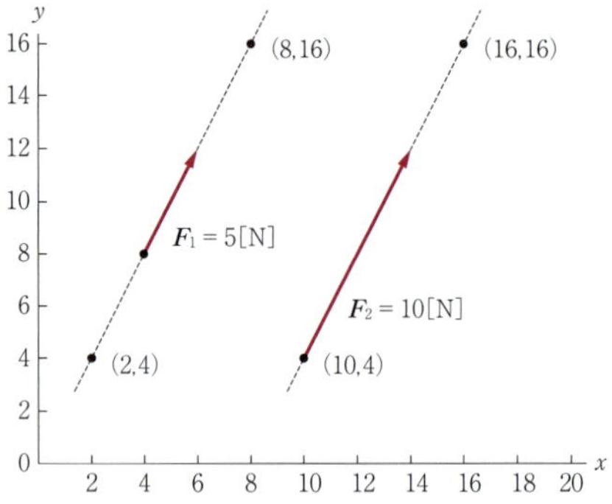

図 E2-2　平面内の平行２力の合成

［３］図 E2-3(a)，(b)に示すような２次元と３次元空間の剛体に作用する力系と原点 O において等価な合力と合モーメントを表を完成させて求めよ．

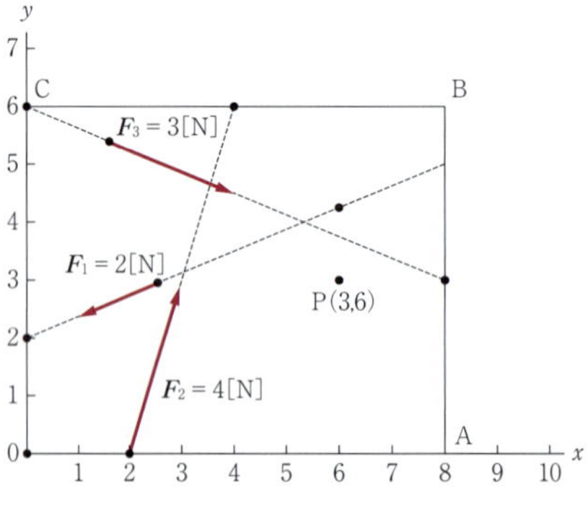

F_i	$F_i = (\lvert \boldsymbol{F}_i \rvert)$	方向余弦		力の成分		モーメントの腕の長さ		モーメント
		l_i	m_i	X_i	Y_i	x_i	y_i	$M_{iz} = x_i Y_i - y_i X_i$
$\boldsymbol{F}_1$								
$\boldsymbol{F}_2$								
$\boldsymbol{F}_3$								
Σ								

図 E2-3(a)　２次元空間の剛体に作用する力系の O 点における静力学的に等価な合力と合モーメント

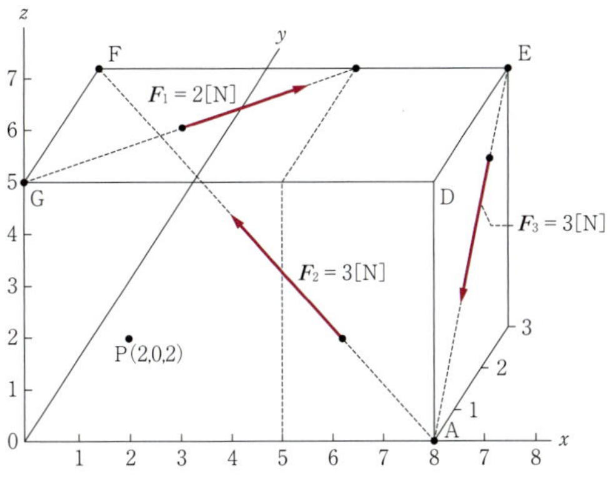

F_i	$F_i = (\|F_i\|)$	方向余弦			各軸方向の力			モーメントの腕長			モーメントの成分		
		l_i	m_i	n_i	X_i	Y_i	Z_i	x_i	y_i	z_i	$M_{xi} = y_iZ_i - z_iY_i$	$M_{yi} = z_iX_i - x_iZ_i$	$M_{zi} = x_iY_i - y_iX_i$
F_1													
F_2													
F_3													
ΣF_i													

図 E2-3(b)　３次元空間内の剛体に作用する力系の O 点における静力学的に等価な合力と合モーメント

［４］図 E2-3（a），（b）に示すような２次元と３次元空間の剛体に作用する力系と点 P において静力学的に等価な合力と合モーメントを図 E2-3（c），図 E2-3（d）の表を完成させて求めよ．

F_i	$F_i = (\|F_i\|)$	方向余弦		力の成分		モーメントの腕長		モーメント
		l_i	m_i	$X_i = lF_i$	$Y_i = m_iF_i$	x_i	y_i	$M_i = x_iY_i - y_iX_i$
F_1								
F_2								
F_3								
Σ								

図 E2-3（c）

F_i	$F_i = (\|F_i\|)$	方向余弦			各軸方向の力			モーメントの腕			モーメント		
		l_i	m_i	n_i	$X_i = lF_i$	$Y_i = m_iF_i$	$Z_i = n_iF_i$	x_i	y_i	z_i	$M_{xi} = y_iZ_i - z_iY_i$	$M_{yi} = z_iX_i - x_iZ_i$	$M_{zi} = x_iY_i - y_iX_i$
F_1													
F_2													
F_3													
Σ													

図 E2-3（d）

［5］図 E2-4 に示すような平面力 $\boldsymbol{F}=2$[N] を図の l, m 方向に分解してその成分 $\boldsymbol{F}_l$, $\boldsymbol{F}_m$ を求めよ．

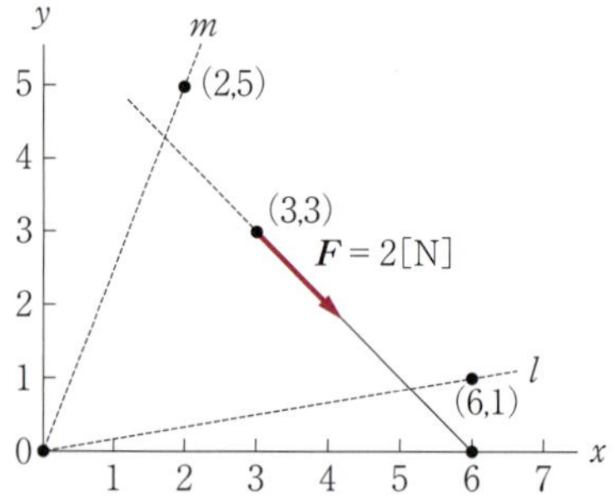

図 E2-4　平面力の任意の２軸への分解

［6］図 E2-5 に示すような平面内で単位長さあたり 3N/m の分布荷重 q を部分的に受けている両端支持はり AB がある．このはりの左端 A における合力および合モーメントを求めよ．

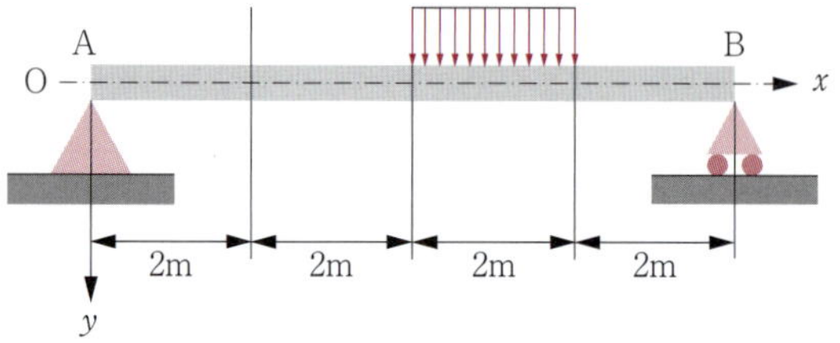

図 E2-5　部分的に分布荷重を受ける両端支持ばり

［7］図 E2-6 に示すような壁から水平に出た棒の A 点，B 点に垂直方向と水平方向に $\boldsymbol{F}_A=500$[N] と $\boldsymbol{F}_B=300$[N] の力が作用しているとき O 点における等価な力 $\boldsymbol{F}_O$ とモーメント $\boldsymbol{M}_O$ を求めよ．

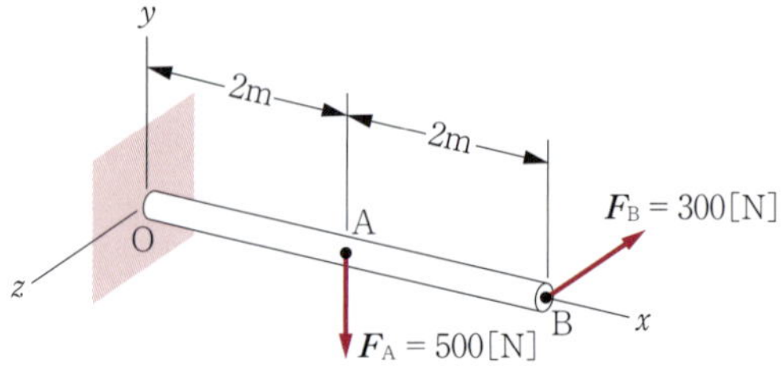

図 E2-6　水平から出た棒に作用する２力

［8］図 E2-7 に示すようなショベルカーのアーム A，B の質量をそれぞれ $m_1=170$[kg]，$m_2=120$[kg] とし，ショベルカーの掘削力を $\boldsymbol{F}_C=1000$[N] とするとき，点 O における等価な合力 $\boldsymbol{F}_O$ とモーメント $\boldsymbol{M}_O$ を求めよ．

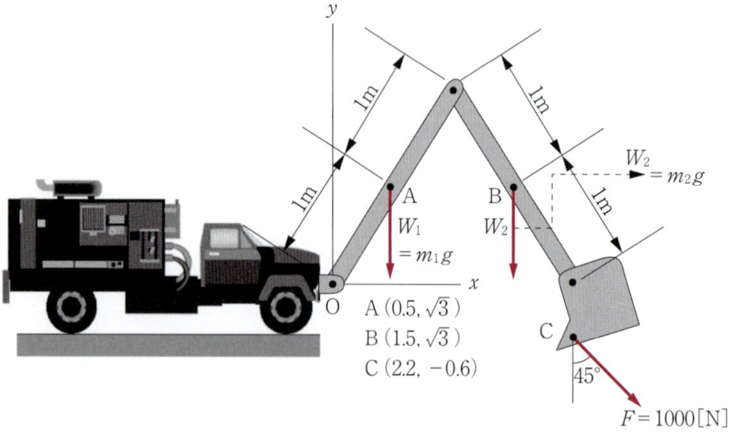

図 E2-7　ショベルカーに作用する力

［9］図 E2-8 に示すように航空機の翼の受ける力を離散的な点 A，B，C，D で近似的に評価し，集中荷重ごとに垂直に上向きにそれぞれ $\boldsymbol{F}_A = 27$[kN]，$\boldsymbol{F}_B = -10$[kN]，$\boldsymbol{F}_C = 20$[kN]，$\boldsymbol{F}_D = 13$[kN] とするとき翼の付根 O における等価な合モーメント $\boldsymbol{M}_O$ を求めよ．

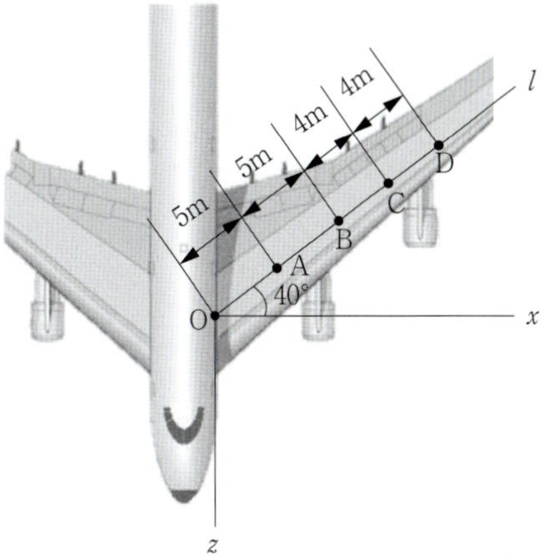

図 E2-8　航空機の翼に作用する揚力

［10］図 E2-9 に示すような航空機の第 3 エンジンが突然故障し，残りの三つのエンジンが作動する状態を考える．このとき残りの三つのエンジンの推力をそれぞれ 90kN とすると合推力の大きさとその作用線を求めよ．

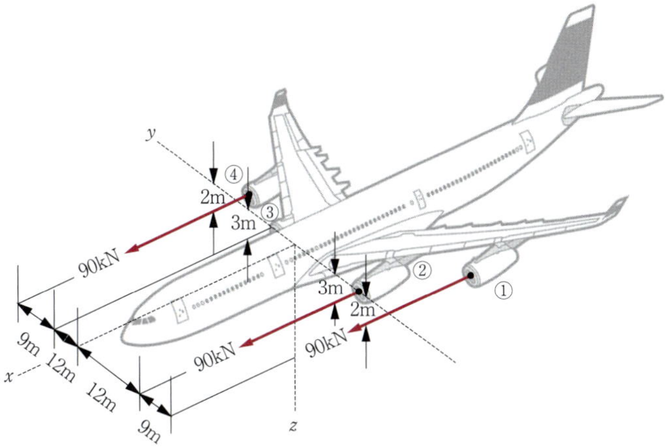

図 E2-9　エンジン③が止まったときの他のエンジンの推力の合力とその作用線

Statically Equivalent Force of Distributed Force and Center of Mass (or Gravity)

第3章

分布力の等価合力と質量中心（あるいは重心）

OVERVIEW

本章では直線や曲線に沿って，あるいは面に沿って，あるいは物体の各部に分布的に加わる力，すなわち**分布力**（distributed force）の概念とその静力学的に等価な合力についてまず説明する．物体の各部において地球が引張る力，重力も分布力の一種であり，**質量中心**（center of force）（あるいは重心）の概念とその求め方について述べる．圧力容器内の圧力も分布荷重として作用し，水の圧力や土などの圧力も分布荷重として作用する．そこで最後にいろいろな形で分布する分布荷重の取り扱いについて述べる．

ブレーズ・パスカル（Blaise Pasdal）
1623年～1662年，フランス

- 哲学者，思想家，数学者，物理学者，宗教家
- 「パンセ」（1670年），人は考える葦である
- パスカルの定理，パスカルの三角形
- 確率論の創始，パスカルの原理
- サイクロイドの求積
- 圧力の単位パスカル[Pa]の由来

3.1 分布力の等価合力

3.1.1 ◆ 分布力

前の第 1 章，第 2 章では主として 1 点に作用する，いわば理想的な概念である集中力の取り扱いに関して述べた．本章では曲線や直線に沿って分布する力，面に沿って分布する力（**面積力**；area force），物体の各部に分布する力（**体積力**；body force）に関しての取り扱いを示す．このように分布する力は一般に**分布力**（distributed force）と呼ばれ，図 3.1 の例に示すように圧力，重力，土砂の力など実際に身の回りに多くの例を見ることができる．その中でも物体の各部に作用する地球が引張る力，いわゆる**重力**（gravity）は分布力の典型的なものである．

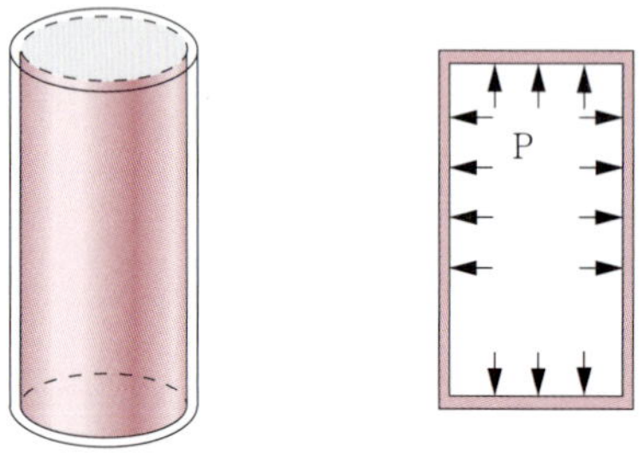

(a) 圧力容器と断面に作用する圧力 P[N/m²]

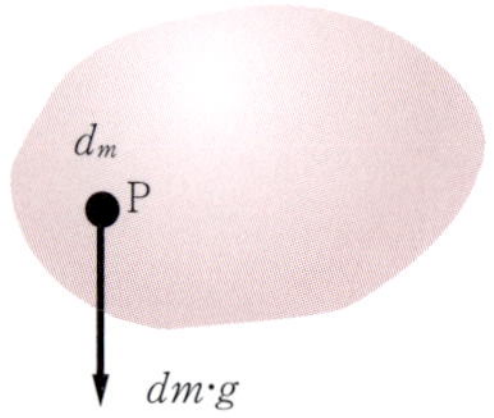

(b) 物体の 1 点 P の微小質量 dm に作用する重力

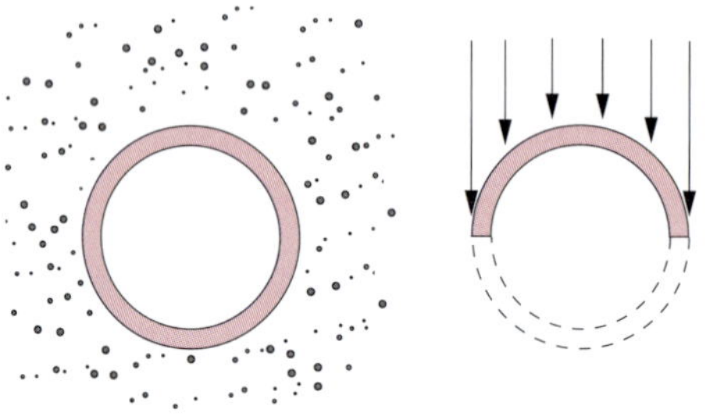

(c) 地中パイプに作用する土砂の力

図 3.1　分布力の例

3.1.2 ◆ 平行力系の合成

図 3.2 に示すように平面 x–y の点 P_1，P_2，...，P_n の y 方向に作用している力 $\boldsymbol{F}_1$，$\boldsymbol{F}_2$，...，$\boldsymbol{F}_n$ からなる平行力系を考えてみる．$\boldsymbol{F}_1$，$\boldsymbol{F}_2$，...，$\boldsymbol{F}_n$ は y 方向のみの力であるので，その大きさを単に Y_1，Y_2，...，Y_n と記すことにする．y 軸から各力までの x 方向の距離をそれぞれ x_1，x_2，...，x_n とする．第 1 章の力の合成の箇所で説明したように，この力系は静力学的に等価な一つの合力 $\boldsymbol{F}_R$（その大きさを Y とする）と z 方向に向くモーメント $\boldsymbol{M}_R$ に置き換えることができる．例えば全ての力を原点 O に等価に置換することを考える．Y_1 は O における $\boldsymbol{F}_1$ とその z 方向のモーメント $Mz_1 = x_1 Y_1$ で置換できるので，全ての力を同様に O 点における力とモーメントに置換してその合力 Y_R と合モーメント M_R を求めると

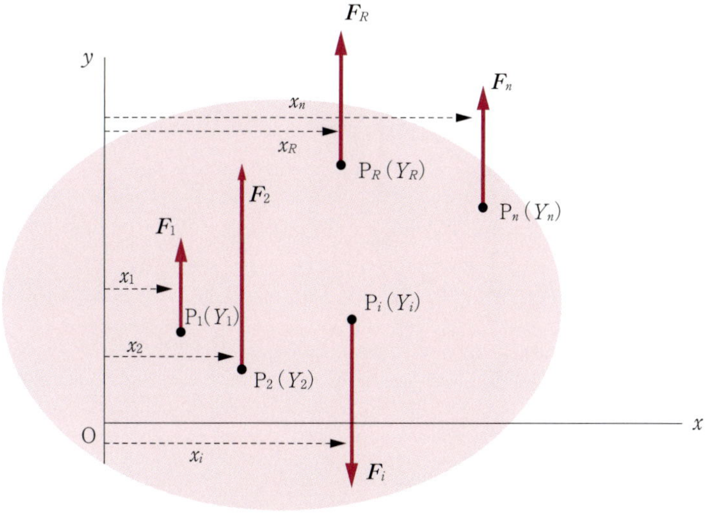

図 3.2　平面内の作用する平行力系と等価力系

$$Y_R=\sum_{i=1}^{n}Y_i,\quad M_R=\sum_{i=1}^{n}M_{zi}=\sum_{i=1}^{n}x_iY_i \tag{3.1}$$

となる．さらに合モーメント M_R を合力 Y_R とその腕の長さ x_R の積に等しく置くと次のようになる．

$$x_R\cdot Y_R=\sum_{i=1}^{n}x_iY_i \tag{3.2}$$

式（3.2）から等価的な合モーメントの腕の長さ，すなわち x 方向の距離を示す座標 x_R は

$$x_R=\frac{\sum_{i=1}^{n}x_iY_i}{Y_R}=\frac{\sum_{i=1}^{n}x_iY_i}{\sum_{i=1}^{n}Y_i} \tag{3.3}$$

となる．

上記の考え方を拡張して図 3.3 に示すような z 軸に平行な力 $\boldsymbol{F}_1$，$\boldsymbol{F}_2$, . . . ，$\boldsymbol{F}_n$ が作用している平行力系を考えてみる．全ての力は z 軸の方向のみであるから i 点に作用する力 $\boldsymbol{F}_i$ の成分は $X_i=0$，$Y_i=0$ となり，Z_i のみが存在する．したがって合力 $\boldsymbol{F}_R$，合モーメント $\boldsymbol{M}_R$ は

$$\boldsymbol{F}_R=\sum\boldsymbol{F}_i \;\Rightarrow\; \begin{cases} X_R=0 \\ Y_R=0 \\ Z_R=\sum_{i=1}^{M}Z_i \end{cases} \tag{3.4}$$

$$\boldsymbol{M}_R=\sum_{i=1}^{M}(\boldsymbol{r}_i\times\boldsymbol{F}_i)=\sum_{i=1}^{n}\begin{vmatrix} \boldsymbol{i} & \boldsymbol{j} & \boldsymbol{k} \\ x_i & y_i & z_i \\ 0 & 0 & Z_i \end{vmatrix} \;\Rightarrow\; \begin{cases} M_{Rx}=\sum_{i=1}^{M}(y_iZ_i) \\ M_{Ry}=-\sum_{i=1}^{M}(x_iZ_i) \\ M_{Rz}=0 \end{cases} \tag{3.5}$$

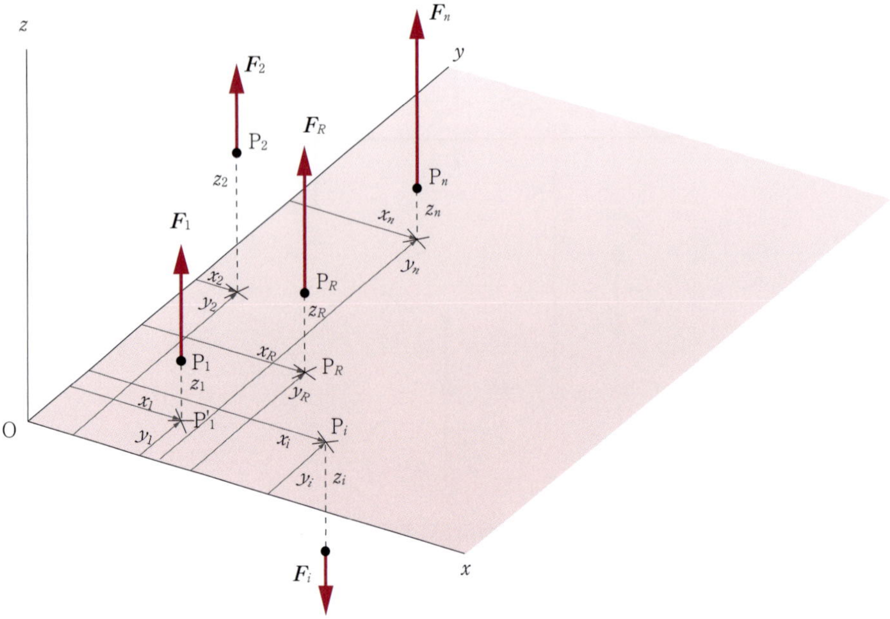

図 3.3　z 軸に平行な力系と等価力系

$$\boldsymbol{M}_R=\sum_{i=1}^{n}(y_iZ_i)\boldsymbol{i}-\sum_{i=1}^{n}(x_iZ_i)\boldsymbol{j}$$

となる．ここに M_{Rx}，M_{Ry}，M_{Rz} は $\boldsymbol{M}_R$ の x，y，z 成分であり，$\boldsymbol{r}=(x_i, y_i, z_i)$ は原点から力 $\boldsymbol{F}_i$ の着力点に至る位置ベクトルと，その x，y，z 成分である．前述の平面内の平行力系の場合と同様に，式（3.4）の等価な力 $\boldsymbol{F}_R=\sum_{i=1}^{n}Z_i$ に対する式（3.5）の合モーメントの等価な腕の長さ x_R，y_R を求めれば

$$\boldsymbol{M}_R=y_RZ_r\boldsymbol{i}-x_RZ_r\boldsymbol{j}=\sum_{i=1}^{n}(y_iZ_i)\boldsymbol{i}-\sum_{i=1}^{n}(x_iZ_i)\boldsymbol{j} \tag{3.6}$$

から

$$x_R=\frac{\sum_{i=1}^{n}(x_iZ_i)}{Z_R}=\frac{\sum_{i=1}^{n}(x_iZ_i)}{\sum_{i=1}^{n}Z_i} \tag{3.7}$$

$$y_R=\frac{\sum_{i=1}^{n}(y_iZ_i)}{Z_R}=\frac{\sum_{i=1}^{n}(y_iZ_i)}{\sum_{i=1}^{n}Z_i} \tag{3.8}$$

となる．ここで z 方向の z_R の値は決定できず，これは合力 Z_R の作用点は z 軸に沿う作用線上の任意の点が取れることを意味する．

3.2 物体に作用する重力と重心（あるいは質量中心）

3.2.1 ◆ 重力と静力学的な等価な合力

図 3.4 に示すように地球の中心に向かう方向，すなわち図では下向きの重力の作用線方向に z 軸をとる．それに直交する水平面上に x 軸と y 軸をとる．質量 m_1，m_2 の二つの質点からなる系（図 3.4（a），（b））と剛体からなる系（図 3.4（c））に作用する重力とその等価な力系について考えてみよう．図 3.4（a）に示すような平面（x–z 面）にある２質点 m_1，m_2 に作用する重力（z 方向に向かう力）Z_{g1}，Z_{g2} は，重力加速度を g とすればそれぞれ $Z_{g1} = m_1 g$，$Z_{g2} = m_2 g$ となる．ここで表記を簡単にするために $Z_{g1} = W_1$，$Z_{g2} = W_2$ と記す．この二つの質点の重力の等価な力系である合力 W とモーメント M_W は，3.1.1 項の式（3.1）から直ちに

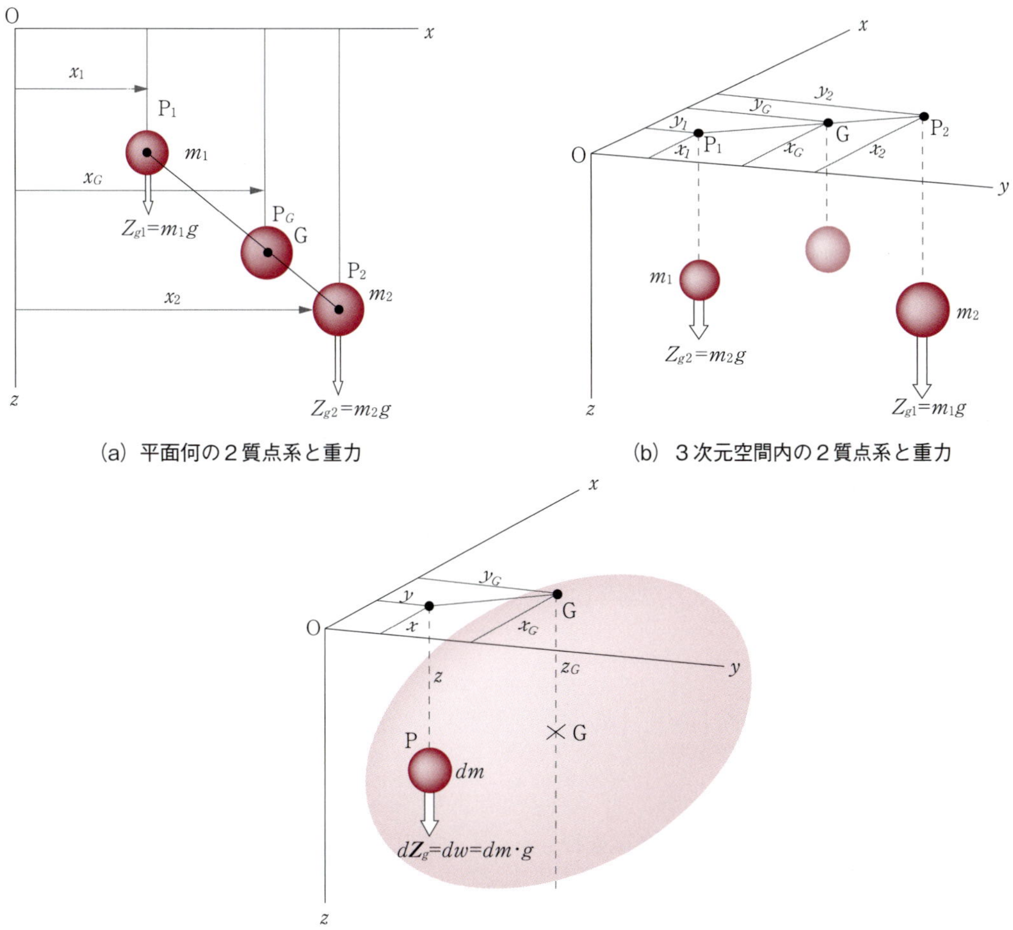

図 3.4　質点系や剛体に作用する重力

$$\begin{cases} W = W_1 + W_2 = m_1 g + m_2 g = (m_1 + m_2) g \\ M_W = x_1 m_1 g + x_2 m_2 g = (x_1 m_1 + x_2 m_2) g \end{cases} \tag{3.9}$$

となる．また等価なモーメントの腕の長さを x_G とすれば，式（3.3）から

$$x_G = \frac{x_1 W_1 + x_2 W_2}{W} = \frac{(x_1 m_1 + x_2 m_2) g}{(m_1 + m_2) g} = \frac{x_1 m_1 + x_2 m_2}{m_1 + m_2} \tag{3.10}$$

となる．ここで二つの重心の作用点の x 方向の距離を l とすれば $l = x_2 - x_1$ である．いま l を二つの質点の質量 m_1，m_2 の逆比，つまり $m_2 : m_1$ に分ける（内分する）とその内分点の座標は

$$\bar{x} = \frac{m_1 x_1 + m_2 x_2}{m_1 + m_2} \tag{3.11}$$

となるので（注1）等価な合力のモーメントの腕の長さは二つの質点の座標 x_1，x_2 を質量の逆比 $m_2 : m_1$ に内分した点の座標と等しいことがわかる．

同図（b）も同様に式（3.7）（3.8）から重力の合力は

$$\begin{cases} \boldsymbol{W} = (W_1 + W_2)\boldsymbol{k} = (m_1 g + m_2 g)\boldsymbol{k} = (m_1 + m_2) g\boldsymbol{k} & (3.12) \\ \boldsymbol{M}_W = (y_1 m_1 + y_2 m_2) g\boldsymbol{i} - (x_1 m_1 + x_2 m_2) g\boldsymbol{j} = M_{Wx}\boldsymbol{i} + M_{Wy}\boldsymbol{j} & (3.13) \end{cases}$$

となる．等価なモーメントの長さ x_G，y_G は

$$x_G = \frac{m_1 x_1 + m_2 x_2}{m_1 + m_2},\quad y_G = \frac{m_1 y_1 + m_2 y_2}{m_1 + m_2} \tag{3.14}$$

となる．やはり作用点 P_1，P_2 のそれぞれの $x \cdot y$ 座標を質量の逆比 $m_1 : m_2$ に内分した点に等しくなることがわかる．

さて，ここで質点系ではなく同図（c）のように質量が物体の各点に分布している，いわゆる剛体を考えてみよう．剛体内の任意の1点Pを考え，Pの回りに微小の質量 dm を想定して dm に作用する微小の重力（z 方向）を dw とすれば

$$dw = dm \cdot g \tag{3.15}$$

となる．このような微少量の重力が剛体内の各点に存在するので静力学に等価な合力は積分の定義から考えて

$$W = \int dw = g \int dm = \rho g \int dv = \gamma \int dv \tag{3.16}$$

となる．ここに ρ：**密度**（density），$\gamma\ (=\rho g)$：**比重量**（specific weight）であり，ここでは剛体内で一様であるとしている．dv は体積積分を示す．また式（3.14）との対応を考えると合力までの等価なモーメントの腕の長さは

（注1）内分点の座標 $\bar{x} = x_1 + \dfrac{m_2 l}{m_1 + m_2} = x_1 + \dfrac{m_2 (x_2 - x_1)}{m_1 + m_2} = \dfrac{m_1 x_1 + m_2 x_2}{m_1 + m_2} = x_G$

$$
\begin{cases}
x_G = \dfrac{\int x dw}{\int dw} = \dfrac{\int x dm}{\int dm} = \dfrac{\int x dv}{\int dv} \\[2ex]
y_G = \dfrac{\int y dw}{\int dw} = \dfrac{\int y dm}{\int dm} = \dfrac{\int y dv}{\int dv}
\end{cases}
\tag{3.17}
$$

となる．ここに式（3.17）においても密度や比重量の一様な分布を仮定している．

3.2.2 ◆ 物体の重心（あるいは質量中心）

3.2.1 項で見たように，剛体のような各点に質量が分布している物体に作用する重力は，空間的な平行力系の一例に過ぎず，物体の特定の配置における重力の合力とその作用線は式（3.16），式（3.17）で示されるものにほかならない．しかしここで大事なことは，物体が重力の作用方向に対してどのような配置をとろうが，重力の合力の作用線に対して，その物体の質量分布に固有な一つの点を通る性質があることである．この点は**重心**（center of gravity）あるいは**質量中心**（center of mass）と呼ばれる．

この重心の決定は，一般的には物体に固定された座標 x，y，z に対して重力の作用方向を２通り（例えば 3.2.1 項の場合の z 方向に対して，x と y の２方向）をとり，前記の合力の作用線の交点を求めればよい（注２）．すなわち式（3.17）にさらに z 方向の z_G を加えた

$$
x_G = \frac{\int x dw}{\int dw} = \frac{\int x dm}{\int dm}, \quad y_G = \frac{\int y dw}{\int dw} = \frac{\int y dm}{\int dm}, \quad z_G = \frac{\int z dw}{\int dw} = \frac{\int z dm}{\int dm}
\tag{3.18}
$$

で重心（あるいは質量中心）の位置は決定することができる．式（3.18）に対して図 3.6 に示すような n 個の質点，m_1，$m_2, \ldots,$ m_n から成る質点系の重心（あるいは質量中心）は式（3.18）の積分を有限の総和に置き換えた次式で決定されることも明らかであろう．

$$
\begin{aligned}
& x_G = \frac{\sum_{i=1}^{n} x_i m_i g}{\sum_{i=1}^{n} m_i g} = \frac{\sum_{i=1}^{n} x_i m_i}{\sum_{i=1}^{n} m_i}, \quad y_G = \frac{\sum_{i=1}^{n} y_i m_i g}{\sum_{i=1}^{n} m_i g} = \frac{\sum_{i=1}^{n} y_i m_i}{\sum_{i=1}^{n} m_i}, \\
& z_G = \frac{\sum_{i=1}^{n} z_i m_i g}{\sum_{i=1}^{n} m_i g} = \frac{\sum_{i=1}^{n} z_i m_i}{\sum_{i=1}^{n} m_i}
\end{aligned}
\tag{3.19}
$$

ところで上記の重心の決定は，重心が固有の一点で交わることを前提としている．このことは

（注２）この原理を用いて，剛体をその上の異なる２点で吊るしてその作用線の交点から重心（質量中心）を求めることが実験にて行われている．

確かめておく必要がある．次の例題3.1では，板状のような図形の重心が固有の一点であることの一つの証明を示している．

例題 3.1　重心の固有性

物体が重力に対してどのような姿勢をとろうが，重心は物体の固有の一つの点となることを証明せよ．

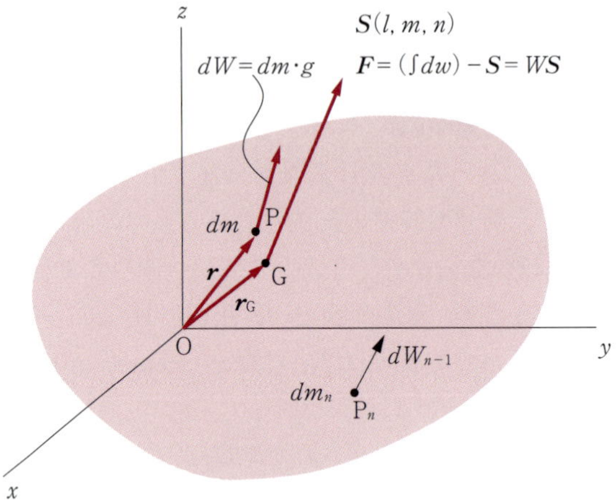

図 3.5　重心の固有性

【解答】　図3.5は物体に固定された任意の座標 O-xy をとった場合に重力の作用方向が $\boldsymbol{S}=(l, m, n)$ となる場合の状態を示している．物体内の任意の点Pの微小要素 dm には，重力の方向に大きさ $dw=dm\cdot g$ の力が作用している．いま原点Oを代表点と考え，各点に作用する重心に等価な力 $\boldsymbol{F}$ およびモーメント $\boldsymbol{M}$ は次式となる．

$$\boldsymbol{F}=\int(dw)\cdot\boldsymbol{S}=W\cdot\boldsymbol{S} \tag{3.21}$$

$$\boldsymbol{M}=\int(\boldsymbol{r}\times dw\cdot\boldsymbol{S})=\boldsymbol{r}\times\int(dw)\cdot\boldsymbol{S}=\boldsymbol{r}\times(W\cdot\boldsymbol{S}) \tag{3.22}$$

ここで物体内の重心点Gの座標を (x_G, y_G, z_G) とすると等価な力 $\boldsymbol{F}$ に対するGにおけるモーメント $\boldsymbol{M}_G$ は以下となる．

$$\boldsymbol{M}_G=\boldsymbol{r}\times\boldsymbol{F}=\boldsymbol{r}\times\int(dw\cdot\boldsymbol{S})=\begin{vmatrix}\boldsymbol{i} & \boldsymbol{j} & \boldsymbol{k}\\ x_G & y_G & z_G\\ lW & mW & nW\end{vmatrix}=\begin{vmatrix}\boldsymbol{i} & \boldsymbol{j} & \boldsymbol{k}\\ x & y & z\\ \int ldw & \int mdw & \int ndw\end{vmatrix} \tag{3.23}$$

すなわち成分で示せば

$$n(y_GW)-m(z_GW)=n\int(ydw)-m\int(zdw)$$

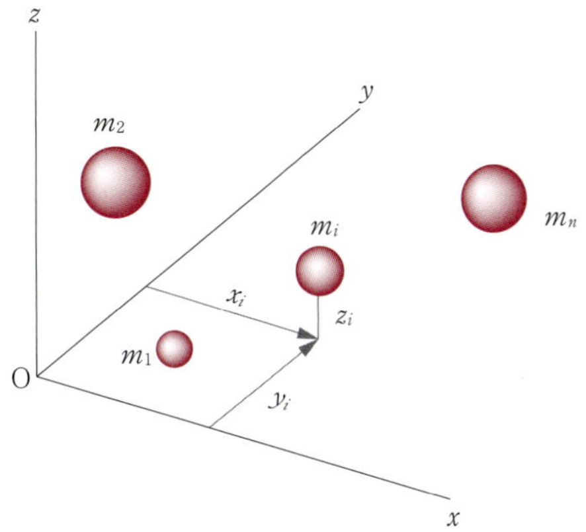

図 3.6　n 個の質点からなる力学系

$$l(z_G W) - n(z_G W) = l\int(zdw) - n\int(xdw)$$

$$m(x_G W) - l(z_G W) = m\int(xdw) - l\int(ydw) \tag{3.24}$$

となる．ここで重心を示す式（3.18）を記すと

$$x_G = \frac{\int xdw}{\int dw},\quad y_G = \frac{\int ydw}{\int dw},\quad z_G = \frac{\int zdw}{\int dw} \tag{3.18}$$

となり，この条件を式（3.24）に代入すると $\boldsymbol{S}$ の成分の値，すなわち l，m，n に関係せず，式（3.24）が成立することがわかる．したがって重心は重力の方向に左右されない物体の固有の一点であることがわかる．

3.2.3 ◆ 重心の力学的性質に関する補足

重心の力学的性質に関して以下に補足しておく．

① 重心は座標の選び方や位置ベクトルの選び方には依存しない物体内の固有の点である．

② 重心は物体に働く重力の合力の作用線の交点であるので，重心においては重力によるモーメント成分が 0 である．

③ 物体に作用する外力の合力の作用線が重心を通れば，物体は回転運動をしない．

3.2.4 ◆ 重心決定のための性質

重心を決定する際に以下の性質は明らかとも考えられるが，理解しておくと便利である．

① 物体の重心は一つであるので，一つの直線と他の直線または平面が重心を通るならば，その交点が重心である．

② 質点群からなる力系において，すべての質点が同一直線上，あるいは同一平面上にあれば重心もまたその直線上，あるいはその平面上にある．

③ 均質の物体が対称軸や対称面を持てば，重心はその対称軸上や対称面上にある．

表 3.1　種々の形状の物体の重心

種別	形　状	重　心
線形	（1） 円弧 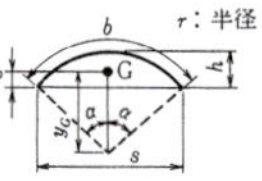	重心は中心角 2α（ラジアン）の 2 等分線上 $y_G=r\frac{s}{b}=r\frac{\sin\alpha}{\alpha}$ 半円周 $y_G=\frac{2r}{\pi}\fallingdotseq 0.6366r$ 四半円周 $y_G=\frac{2\sqrt{2}r}{\pi}\fallingdotseq 0.9003r$ 六分の一円周 $y_G=\frac{3r}{\pi}\fallingdotseq 0.9549r$ 任意の弧 $x_G\fallingdotseq\frac{2}{3}h$
平面形	（2） 三角形 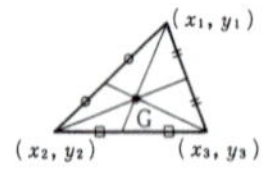	重心 G は 3 中線の交点 重心 G の座標 $x_G=\frac{1}{3}(x_1+x_2+x_3)$ $y_G=\frac{1}{3}(y_1+y_2+y_3)$
	（3） 台形 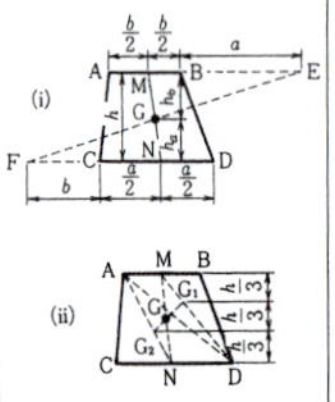	重心 G は 2 辺 AB，CD の中点 M，N を結ぶ線上 $h_a=\frac{h}{3}\frac{a+2b}{a+b}$，$h_b=\frac{h}{3}\frac{2a+b}{a+b}$ または EF と MN の交点 あるいは G_1G_2 と MN の交点（G_1，G_2 は △ ABD と △ ADC の重心）
	（4） 四角形 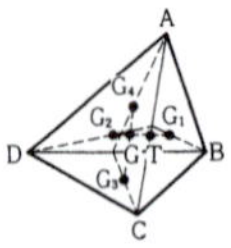	重心 G は直線 G_1G_2，G_3G_4 の交点． G_1G_2 // BD，G_3G_4 // CA であるから，G_1 と G_3 を求めれば G が求まる． あるいは $GG_2=G_1T$ からも求まる． （G_1，G_2，G_3，G_4 は △ ABC，△ ADC，△ DBC，△ ADB の重心）
	（5） 多角形 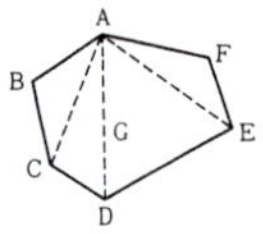	多角形を三角形に分割し，各三角形の面積を A_i，その三頂点の座標を (x_{i1}, y_{i1})，(x_{i2}, y_{i2})，(x_{i3}, y_{i3}) とすれば重心 G の座標は $x_G=\frac{1}{A}\Sigma\frac{1}{3}A_i(x_{i1}+x_{i2}+x_{i3})$ $y_G=\frac{1}{A}\Sigma\frac{1}{3}A_i(y_{i1}+y_{i2}+y_{i3})$ （A は多角形の面積）
平面形	（6） 扇形 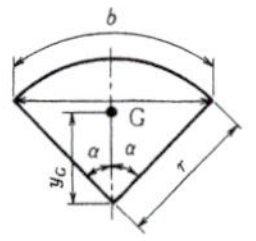	$y_G=\frac{2}{3}\frac{s}{b}r=\frac{r^2S}{3A}=\frac{2}{3}\frac{r\sin\alpha}{\alpha}$ （α：ラジアン） $A=r^2\alpha$（扇形の面積） 半　円　$y_G=\frac{4}{3}\frac{r}{\pi}\fallingdotseq 0.4244r$ 四半円　$y_G=\frac{4\sqrt{2}}{3\pi}r\fallingdotseq 0.6002r$ 六分の一円　$y_G=\frac{2}{\pi}r\fallingdotseq 0.6366r$
	（7） 環形の一部 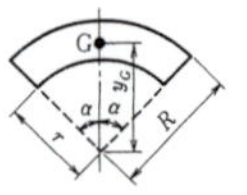	$y_G=\frac{2}{3}\frac{\sin\alpha}{\alpha}\frac{R^3-r^3}{R^2-r^2}$ （α：ラジアン）
立体	（8） 頭を切った角すい 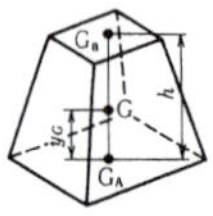	$y_G=\frac{h}{4}\frac{A+2\sqrt{Aa}+3a}{A+\sqrt{Aa}+a}$ （A，a は両底面の面積）
	（9） 頭を切った直円すい 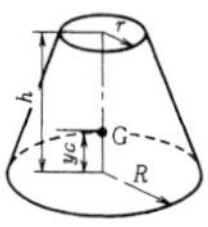	$y_G=\frac{h}{4}\frac{R^2+2Rr+3r^2}{R^2+Rr+r^2}$
	（10） 頭を切った長方形角すい 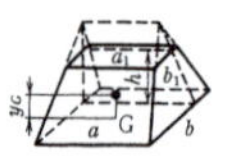	$y_G=\frac{h}{2}\frac{ab+ab_1+a_1b+3a_1b_1}{2ab+ab_1+a_1b+2a_1b_1}$ （くさび形，$b_1=0$ $y_G=\frac{h}{2}\frac{a+a_1}{2a+a_1}$）
	（11） 割球 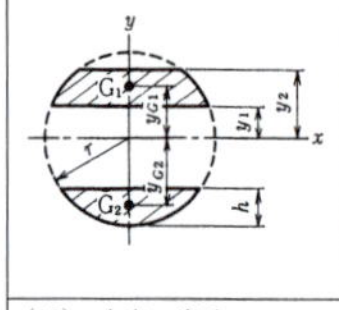	$y_{G1}=\frac{1}{2}\frac{r^2(y_2^2-y_1^2)-\frac{1}{2}(y_2^4-y_1^4)}{r^2(y_2-y_1)-\frac{1}{3}(y_2^3-y_1^3)}$ 図の下部に示したものでは $y_1=r-h$，$y_2=r$ であるから $y_{G2}=\frac{3}{4}\frac{(2r-h)^2}{3r-h}$ （半球，$h=r$，$y_G=\frac{3}{8}r$）
	（12） 中空の半球 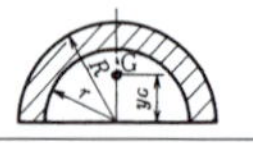	$y_G=\frac{3}{8}\frac{R^4-r^4}{R^3-r^3}$

（出典：『機械工学便覧 基礎編 α2 機械力学』日本機械学会編，2004 年）

④　二つの物体からなる力系の重心は，各物体のそれぞれの重心を結ぶ直線を両者の質量の逆比に内分した点である．したがって複数の物体からなる力系の重心は，上述の二つの物体の場合の重心の決定法を繰り返すことにより決定できる．

3.2.5 ◆ 種々の形状の物体の重心

力学の問題によく現れる種々の形状の物体の重心を表 3.1 にまとめて示す．

3.2.6 ◆ 重心（または質量中心）と図心の関係

いま図 3.7 に示すような長手方向（x 軸方向）に細長い棒状物体を考え，その断面 y-z 面を考

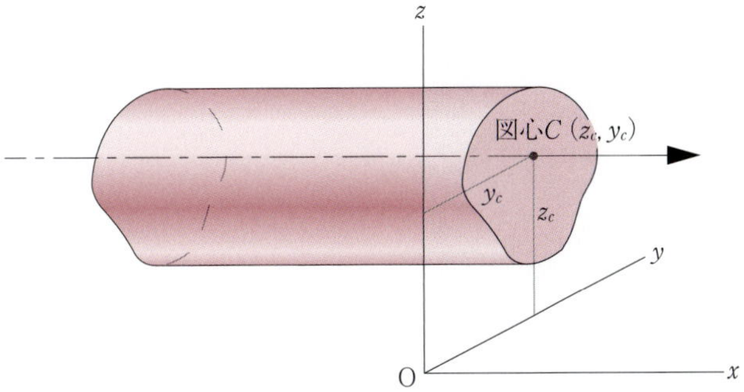

図 3.7　長手方向に細長い棒状物体の図心

える．この断面の重心は例えば簡単のために長手方向に t の厚さを考えると，式（3.18）から

$$z_G=\frac{\int zdm}{\int dm}=\frac{\rho t\int zdA}{\rho t\int dA}=\frac{\int zdA}{A}, \quad y_G=\frac{\int ydm}{\int dm}=\frac{\rho t\int ydA}{\rho t\int dA}=\frac{\int ydA}{A} \tag{3.25}$$

となる．ここで式（3.25）における ρ は密度で，一様な分布を仮定している．式（3.25）の分子の二つの量をあらためて

$$G_z=\int zdA, \quad G_y=\int ydA \tag{3.26}$$

と書く．式（3.26）は**断面一次モーメント**（moment of area）と呼ばれ，断面の幾何学的形状のみによって定められる量である．また式（3.25）の z_G，y_G を z_c，y_c と表すと，座標（z_c，y_c）は断面の**図心**（center of area, centroid）と呼ばれる量で，長手方向に細長い棒状の弾性部材の解析，例えば材料力学の解析では重要な量の一つになる．したがって長手方向に一定の厚さ，あるいは均一の分布を考えたときの断面の重心と図心は幾何学的に全く同一の点である．

例題 3.2　物体の重心位置の決定（1）

図 3.8 に示すような均一の質量分布を持つ物体の重心位置を決定せよ．

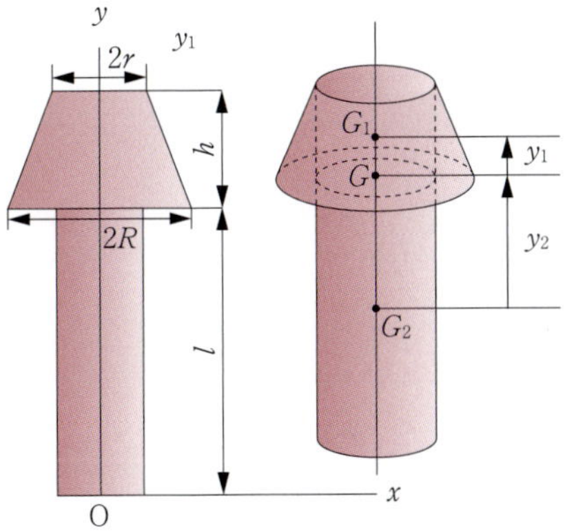

図 3.8　物体の重心の決定（その 1）

【解答】 この図形は対称軸（y 軸）を持つので重心はこの対称軸上にある．さらに，この物体を円すいの頭を切った物体（円すい台，表 3.1（9））と円柱が複合した物体と考える．円すい台の重心の y 座標 y_{G1} は表 3.1（9）から

$$y_{G1}=y_C+l=\frac{h}{4}\frac{R^2+2Rr+3r^2}{R^2+Rr+r^2}+l$$

となる．一方，円柱の重心の y 座標 y_{G2} は

$$y_{G2}=\frac{l}{2}$$

となる．円すい台と円柱のそれぞれの重量 W_1，W_2 は

$$W_1=\frac{\pi}{3}\rho g[R^2H-r^2(H-h)]=\frac{\pi}{3}\rho h\frac{R^3-r^3}{R-r}=\frac{\pi}{3}\rho gh(R^2+Rr+r^2)$$

ここに，$H=\dfrac{R}{R-r}h$ は，底辺半径 R の円すい台の高さである．

$$W_2=\pi\rho gr^2l$$

求める重心の位置 y_G は，W_1，W_2 の逆比に分けた点であるので

$$y_G=\frac{W_1y_1+W_2y_2}{W_1+W_2}$$

となる．上式 W_1，W_2 に求めた具体的な量を代入すると，求める y_G を計算することができる．

例題 3.3　物体の重心位置の決定（2）

図 3.9 に示すような長方形板（縦 h，幅 b，厚さ t，密度 ρ）から円板をとり除いた板を考える．この板の重心位置を求めよ．

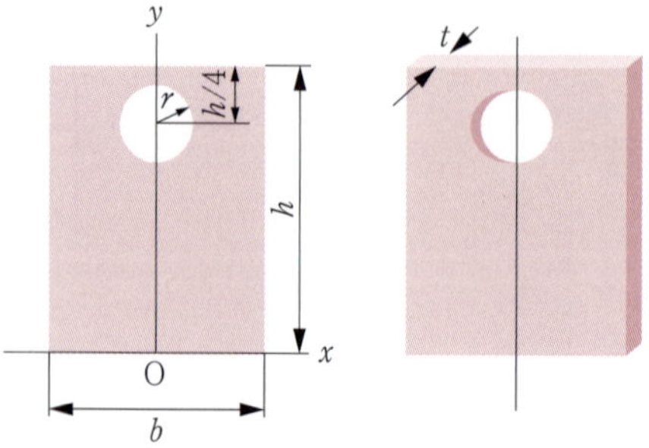

図 3.9　物体の重心の決定（その 2）

【解答】 板は図の y 軸に対して対称であるので重心の位置は y 軸上にある．板を取り除く前の長

方形の板の重心の位置 y_R は容易に

$$y_R = \frac{1}{2}h$$

と求めることができる．また取り除いた円板の重心位置 y_C は

$$y_C = \frac{3}{4}h$$

となる．ここで z 軸回りの穴のない長方形板のモーメントを M_R，円板のモーメントを M_C，穴のある長方形板のモーメントを M_{RC} とすれば，

$$M_R = M_{RC} + M_C$$

となる．したがって穴のある長方形板の重心の位置を y_{RC} とすれば

$$M_{RC} = \rho gt(bh - \pi r^2)y_{RC} = M_R - M_C$$

$$= \rho gbht \cdot \frac{1}{2}h - \pi\rho gtr^2 \cdot \frac{3}{4}h = \rho ght\left(\frac{bh}{2} - \frac{3\pi r^2}{4}\right) = \frac{\rho ght}{4}(2bh - 3\pi r^2)$$

$$\therefore\quad y_{RC} = \frac{h}{4}\left(\frac{2bh - 3\pi r^2}{bh - \pi r^2}\right)$$

3.3 分布荷重とその取扱い

物体に作用する分布荷重は，3.2 節の重心の概念を利用して，その静力学的に等価な合力のみが作用する点に置き換えることができる．以下には直線に沿って分布する荷重である線荷重，面に沿って分布する荷重である面積力，物体内の各点に分布する体積力を例にとり，その取扱いを考えてみよう．

3.3.1 ◆ 直線に沿って分布する荷重（線荷重）とその取扱い

図 3.10 に示すように直線 x に沿って分布する任意の線荷重 $p(x)$ を考える．原点 O から x の距離にある点の微小長さ dx に作用する微小な荷重 $dP(x)$ は

$$dP(x) = p(x)dx$$

となる．したがって長さ l の区間に作用する荷重の合力 P は次式で与えられる．

$$P = \int_0^l p(x)dx$$

また原点 O に関する微小区間 dx に作用する荷重の微小なモーメント $dM_p(x)$ は

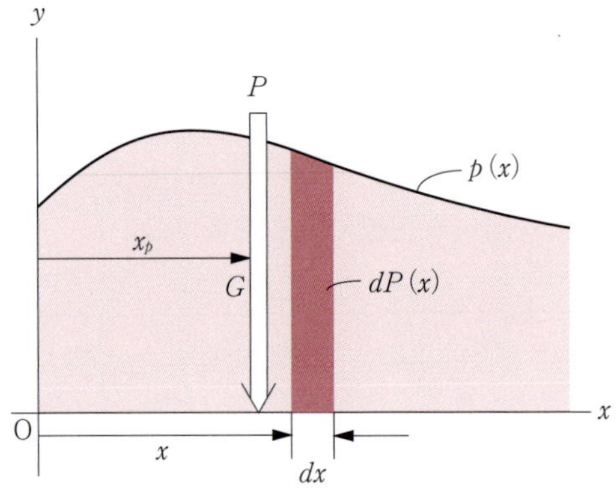

図 3.10　直線に沿って分布する荷重（線荷重）をその合力の中心

$$dM_p(x) = xp(x)dx \tag{3.27}$$

となる．したがって分布荷重 $p(x)$ の原点 O に関する合モーメント $\boldsymbol{M}_p$ の大きさ $M_p = |\boldsymbol{M}_p|$ は

$$M_p = \int_0^l xp(x)dx$$

で与えられる．ここで分布荷重 $p(x)$ の合力 P の作用点を仮に x_p として，P の原点 O 回りのモーメントと上式で与えられる合モーメントを等価と考えると次式が成立する．

$$x_p \cdot P = \int_0^l xp(x)dx$$

したがって

$$x_p = \frac{\int_0^l xp(x)dx}{P} = \frac{\int_0^l xp(x)dx}{\int_0^l p(x)dx} \tag{3.28}$$

となる．式（3.28）を重心を求める式（3.18）あるいは断面の図心を求める式（3.25）と比較すると，全く同一の形をしていることがわかる．このことから直線に沿って分布する任意の荷重 $p(x)$ は，その x 方向の分布を表す図形の重心（または図心）を通る作用線上に静力学的に等価に置換することができる．x_p において合力の P のモーメントが 0 となることは明らかである．

例題 3.4　三角形の分布荷重を受ける片持ちはりの静力学的に等価な荷重とその作用点

図 3.11 に示すような水平の長さ l の片持ちはりが三角形の分布荷重 $q(x)$（単位長さあたり，[N]）を受けている．このときはりの質量が無視できるとすれば，この分布荷重と静力学的に等価な荷重の大きさ F_R とその作用点の座標 x_R を求めよ．

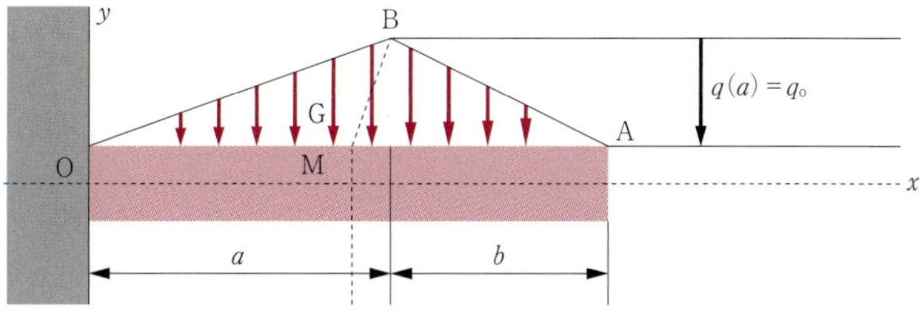

図 3.11　三角形の分布荷重を受ける片持はり

【解答】　静力学的に等価な力 F_R の大きさは，分布荷重の三角形の面積に相当するので，

$$F_R = \frac{1}{2}\,q_O(a+b)$$

となる．また作用点は，この三角形の重心 G と一致するので中線 BM を 2：1 に内分した点の x 座標であり，

$$x_R = \frac{a+2\left(\dfrac{a+b}{2}\right)}{3} = \frac{2a+b}{3}$$

となる．

3.3.2 ◆ 面に沿って作用する分布荷重（面荷重）とその取扱い

まず，右図のような曲面に沿って連続的に作用する任意の分布荷重 $p(x, y)$ を考えてみよう．この場合の合力 P は

$$P = \int p(x, y)\,dA \tag{3.29}$$

の全作用領域に沿う面積積分によって表される．また z 軸方向の合モーメントは

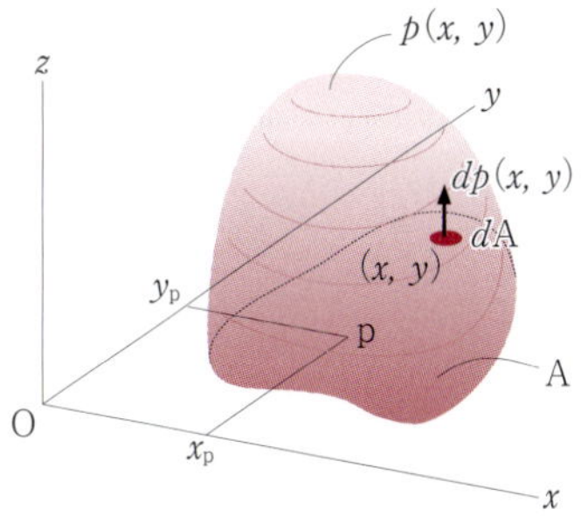

$$\boldsymbol{M}_p = \left(\int yp(x, y)\,dA\right)\boldsymbol{i} - \left(\int xp(x, y)\,dA\right)\boldsymbol{j} = M_{px}\boldsymbol{i} - M_{py}\boldsymbol{j} \tag{3.30}$$

となる．ここに $M_{px} = \int yp(x, y)\,dA$，$M_{py} = \int xp(x, y)\,dA$ である．式（3.29）および式（3.30）は，重心を求める際の式の分子と全く同じ形をしている．したがって静力学的に等価な腕の長さは式（3.18）と同じ形式の下記の式で与えられる．

$$x_p = \frac{\int xp\,dA}{\int p\,dA}, \quad y_p = \frac{\int yp\,dA}{\int p\,dA} \tag{3.31}$$

平面に作用する任意の分布荷重 $p(x, y)$ の合力は，分布荷重の作用する面内の図形の重心（あるいは図心）に静力学的に等価に置換できる．

例題 3.5　内圧を受ける薄肉円筒

図 3.12 のような内圧 p を受ける薄肉円筒を考えてみよう．薄肉断面であるので $t \ll R$ である．いまこの薄肉円筒の上半分に作用する圧力 p の合力を求めよ．

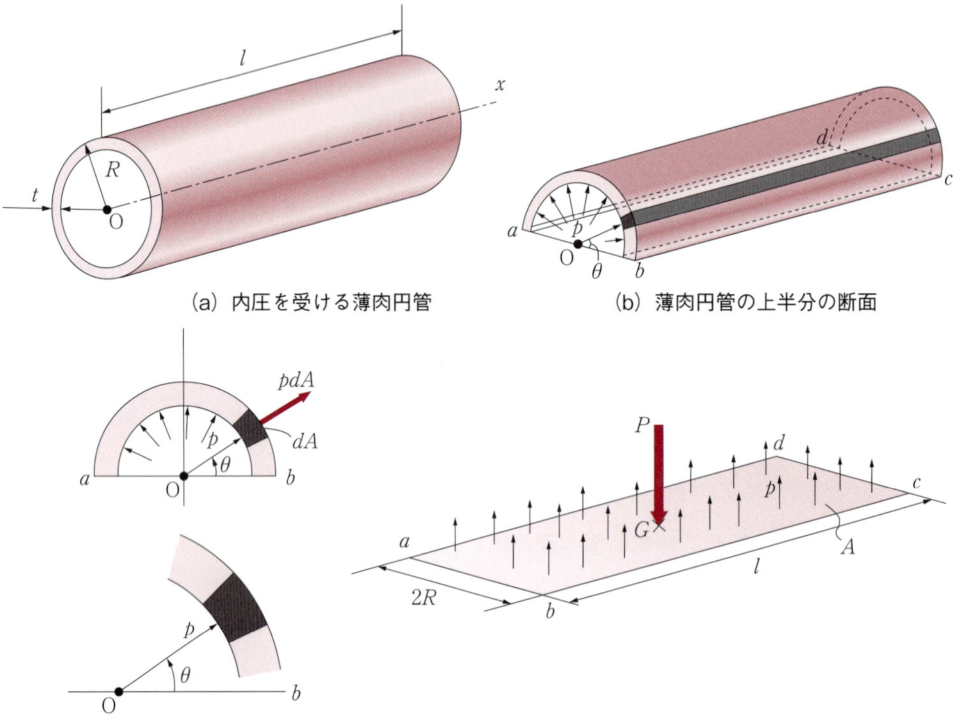

(a) 内圧を受ける薄肉円管　(b) 薄肉円管の上半分の断面

(c) 円周上の任意の微小断面積 dA に作用する圧力とその合力

図 3.12　内圧を受ける薄肉円筒

【解答】 微小面積 $dA = ds \cdot l = Rd\theta \cdot l$（$ds$ は円弧に沿う微小長さ）に作用する圧力 p の断面 $abcd$ 面に垂直な微小な力 dp は

$$dp = (pR \cdot d\theta \cdot l)\sin\theta \tag{3.32}$$

となる．したがって断面 $abcd$ 面に垂直な力 P は次のように求められる．

$$\begin{aligned} P &= \int dp = \int_0^{\pi} (p \cdot Rd\theta \cdot l)\sin\theta \\ &= PRl\int_0^{\pi} \sin\theta d\theta = p \cdot (2Rl) = p \cdot A' \end{aligned} \tag{3.33}$$

ここに $A' = 2Rl$ は，断面 $abcd$ の面積で円筒の半分の断面積 A の投影面積に等しい．したがって上半分の円筒が受ける圧力の合力は $P = 2pRl$ となり，その作用点を投影面積 $abcd$ の重心 G（この場合には明らかな点）にとればモーメントは 0 になる．

第3章　演習問題

［1］図 E3-1(a)，(b)，(c)に示すような分布荷重を受けているはりがある．はりの左端 A，右端 B における反力と反モーメントを求めよ．

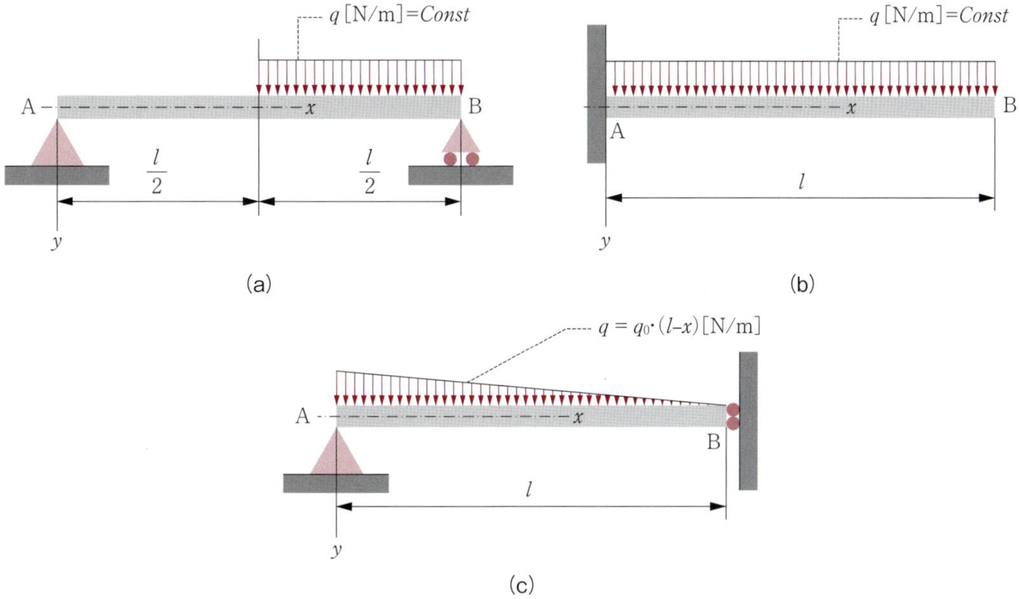

図 E3-1　分布荷重を受けるはり

［2］図 E3-2 に示す 2 次元の板状の部材 OABC の重心（質量中心）の位置を求めよ．

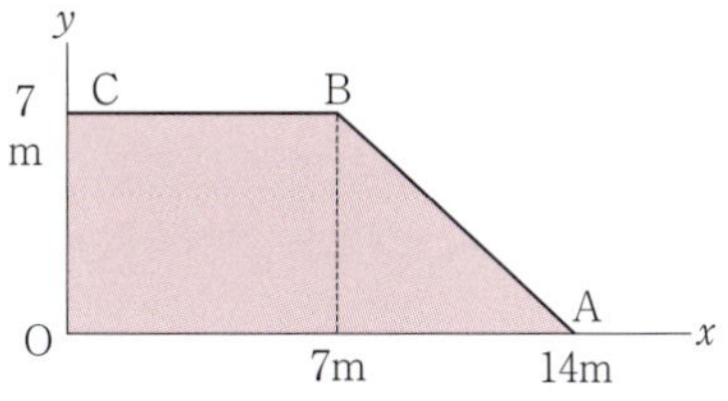

図 E3-2

［3］図 E3-3(a)，(b) に示す長手方向に一様な断面の部材の断面の質量中心（図心）の位置を求めよ．

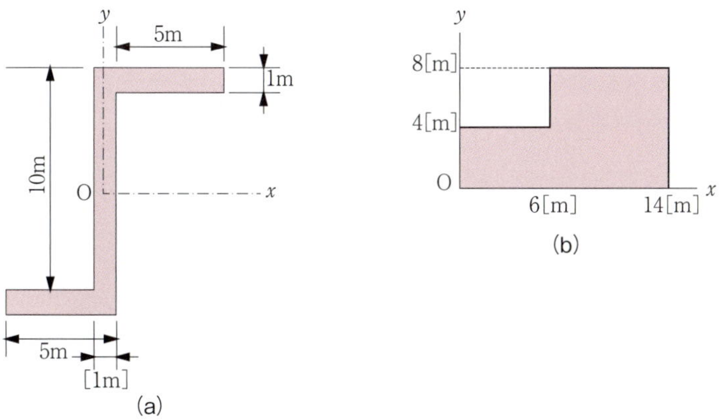

図 E3-3　断面の重心

［4］図 E3-4 に示すような半正弦波の分布荷重を受けている片持ちはりがある．このときの支点 O における反力と反モーメントを求めよ．

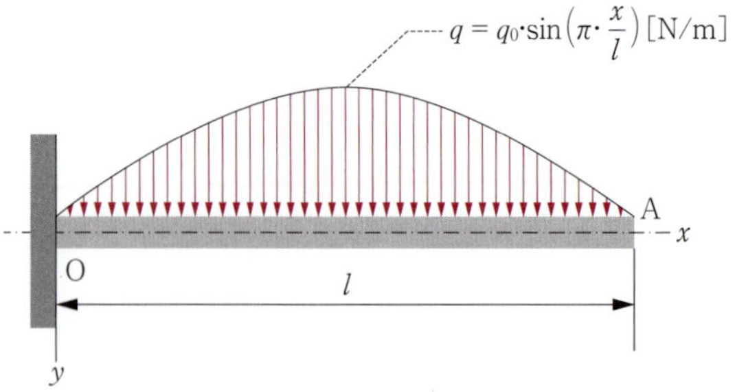

図 E3-4

［5］図 E3-5 の左の図に示すような一様な圧力 P[N/m] を受けている薄肉の球がある．このとき球を仮想的に右のように半分に切断したときに断面の単位面積が受ける垂直方向（z 方向）の等価な分布力 P_Z[N/m^2] と円周方向の分布荷重 P_l[N/m^2] を求めよ．

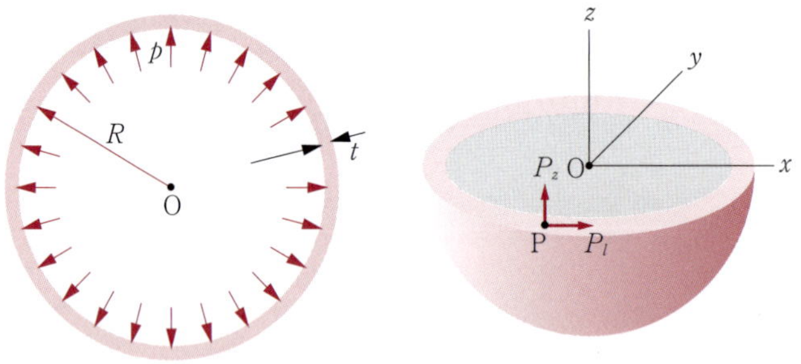

図 E3-5　内圧 g を受ける薄肉球体

［6］図 E3-6 に示すような三角形の重心（質量中心）の位置を求めよ．

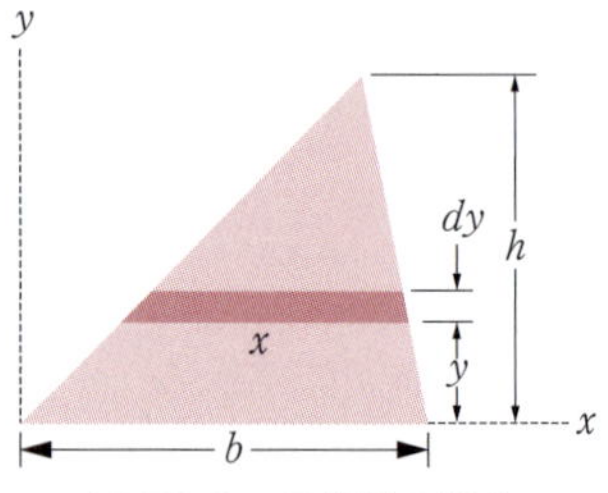

図 E3-6　三角形の重心

［7］図 E3-7 に示すような奥行き 6［m］の水タンクがある．プレート AB における合力 R を求めよ．

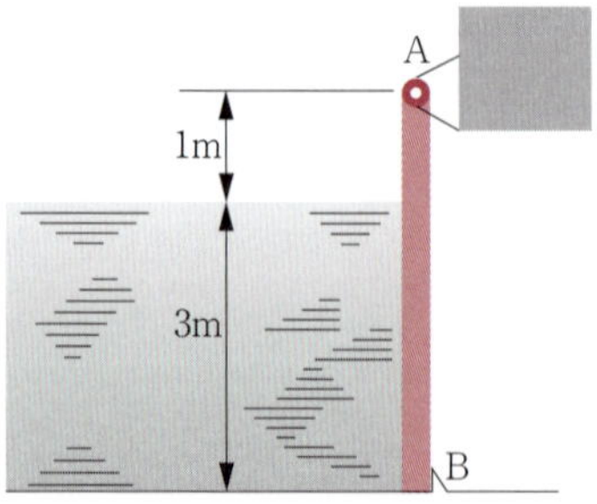

図 E3-7　水タンク

［8］図 E3-8 に示すような厚さ 0.001［m］の鋼ブラケットを考える．このとき支点 C における反力とワイヤ AB の張力を求めよ．ここで鋼の密度を ρ =7830[kg/m^3]，D，E の孔の直径は 0.04m とする．

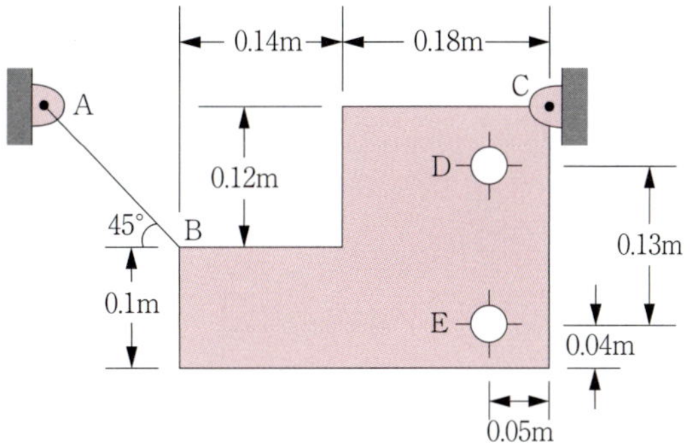

図 E3-8　ブラケットの支点反力と張力

［9］図 E3-9 に示すケーブルが一様な垂直下向きの分布力 w=2［kN/m］を受けている．このときのケーブルの張力 T を求めよ．

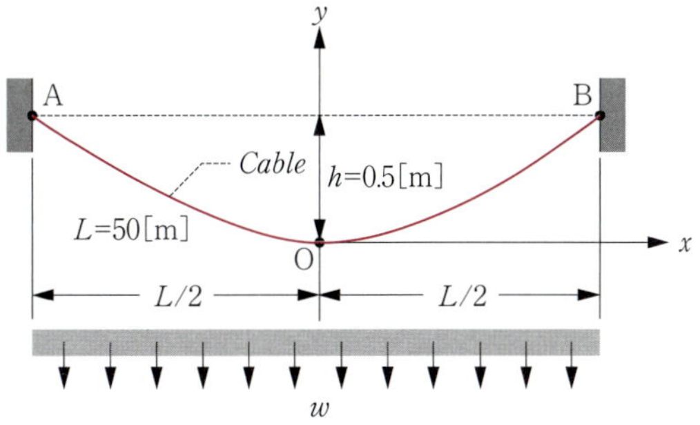

図 E3-9　一様分布荷重を受けるケーブルの張力

［10］図 E3-10 に示すような水中のゲート AB がある．このときゲートの正方形の窓 CD が水圧から受ける力の合力を求めよ．

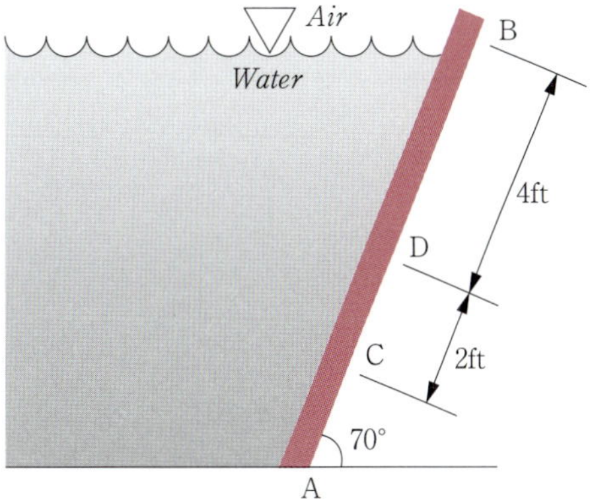

図 E3-10　水中ゲートの受ける力

第4章

摩　擦

OVERVIEW

二つの物体が接触して相対運動をするとき，その接触面の凹凸に起因する抵抗力が生じ，その抵抗力は摩擦（friction）と呼ばれる．摩擦現象は日常，いろいろな場面で観察されたり，体験されたりする現象である．例えば滑らないように表面をざらざらにするとか，テープを巻く，あるいは逆に滑り易くするために表面をみがいたり，油を塗ったりする体験は誰でも経験しているであろう．また自動車のタイヤの表面も地面との間の摩擦を利用して車を走行させており，タイヤの溝の形，いわゆるトレッドパターンは地面との摩擦を増大するためと騒音を軽減するためにその形状にいろいろな工夫がなされている．

本章ではこの摩擦の力学的な基礎を学ぶことにし，その種類やモデル化，力学的な取り扱いについて説明する．

シャルル-オーギュスト・ド・クーロン
(Charles-Augustin de Coulomb)
1736 年～1806 年，フランス

・物理学者，土木学者
・クーロンの摩擦の法則，ねじればかりの発明
・電磁気に関するクーロンの法則
・電気流体と磁気流体に関する研究

4.1 摩擦の種類

摩擦には，固体間の摩擦，固体間に流体が介在している，いわゆる潤滑剤としての流体の摩擦，あるいはさらに広く流体摩擦や材料の内部摩擦などの種類の摩擦が存在する．潤滑剤は，固体間に潤滑油などの流体の膜を介在させて摩擦の著しい低減をはかるために用いられる．また流体摩擦は広く流体の粘性に起因する摩擦全般を指し，潤滑摩擦はその一つの限られた摩擦とも言えよう．流体摩擦は流体力学で詳しく論じられる．さらに摩擦には，内部摩擦（internal friction）と呼ばれるものがある．これは塑性的な変形が生じやすい材料の内部の摩擦であり，材料内部のせん断変形と関連がある．この摩擦も詳しくは材料科学の分野で論じられるものである．本章では上記の摩擦の中で機械力学に関連の深い，基本的な固体間の摩擦のみを取り上げることにする．

4.2 固体間の摩擦

二つの固体間の摩擦は，さらにその相対運動の形態によって，滑り摩擦（sliding friction）と転がり摩擦（rolling friction）とに分類される．通常，単に摩擦と言うとき，滑り摩擦をさすことが多い．したがって以下にはまず滑り摩擦について説明し，次に転がり摩擦について説明することにする．なお摩擦に関連する潤滑（lubrication）や摩耗（wear）などの現象を広くとらえた分野はトライボロジー（tribology）と総称されている．

4.3 滑り摩擦

4.3.1 ◆ 滑り摩擦力と摩擦の法則

図 4.1（a）に示すような水平面の上に置かれた質量 m の剛体の物体を考える．水平面の表面はある程度の粗さがあるものとする．いまこの物体を水平方向に外力 P の力で引いてみる．物体の下面と水平面の表面は微視的には同図（b）に示すようないくつかの箇所で接触しており，図の R_1，R_2･･･等で示してあるような P に抵抗するような力を生じているものと考えられる．巨視的に見るとこのような物体に床の表面から作用する力は，同図（c）のフリーボディ・ダイアグラムに示すように，物体の下面に垂直上方向の垂直抗力 N と，P とは反対向きの接線方向の力 F の合力 R で表される．この R は（b）の接触点に作用する R_1，R_2･･･の力を等価的に一つの力で代表させたものと考えられる．この接線方向の力 F は，外力 P に対しては抵抗する方向，すなわち反対方向を向いており，摩擦力（friction force）と呼ばれる．

外力 P が小さいときは物体は静止しており，ある大きさ P_d に到達すると物体は滑り運動を始める．実験によって摩擦力 F と外力 P との関係は概略，図 4.2 に示すような曲線で示すことができる．物体が静止している状態のときに生じる摩擦力を静摩擦力（static friction force），滑り運動をしているときに生じる摩擦力を動摩擦力（kinetic friction force）と呼んで区別をする．図 4.2 に示される曲線は摩擦に関して古くから経験則として提案されている，次に示すいわゆる摩

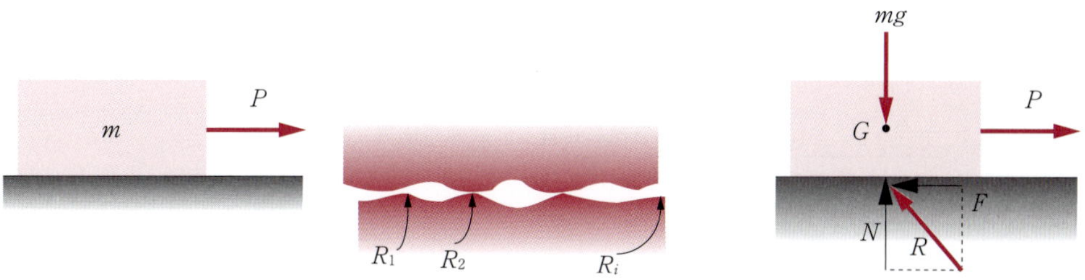

(a) 粗い床面上の物体　(b) 物体と床の表面の微視的な接触　(c) 巨視的な接線を考えたフリーボディ・ダイヤグラム

図 4.1　粗い床面上の物体

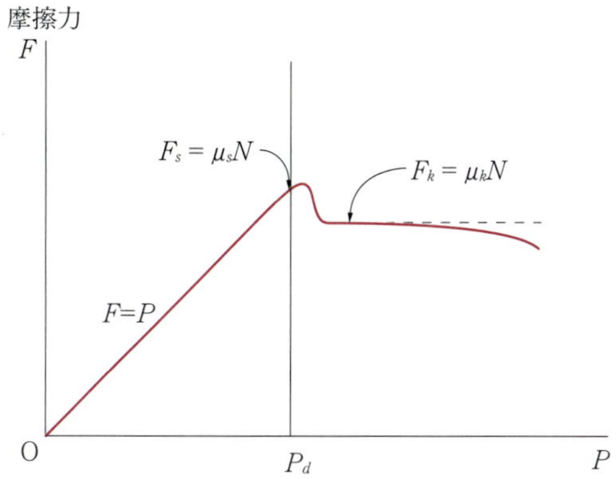

図 4.2　外力 P，垂直抗力 N，摩擦力 F の関係

擦の法則（law of friction）を説明している．

① 一般に静摩擦力（正確にはその最大値）の方が動摩擦力より大きい．

② 摩擦力は接触面に作用する垂直抗力に比例し，見かけ上の接触面積には無関係である．

③ 動摩擦力は滑り速度には無関係である．

これらの法則から次のような静摩擦力と動摩擦力に関して簡単な関係式が示される．

〔静摩擦力〕（法則②より）

$$F_s = \mu_s N \tag{4.1}$$

ここに，F_s：最大静止摩擦力（静摩擦力 F の最大値），N＝垂直抗力，μ_s：静摩擦係数．

（式 4.1）はクーロン摩擦（Coulomb's friction）と呼ばれ，あくまでも経験的なもので限られた範囲で近似的に成立するものである．

〔動摩擦力（滑り運動の動摩擦力）〕（法則②より）

$$F_k = \mu_k N \tag{4.2}$$

ここに，F_k：動摩擦力，N＝垂直抗力，μ_k：動摩擦係数（$< \mu_s$）（法則①より）

この式もあくまでも経験的に，また近似的に限られた範囲で成立する式である．

なお上記の摩擦係数は，接触する二つの面の材質のみによって決まるのではなく，潤滑剤の有無，潤滑剤の種類，表面の状態，速度，温度などの多くの要因によって影響をうける．中でも潤滑剤の有無は摩擦係数に大きな影響を与える．潤滑剤が無い場合の摩擦は乾燥摩擦（dry friction）と呼ばれる．表 4.1 に鉄と代表的な材料の静摩擦係数を示す．金属同士の摩擦係数は組み合わせによって大きく変化せず，0.5 前後の値をとることが多い．

表 4.1　鉄と各種純物質との静摩擦係数

ベリリウム	0.43	ニッケル	0.58
炭素	0.15	銅	0.46
マグネシウム	0.34	亜鉛	0.50
アルミニウム	0.82	銀	0.32
ケイ素	0.58	スズ	0.29
チタン	0.59	イリジウム	0.51
クロム	0.53	白金	0.56
マンガン	0.57	金	0.54
鉄	0.52	鉛	0.52

4.3.2 ◆滑り摩擦係数の実験的決定

滑り摩擦係数を実験的に決定する簡単な方法は，斜面を使う方法である．図 4.3 に示すように角度 θ をなす斜面上に置かれた質量 m の物体を考える．物体に関するフリーボディダイアグラムを考えると同図に示したようになる．すなわち物体に作用する力は，重力 mg，垂直抗力 N，滑りを妨げる方向に作用すると考えられる（静止）摩擦力 F_s である．摩擦力が大きく，物体が静止しているときには静力学的に平衡状態にあるので以下の式が成立する．

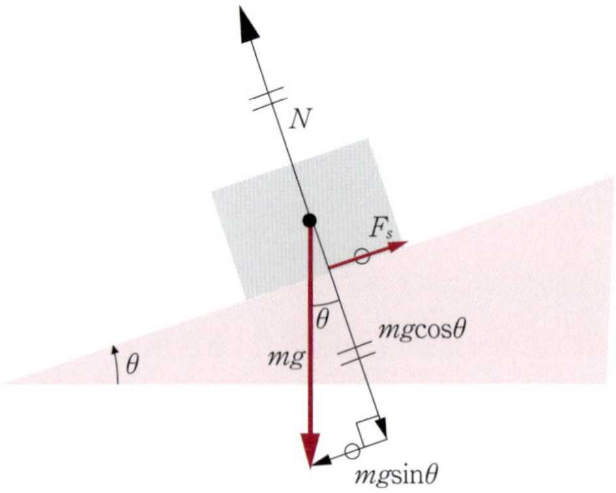

図 4.3　斜面上の物体と摩擦力

$$N = mg\cos\theta,\quad F_s = mg\sin\theta \tag{4.3}$$

式（4.3）から

$$F_s = N\tan\theta \tag{4.4}$$

が導かれる．斜面の角度 θ を大きくしてゆくと，ある θ で物体は滑り出す．このとき発生する摩擦力が最大静止摩擦力で，式（4.1）より，このときの F_s は

$$F_s = \mu_s N \tag{4.5}$$

で与えられる．したがってこの滑り出す直前では式（4.4），（4.5）から

$$\mu_s = \tan\theta \tag{4.6}$$

で与えられることがわかる．このときの θ を**摩擦角**（friction angle）と呼ぶ．この摩擦角 θ は，幾何学的に摩擦力が作用する範囲を示すことができるので有用な物理量である．例えば図 4.4 に

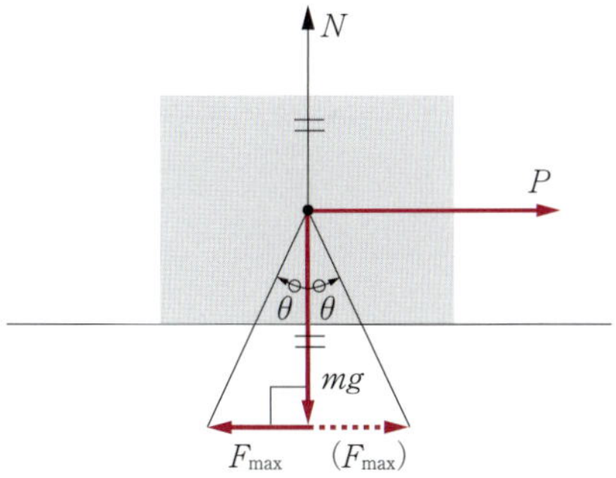

図 4.4 摩擦角と最大静止摩擦力の幾何学的な関係

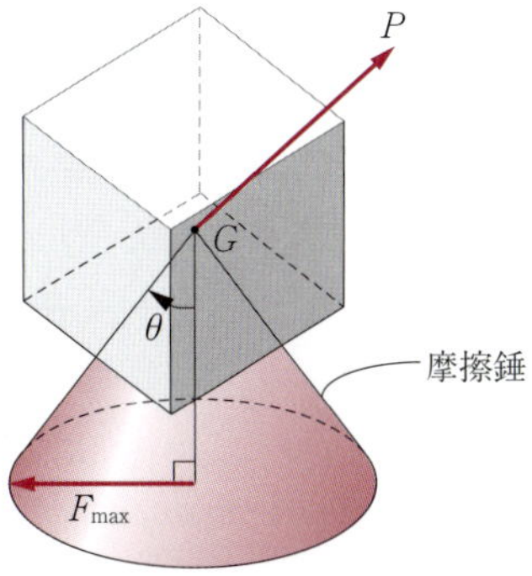

図 4.5 摩擦錘

示すような平面上にある質量 m の物体に力 P を加えると，摩擦力の作用する大きさの範囲は P が図のような方向の場合，同図に示した垂直方向の高さ $N=mg$ の大きさを一辺に持ち，θ の角度を有する頂角の直角三角形の底辺が摩擦力の最大値を示し，この大きさと P の大きさの大小で滑りが開始するかどうかが図的に判断できる．P の方向が逆向きの場合には破線で示した部分が摩擦力の最大値を与える．P の作用方向を平面内の任意の方向とすると摩擦力は図 4.5 に示すような摩擦錐の底面の円面に収まる．

4.3.3 ◆ 機械における摩擦の応用

回転体や摺動体においては摩擦の影響をできるだけ少なくする必要があり，ベアリング，流体軸受や潤滑剤などを活用して摩擦の影響を減じている．例えば自動車では，車軸のベアリング，ハンドルのベアリングをはじめ多くのベアリングが用いられている．一方，機械や道具において摩擦を積極的に活用する場合もある．自動車では，クラッチ，ブレーキ，タイヤなどは摩擦を積極的に利用しており，くさびやジャッキも摩擦を利用している道具である．ここでは，静力学的平衡条件の記述は後述の第 6 章にあるが，あえて先んじてくさびやジャッキのつりあいの問題を例題に取り摩擦の利用を考えてみよう．

例題 4.1 くさびの利用

図 4.6 は，典型的なくさび（wedge）利用のモデル図である．くさびは物体の位置を微調整したり，大きな力を発生する一つの簡単な道具である．このくさびの力系について論ぜよ．

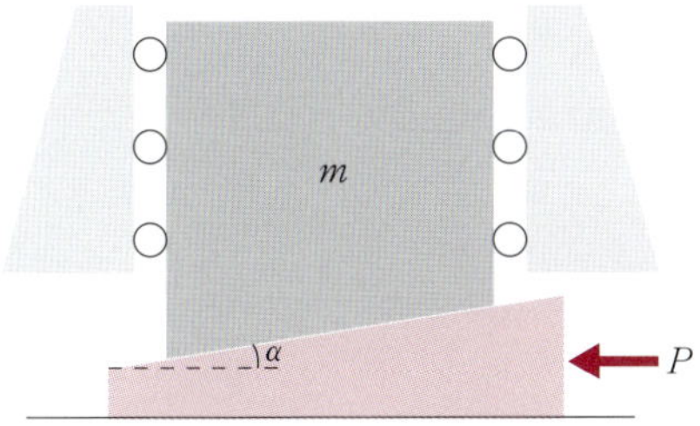

図 4.6 くさびの利用

【解答】 図 4.7（a）に示すように質量 m のブロックに作用している力は，重力 mg，壁からの垂直抗力 $\boldsymbol{R}_1$，くさびからの摩擦の影響を受ける抗力 $\boldsymbol{R}_2$ であり，一方，くさびには，ブロックからの抗力 $\boldsymbol{R}_2$，水平方向の荷重 P，くさびが床から作用する抗力，これも摩擦の影響を受ける $\boldsymbol{R}_3$ である．これらの力をベクトル表示すれば，ブロックには重力ベクトル $\boldsymbol{W}$，壁からの抗力ベクトル $\boldsymbol{R}_1$，くさびからの抗力ベクトル $\boldsymbol{R}_2$ となり，そのつりあい式は以下になる．

$$\boldsymbol{W}+\boldsymbol{R}_1+\boldsymbol{R}_2=0$$

一方，くさびにはブロックからの抗力ベクトル $\boldsymbol{R}_2$ と作用荷重ベクトル $\boldsymbol{P}$ と，および床から作用する抗力ベクトル $\boldsymbol{R}_3$ であり，そのつりあい式として以下の式が成立する．

$$\boldsymbol{R}_1+\boldsymbol{P}+\boldsymbol{R}_3=0 \tag{4.7}$$

いま摩擦係数 μ が摩擦角 ϕ で与えられていれば，すなわち

$$\mu=\tan\phi \tag{4.8}$$

であり，力のつりあいの関係は図 4.7 の（b）に示すように作図的に求められる．この図を参考にすると

$$R_2\cos(\alpha+\phi)=mg \rightarrow R_2=\frac{mg}{\cos(\alpha+\phi)} \tag{4.9}$$

$$R_2\sin(\alpha+\phi)+R_3\sin\phi=P \tag{4.10}$$

$$\rightarrow R_3=\frac{P}{\sin\phi}-mg\tan(\alpha+\phi) \tag{4.11}$$

ここに $R_2=|\boldsymbol{R}_2|$，$R_3=|\boldsymbol{R}_3|$，$P=|\boldsymbol{P}|$ である．

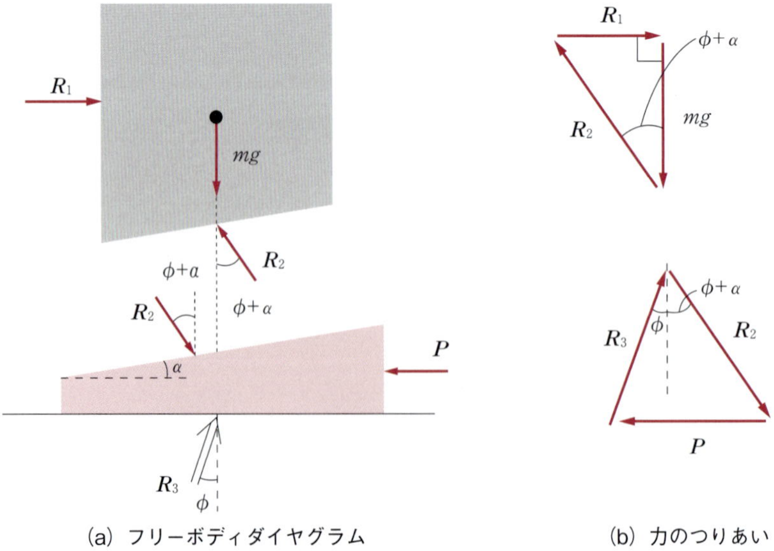

図 4.7　フリーボディダイヤグラムと力のつりあい

例題 4.2 ジャッキの利用

前述のくさびの性質を効果的に利用した身の回りの道具として，自動車がパンクなどした時に車体を持ち上げるジャッキがある．ジャッキのモデル図を図 4.8（a）に示す．ねじを切ってある部分が軸の回りに連続的にくさびを張り付けたような構造になっている．ねじの歯の形状には四角形，台形，V 字形などのいろいろな形がある．ここでは四角形の形をしたジャッキを考える．この形の歯は，プレスや他の力を伝達する機械に使われている．ジャッキの力系について考えよ．

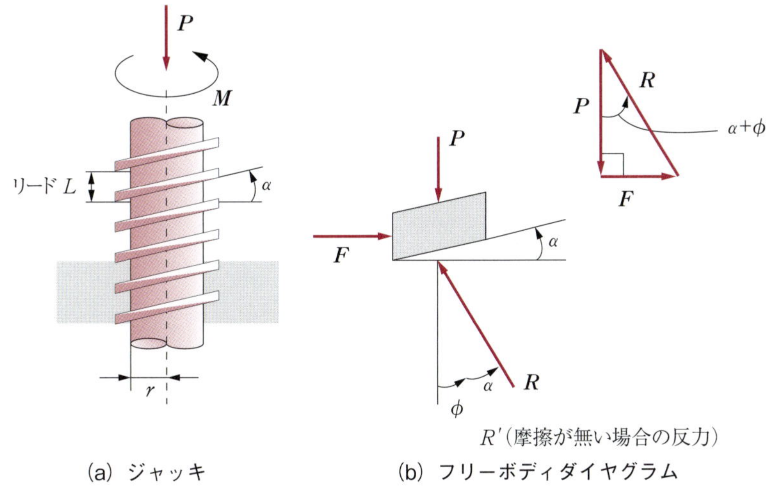

図 4.8 ジャッキと要するモーメント

【解答】 いま，四角形の歯の形状をしたジャッキの一つのピッチ p に相当する一つのリード L の部分を考えてみる．一つのリード p に対して複数のピッチが入る場合には $L=np$ とすればよい．図から

$$\tan\alpha = \frac{L}{2\pi r} = \frac{np}{2\pi r} \tag{4.12}$$

の幾何学的関係が得られる．ここに r はジャッキの軸の半径である．ジャッキに鉛直方向に作用する力 $\boldsymbol{P}$ を，モーメント $\boldsymbol{M}$ によって生ずる側面からの力を $\boldsymbol{F}$ とし，反力を $\boldsymbol{R}$，$|\boldsymbol{M}|=M$，$|\boldsymbol{F}|=F$，$|\boldsymbol{R}|=R$，$|\boldsymbol{P}|=P$ とすれば

$$M=Fr \tag{4.13}$$

同図（b）に 1 台座の 1 リード相当の部分を取り出した場合のフリーダイヤグラムを示す．摩擦角を ϕ，摩擦係数を $\mu=\tan\phi$ とすれば，反力 R は斜面に垂直方向（図の α）の方向からさらに ϕ 傾いた方向に生ずる（摩擦が無ければ斜面の垂直方向に反力 R' が生ずる）．フリーボディ図を基に水平方向と垂直方向のつりあい式を考えると以下のようになる．

$$F=R\sin(\alpha+\phi)=\frac{M}{r} \tag{4.14}$$

$$P = R\cos(\alpha + \phi) \tag{4.15}$$

両式から

$$M = Pr\tan(\alpha + \phi) \tag{4.16}$$

が得られ，ジャッキを上げるのに必要なモーメントは式（4.16）で与えられる．

ここで上記の二つの例題から摩擦のある問題では摩擦角を利用すると作図的にあるいはベクトル図的に力のつりあいが示され，直観的に各力の大きさが把握できることがわかる．静力学の問題やダランベールの原理に基づいて静力学化した動力学の問題（第８章で後述）の場合，作図的にあるいは図的に力の大きさの関係が把握できることは，極めて重要であり，解析的に扱った場合に大きな誤りをしたときは，その誤りに気付くことができる．そこで以下には身近な摩擦を含んだ問題の作図による解法を示すことにする．

例題 4.3　壁に立て掛けたはしご

図 4.9（a）のように垂直の粗い壁と水平の粗い床に立て掛けたはしごに W の重さの人が昇るとき，梯子の下からどのくらいの距離（x）まではしごが落ちずに昇れるか，図式解法で求めよ．ただし壁の摩擦係数および摩擦角を μ_w，α とし，すなわち $\mu_w = \tan\alpha$，床の摩擦係数と摩擦角を μ_f，β（$\mu_f = \tan\beta$）とする．

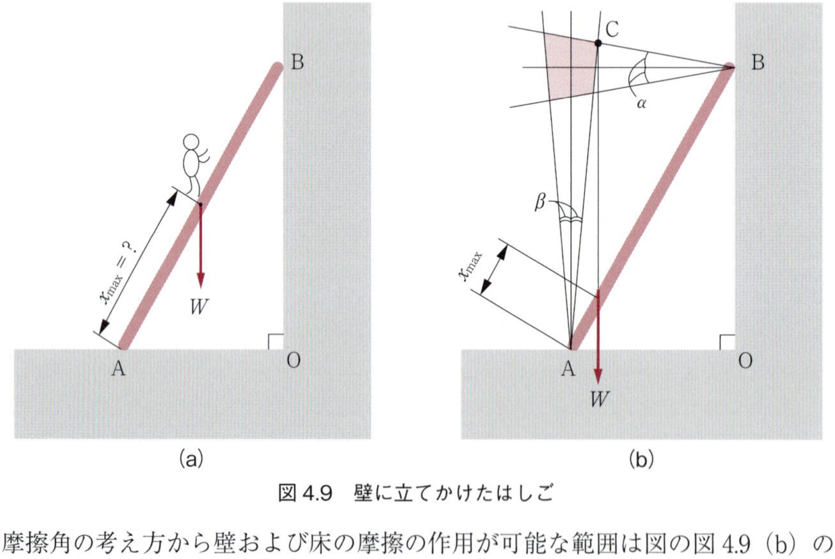

図 4.9　壁に立てかけたはしご

【解答】　摩擦角の考え方から壁および床の摩擦の作用が可能な範囲は図の図 4.9（b）の色をつけた範囲である．この範囲に人の重力 W が作用すれば壁，床両方の摩擦力が作用してはしごは落ちないことがわかる．したがって最大の距離 x_{max} は W の作用線が色のつけた部分の頂点 C を通るときである．

例題 4.4　二つの岩の間の橋

図 4.10（a）のように二つの岩の間に板状の橋をかけ，その上を人が渡る場合にどの範囲が橋の落ちない安全の範囲か図式解法で示せ．ただし岩 I の摩擦係数，摩擦角を μ_{I}，α（$\mu_{\mathrm{I}} = \tan\alpha$），岩 II の摩擦係数，摩擦角を μ_{II}，β（$\mu_{\mathrm{II}} = \tan\beta$）とし，人間の体重を W とする．

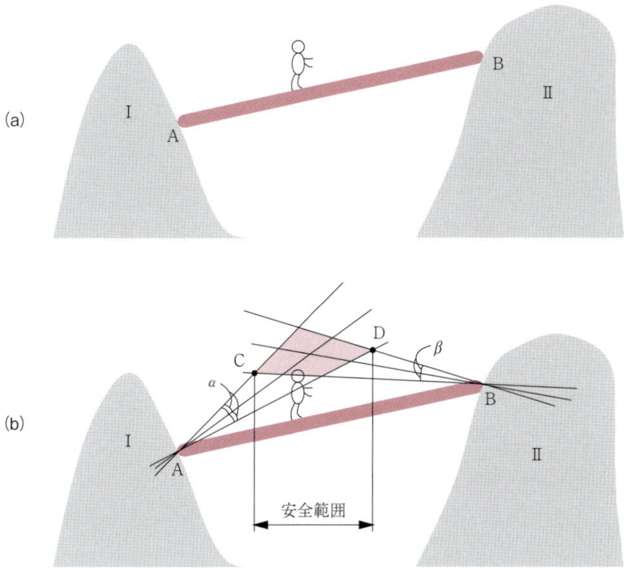

図 4.10　岩にかけた橋

【解答】　橋の端部 A，B に作用する摩擦力の範囲は摩擦角の考え方より図 4.10（b）の斜線を施した領域である．したがってこの領域の左端 C から右端 D までが，橋が落ちない安全領域である．

例題 4.5　自動車の登坂角

図 4.11（a）のように坂を登る自動車を考える．その最大の登坂角 $\theta_{\max}$ を**後輪駆動**（rear drive）と**前輪駆動**（front drive）の各場合について図式解法で求め，その結果を考察せよ．坂の摩擦角を α 自動車の重心を G，その重量を W とする．また坂面からの重心高さを h とする．

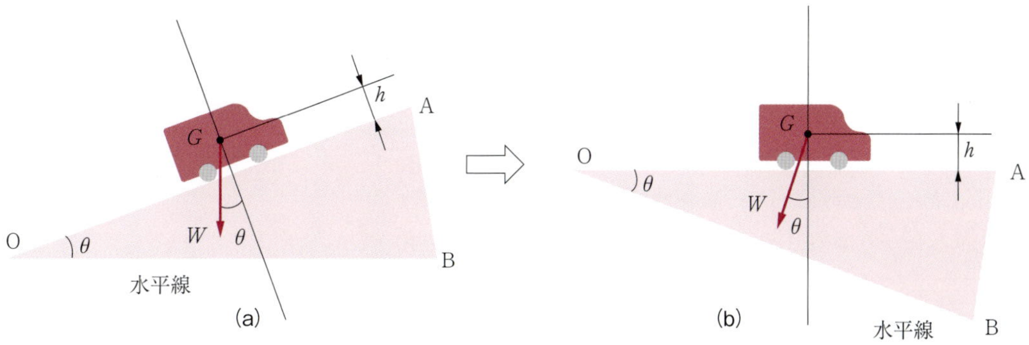

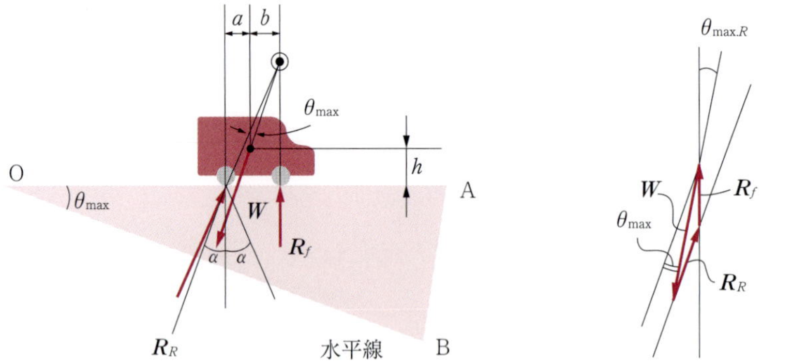

(c) 後輪駆動

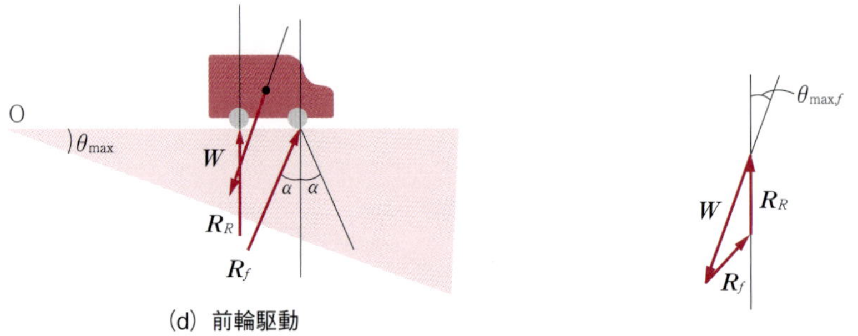

(d) 前輪駆動

いずれも $\theta_{\max}$ は，a，b，h，α の関数となることがわかる．

図 4.11　自動車の登坂角

【解答】　まず考えやすいように同図（b）のように坂面を水平にとる．この場合の水平線は，水平の坂面より時計回りに θ 回転した線となる．

ここで後輪駆動では摩擦力が後輪に，前輪駆動の場合は摩擦力が前輪に作用すると考えると同図（c），（d）のような図式解法の結果となる．

4.4 転がり摩擦

転がり摩擦（rolling friction）と呼ばれる摩擦は，ある物体が接触している物体の上を転がる時に生じる抵抗であり，乾燥摩擦に比べるとその値は非常に小さい．その例として図 4.12 に示すように平面上の直径 d の円筒に平行方向に適当な力 P を加え，滑りを生じないで転がる状態を考える．このとき円筒は接触部に転がる方向と逆方向に抵抗力 F_R を受ける．この抵抗力は**転がり摩擦力**（rolling friction force）と呼ばれる．滑り摩擦の場合のように垂直抗力 N と転がり摩擦力 F_R の関係を簡単に摩擦係数 μ_R を用いて

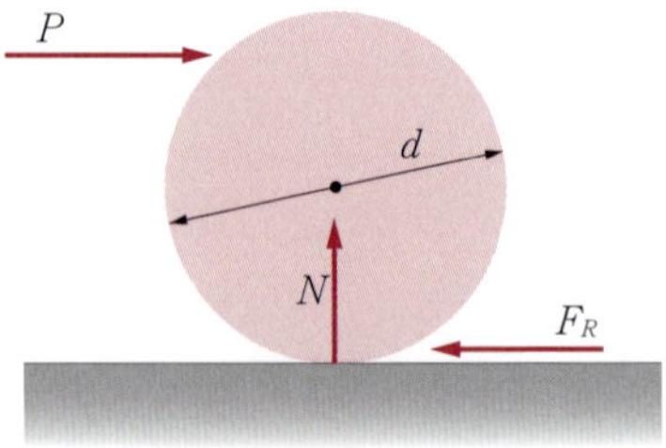

図 4.12　転がり摩擦

$$F_R = \mu_R N$$

と表すことができれば便利である．しかしながら転がり摩擦は弾性ヒステリシスや微小滑りなど

によって主に生じると言われており，いろいろな因子の影響を受ける複雑な現象である．したがって一般的には μ_R は N と d の関数

$$\mu_R = \frac{cN^m}{d^n}$$

という形で表現されている．ここに c は定数である．m は軟質金属で1に近い値をとるとき以外は0と考えてよいとされ，n については0.4～1.7程度の数値が実験的に報告されている．m が0であれば

$$\mu_R = \frac{c}{d^n}$$

となり，d のみの関数となる．また鋼球を軟鋼の上を転がした場合の転がり摩擦係数 μ_R は鋼球の直径1.59mm，荷重約1.5Nのときは，

$$\mu_R = 0.00004 \sim 0.0001$$

と非常に小さな値をとることが実験的に報告されている．

例題 4.6　斜面上の車輪の運動

図4.13 (a) に示すような粗い斜面上に車輪が置かれている．車輪内のブレーキパッドにブレーキ力 F を加える．このとき，二つのブレーキパッドを結んだ線（ブレーキ力 F の作用線）が斜面に平行になっている場合を考える．このとき次の各値を求めよ．

(a) 転がりながら下方へ落下する場合のブレーキ力 F の値

(b) 上記の F を与えた場合に転がらないで滑りながら下方へ落下するときの斜面の静止摩擦係数 μ_A の値

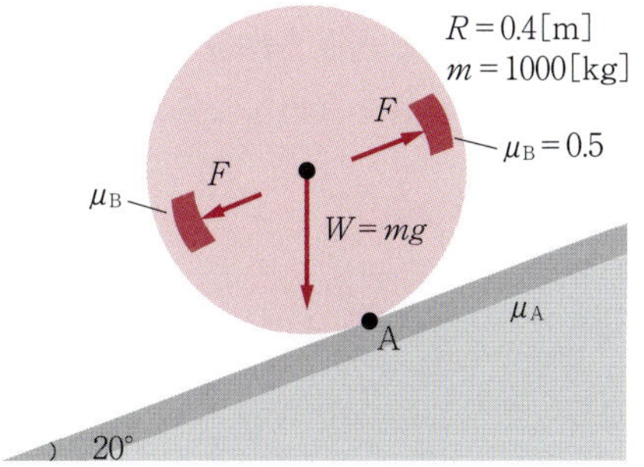

図4.13　斜面上の車輪①

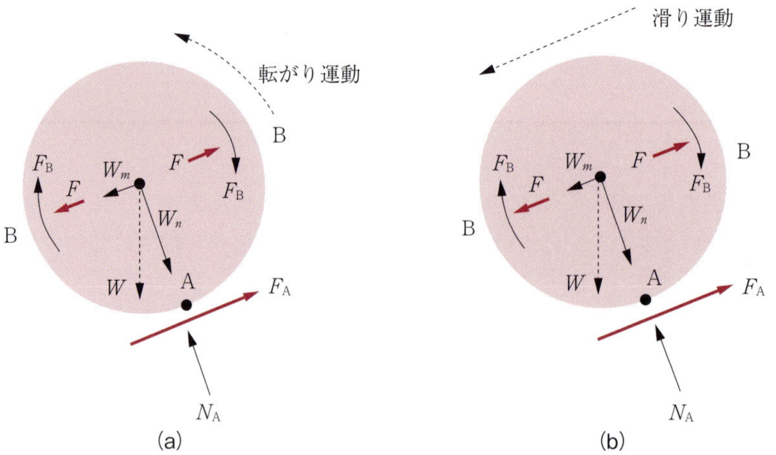

図 4.14　斜面上の車輪②

【解答】（a）転がりながら落下する場合のフリーボディダイヤグラムを図 4.14（a）に示す．斜面と車輪の接触点 A に関してモーメントのつりあい $\Sigma M_A=0$ を考えると，

$$W_m R - F_B(2R) = 0$$

$$F_B = \frac{1}{2}\ W_m = \frac{1}{2}(9.81\sin 20^\circ) = 1.678 = \mu_B F = 0.5F\ [\mathrm{kN}]$$

となり，この式から $F=1.678/0.5=3.36$ が求められる．この力は半径 R には無関係となる．μ_B はブレーキパッドの摩擦係数である．

（b）力 F の作用の下で転がらないで滑りながら落下する場合のフリーボディダイヤグラムを図 4.14（b）に示す．斜面の最大静止摩擦力 F_A は

$$F_A = F_{max} = \mu_A N_A$$

で与えられる．ここで斜面に水平方向 m と垂直方向 n の両方向に対する力のつりあい式を立てると以下のようになり，この式から μ_A の値を求めることができる．

$$\sum F_n = 0,\ \ N_A - W_n = 0,\ \ \boldsymbol{N}_A = W\cos 20^\circ$$

$$\sum F_m = 0,\ \ -W_m + F_A = 0,\ \ -W\sin 20^\circ + \mu_A W\cos 20^\circ = 0,\ \mu_A = \tan 20^\circ = 0.36$$

第4章　演習問題

［1］図 E4-1 に示すようなくるみ割器でくるみを割る際に以下の問に答えよ．くるみ割器の $l=12.7$cm，くるみの直径を 2.54cm とする．

① くるみが上部に滑り出さないための摩擦係数とくるみ割器の交差角度 α の関係を示せ．

② $\alpha=30$［°］，P＝44.5［N］のとき，ナットに加わる力を求めよ．

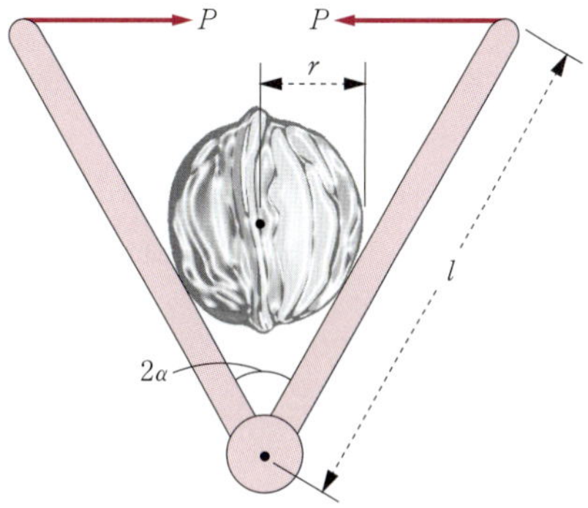

図 E4-1　くるみ割器

［2］図 E4-2 に示すような質量が 90.8kg の荷物がある．荷物の高さは 50.8cm，長さは 76.2cm とする．重心 G は高さ 25.4cm，左端から 50.8cm の位置にある．地面の摩擦係数 $\mu=0.6$ とする．このとき以下の問に答えよ．

① 右端の上部に図のような右方向荷重を加えたとき，荷物は倒れるかあるいは滑り出す状態のいずれかになる．倒れる時の荷重 P の値を求めよ．

② 摩擦係数 μ の大きさによって倒れるか滑るかの状態が決る。その境界の状態にあるときの摩擦係数 μ の値を求めよ．

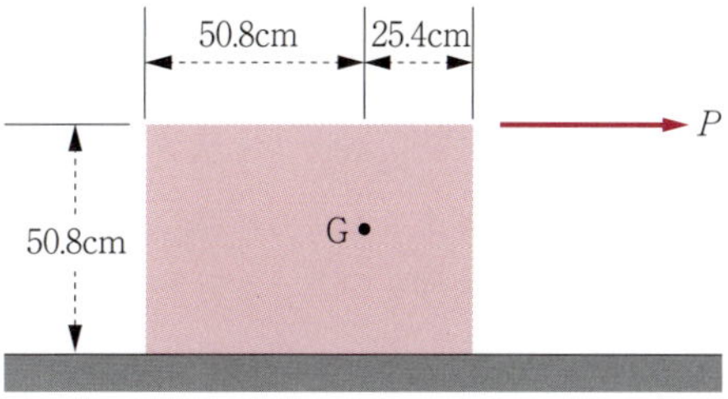

図 E4-2　荷物の移動

［3］図 E4-3 に示すような絵画を釘を介してひもで吊るして壁に立て掛けることを考える．絵画が落ちないようにするためには絵画のどの位置に釘を打てばよいのかを作図法によって求めよ．ただし絵画と壁の間の摩擦角を α とする．

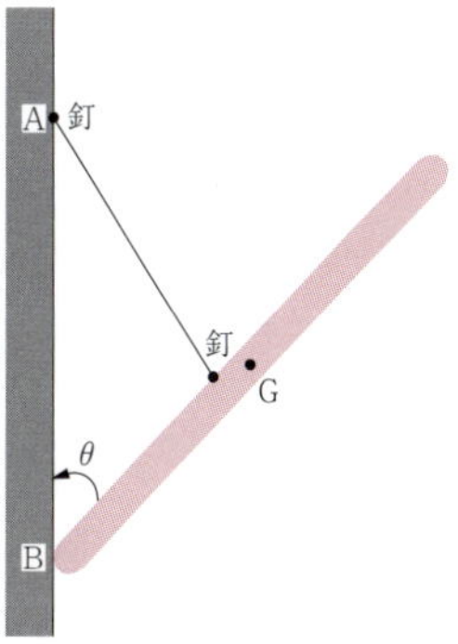

図 E4-3　壁に立て掛けた絵画

［4］図 E4-4 に示すようにコップに立て掛けたストローの状態を考える．ストローは次の三つの状態とする．

① ストローは動かずコップ上の静止位置にある．

② ストローはコップから外へ滑り出る．

③ ストローはコップから内へ滑り落ちる．

これらの状態を作図法によって検討せよ．

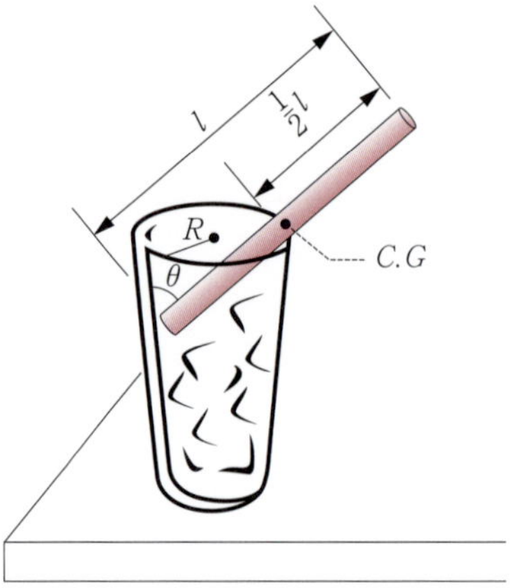

図 E4-4　コップに立掛けたストロー

［5］図 E4-5 のような坂の上の自動車の車輪を考える．車輪から坂にかかる力を 4,450N として坂の傾斜を 20°，坂と車輪の摩擦係数を $\mu_s = 0.7$ とするとき，車輪が坂の上で静止するためには，車輪にどのくらいの大きさのモーメントを加えればよいかを答えよ．

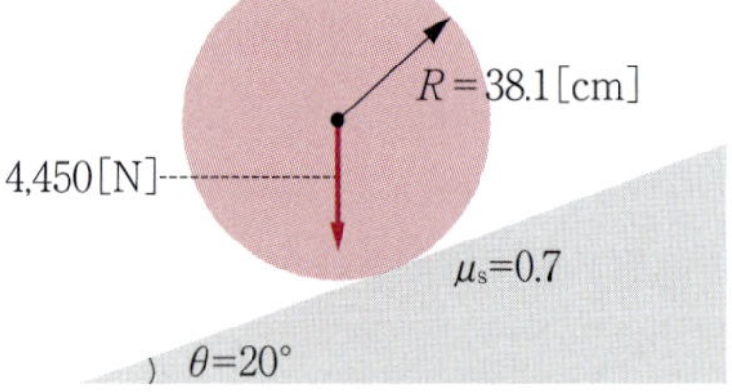

図 E4-5　坂の上の車輪

［6］30° の角をなす図 E4-6 のような斜面に三つ質量のブロック A，B，C を重ねて置き，最上部のブロック A はワイヤによって傾斜に固定されている．いまブロック B を斜面に平行な方向に P の力を加えて引張るとき，滑り出す直前の最大の P の値を計算せよ．ただしブロック AB 間，BC 間，ブロック C と斜面間の静止摩擦係数をそれぞれ，0.30，0.40，0.44 とする．

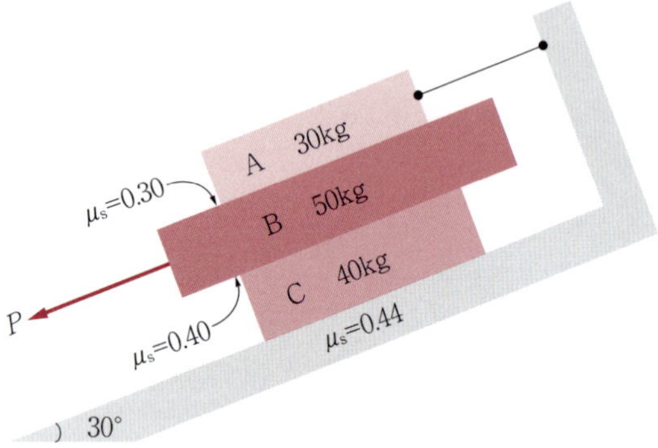

図 E4-6　斜面上のブロック

［7］図 E4-7 に示すような 30° の斜面上に隣接して置いたブロック AB を考える．ブロック A，B の質量をそれぞれ 8kg，12kg とし，ブロック A，B と斜面との摩擦係数を $\mu_A = 0.4$，$\mu_B = 0.3$ とするとき，ブロック A，B は斜面上に静止しているかどうかを調べよ．

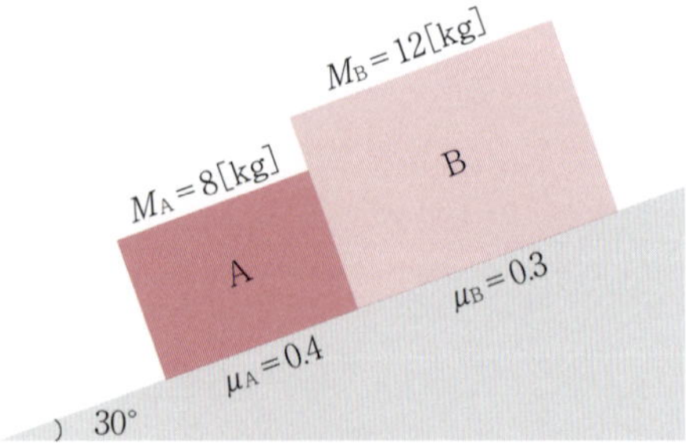

図 E4-7

［8］図 E4-8 に示すような 20° の斜面上の質量 100kg のブロックを斜面上に落下や上昇することなしに静止させるために必要な滑車に吊るす重りの質量 m_0 の最小値を求めよを求めよ．ただしブロックと斜面の静止摩擦係数を $\mu_s = 0.3$ とする．

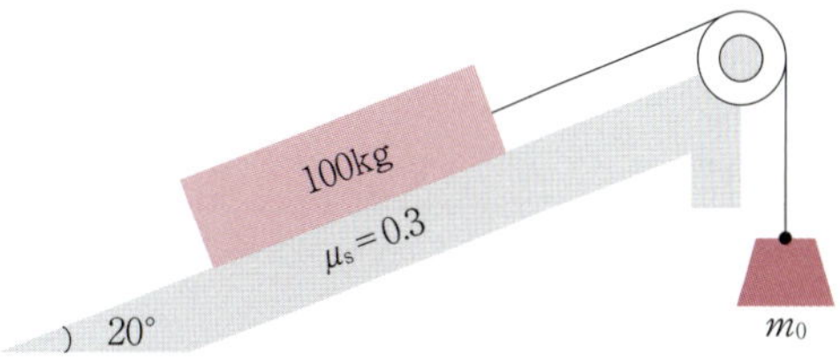

図 E4-8

［9］体重 81.5kgf の人が滑らずに図 E4-9 に示すように滑車を使って質量 34.1kg のドラム缶を引き上げて静止させようとしている．人と地面間の静止摩擦係数を $\mu_s = 0.4$ とするとき，この人はドラム缶から最大何 m 離れられるかを答えよ．

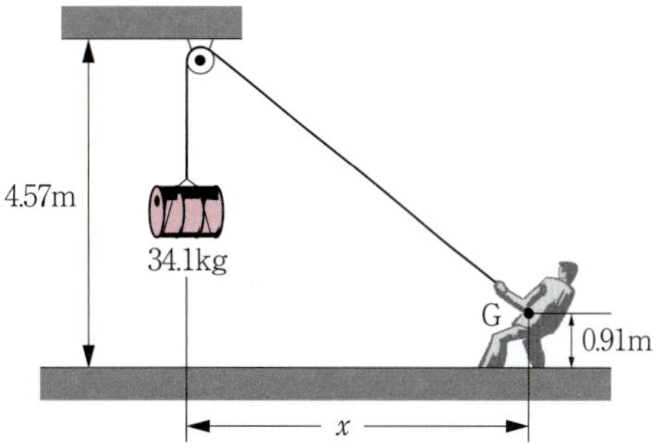

図 E4-9

［10］図 E4-10 に示すような質量 40kg のブロックを上げるのに必要なくさびに水平に加える F が 890N のとき，十分であるか判定せよ．ここにくさびの質量は無視でき，ブロックを壁および床の間の静止摩擦係数を $\mu_s = 0.3$，くさびの角度 θ を $\theta = 0.6°$ とする．

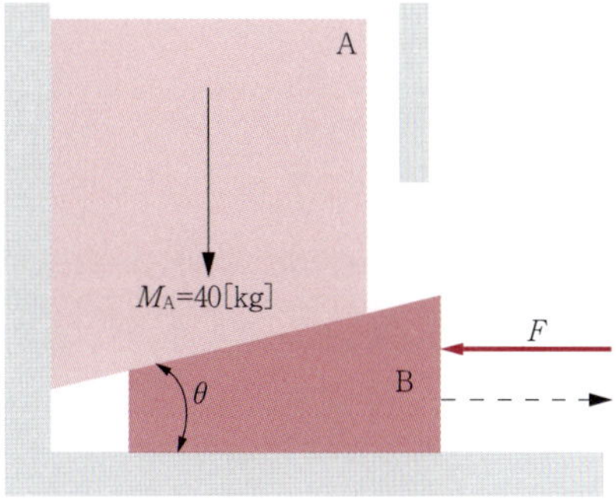

図 E4-10　ブロックに打込んだくさび

Supporting Conditions of Force Systems, Reaction and Reaction Moment, Statically Determinate and Statically Indeterminate

第5章

力系の支持条件と支点反力，反力モーメント，静定系と不静定系

OVERVIEW

本章では，力系の支持条件について説明する．剛体あるいはその結合モデルとして理想化された物体を安定な構造とするためには，適切な支持が必要になる．物体の支持部は十分な強度を持つ必要があり，また支持部を通して他の構造や基礎に力やモーメントが伝達される．このために支持部に作用する反力や反力のモーメントの大きさを知ることは重要である．また支持部が多くなると支点反力や反力のモーメントの数が多くなり，静力学的な平衡条件のみではその大きさを求めることができないことも述べ，静定系（statically determinate）と不静定系（statically indeterminate）の概念を示す．

カルロ-アルバート・カスチリアーノ
（Carlo Alberto Castigliano）
1847年～1884年，イタリア

・数学者，物理学者
・カスチリアーノの第1定理・第2定理
・線形弾性系のひずみエネルギーと変位
・荷重との関係
・構造力学におけるエネルギー原理

5.1 自由度と拘束度

質点や剛体，あるいはその集合体である物体の空間における**配置**（configuration）を規定するのに必要十分な座標（広くは一般座標[注1]と呼ばれるものも含む）の数は，**自由度**（degrees of freedom）と呼ばれる．自由度（ここではfと記す）は可能な**変位**（displacement）の数と考えてもよい．質点は図5.1（a）に示すようにx，y，zの３つの座標で規定され，x，y，z方向にそれぞれu，v，wの**並進変位**（translation）が可能で３自由度（f=3）ある．また剛体は同図（b）に示すように重心の三つの座標x_G，y_G，z_Gだけでなく，x，y，z軸回りの回転角θ_x，θ_z，θ_z，の三つの角度を定めないと空間における配位は規定できない．すなわち剛体は重心のx，y，z方向の並進変位u，v，wと各座標軸回りのφ_x，φ_y，φ_zの三つの**回転変位**（rotation）が可能で６自由度（f=6）ある．この回転の角度は，ロボットアームや衛星などの剛体の解析においては図5.2に示すようなオイラー角と呼ばれる三つの角度によっても示される場合がある．また本書の対象ではないが，弾性的な変形をする**弾性体**（elastic body）のように各点で変形する，いわゆる**連続体**（continuous body）では，図5.1の（c）に示すように物体上の任意の１点における

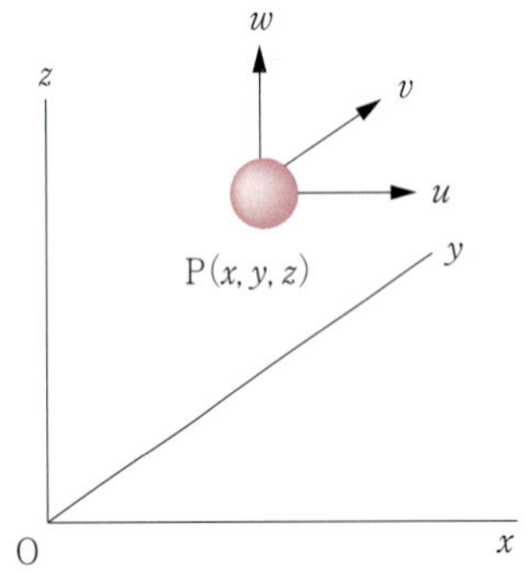

(a)　質点の自由度（f=3）

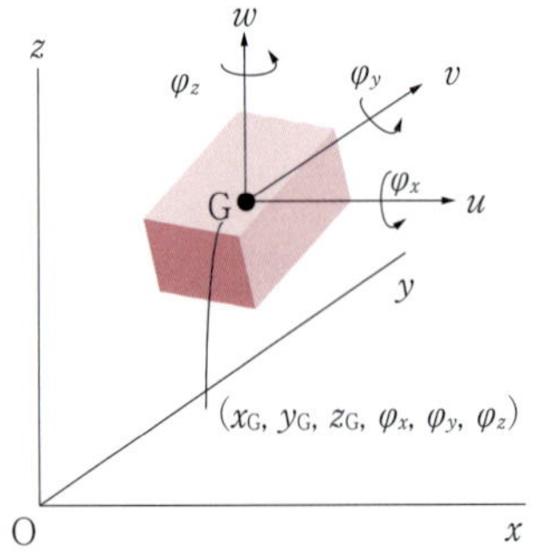

(b)　剛体の自由度（f=6）

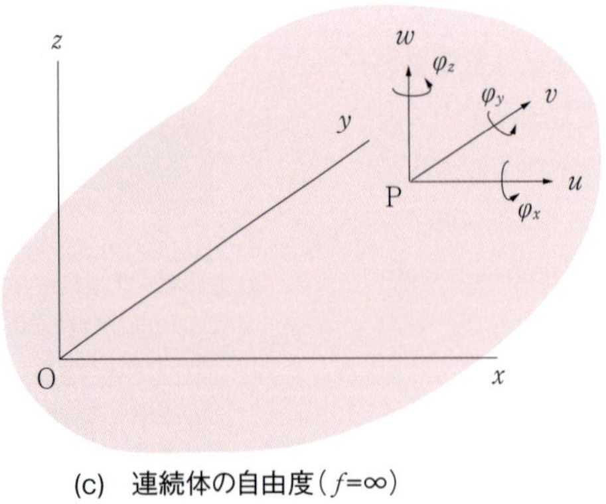

(c)　連続体の自由度（f=∞）

図5.1　空間内の質点－剛体－連続体の自由度

（注1）力学系を記述する座標は直交座標（デカルト座標）に限らず，角度や物理量を含む広義の座標も用いることができる．これらの座標を一般座標と呼ぶ．

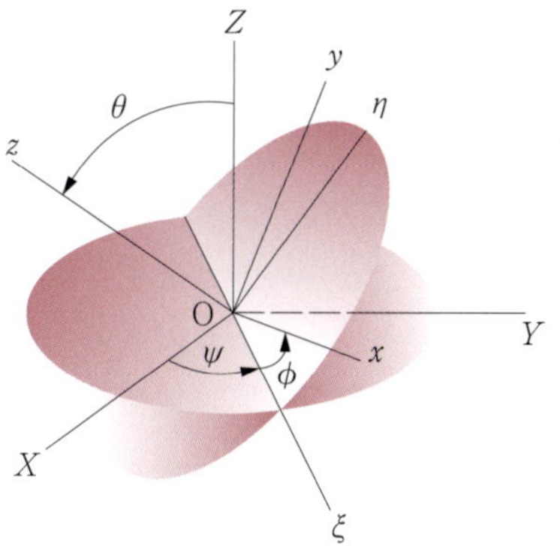

図 5.2　オイラー角

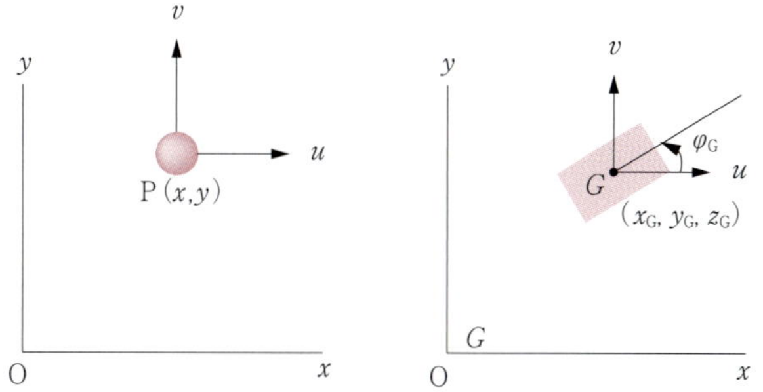

(a)　質点の自由度 ($f=2$)　　(b)　剛体の自由度 ($f=3$)

図 5.3　平面内の質点と剛体の自由度

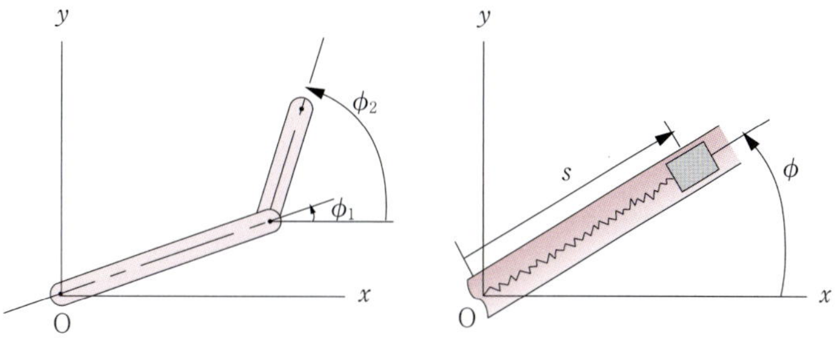

(a)　平面リンク機構 ($f=2$)　　(b)　スライダー機構 ($f=2$)

図 5.4　機構の例

変位が剛体と同じく三つの並進変位 u，v，w と三つの回転変位 φ_x，φ_y，φ_z で６自由度（$f=6$）が可能である．さらに，それぞれの点において６自由度を有している．このような点が物体内には無数にあるので，自由度は無限（無数）に存在するものと考えられる．なお図 5.3 に示すように平面内の質点に自由度は２，剛体の自由度は３になることは，三次元の場合から容易に理解されよう．上記の自由度を何らかの形で完全に奪う，あるいは拘束をすることで実際の構造物は存在する．拘束が不足しており，何らかの変位を許すような構造は，**機構**（mechanism）と呼ばれる．図 5.4（a）（b）に機構の１例を示す．（a）は，平面的な回転を許す，ロボットアームなどに見られる平面リンク機構と呼ばれるものである．また（b）は平面内の回転と並進変位を許す，一種のスライダーと呼ばれる機構である．自由度を拘束する数を**拘束度**（degrees of constraints）と呼ぶ．

5.2
力系の支持条件と支点反力および反力のモーメント

物体を支持する支持機構は三次元的には表5.1にまとめて示すように6自由度のいずれか，あるいはその組合せを拘束する機構である．三つの並進運動と三つの回転運動のいずれか，あるいはその組合せを拘束する機構であり，いろいろな形式のものが考えられる．

ここではまず簡単のために二次元（平面内）の支持機構を考えてみよう．二次元内の物体のある1点における自由度は並進自由度が2，回転自由度が1の合計3自由度であり，支持機構はそのいずれか，あるいは組合せを拘束して支持する．現実の支持機構を考えると表5.2に示すようなものが考えられる．同表には各支持機構に生じる支点反力の数と反力のモーメントとその数の合計，すなわち拘束度も示してある．すなわち支持機構としては1自由度を支持するものから3自由度を支持するものまでが考えられる．実際にはこれらの機構を複数個使用して物体を支持することになる．

表5.1　3次元支持機構

番号	種類	3次元要素の支持機構	支点反力
1	滑らかな球状先端あるいはボールを有する先端	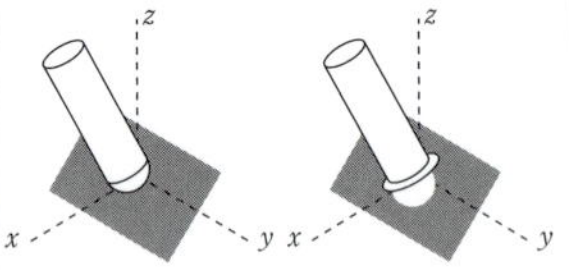	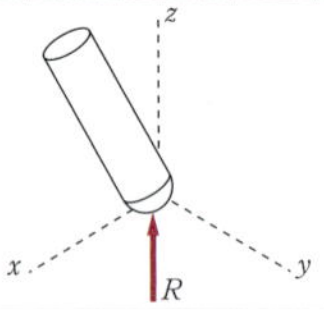
2	粗い球状の先端	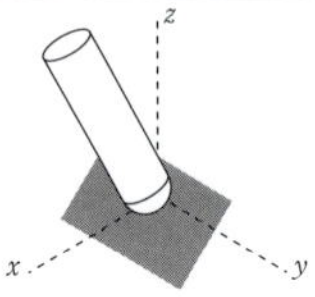	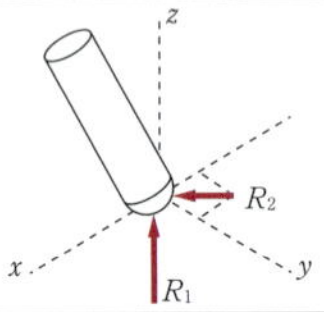
3	回転継手による支持	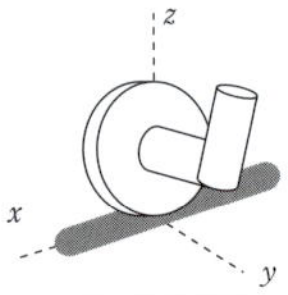	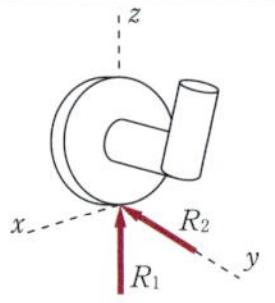
4	ボールベアリングによる支持	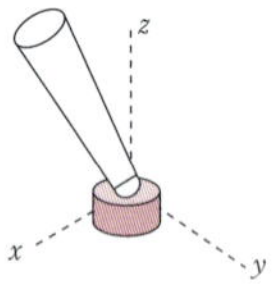	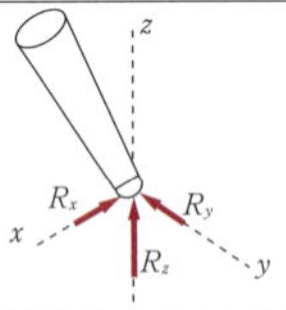
5	固定端	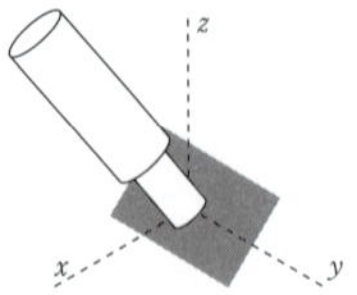	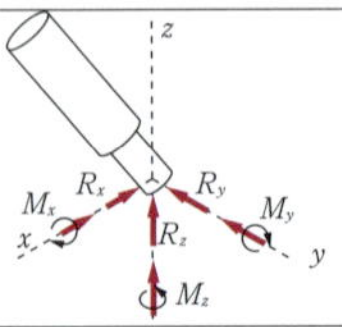
6	スラストベアリング支持	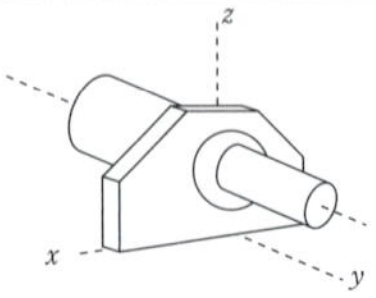	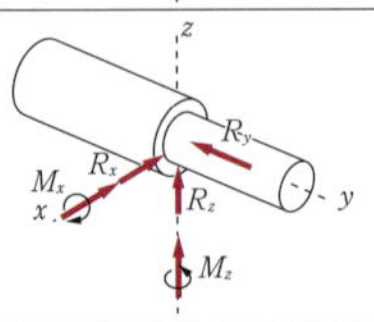

表 5.2　平面構造における種々の支持機構

要素の支持機構			（拘束度）Dc
代表的なもの（矢印は作用し得る反力）	その他の等価なもの		
ヒンジ·ローラ 	滑動単純支持 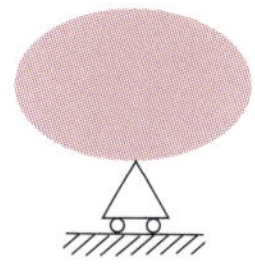	コロ支持 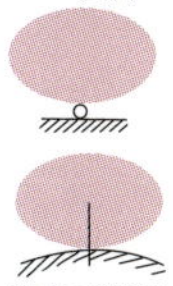 滑曲面接触	1
ヒンジ（ピン,ピボット） 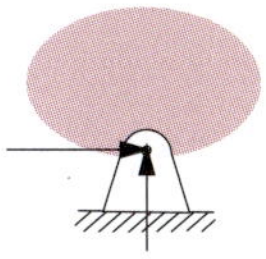	単純支持（ナイフエッジ） 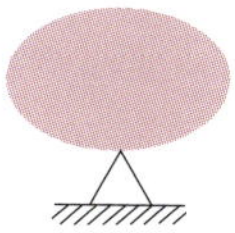	粗局面接触 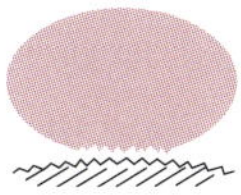	2
ローラ 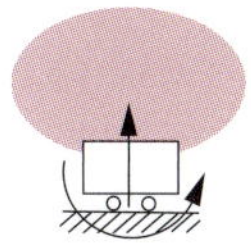	滑平面接触 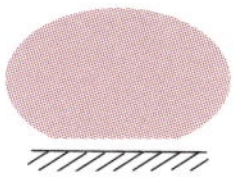		
クランプ.固定 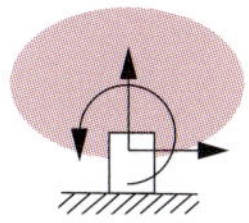	溶接 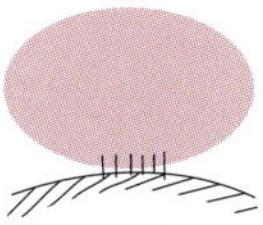	粗平面接触 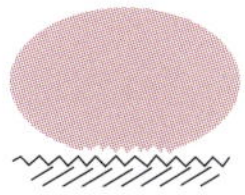	3

表 5.3　3次元力系と平衡条件

番号	力系	フリーボディダイヤグラム	力，モーメントの平衡式
1	共点的な力系	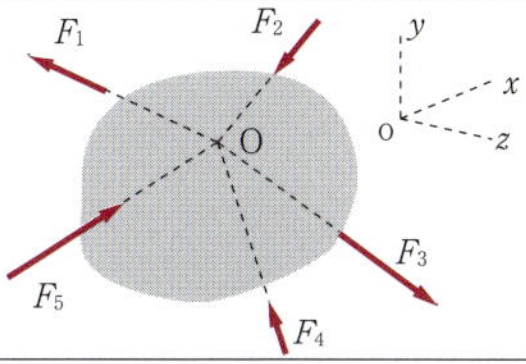	$\Sigma F_x=0$ $\Sigma F_y=0$ $\Sigma F_z=0$
2	共線的な力系	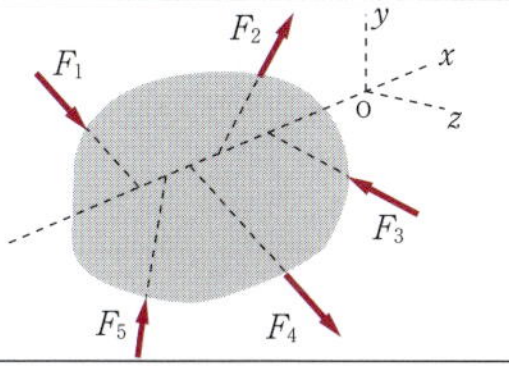	$\Sigma F_x=0$　$\Sigma M_y=0$ $\Sigma F_y=0$　$\Sigma M_z=0$ $\Sigma F_z=0$
3	平行力系	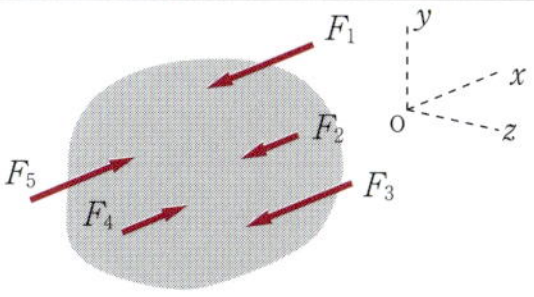	$\Sigma F_x=0$　$\Sigma M_y=0$ $\Sigma M_z=0$
4	一般力系	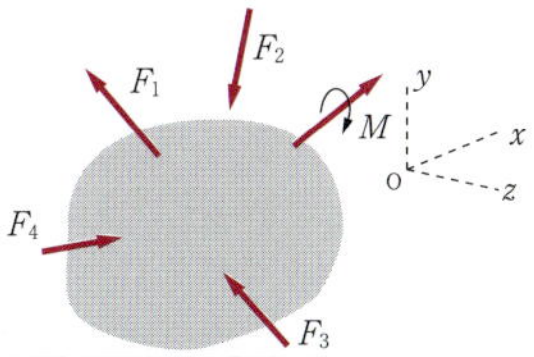	$\Sigma F_x=0$　$\Sigma M_x=0$ $\Sigma F_y=0$　$\Sigma M_y=0$ $\Sigma F_z=0$　$\Sigma M_z=0$

5.3 静定，不静定，不安定

物体を5.2節で説明した支持機構で支持して実際の構造と呼ばれるものは存在している．ここで物体の自由度と拘束度および平衡条件の数の関係を考えてみよう．理解を容易にするために平面的な剛体を例にとり種々の支持の下での自由度と支点反力の数と同一の拘束度について図5.5に示すような例で眺めてみよう．図中 $n(=f)$ は自由度，r は支点反力の数（拘束度）を示す．また同図では静定，不静定，不安定および不静定次数 $s=r-n$ の記述が含まれているが，これらについては以下に説明を加える．図5.5の支持では，回転が自由になるピン支持機構，並進が自由になるローラ機構，回転も並進も拘束する固定機構が組合された支持形式となっている．平面内の剛体の自由度は，x，y 方向の並進変位が二つ，平面内の回転変位が一つで合計 $3(f=3)$ であることは既に説明したが，この自由度の数 f と同一の平衡条件式の数 n が存在することは注意すべきである．すなわち平衡条件式は，x，y 方向の力の平衡を表す二つの式と面内のモーメント（$=M_Z$）の平衡を表す一つの式の合計 $3(n=3)$ である．参考のため表5.3に3次元力系における平衡条件式を示しておく．

一方，拘束度は支点反力の数 r と同一である．支点反力の値は未知であるので，r はいわば方程式の未知数の数と考えられる．したがって平衡条件式の数 n と支点反力の数 r の大小関係によって同図に示される三つの場合

(a) 不静定　$s=r-n>0 \rightarrow r>n$
(b) 静定　　$s=r-n=0 \rightarrow r=n$
(c) 不安定　$s=r-n<0 \rightarrow r<n$

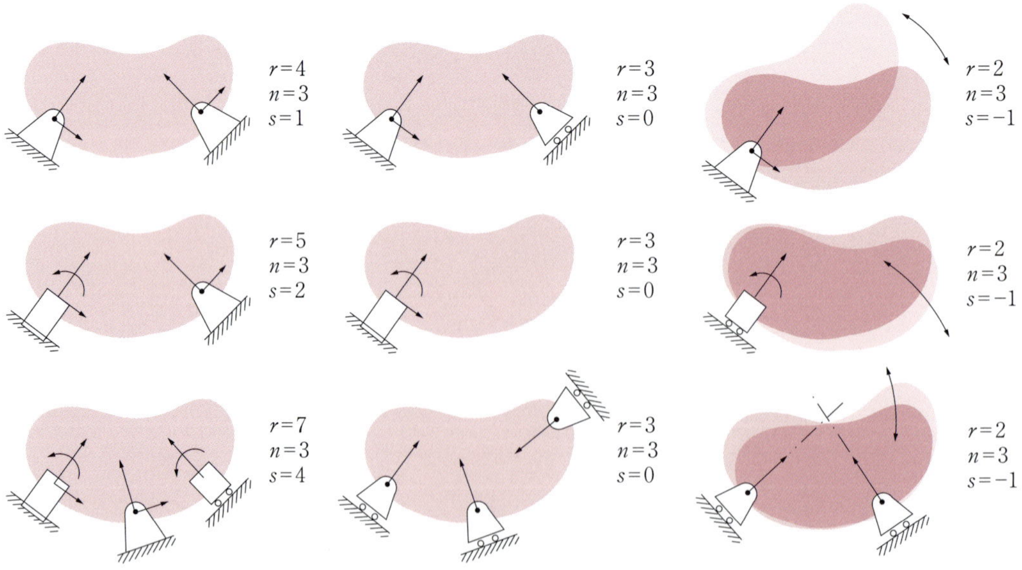

(a) 不静定 ($s=r-n>0$)　　(b) 静定 ($s=r-n=0$)　　(c) 不安定 ($s=r-n<0$)

図5.5　平面における剛体の支持様式の代表例と自由度，拘束

が存在する．(b) の場合のみが，未知数である支点反力の数と方程式の数である平衡条件式の数が等しいので，平衡条件式を解くことによって未知の支点反力が求められることがわかる．この場合は平衡条件式から静力学的に支点反力の値が決定されるので**静定**（statically determinate）と呼ばれる．(a) の場合は，未知数である支点反力の数が方程式の数である平衡条件式の数よりも多いので，未知の支点反力の数は平衡条件式から静力学的に決定することができず，**不静定**（statically indeterminate）と呼ばれる(注2)．さらに (c) の場合は，未知数である支点反力の数が方程式の数である平衡条件式よりも少ないので，やはり支点反力は完全には決定することができず，同図に示してあるように平面内の変位を許容してしまい，もはや構造とは考えられず，前述のリンクなどの機構となる．

ここで本書の範囲を少し超えるが**骨組構造**（framed structure）の静定・不静定について少しふれておく．骨組構造とは，棒やはりのような長手方向に細長い部材を結合した構造物である．すべての結合の節点が滑節（hinge or pin joint）の場合は**トラス**（truss）と呼ばれ，すべての接合点が**剛節**（rigid joint）の場合は**ラーメン**（rahmen）と呼ばれる．

骨組構造の内力（軸力，せん断力，曲げあるいはねじりモーメント）が力学的平衡条件式（力の平衡式，モーメントの平衡式）で決定される場合は**静定**（statically determinate）であるといい，そうでない場合を**不静定**（statically indeterminate）であるという．骨組構造の不静定次数Nは次式となる．

$$N = m \cdot n + R - n_f \cdot N_f$$

ここに，m：部材総数，n：部材の内力成分の総数，R：拘束度，n_f：節点あたりの自由度，N_f：節点総数であり，$N=0$のとき静定である．ここでは上記の結果だけ示し，詳しくは構造力学の教科書等を参照されたい．

例題 5.1　両端がピン支持の剛体棒で支えられた剛体ブロック

図 5.6 (a)，(b) に示すように，両端がピン支持のいくつかの剛体棒で支えられた剛体ブロックが図に示すような力を受けている．両端がピン支持の剛体棒は長手方向の力，すなわち引張か圧縮のみを受ける構造部材である．

図 5.6 (a)，(b) の系についてそれぞれ静定，不静定の判別をし，静定の場合は，各剛体棒に生ずる引張力，あるいは圧縮力の区別とその大きさを求めよ．

【解答】　剛体棒に作用する反力は剛体棒の長手方向に沿って生ずるので，反力の数rは剛体棒の数と同じになる．(a) では反力の数$r_A=3$，(b) では$r_B=4$であり，平衡条件式の数nはx，y方向の力の平衡とモーメントの平衡の三つとなるので$n=3$となる．したがって (a) では$r_A=n=3$となるので系は静定系となり，(b) では$r_B=4>n=3$となるので不静定系となることがわかる．(a) の静定系の場合は平衡条件式より反力，すなわちここでは剛体棒の長手方向に作用する力

（注2）未知の支点反力は弾性体等ではその変形を知ることで決定される．

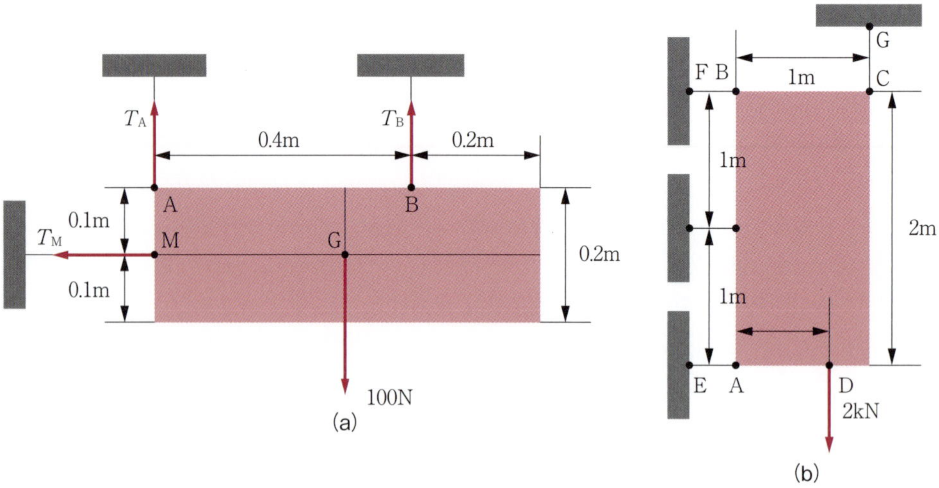

図 5.6　剛体棒で支えられたブロック

(張力あるいは圧縮力) 決定することができる．x, y 方向のつりあいと平面内のモーメントのつりあいを考える．

x 方向のつりあい：$T_M = 0$[N]

y 方向のつりあい：$T_A + T_B - 100 = 0$[N]

M 点におけるモーメントのつりあい：$T_B \times 0.4 - 100 \times 0.3 = 0$[N·m]→ $T_B = 75$[N]

$\therefore T_A = 25$[N]

例題 5.2

図 5.7 に示すような平面骨組構造の上部と斜め部材に，それぞれ 20N，200N の力が作用している．このとき A，B における力と D 点の反力を求めよ．

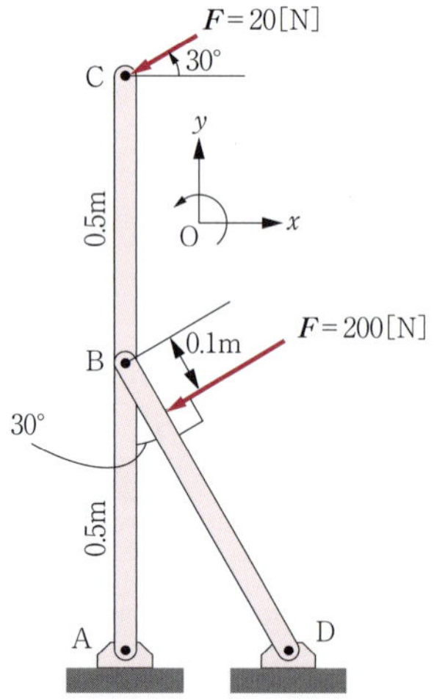

図 5.7　平面骨格構造の反力

【解答】　図 5.8 のように各部材を仮想的に切り離して考える．

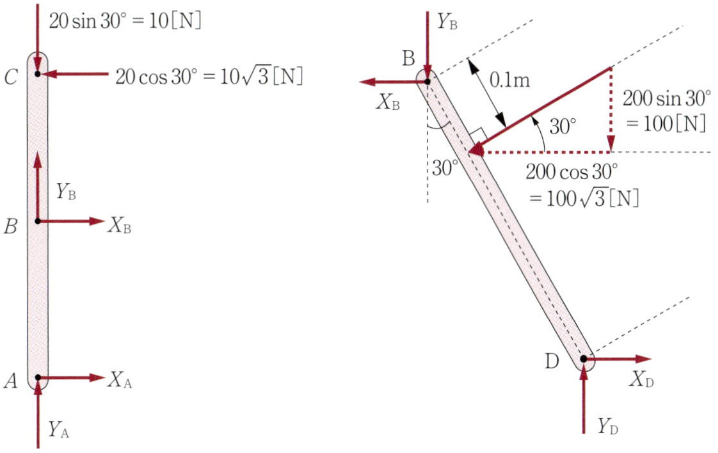

図 5.8　平面骨組み構造

ここで点 B における節点力は，大きさが同一で，作用方向は反対になることに注意されたい．まず次のような全体におけるつりあいを考える．この際，点 B における節点力は内力となり，つりあいに寄与しない．

x 方向の力のつりあい：$-10\sqrt{3}-100\sqrt{3}+X_A+X_D=0 \rightarrow X_A+X_D=110\sqrt{3}=191$

y 方向の力のつりあい：$-10-100+Y_A+Y_D=0 \rightarrow Y_A+Y_D=110$

A 点におけるモーメントのつりあい：

$$Y_D\times 0.5\tan 30°-100\times 0.1\sin 30°+100\sqrt{3}\,(0.5-0.1\cos 30°)+10\sqrt{3}\times 1=0$$
$$Y_D=-291[\mathrm{N}],\quad Y_A=401[\mathrm{N}]$$

ここで AC の部材の x，y 方向のつりあいを考えると次のようになる．

$$X_A+X_B=10\sqrt{3}$$

$$Y_A+Y_B=10[\mathrm{N}]$$

$$\therefore Y_B=10-401=-391[\mathrm{N}]$$

B 点のモーメントのつりあい：

$$X_A\times 0.5+10\sqrt{3}\times 0.5=0$$
$$\therefore X_A=-10\sqrt{3}=-17.3[\mathrm{N}],\quad \therefore X_B=20\sqrt{3}=34.6[\mathrm{N}]$$

X 方向の力のつりあい：

$$X_D=191-X_A=191+17.3=208[\mathrm{N}]$$

第5章　演習問題

［1］図 E5-1(a)～(d)に示す2次元の剛体の支持が図のようになっているとき，この系の不静定次数（$s=r-n$）を求め，静定，不静定，不安定を判断せよ．ここに，s：不静定次数，r：支点反力数，n：平衡条件式数，である．

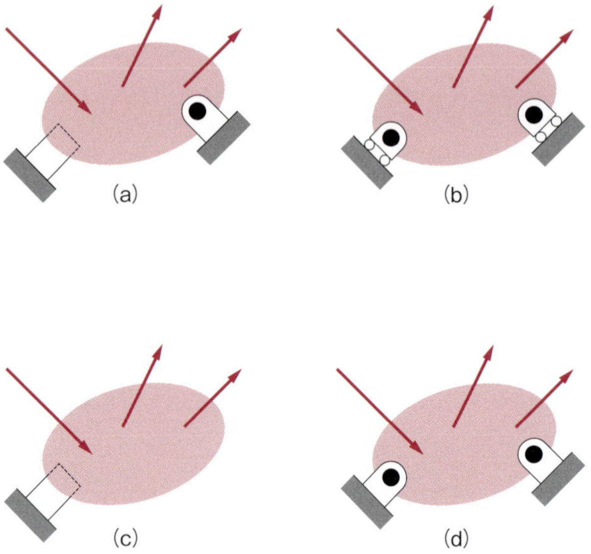

図 E5-1　二次元剛体とその支持状態

［2］図 E5-2(a)～(d)に示す平面はりの支持が図のようになっているとき，はりの静定，不静定，不安定を判断し，静定の場合には，両端 A，B の支点反力，反力モーメントを求めよ．

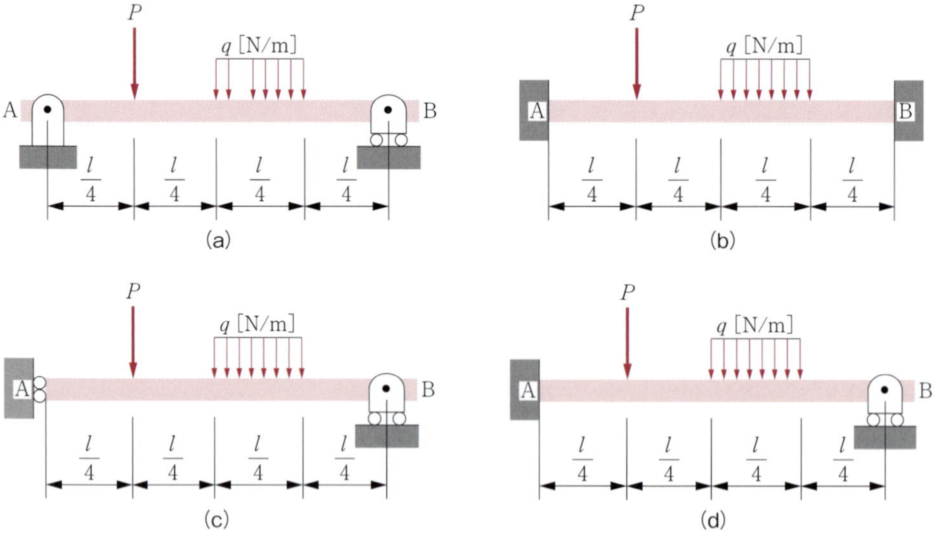

図 E5-2　平面はりと支持条件

[3] 図 E5-3(a)〜(d)に示す 2 部材平面トラスの静定，不静定を判断し，静定の場合は支持端 A, B に作用する支点反力 R_A, R_B を計算せよ．

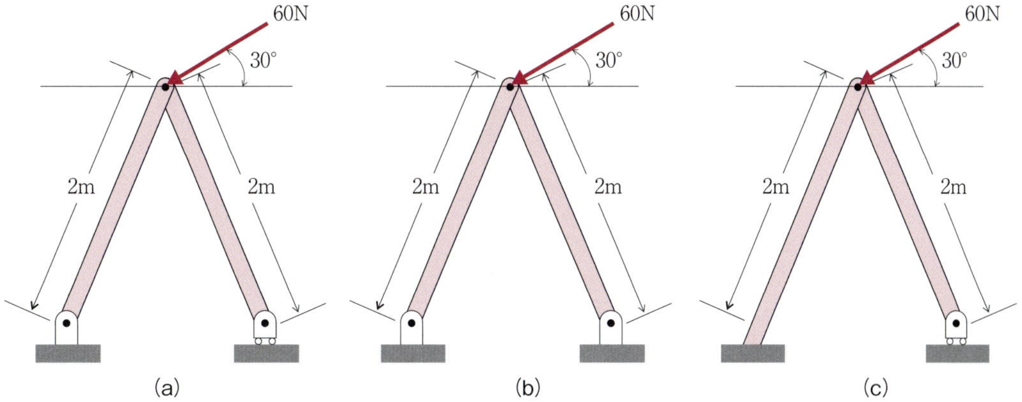

図 E5-3　2 部材平面トラス

[4] 図 E5-4 に示すはりの左端 A における反力と反力モーメントを求めよ．

$$-q = q_0 \cdot \left(\frac{l}{3} - \xi\right) = q_0 \cdot \left\{\frac{l}{3} - \left(x - \frac{2l}{3}\right)\right\} = q_0 \cdot (l-x)$$

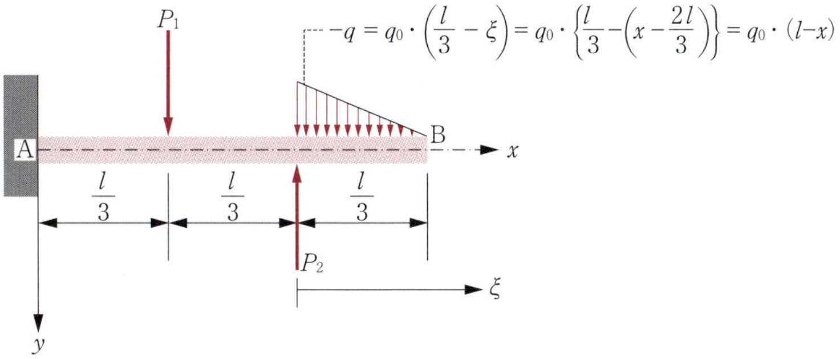

図 E5-4　片持はりの支持反力，反力モーメント

[5] 図 E5-5 に示すような両端支持はりが荷重 F_1, F_2 を受けているとき，支点 A, B における支点反力と反力モーメントを求めよ．

[6] 図 E5-6 に示すような板材が，引張りと圧縮のみを受けることができる AF, BE, CD の 3 本の部材で支持されている．この部材が受ける重力を 600N とするとき，各部材の張力あるいは圧縮力を求めよ．

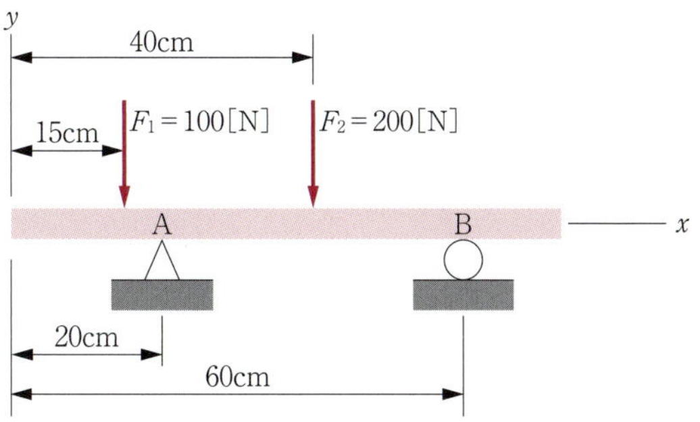

図 E5-5　両端支持はりと支持反力

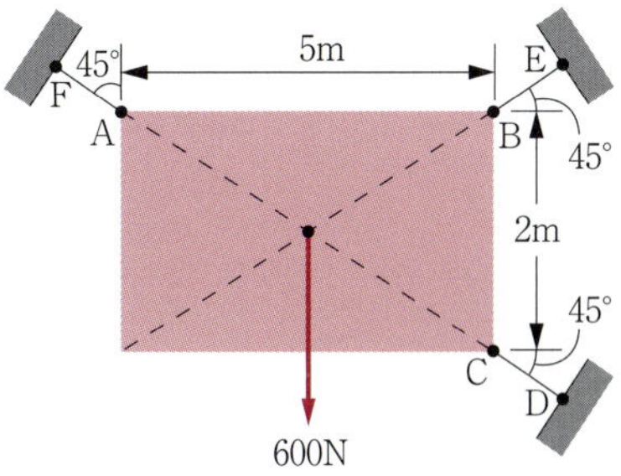

図 E5-6　棒で支持された剛体

［7］図 E5-7 に示すような中央部をワイヤで支持されたはりがある．中央部 B と先端 C にそれぞれ図の向きに 200N，1000N の荷重がかかるとき，A 点の反力を求めよ．

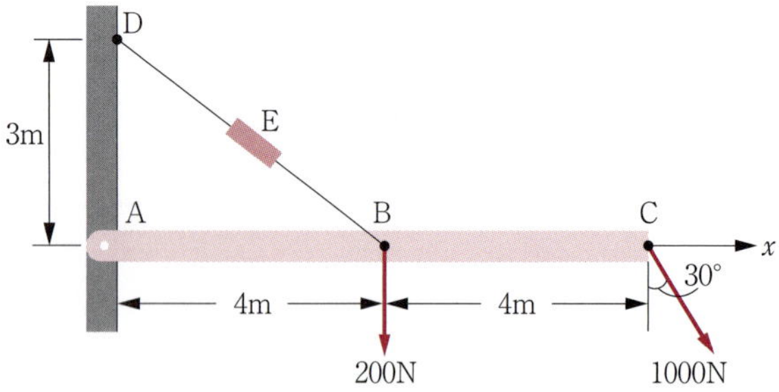

図 E5-7　ワイヤで支えられたはり

［8］図 E5-8 に示すような質量 30[kg] のドアの支点 A，B に作用する反力と反力モーメントを計算せよ．

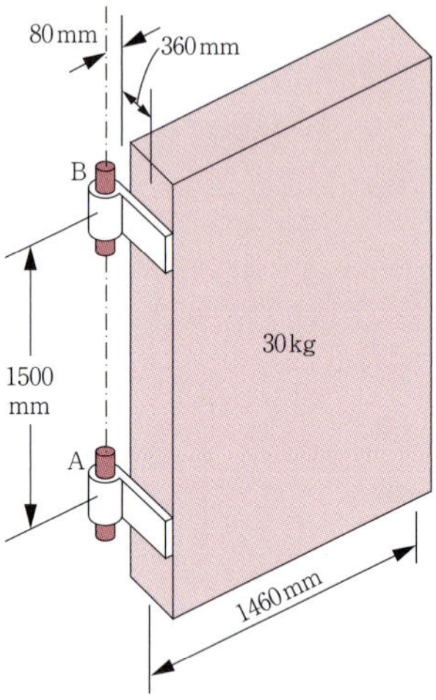

図 E5-8　ドアと支点反力

［9］図 E5-9 に示すような CGD の部分が欠けた板材を図のように 3 本のロープで引き上げる際に必要な各ロープの張力を求めよ．FG は板材に垂直で FG = 2000mm.

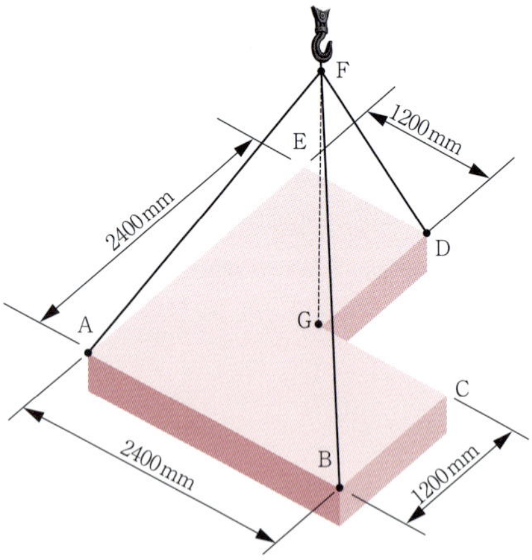

図 E5-9　ワイヤで吊るされた板材

［10］ 図 E5-10 に示すような平面トラスがある．A 点と C 点にそれぞれ，30[kN]，20 [kN] の荷重が作用するとき，部材 DF に生ずる張力を求めよ．

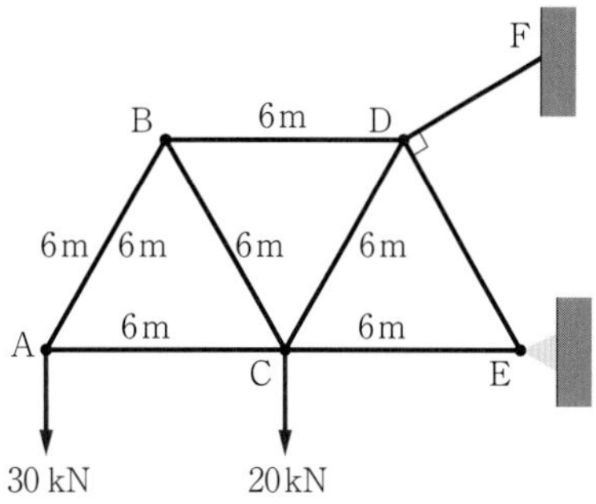

図 E5-10　トラス材

Equilibrium Conditions of Force Systems and Statically Equivalent Systems

第6章

力系の平衡と静力学的に等価な系

OVERVIEW

本章では，多くの力を受けている物体が静的に平衡状態である条件とそれに基づく解法について説明をする．具体的には静力学的に平衡状態にある解析的な条件や二次元の力系における平衡状態の図形的（幾何学的）な条件とそれに基づく解法を示す．また一つの力系と**静力学的に等価な系**（statically equivalment system）についての説明も加える．本章は静力学において最も重要な部分の記述となる．

ジェームス・クラーク・マクスウェル
（James Clark Maxwell）
1831年～1879年，イギリス

- 理論物理学者
- 電磁場の理論の形成，マクスウェル方程式
- 統計物理学，気体分子運動論
- 構造力学の分野でも，マクスウェル線図・マクスウェルの相反定理など名前を冠した業績あり

6.1 静力学的に平衡状態にある力系の解析的な条件

6.1.1 ◆ 三次元空間における平衡条件

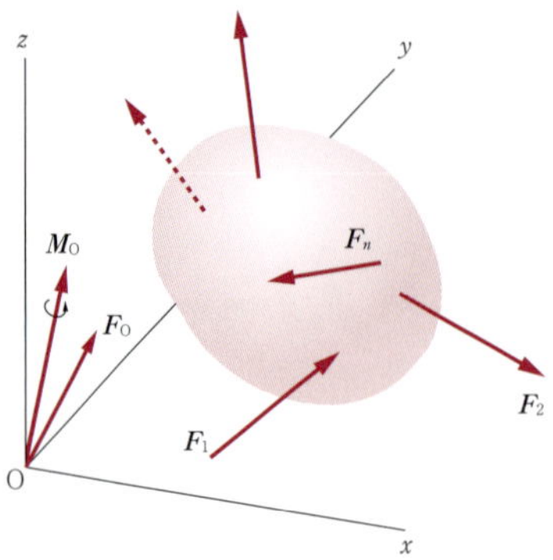

図 6.1　多くの力を受けている物体の平衡条件

図 6.1 に示すような n 個の多くの力を受けている一つの物体（剛体）が静力学的な平衡状態にある条件は，平衡条件（equilibrium condition）と呼ばれる．第２章で述べたように物体に作用する力は，任意の代表点Oに関する合力と合偶力（合モーメント）に合成される（図 6.1 では代表点Oを座標の原点にとっているが，Oは空間上の任意の点でよい）．したがって静力学的な平衡状態にある系は，下記の合力の平衡条件式（6.1）と合偶力（合モーメント）の平衡条件式（6.2）を同時に満足する必要がある．

$$\boldsymbol{F}_O = \sum_{i=1}^{n} \boldsymbol{F}_i = \boldsymbol{0} \tag{6.1}$$

$$\boldsymbol{M}_O = \sum_{i=1}^{n} \boldsymbol{M}_i = \sum_{i=1}^{n} (\boldsymbol{r}_i \times \boldsymbol{F}_i) = \boldsymbol{0} \tag{6.2}$$

ここに $\boldsymbol{r}_i$ は，力ベクトル $\boldsymbol{F}_i$ の作用点 P_i のOからの位置ベクトルである．ここで注意すべきは，合力の平衡条件のみならず，合偶力（合モーメント）の平衡条件も成立する必要があることである．式（6.1），（6.2）の条件は３次元空間を表す x，y，z 座標の各成分で表示すると

$$\boldsymbol{F}_O = \sum_{i=1}^{n} \boldsymbol{F}_i = \boldsymbol{0} \quad \Rightarrow \quad \begin{cases} \sum_{i=1}^{n} X_i = 0 \\ \sum_{i=1}^{n} Y_i = 0 \\ \sum_{i=1}^{n} Z_i = 0 \end{cases} \tag{6.1'}$$

$$\boldsymbol{M}_O = \sum_{i=1}^{n} \boldsymbol{M}_i = \boldsymbol{0} \quad \Rightarrow \quad \begin{cases} \sum_{i=1}^{n} (y_i Z_i - z_i Y_i) = \sum_{i=1}^{n} M_{xi} = 0 \\ \sum_{i=1}^{n} (z_i X_i - x_i Z_i) = \sum_{i=1}^{n} M_{yi} = 0 \\ \sum_{i=1}^{n} (x_i Y_i - y_i X_i) = \sum_{i=1}^{n} M_{zi} = 0 \end{cases} \tag{6.2'}$$

となる.

ここに $\boldsymbol{F}_i=\{X_i, Y_i, Z_i\}^T$，$\boldsymbol{r}_i=\{x_i, y_i, z_i\}^T$ である．これらの平衡条件は次の例題に示すような表を作って整理すると理解しやすい.

例題 6.1

図 6.2 に示すように剛体ブロックに三次元的な力が作用している．この力系につりあう原点 O における力 $\boldsymbol{F}_e$ およびモーメント $\boldsymbol{M}_e$ を求めよ.

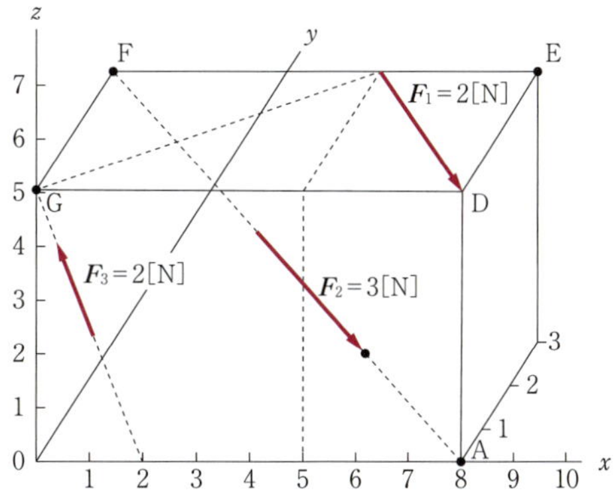

図 6.2　剛体ブロックに作用する三次元力系とつりあい

【解答】　第2章の力の合成のところで紹介した次のような表を作って考えると便利である．表の下から2行目の $\Sigma\boldsymbol{F}_i$，$\Sigma\boldsymbol{M}_i$ の逆向きの符号を付した力 $\boldsymbol{F}_e$ およびモーメント $\boldsymbol{M}_e$ が，つりあう力とモーメントの成分である.

$\boldsymbol{F}_i$	$F_i=(\lvert\boldsymbol{F}_i\rvert)$	方向余弦			各軸方向の力			モーメントの腕長			モーメントの成分		
		l_i	m_i	n_i	X_i	Y_i	Z_i	x_i	y_i	z_i	$M_{xi}=y_iZ_i-z_iY_i$	$M_{yi}=z_iX_i-x_iZ_i$	$M_{zi}=x_iY_i-y_iX_i$
$\boldsymbol{F}_1$	2	$1/\sqrt{2}$	$-1/\sqrt{2}$	0	$-2/\sqrt{2}$	$-2/\sqrt{2}$	0	5	3	5	$10/\sqrt{2}$	$-10/\sqrt{2}$	$-4/\sqrt{2}$
$\boldsymbol{F}_2$	3	$8/(7\sqrt{2})$	$-3/(7\sqrt{2})$	$-5/(7\sqrt{2})$	$24/(7\sqrt{2})$	$-9/(7\sqrt{2})$	$-15/(7\sqrt{2})$	0	3	5	0	$120/(7\sqrt{2})$	$-84/(7\sqrt{2})$
$\boldsymbol{F}_3$	2	$-2/\sqrt{29}$	0	$5/\sqrt{29}$	$-4/\sqrt{29}$	0	$10/\sqrt{29}$	0	0	5	0	$-20/\sqrt{29}$	0
$\Sigma\boldsymbol{F}_i$, $\Sigma\boldsymbol{M}_i$					$2/\sqrt{2}$ $+24/(7\sqrt{2})$ $-4/\sqrt{29}$	$-2/\sqrt{2}$ $-9/(7\sqrt{2})$	$-15/(7\sqrt{2})$ $+10/\sqrt{29}$				$10/\sqrt{2}$	$-10/\sqrt{2}$ $-20/\sqrt{29}$ $+120/(7\sqrt{2})$	$-4/\sqrt{2}$ $-84/(7\sqrt{2})$

例題 6.2　クレーンのケーブルの張力

図 6.3 に示すように幅 0.5m，長さ 5m の I 型はりで構成されているクレーンを考える．はりの単位長さあたりの質量を 95kg とする．右端から 1.5m のところで 10kN の荷重がかかったときのケーブル BC の張力を T として A 部に作用する力を求めよ.

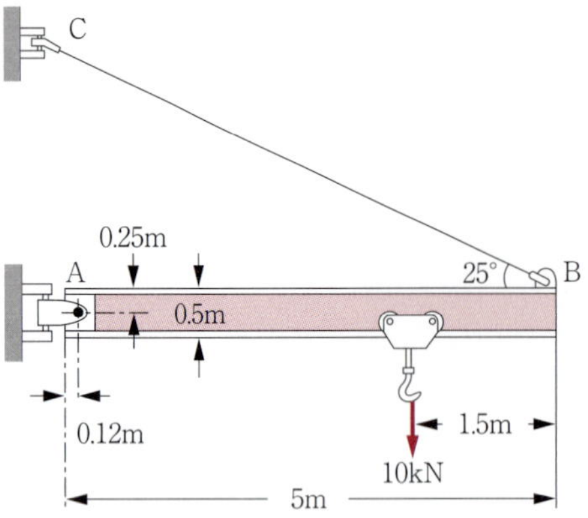

図 6.3(a)　クレーン

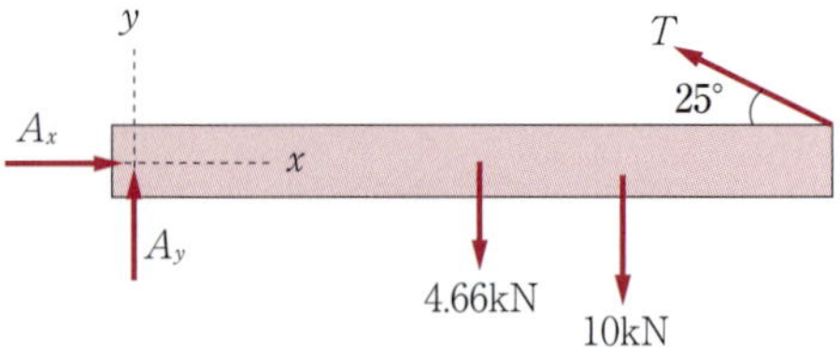

図 6.3(b)　フリーボディダイヤグラム

【解答】　はりの重量 W は

$$W = 95 \times 10^{-3} \times 5 \times 9.81 = 4.66[\mathrm{kN}]$$

となる．しがたって A 点回りのモーメントのつりあいを考えると張力 T が計算できる．

$$\left[\sum M_{\mathrm{A}} = 0\right]$$

$$(T\cos 25°)0.25 + (T\sin 25°)(5-0.12) - 10(5-1.5-0.12) - 4.66(2.5-0.12) = 0$$

$$T = 19.61[\mathrm{kN}]$$

A に作用する力 A は下記のつりあいから求められる．

$$\left[\sum F_X = 0\right]\quad \mathrm{A}_x - 19.61\cos 25° = 0,\quad \mathrm{A}_x = 17.77[\mathrm{kN}]$$

$$\left[\sum F_Y = 0\right]\quad \mathrm{A}_y + 19.61\sin 25° - 4.66 - 10 = 0,\quad \mathrm{A}_y = 6.37[\mathrm{kN}]$$

$$\left[\mathrm{A} = \sqrt{\mathrm{A}_x^{\,2} + \mathrm{A}_y^{\,2}}\right],\quad \mathrm{A} = \sqrt{(17.77)^2 + (6.37)^2},\quad \mathrm{A} = 18.88[\mathrm{kN}]$$

6.1.2 ◆ 二次元空間における平衡条件

三次元空間内における静力学的平衡条件は前述の三次元空間内における静力学的平衡条件の特殊な場合である．式 (6.1)，(6.2) に対応する式は，次の式 (6.3)，(6.4) となる．

$$\sum_{i=1}^{n} X_i = 0,\quad \sum_{i=1}^{n} Y_i = 0 \tag{6.3}$$

$$\sum_{i=1}^{n} M_{zi} = \sum_{i=1}^{n} (x_i Y_i - y_i X_i) = 0 \tag{6.4}$$

これらの式に等価な平衡条件式として，力系の二次元空間の作用面上に一直線に乗らない任意の３点 A，B，C を取り，それらの点に関する合モーメントを０に等置した三つの式

$$\sum_{i=1}^{n} M_{Ai}=0,\ \sum_{i=1}^{n} M_{Bi}=0,\ \sum_{i=1}^{n} M_{Ci}=0 \tag{6.5}$$

を用いることもある．式（6.5）の三つの式が式（6.3）（6.4）の三つの式と等価であることは，簡単な考察で示すことができる(注1)．問題によっては式（6.5）の三つのモーメントの平衡条件式を用いた方が便利な場合もある．

例題 6.3

図 6.4 に示すように平面ブロックがいろいろな力を受けている．このとき点 B におけるこれらの力とつりあう力 $\boldsymbol{F}_e$，モーメント $\boldsymbol{M}_e$ を求めよ．

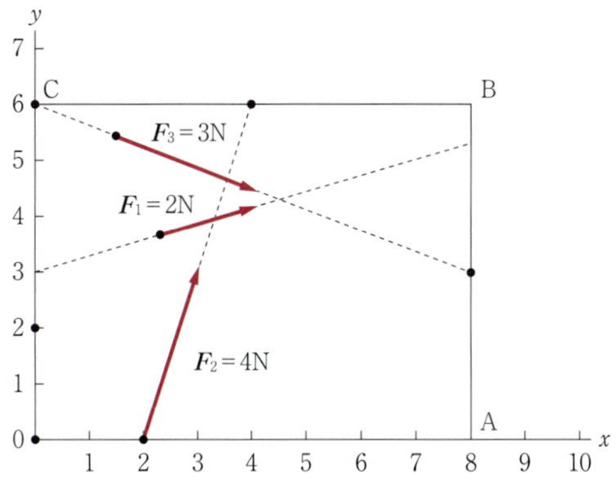

図 6.4　平面ブロックに作用する二次元力系とつりあい

【解答】　この問題も例題 6.1 に示すような表（この場合は二次元の力系に対する表）を作成して考えると便利である．表の下から二行目の $\Sigma\boldsymbol{F}_i$，$\Sigma\boldsymbol{M}_i$ の欄の量に逆向きの符号をつけたものが，つりあう力 $\boldsymbol{F}_e$ とモーメント $\boldsymbol{M}_e$ の成分となる．

$\boldsymbol{F}_i$	$F_i=(\lvert\boldsymbol{F}_i\rvert)$	方向余弦		力の成分		モーメントの腕の長さ		モーメント
		l_i	m_i	X_i	Y_i	x_i	y_i	$M_{iz}=x_iY_i-y_iX_i$
$\boldsymbol{F}_1$	2	$4/\sqrt{17}$	$1/\sqrt{17}$	$8/\sqrt{17}$	$2/\sqrt{17}$	8	2	0
$\boldsymbol{F}_2$	4	$1/\sqrt{10}$	$3/\sqrt{10}$	$4/\sqrt{10}$	$12/\sqrt{10}$	2	6	0
$\boldsymbol{F}_3$	3	$8/\sqrt{73}$	$-3/\sqrt{73}$	$24/\sqrt{73}$	$-9/\sqrt{73}$	8	3	$-156/\sqrt{73}$
$\Sigma\boldsymbol{F}_i,\ \Sigma\boldsymbol{M}_i$				$8/\sqrt{17}+4/\sqrt{10}+24/\sqrt{73}$	$2/\sqrt{17}+12/\sqrt{10}-9/\sqrt{73}$			$-156/\sqrt{73}$
$\boldsymbol{F}_e,\ \boldsymbol{M}_e$				$=-\Sigma X_i$	$=-\Sigma Y_i$			$=-\Sigma M_{iz}$

（注1）力系に作用する全ての力が一つの合力か偶力に帰着できることは既に示した．任意の1点に関しての合力のモーメントが0となることは，合力が0となることの必要条件ではあるが，十分条件ではない．なぜならば合力の作用線上に任意の1点が存在すれば，モーメントは0とはなるが，合力は0ではない．そこで，別の任意の点に関しても，合力のモーメントが0となることは，合力が0となる必要条件としては1点に関するものよりは十分条件により近いが，十分条件ではない．この場合も合力の作用線上に二つの点が存在してしまう可能性が否定できないからである．そこで，第3の一直線上にない任意の点に関して合力のモーメントが0であれば，必要かつ十分条件となる．

例題 6.4　支柱の交点に作用するモーメント

図 6.5（a）に示すように床にピンで固定された支柱がある．図のように 40°下方に 600N の力を受けるとき，支柱を垂直に保持するためにはピン部 O にどのくらいのモーメントをかければよいか．

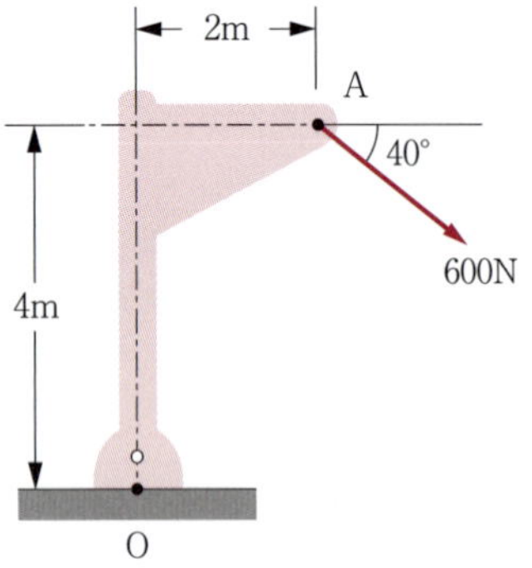

図 6.5(a)　支柱の支点のモーメント

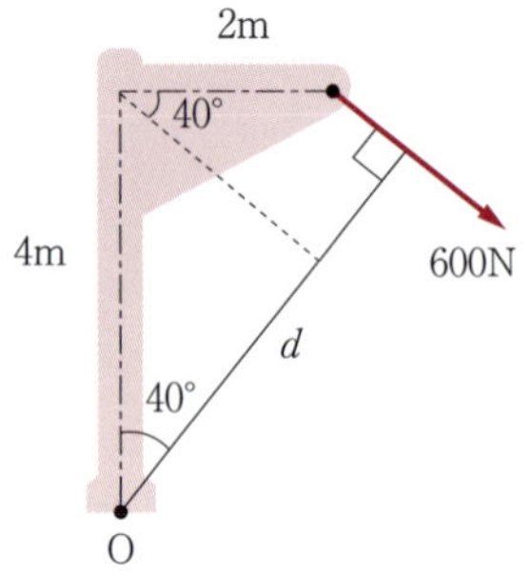

図 6.5(b)　フリーボディダイヤグラム

【解答】　①　図 6.5（b）のフリーボディダイヤグラムから 600N の力のモーメントの腕の長さ d は

$$d = 4\cos 40° + 2\sin 40° = 4.35[\mathrm{m}]$$

となる．したがって O 点のモーメント M_O は簡単に右回り（負の符号）の

$$M_O = -600 \times 4.35 = -2610[\mathrm{N \cdot m}]$$

と求められる．したがって逆の左回りにこの大きさのモーメントをかければ支柱は垂直に保持できる．

②　O 点のモーメントを M_O はベクトル的にも求めることができる．図 6.5（c）のフリーボディダイヤグラムと成分を参考にして

$$M_O = |\boldsymbol{r} \times \boldsymbol{F}| = |(2\boldsymbol{i} + 4\boldsymbol{j}) \times 600(\boldsymbol{i}\cos 40° - \boldsymbol{j}\sin 40°)| = -2610[\mathrm{N \cdot m}]$$

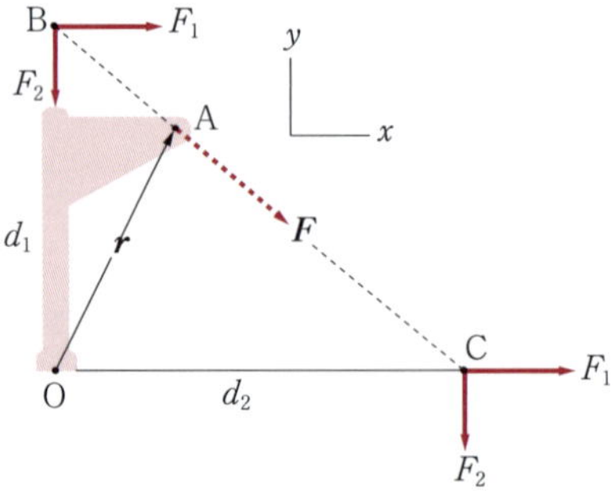

図 6.5(c)　フリーボディダイヤグラムと成分

6.1.3 ◆ 特別な系（平行力系）の平衡条件に関する補足

一つの平面内の平行力系，あるいは一般的な平行力系の平衡条件は，当然，上記 6.1.1 項ある

いは 6.1.2 項の平衡条件の特別な場合である．これらはよく現れる問題でもあるので，ここでは補足しておこう．

① **平面内の平行力系（共面平行力系）**

力系の平衡方向が，例えば y 軸の方向とすれば，平衡条件式は次の２式に縮小される．

$$\sum_{i=1}^{n} Y_i = 0,\ \sum_{i=1}^{n} x_i Y_i = 0 \tag{6.6}$$

あるいはこれらと等価な，同一の x 座標とならない任意の２点 A，B に関するモーメントの平衡条件式

$$\sum_{i=1}^{n} M_{\mathrm{A}i} = 0,\ \sum_{i=1}^{n} M_{\mathrm{B}i} = 0 \tag{6.7}$$

を用いてもよい．

② **一般平行力系の平衡条件**

力系の平衡方向を z 軸方向に取れば以下の三つの式に平衡条件は縮約される．

$$\sum_{i=1}^{n} Z_i = 0,\ \sum_{i=1}^{n} y_i Z_i = 0,\ \sum_{i=1}^{n} x_i Z_i = 0 \tag{6.8}$$

あるいは等価な x，y 面に有限の大きさの三角形を形成する，つまり一直線上にない，三つの点 A，B，C に関する三つのモーメントの平衡条件式を用いてもよい．

$$\sum_{i=1}^{n} M_{\mathrm{A}i} = 0,\ \sum_{i=1}^{n} M_{\mathrm{B}i} = 0,\ \sum_{i=1}^{n} M_{\mathrm{C}i} = 0 \tag{6.9}$$

例題 6.5　**両端支持ばりの支点反力**

図 6.6 に示すように長さ l の重量が無視できる両端支持ばりが左端から $\dfrac{l}{3}$，$\dfrac{2l}{3}$ の C，D 点にそれぞれ $2F$，F の荷重を受けている．このとき両端 A，B における支点反力 R_{A}，R_{B} を求めよ．

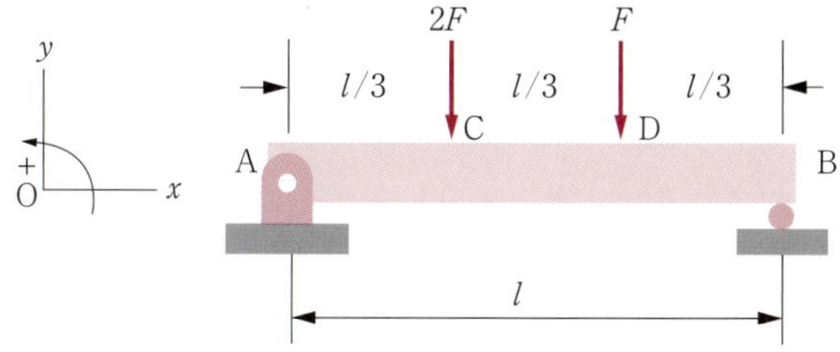

図 6.6(a)　両端支持ばり

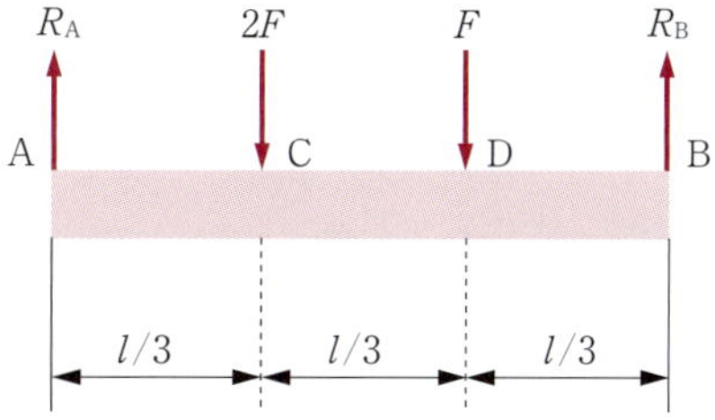

図 6.6(b)　フリーボディダイヤグラム

【解答】　両端 A，B はヒンジであるので反力モーメントは存在しない．したがってはりのフリーボディダイヤグラムは図 6.6（b）のようになる．この図から次の二つの解法が考えられる．

① 力のつりあいとモーメントのつりあい，すなわち y 方向の力のつりあいと，はりの任意の点におけるモーメントのつりあいを取って R_{A}，R_{B} を求める．

y 方向の力のつりあい：$R_A - 2F - F + R_B = 0 \rightarrow R_A + R_B = 3F$

A 点におけるモーメントのつりあい：$-\dfrac{l}{3}\cdot 2F - \dfrac{2l}{3}\cdot F + l\cdot R_B = 0 \rightarrow R_B = \dfrac{4}{3}$ F

$\therefore R_A = \dfrac{5}{3}$ F，$R_B = \dfrac{4}{3}$ F

② はりの任意の２点のモーメントのつりあいから R_A，R_B を求める．支点でモーメントは０であるので，２点 A，B のモーメントをとるほうが簡単となる．

A 点回りのモーメント：$-\dfrac{l}{3}\cdot 2F - \dfrac{2l}{3}\cdot F + l\cdot R_B = 0$

B 点回りのモーメント：$-l\cdot R_A - \dfrac{2l}{3}\cdot 2F + \dfrac{l}{3}\cdot \boldsymbol{F} = 0$

$\therefore R_A = \dfrac{5}{3}F$，$R_B = \dfrac{4}{3}F$

例題 6.6　飛行機車輪の反力

図 6.7 のようにエンジンを止めて静止している質量 M の飛行機の三つの車輪 O，A，B の受ける反力 O_y，A_y，B_y を求めよ．

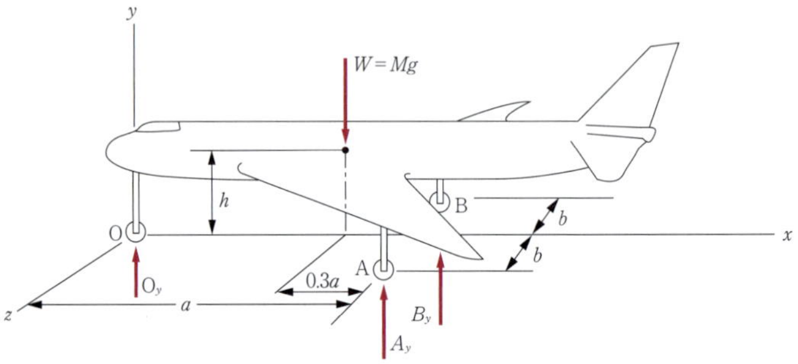

図 6.7　静止してエンジンも止まっている飛行機の車輪の受ける反力

【解答】　この場合，飛行機が受ける力は飛行機の重量 $W = Mg$ のみである．上記②の一般平衡力系の平衡条件式（6.9）を使って O，A，B の反力 O_y，A_y，B_y が求められるが，ここでは A 点，B 点の z 軸および x 軸回りの二つのモーメントのつりあい式と y 方向の力のつりあい式一つを使って反力を求める．

A 点の z 軸回りのモーメントのつりあい：$\sum M = O_y a - W(0.3a) = 0 \rightarrow O_y = 0.3W$

B 点の x 軸回りのモーメントのつりあい：$\sum M_x = A_y b - B_y b = 0 \rightarrow A_y = B_y$

y 方向の力のつりあい：$\sum F_y = A_y + B_y + 0.3W - W = 0 \rightarrow 2A_y = 0.7W$

$\therefore A_y = B_y = 0.35W$

したがって求める反力は

$$O_y = 0.3Mg,\quad A_y = B_y = 0.35Mg$$

となる．

本節で紹介した静力学的平衡問題の解析的手順を P.253 に示す．

6.2 静力学的に平衡状態にある力系の図形的（幾何学的）条件

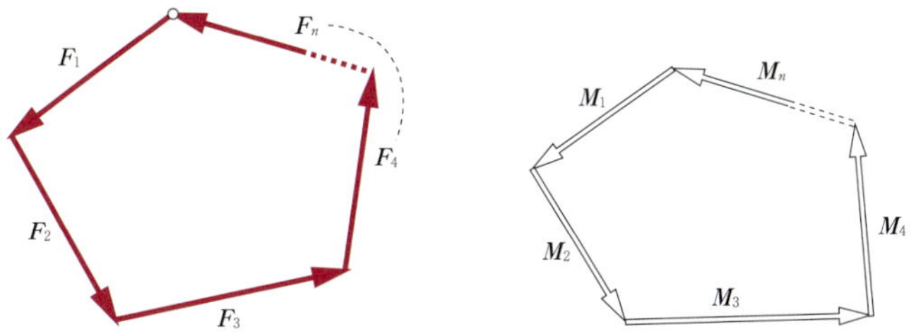

(a)　力の多角形の閉合　　(b)　偶力（モーメント）の多角形の閉合

図 6.8　力の多角形の閉合と偶力（モーメント）の多角形の閉合

静力学的に平衡状態にある力系の図形的，あるいは幾何学的条件は図 6.8 の（a），（b）に示すように力の多角形の閉合および偶力（モーメント）の多角形の閉合が同時に成立することである．三次元空間の一般的な力系では，図 6.2 の（a），（b）の各多角形は平面内の多角形とはならず，一般に三次元空間内にベクトルを接続した図形になる．したがって図形（幾何学）的条件が実用的に活用できるのは二次元空間内の共面的な力系の場合であり，以下の記述もそのような力系に限定する．

二次元空間内の力系の平衡条件を図形（幾何学）的に考察することは，視覚的に，あるいは感覚的に平衡状態を把握することになり，工学上，きわめて有意義である．以下には図形（幾何学）的平衡に関する解法の基礎的な事項と図形（幾何学）的解法について説明をする．

6.2.1 ◆ 静力学的平衡状態の図形（幾何学）的解法の基礎事項

① 二つの力の作用線の交点と平衡する力の作用線の方向

静力学的平衡状態にある物体上の二つの力の作用線の交点をOとすると，この二つの力に平衡する力の作用線はこの交点Oを必ず通ることに気づく．このことは図 6.9 に示すような力の平行四辺形あるいは力の三角形から明らかである．

② 剛体リンク（棒）に作用する力

図 6.10（a）に示すような端点がヒンジで結合される剛体リンクを考える．この剛体リンクに作用する力は，直接外力が作用しなければ，同図（b）に示すようにリンクのヒンジ間の直線に沿う引張力か圧縮力であり，ヒンジにはその逆方向の反力が作用する．しかし同図（c）のようにリンクの途中に外力を受ける場合には，同図（d）のように，一般的に，もはやヒンジ間の直線に沿う方向には力は発生せず，ヒンジの反力もヒンジ間の直線に沿う方向には作用しない．

例えば図 6.11 に示すようなトラスの２部材で構成されている簡単な剛体系を考えてみよう．

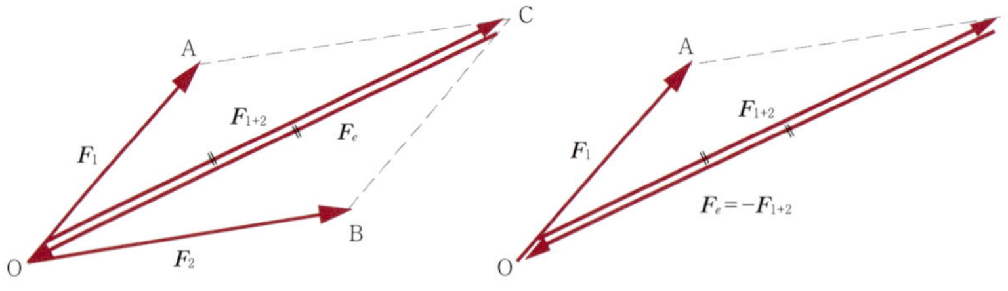

(a)　力の平行四辺形

F_{1+2}はF_1とF_2の合成で平行四辺形の対角線F_e (=$-F_{1+2}$)は,この2力につりあう力

(b)　力の三角形

力の三角形が閉じる力F_eが2力F_1, F_2に平衡する力で2力の交点Oを通過

図 6.9　二つの力の作用線の交点と平衡する力の関係

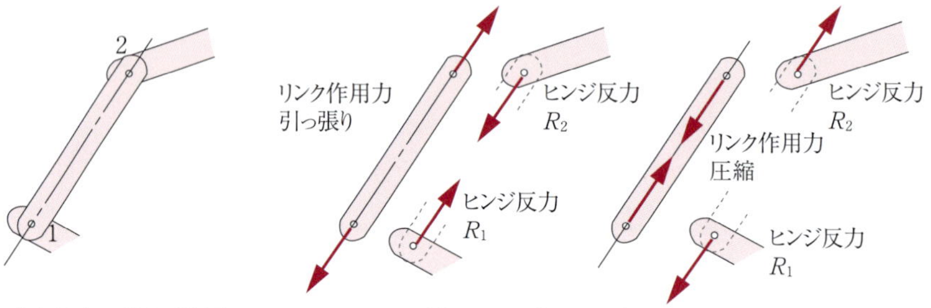

(a) 途中に外力が作用しない剛体リンク

(b) リンクに作用する力とヒンジの反力

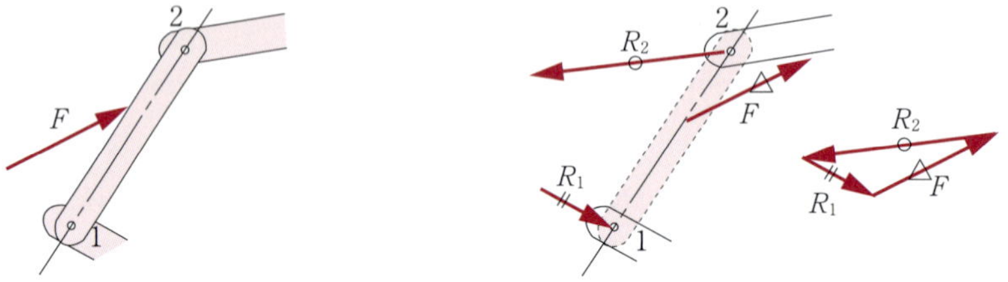

(c) 途中に外力が作用する剛体リンク

(d) 反力の方向(ヒンジ間の直線に沿わない)

図 6.10　剛体リンクに作用する力と反力

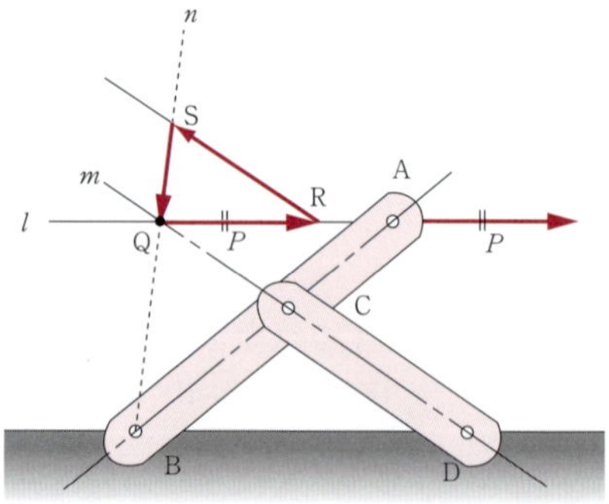

図 6.11　2 部材トラスから構成される剛体系

この剛体系には部材 AB の先端 A に水平方向に大きさ P の力を受けている．このとき各部材の受けている力を図形的に求めてみよう．

前述のように部材 AB はその途中 C で部材 CD に接続されており，力を受けているので部材 AB に作用する力は部材 AB 方向には作用線を持たない．しかし部材 CD にはその途中に作用する力が無いので，部材 CD には部材 CD 方向の作用線 m に沿った力を受ける．この剛体系は平衡状態にあるので，外力 P の作用線 l と部材 CD の作用線 m

および部材 AB の作用線 n（AB 方向ではない）は一点で交わらなければならない．ところで外力 P の作用線 l および部材 CD に作用する力の作用線は CD に沿って既知であるので，両者の交点 Q を求めることができる．したがって，部材 AB に作用する力の未知の作用線は交点 Q を通らなければならない．かくして三つの作用線 l，m，n の方向が決まったので，外力 P を適当な縮尺で図示すれば，図に示したように力の三角形 QSR が作図でき，作用線の方向を決定することができる．さらに，力の三角形の辺 QS,SR を実測して先の縮度で換算することによって，部材 AB，部材 CD に作用する力の大きさを知ることができる．

③　剛体の接続した力系

図 6.12 の例に示すような複数の剛体が接続された剛体接続系に外力が作用した二次元空間内の力系を考えてみる．a,b,･･･,i の各点の接続に伴う拘束条件は第５章の表 5.2 から表 6.1 に示すようになり，拘束度の合計は $Dc=18$ となる．一方，剛体は六つあるので自由度の合計は，一つの剛体の自由度３の６倍で $f=18$ 自由度である．したがって $f=Dc=18$ となり，この系は静定系である．この系で外力が直接加わらない剛体および拘束機構は，上記②の考えから剛体のリンクとして表され，図 6.13 のように単純化される．この単純化は力学系の特性の把握を容易にする．

表 6.1　拘束機構と拘束度

点	拘束機構	拘束度 Dc
a	滑面接触	1
b	ヒンジ	2
c	ヒンジ	2
d	ヒンジ	2
e	ヒンジ・ローラ	1
f	ヒンジ	2
g	二重ヒンジ	4
h	ヒンジ	2
i	ヒンジ	2
合計	――――	18

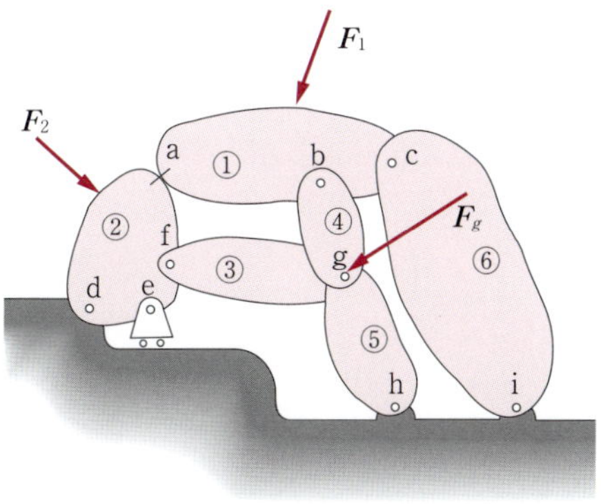

図 6.12　剛体接続系

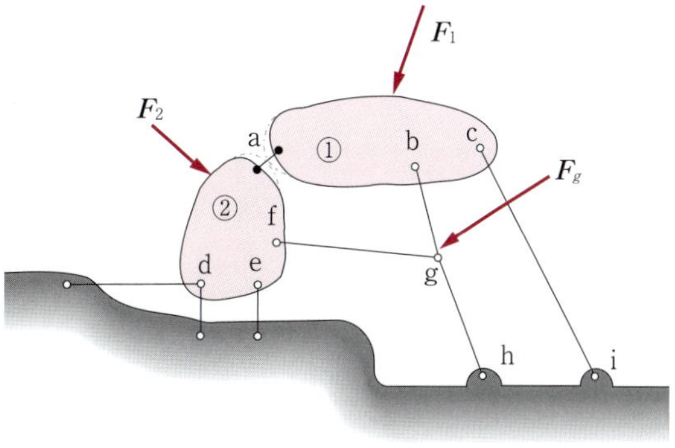

図 6.13　図 6.12 の剛体接続系の単純化

例題 6.7　クレーンのケーブルの張力

例題 6.2 のクレーンのケーブルの張力を図形的な方法によって求めよ．

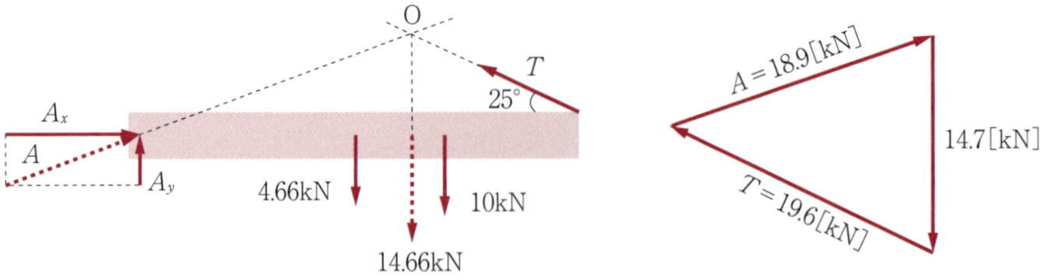

図 6.14　図形的解法

【解答】　クレーンのⅠ型はりの重量 4.66kN とクレーンの荷重 10kN の合力の作用線は，垂直方向で両者の荷重の逆比に内分した点を通る．この作用線とケーブルの張力 T の作用線の交点 O が重要な点で，左端 A の反力の作用線はこの交点を通る．したがって，図 6.14 よりケーブルの張力 T と交点 A の反力 A を求めることができる．

6.2.2 ◆ 静力学的平衡状態にある力系の図形（幾何学）的解法

図形（幾何学）的解法の基本的な考え方は 6.2.1 項の①～③の基礎事項に基づく．

まず図 6.15（a）に示すような 2 本の剛体リンクで拘束された節点 a を考えてみよう．この接点に外力 $\boldsymbol{F}$ が加わっているものとする．このときリンク①，②はいずれもその長手方向の作用線上に引張力あるいは圧縮力を受けている．平衡状態では上記（a）の①から点 a において力の三角形が閉合することから，同図（b）に示すように作用線と力ベクトル $\boldsymbol{F}$ の作用線で力の三角形を描くとリンク①，②の端点に作用する力 S_1，S_2 の大きさと方向がわかる．この力は a 点に部材から加わる力であるので，部材自体に作用する力は作用・反作用の考え方から逆向きになり，リンク①は引張り，リンク②は圧縮を受ける．図上の長さは，力の大きさを表している．すなわち $\boldsymbol{F}$ が例えば 6N で，それを 3cm の長さで図で表せば 2N/cm のスケールとなる．したがって図

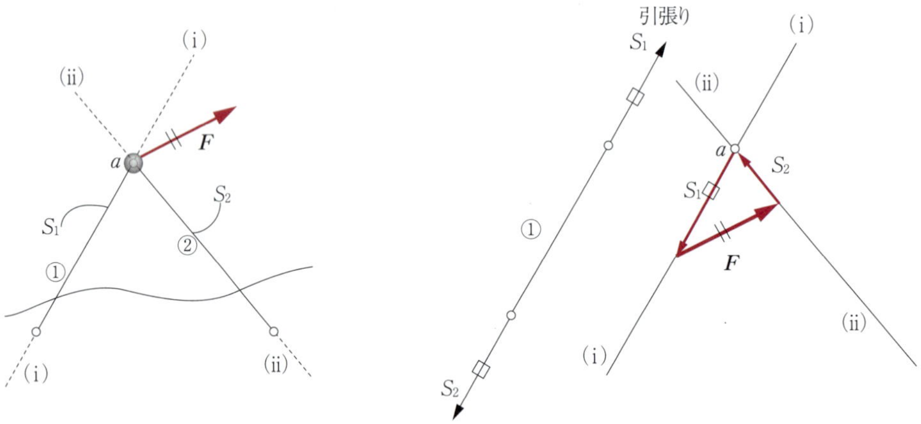

（a）　2本の剛体リンクで拘束された節点　　（b）　a点における力の三角形の閉合

図 6.15　2 本の剛体リンクで拘束された節点における力の平衡

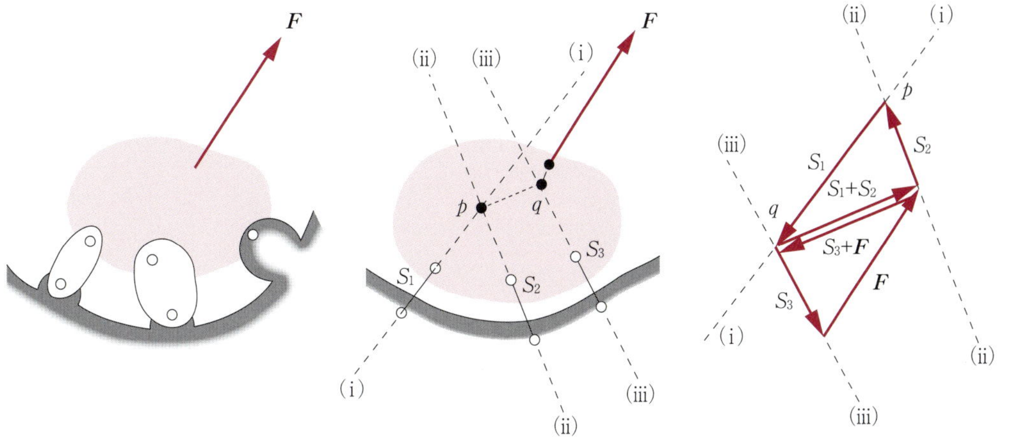

(a)　剛体接続系　　(b)　単純化した系　　(c)　力の多角形

図 6.16　剛体接続系と力の多角形

の大きさ［cm］を測って２倍すれば，S_1，S_2 の大きさがわかる．

次に上記の考え方を応用して図 6.16（a）に示すような剛体接続系の問題を考えてみよう．この剛体接続系は 6.2.1 項の③に述べた考えによって，同図（b）に示すような剛体リンク３本で支持された単純な系に帰着できる．剛体リンク①，②，③はいずれもその長手方向に沿って力を受けるので，その方向が作用線の方向（ i ），（ ii ），（ iii ）である．この場合は二つの力の作用線が交わる p，q の２点に対して力の三角形を描き，pq の方向の力が共通で平衡すると考えられる．よって同図（c）のように図形的に部材の端点の力 S_1，S_2，S_3 が決定される．この場合もリンク①，②，③にはこの端点の力 S_1，S_2，S_3（この力は各部材から p，q 点に加わる力）が加わるので部材に作用する力は，それと逆向きの力：リンク①，②は引張り，リンク③は圧縮荷重がかかる．この図形的解法は，その考案者クルマン（Culmann，1866 年）の名を取って，クルマンの方法と呼ばれている．

ここで第４章で述べた摩擦力をも考慮した図形的解法について示そう．摩擦力はその最大値（最大静止摩擦力）のみがわかり，方向も大きさも頭初は不明である．第５章では最大摩擦力 F_s は

$$F_s = \mu_s N \quad (\mu_s：摩擦係数，N：垂直抗力)$$

$$\mu_s = \tan\theta \quad (\theta：摩擦角)$$

で与えられることを学んだ．図形的解法ではこの摩擦角の概念を活用して問題を解くことができる．

例題 6.8　壁に立てかけられた剛体棒

図 6.17 に示すように，質量が無視できる剛体棒が粗い床と壁に立てかけられている．いま，この棒の下端から距離 x の点を始点として垂直下方に力 P をかける．このとき，棒が滑り落ちない最大の x_{max} の値を求めよ．

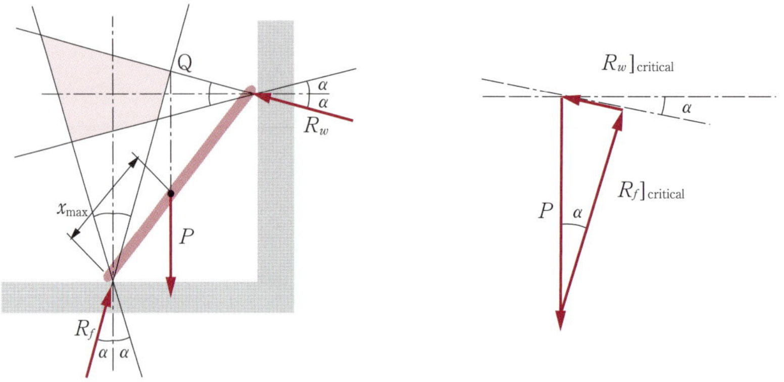

図 6.17　剛体棒の平衡

【解答】　まず，簡単のために床と壁の摩擦は等しく，その摩擦係数を μ_s とする．摩擦角を α とすれば $\mu_s = \tan\alpha$ となる．摩擦角の考え方から，床と壁にそれぞれ生ずる反力 R_f, R_w は，棒のそれぞれ接点に立てた垂直線と ± α の角度の範囲内に収まり，両反力が共通に存在する範囲は図で色を付けた部分になる．したがって，棒が滑らない状態の限界は，色をつけた領域の一番右の点 Q を P の作用線が通る時であり，このとき下方からの距離 x の最大値 x_{max} を与える．力の三角形は P と R_f, R_w で構成され図のようになり，作図で反力の大きさや x_{max} を知ることができる．

例題 6.9

サイドブレーキをかけて駐車中（前輪フリー，後輪ロック）の車を，ずり動かすのに要する図示の力 F，およびそのときに前輪・後輪に作用する路面からの反力 R_A，R_B を図式的解法により決定し，図上に図示せよ．ただし，車体重量は 1000kgf，また車輪路面間の摩擦角は 45 度とする．

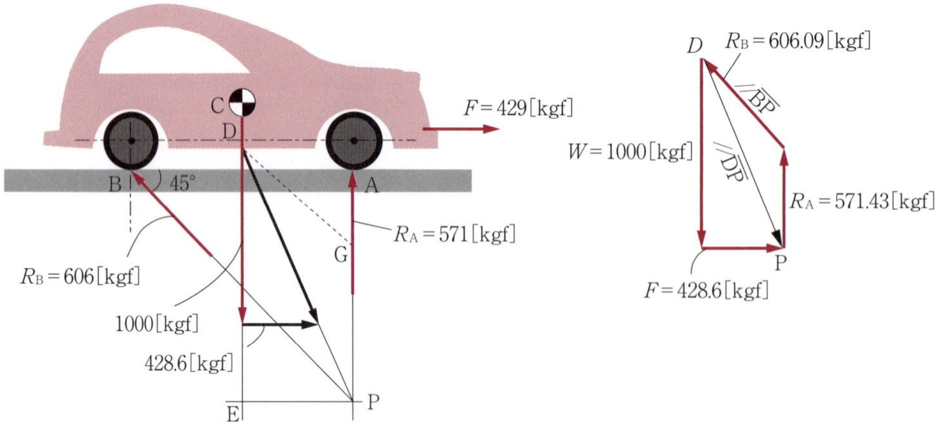

図 6.18

【解答】　ここでは力の単位を工学単位である［kgf］を使ってみる．SI 単位への N への換算は $g = 9.8$[m/s^2] を乗ずればよい．

この場合は反力 R_B（−45 度方向）と反力 R_A の交点 P と力 F と車体重力の交点 D が重要点と

なり，図に示すように各力を求めることができる．

6.3 静力学的に等価な系

多くの力を受けている物体は，第2章で述べたように式（6.1），（6.2）に示されるような代表点Oにおける合力と合偶力（合モーメント）に置き換えることができる．この $\boldsymbol{F}_0$，$\boldsymbol{M}_0$ を静力学的に等価な系（statically equivalent system）と呼ぶ．後述の動力学でもダランベールの原理を用いれば，静力学と同様に等価な系を構成することができる．

第6章　演習問題

［1］図E6-1のように，半径 r，質量 m の円柱を二つ積み重ねたものを，重さ W のL形ブロックで押えている場合を考える．ただし，ブロックと床との間の摩擦係数 μ とする．また，円柱の表面は滑らかであるとし，円柱と床，円柱と壁との摩擦は考慮しないものとする．

① L形ブロックの重心（図心）の座標を，点Oを原点とした座標系で求めよ．

② L形ブロックが横滑りすると同時に，a 点のまわりに倒れるようにするには，円柱の半径 r をいくらにすればよいか．

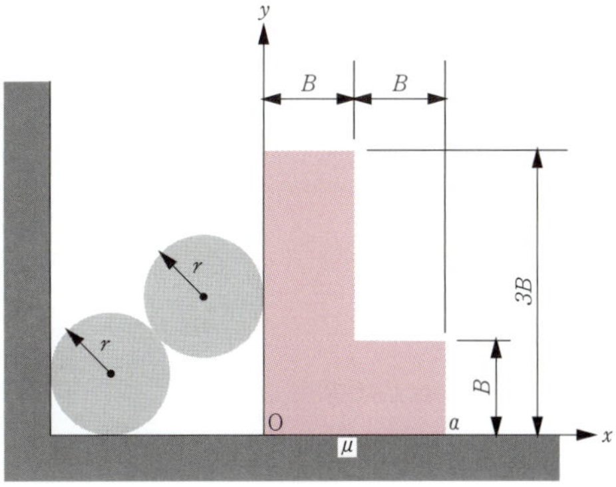

図E6-1

［2］図E6-2のように2次元的に複数の外力が加わっている剛体ブロックの系がある．この系のA点においてこれらの外力に静力学的に等価な力 $\boldsymbol{F}$ の x，y 成分とモーメント $\boldsymbol{M}$ を求めよ．またこの等価な力と同じ大きさと方向を持っている力 $\boldsymbol{F}'$ をどこに加えたら系は平衡するのか答えよ．

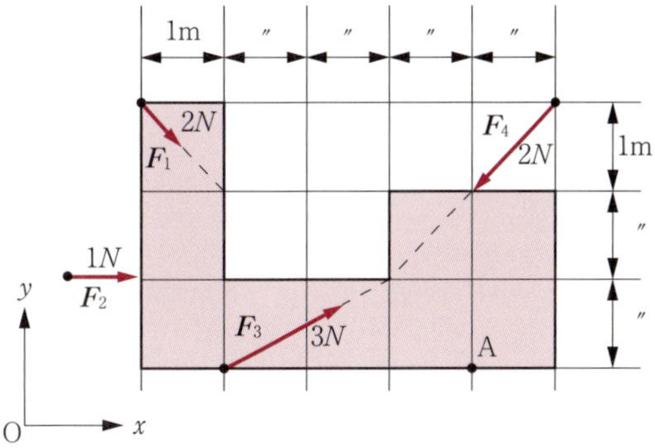

図E6-2　剛体ブロック

［3］次の各問に対して，①図式解法，②解析的な方法の両方で答えよ．

（ｉ）固定端へはピン結合，剛体はり，ワイヤの張力 T を求めよ．

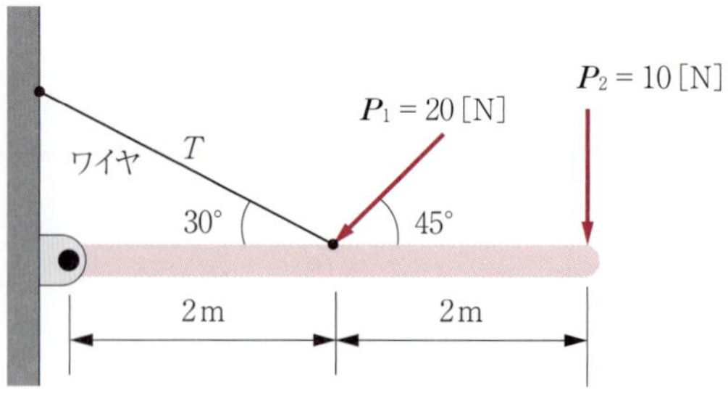

図 E6-3

（ⅱ）各部材は剛体でピン結合，基礎部に⓪，各部材に①～④の番号を付してある．基礎部から部材①，②に使用する力 $\boldsymbol{F}_{10}$，$\boldsymbol{F}_{20}$，および部材②から③に使用する力 $\boldsymbol{F}_{32}$ を求めよ．

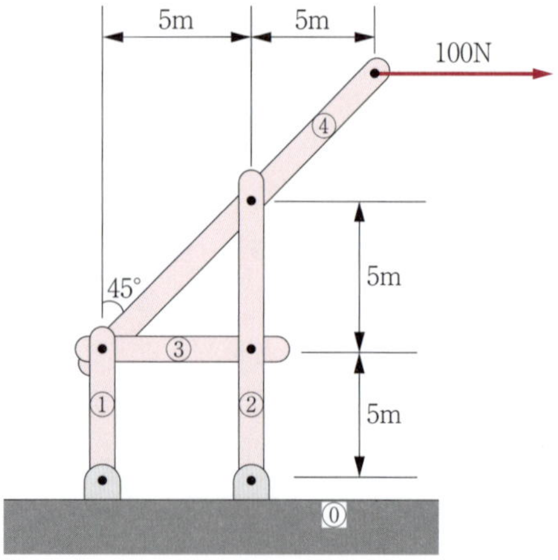

図 E6-4

［4］図 E6-5 の平面構造において，A が B，C，D より受ける力 $\boldsymbol{F}_{AB}$，$\boldsymbol{F}_{AC}$，$\boldsymbol{F}_{AD}$ の大きさと方向を図式解法により決定し明示せよ．

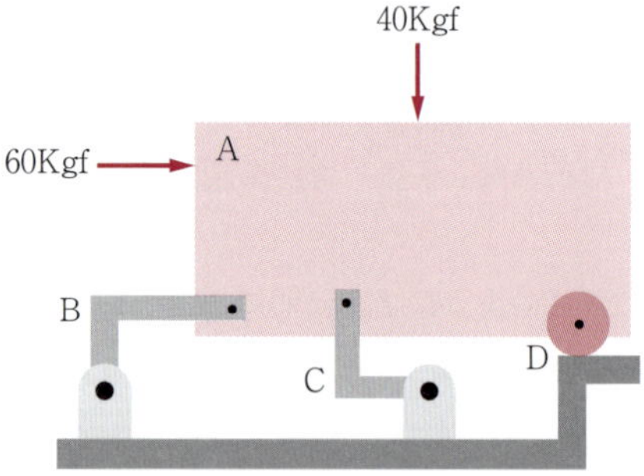

図 E6-5

［5］上記の問題を数式解法により解答せよ．

［6］サイドブレーキをかけて駐車中（前輪フリー，後輪ロック）の車を，ずり動かすのに要する図示の力 $\boldsymbol{F}$，およびその時に前輪・後輪に作用する路面からの反力 R_A，R_B を図式解法により決定し，図上に図示せよ．ただし，車体重量は，1000kgf，また車輪路面間の摩擦角は 45°とする．

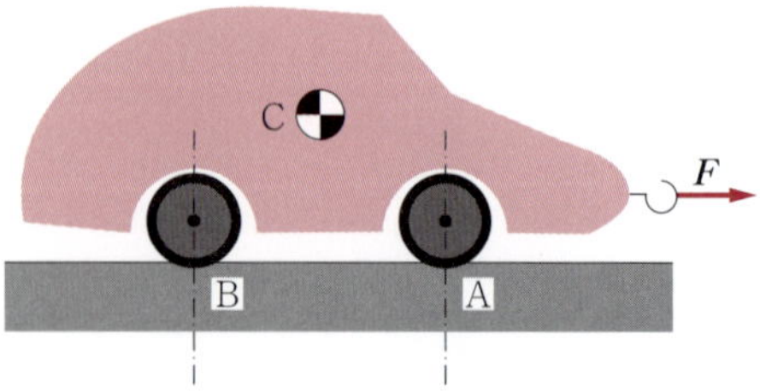

図 E6-6　停車中の車

［7］図 E6-7 のような椅子が床の上に置いてある．B，C，E はピンである．ピン E に作用する力が最大となるような力 $\boldsymbol{P}$ の作用する位置 x を求めよ．また，このときピン E に作用する力を求めよ（$a=b$ としてよい）．

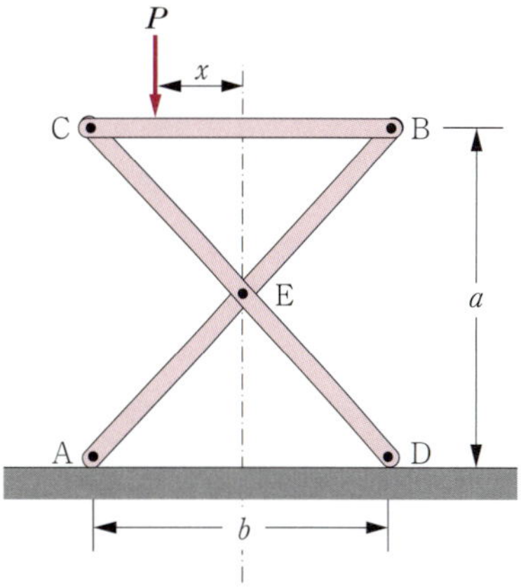

図 E6-7　平面骨組構造

［8］図 E6-8 のような質量 1000kg，車輪の半径 $r=0.5$［m］の後輪駆動の車が高さ $h_s=0.05$［m］のステップを乗り越えようとしている．このとき後輪の駆動軸に作用するトルク（駆動軸に作用するモーメントの大きさ）T を求めよ．

ただし後輪駆動の場合は後輪のみに摩擦力が作用すると考え，その摩擦角 $\alpha=30°$（摩擦係数を f とすると $\alpha=\tan^{-1}f$）とせよ．車の重心は図の位置にあり，$a=0.8$［m］，$b=1.2$［m］，$h=0.5$［m］とし，タイヤの弾性は無視する．

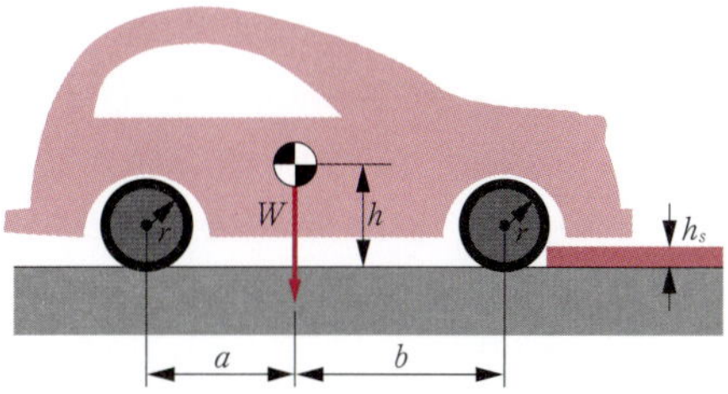

図 E6-8

［9］先端に集中質量 M の付加した均一な質量 m のはりが，上図のように支点（左方から距離 a）とバネ定数 k の線形バネで支持されているとき，はりを水平に保持し，静かに手を離したときの重心 G の下方への静的変位 x_s を求めよ．ただし，はりは図の平面内のみに運動が可能とする．

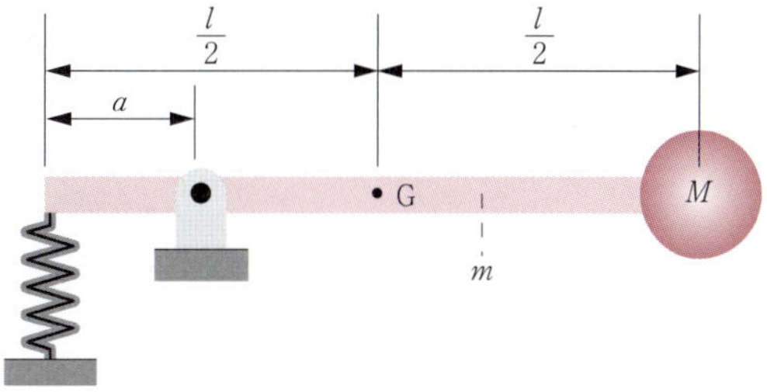

図 E6-9　平面機構

［10］E 点に上方から斜め（50° の角度）に $\boldsymbol{F}_{\mathrm{E}}=300$［N］が加わり，さらに図のようにピン結合部 D で部材 AE に直接モーメント $\boldsymbol{M}_{\mathrm{O}}=500$［N·m］が加わっているとき，部材 AE の支点 A およびピン D における部材 BD の支点反力を求めよ．

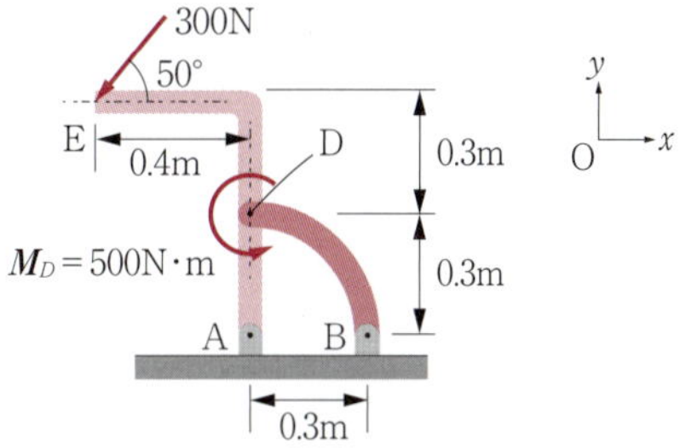

図 E6-10

［11］図 E6-11 に示すような系で，質量 20kg と質量 100kg のブロック間の静止摩擦係数を $\mu=0.5$，質量 100kg のブロックと床との静止摩擦係数を $\mu=0$ とするとき，二つのブロックが一体となって滑り出す直前の横力 $\boldsymbol{P}$ の大きさを求めよ．

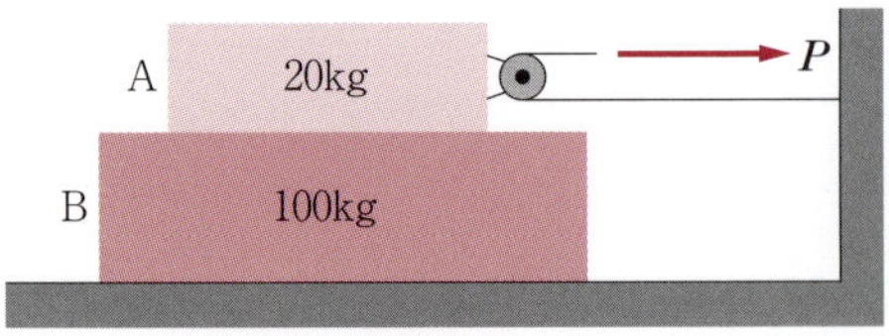

図 E6-11

［12］長さ l［m］，質量 m［kg］の金属棒を図のように支持し，重心 G に水平荷重 $\boldsymbol{P}$［N］を作用させる．点 A では摩擦力が作用し，BC は重さの無視できるロープとして，以下の問に答えよ．

① 静止状態における自由物体線図（free body diagram）を描き，静定問題であることを示せ．

② ロープ BC に働く張力 T［N］と点 A における床面からの反力の垂直成分，水平成分を求める式を導け．

③ $l=1$［m］，$m=10$［kg］，$\alpha=30°$，$\beta=60°$，$\boldsymbol{P}=10$［N］として，T［N］の値を計算せよ．

④ l，m，α，β は上記の値とし，点 A における床面と金属棒との最大静止摩擦係数 $f_s=0.3$ として，静止限界に達するときの P［N］の値を求めよ．

（注意）計算に必要な仮定，記号は意味を明確に述べ適宜導入せよ．

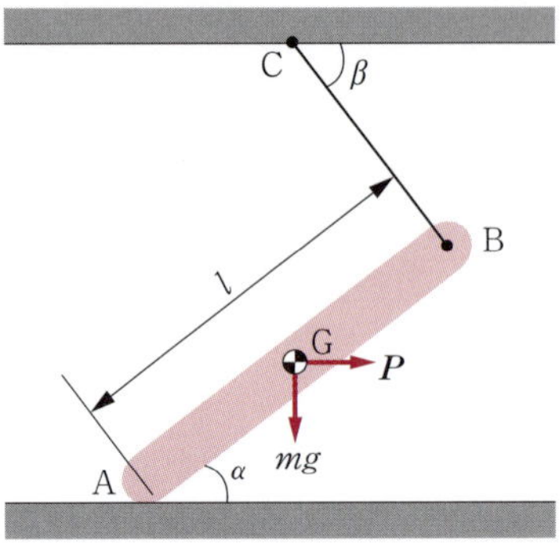

図 E6-12

［13］次の各問に答えよ．

① 一辺が 6m の均質な正方形の板が図のようにA，B，C において３本のワイヤで水平に吊られている．板の質量を 30kg として，各ワイヤに作用する張力 T_A，T_B，T_C を求めよ．ただし，$g=9.8$［m/s²］とする．

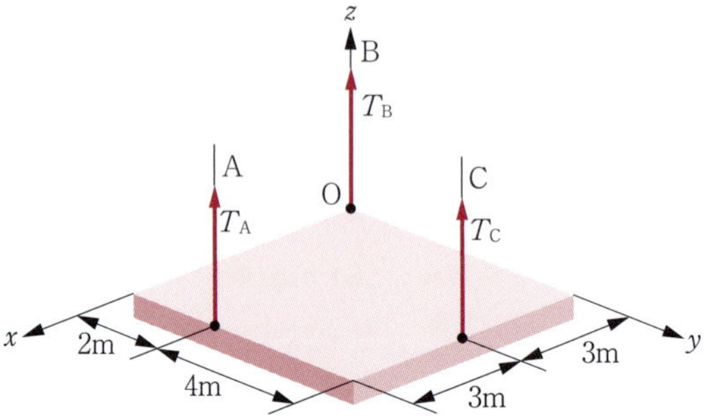

図 E6-13(a)

② 小さなロボットアームにドリルを付けて穴あけ作業を行ったところ，ドリル先端に 800N の力を受けた．ロボットアームは水平として，O 点における静力学的に等価な力と偶力を求めよ．ただし，x，y，z 方向の単位ベクトルを $\boldsymbol{i}$，$\boldsymbol{j}$，$\boldsymbol{k}$ として表現せよ．

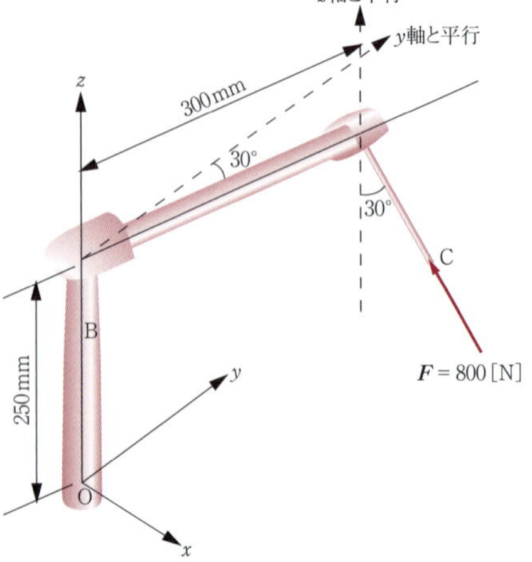

図 E6-13(b)

［14］図 E6-14 のように二等辺三角形の板 ABC が，点 A で水平な平面と，点 B で傾斜角 θ の平面に取りつけられている．二等辺三角形は底辺が $a=0.5$[m]，高さ $h=1.0$[m]，質量 $M=30$[kg] で，厚さと密度は一定とし，点 A は摩擦の無視できるピン結合とする．この三角形板の先端 C に $m=10$[kg] の物体をつり下げるものとして，以下の問に答えよ．

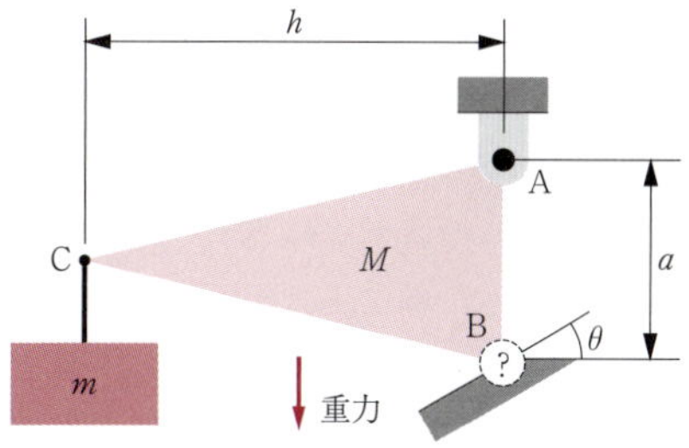

図 E6-14

① この系が静力学の平衡条件だけから拘束力が決定できる（i.e. 静定問題である）ためには，点 B の支持条件として次のうちどれが許されるか．番号を列挙し，その理由を述べよ．

1．A 点と同じピン結合　2．ローラ支持　3．摩擦のある点接触

4．摩擦のない点接触　5．溶接による固定

② 上述の条件のもとで，2 点 A，B における支点反力を θ の関数として表し，点 A における支点反力の垂直成分が 0 となるときの θ を求めよ．

［15］図に示すようにトラクターに接続されたスクレイパーを考える．両者はトラクター車輪の後部 0.6m のところで鉛直ピンジョイントで連結されている．CD 間の距離は 0.75m である．10t のトラクターユニットの重心は G_t，スクレイパーユニットと加重の和は 50t で，それら全体の重心は G_s にある．機械が静止しているとき，次の問に答えよ．

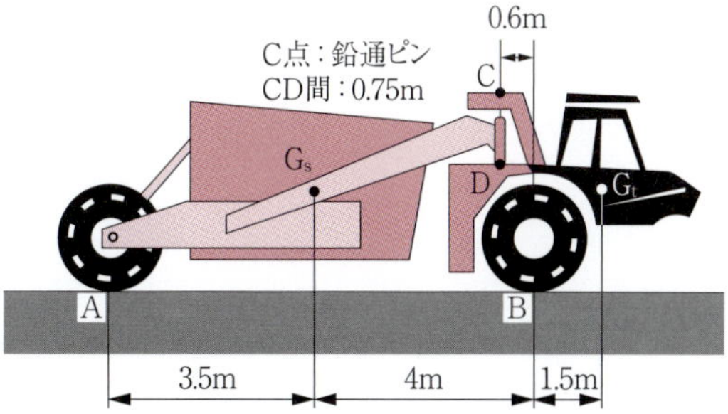

図 E6-15　トラクター

① 各 4 輪の抗力［kN］を求めよ．

② トラクターユニットのフリーボディダイヤグラムをかけ．

③ C 及び D におけるトラクターユニットに働く力［kN］を求めよ．

［16］図のような鉄製の棒を 2 本のワイヤ CE，CO で吊っている．この鉄の棒の B 点のプーリを介して 1000[N] の重量物を吊り上げている．このときケーブル CE と CD の張力を求めよ．

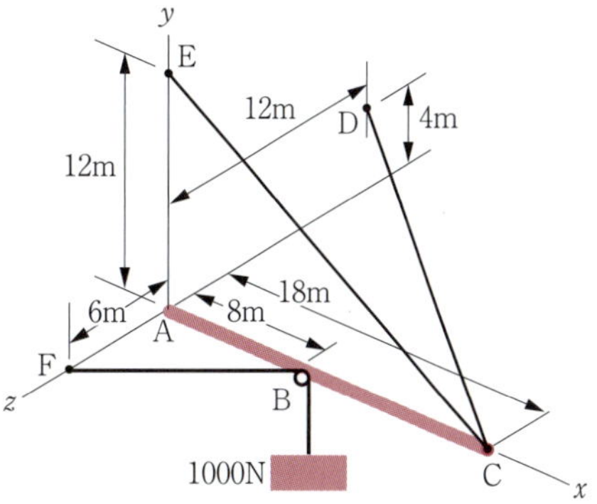

図 E6-16

[17] 地下ケーブルを巻き上げるのに，ハンドルに $\boldsymbol{P}=200$[N] の力を要した．ドラムの直径は1000mmとして，ハンドルは水平の位置にあるとし，軸受A，Bに作用する力 R_A，R_B を求めよ．ただし，軸受の回転は自由で，半径方向の荷重のみを支えると考える．

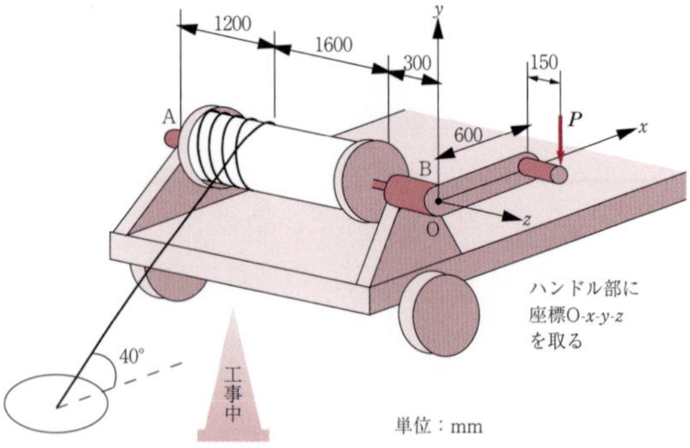

図 E6-17　ケーブルの巻き上げ

[18] 次の各問を①解析的方法，②作図による方法の両方法にて解け．

(a) A点とB点の反力 R_A，R_B を求めよ．

(b) A点とB点の反力 R_A，R_B とワイヤの張力 T を求めよ．

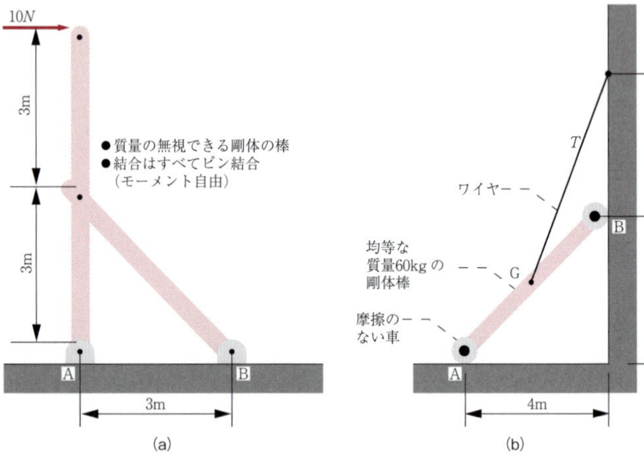

図 E6-18

[19] 図E6-19のA点の反力 R_A を求めよ．

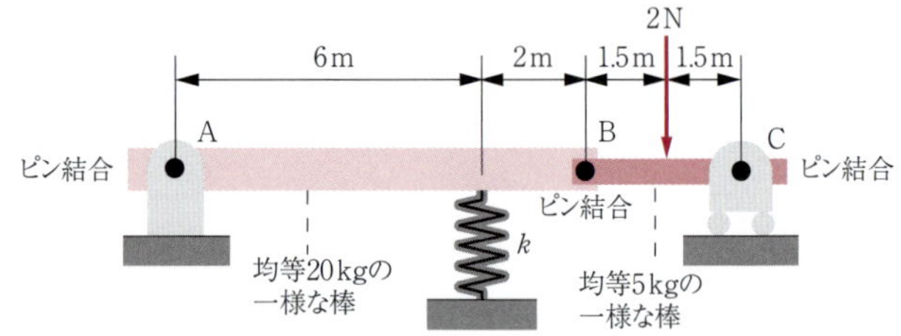

図 E6-19　複合はり

[20] 図のようにケーブルのB，C，D点に垂直下方に $\boldsymbol{F}_B=500$[N]，$\boldsymbol{F}_C=600$[N]，$\boldsymbol{F}_D=900$[N] の力が作用している．図で $a=b=c=d=5$[m] および $y_D=10$[m]，$y_E=8$[m] とするとき，ケーブルに発生する最大の張力 T_{max} を計算せよ．

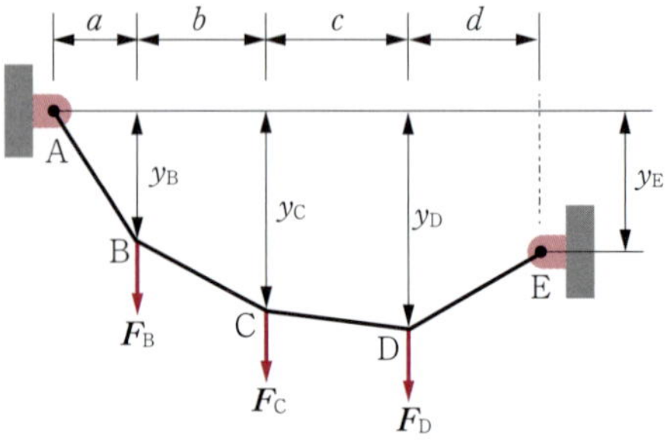

図 E6-20

第 II 編

動力学の基礎

Fundamentals of Dynamics

Concept of Displacement, Velocity and Acceleration and Mathematical Expressions (Kinematics)

第7章

変位，速度，加速度の概念とその数学的表現（運動学）

OVERVIEW

本書の第Ⅰ編の静力学の基礎では，時間的に変化しない静的な荷重，すなわち静荷重に対する質点や剛体に生ずる反力や静的な平衡条件などに関して説明した．第Ⅱ編の動力学の基礎では，時間的に変化する荷重や初速度や初期変位などが与えられた場合の質点や剛体の運動，具体的には変位，速度，加速度などを求める，いわゆる動力学について説明する．

本章ではまず質点や剛体に運動を生じさせる力（外力）を考えないで，単に質点の運動について考えよう．外力を考慮しないで運動の幾何学的関係，例えば質点や剛体の運動における変位，速度，加速度間の幾何学的関係を研究する学問は力学では運動学（kinematics）と呼ばれる．それに対して外力による運動，例えば外力の作用下の質点の変位，速度，加速度などを扱う学問は動力学（dynamics）と呼ばれる．

ガスパール・ギュスターブ・コリオリ
（Gaspard-Gustave Coriolis）
1792年～1843年，フランス

- 物理学者，数学者，天文学者
- 回転座標系における慣性力の一種であるコリオリの力提唱
- 回転体の運動方程式導出
- 仕事・運動エネルギー概念形成
- コリオリ数（運動量補正係数）

7.1 運動する物体の物理量の把握と動力学の誕生

人間を含めた生物や天体，船などの身の回りにある運動する物体は，古来より多くの人々の関心を呼び起こしてきた．ギリシャ時代にはアリストテレスにより運動の外的要因が考察され，動力学的因果性の概念が生まれている．ガリレオ，ニュートンの時代の動力学の形成には，中世のスコラ哲学が果たした役割は大きい．12 世紀から 14 世紀における自然学の対象は主としてアリストテレスの学説であり，自然界に生ずる現象に対してアリストテレスの学説の矛盾に対して修道院や大学で独自の研究がなされた．その中でも後に主としてオクスフォード学派とパリ学派と呼ばれている二つの学派によって理論的展開がなされた．14 世紀のオクスフォード大学のフランシスコ修道士達の中にアリストテレスの運動学を数学的に表現しようとする動きがあり，これらの人々はマートンカレッジに所属していた．このマートン学派と呼ばれる人々により初速度，終速度から平均速度の概念が生み出された．14 世紀のパリ大学でも，ビュリダンは物体の運動の説明として今日で言う運動量に相当する概念を生み出した．ビュリダンの弟子，オレムは“質と運動の図形化について”の論文を書き，運動の質を分類し，運動を図形（今日のグラフに相当）で表現する方法を生み出している．

これらのスコラ哲学の運動についての考え方を基に，ガリレオ（G. Gallilei，1564–1642），ホイヘンス（C.Huygens，1625–95），ニュートン（I.Newton，1643–1727）の巨人達によって今日の形の動力学が形成されていった．ガリレオは振り子の等時性，落体の法則の発見，望遠鏡による天体の観測，地動説等々，物理学と天文学において多彩な業績を残している．特に数学，実験の重視は今日の科学的方法につながる．

ガリレオの動力学の考え方をさらに発展させたのがホイヘンスで，土星の環の発見，光の波動説，振子時計など，やはり多彩な業績を残している．

ガリレオ，ホイヘンスと発展してきた動力学を，ある意味で集大成させたのがニュートンであるとされている．ニュートンはその著“自然哲学の数学的原理”[(4)]（通称プリンキピア，1687）において運動の原因を“力”という概念とした．いわゆる今日的な力学の誕生である．力学の基本原理として運動の三法則を示し，重力（万有引力）の概念を提示した功績は大きい．

ところでニュートンの“力”の概念が素直に当時の学者に受け入れられたかというと実情はそうではない．18 世紀のダランベールをはじめとして 19 世紀のマッハやヘルツなどからも長い間議論の対象にされた．ニュートンと同時代に材料力学や弾性学に多くの功績を残したフック（R.Hooke，1635–1703）がいた．彼がニュートンと地球の軌道，光学の発見などの優先権をめぐり，激しい論争を展開していたことは面白い．

7.2 変位，速度，加速度とその数学的表現

7.2.1 ◆ 質点の一つの方向への（一軸に沿う）運動

図 7.1 に示すような一つの方向（x 軸方向）に沿って運動する質点を考える．この質点の位置 P は，適当に取った座標軸の原点からの距離 x で表され，x は一般に時間 t の関数

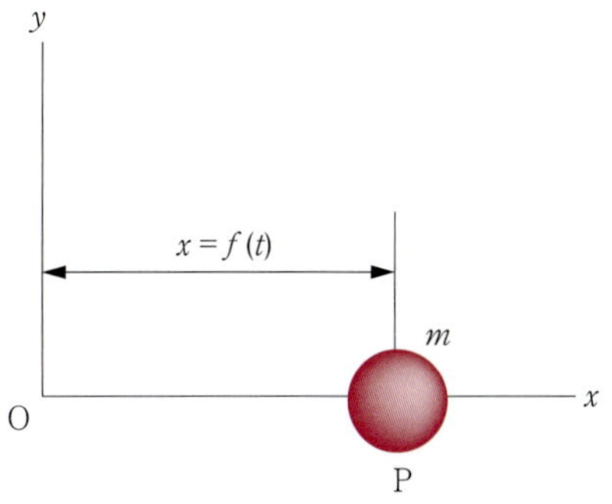

図 7.1　一方向の質点の運動

$$x=f(t) \tag{7.1}$$

と書くことができ，変位（displacement）と呼ばれる．二つの時刻 t，$t+\Delta t$ に対応する変位をそれぞれ x，$x+\Delta x$ と表す，時間の増分 Δt に対して変位の増分は Δx と表されている．いま $\Delta t \to 0$ の極限を取ると

$$\lim_{\Delta t \to 0} \frac{\Delta x}{\Delta t} = \frac{dx}{dt} = \dot{x} = v \tag{7.2}$$

となり，式（7.2）は x の時間 t に関する微分を表し，物理的には，瞬間の単位時間当たりの変位の変化，すなわち速度（velocity）を表す．その単位はSI単位では［m/s］となる．また式（7.2）の x の上にある記号・(dot) は時間に関する微分を表し，ニュートンによって導入された記号である．同様に時刻 $t+\Delta t$ の速度を，$v+\Delta v$ とすれば $\Delta t \to 0$ の極限における瞬間の速度変化，すなわち加速度（acceleration）

$$\lim_{\Delta t \to 0} \frac{\Delta v}{\Delta t} = \frac{dv}{dt} = \frac{d^2x}{dt^2} = \dot{v} = \ddot{x} = a \tag{7.3}$$

を示す．加速度の単位はSI単位では［m/s²］となる．ここで注意すべきは，速度が0になる点は変位の微分が0になるので変位は極値（通常，極大値あるいは極小値）を取り，加速度が0になる点は速度が極値を取る点である（注1）．図7.2にその一例を示す．

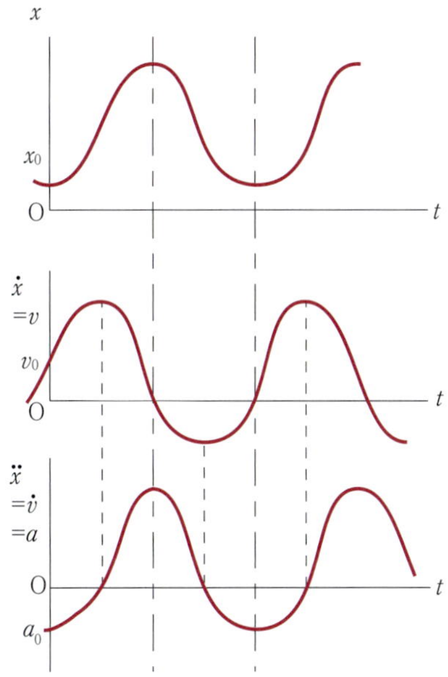

図 7.2　変位速度加速度の関係

質点の重力による落下運動では，加速度が重力加速度 g に等しくほぼ一定とみなされるので

$$a = \ddot{x} = \frac{d^2x}{dt^2} = g \tag{7.4}$$

が成立する．この式を時間 t で積分することにより

$$\dot{x} = \frac{dx}{dt} = \int g dt + c_1 = gt + c_1 \tag{7.5}$$

の形の速度が得られ，さらに t で積分することにより

$$x = \int (gt + c_1) dt + c_2 = \frac{1}{2} gt^2 + c_1 t + c_2 \tag{7.6}$$

の変位を得ることになる．ここで式（7.5），（7.6）中の積分定数 c_1，c_2 は，それぞれ時間 $t=0$ のときの速度および変位，すなわち初期速度 v_0，初期変位 x_0 によって定められる．式（7.5）で t

（注1）正確には変位，速度が変曲点を取ることもある．

$=0$ とすると $c_1=v_0$ が，式（7.6）で $t=0$ とすることにより $c_2=x_0$ が求められる．

例題 7.1　質点の運動

図 7.3(a) に示すように，直線に沿って運動する質点を考える．この質点の位置 x が時間の関数として

$$x=2t^3-4t^2+3\ [\mathrm{m}] \tag{1}$$

と与えられるものとする．ここに t は時間［s］，x は質点の位置［m］を表し，原点からの変位を示す．次の問に答えよ．

① 速度 v と加速度 a が 0 となる時間の値を求めよ．

② 時刻 $t=0$ から $t=2$[s] までの変位成分の値を求めよ．

③ 上記②のときの質点の運動の様子を述べよ．

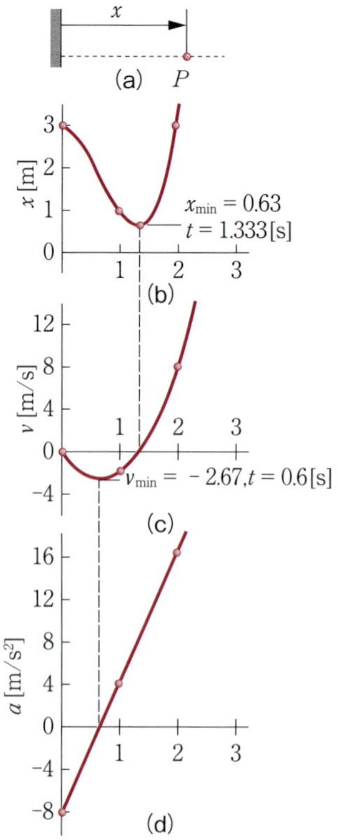

図 7.3

【解答】

① 速度 v は式（1）の変位を時間で微分して

$$v=\frac{dx}{dt}=6t^2-8t=t(6t-8)\,[\mathrm{m/s}] \tag{2}$$

と求められる．したがって速度が 0 となる時間の値は，

$t=0$，$t=4/3$ である．

② $x_{t=0}=3[\mathrm{m}]$，$x_{t=2}=3[\mathrm{m}]$

したがって，$\Delta x=x_{t=2}-x_{t=0}=3-3=0$

③ 加速度 a は，式（2）の速度 v を時間で微分して

$$a=\frac{dv}{dt}=12t-8\,[\mathrm{m/s^2}] \tag{3}$$

となり，運動の様子は図 7.3(e) となる．

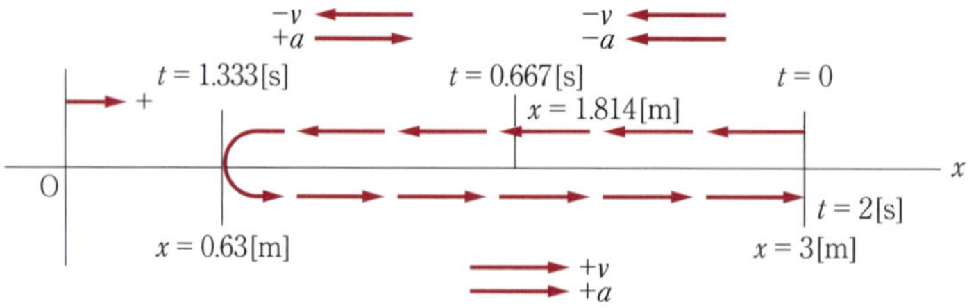

図 7.3（e）

例題 7.2　航空機の母艦への着艦

図 7.4 に示すように 360km/h の速度で航空機が母艦に着陸しようとしている．航空機の車輪が艦にふれたときにブレーキ力を作用させて減速させる．そのときの減速度 a（負の加速度）と速度 v の関係は，大体 $a=-0.5v$ の関係があることが観察されている．このとき次の問に答えよ．

①　着艦する際に必要な艦板の最小限の距離 L を求めよ．

②　滑走中に速度 v が 5m/s になるときの位置 x を求めよ．

③　上記の v が 5m/s になるときの時間を求めよ．

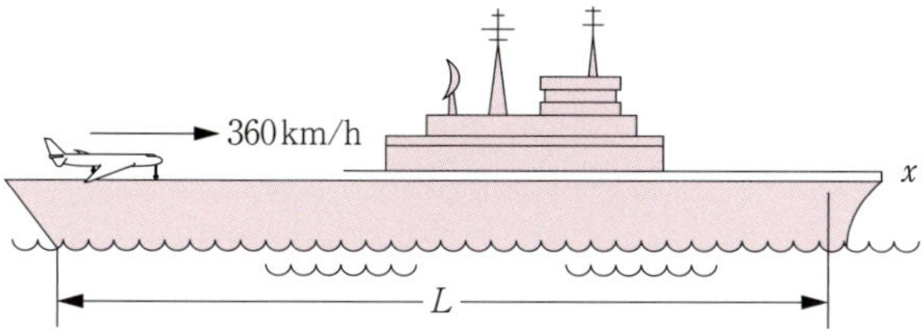

図 7.4

【解答】

①　加速度 a は

$$a=\frac{dv}{dt}=\frac{dx}{dt}\cdot\frac{dv}{dx}=v\frac{dv}{dx} \tag{1}$$

と表せる．$a=-0.5v$ であるので，上式に代入して

$$-0.5v=v\frac{dv}{dx} \quad \therefore dx=-2dv \tag{2}$$

したがって，

$$x=-2v+C_1 \quad (C\text{ は定数}) \tag{3}$$

となる．$x=0$ のとき $v=10[\mathrm{m/s}]$ であるので，式（3）から $C_1=20$ が決定でき，

$$x=-2v+20 \tag{4}$$

となる．$v=0$ とおくと，$L=20[\mathrm{m}]$ となる．

②　式（4）において，$v=5[\mathrm{m/s}]$ とおくと

$$x=-10+20=10[\mathrm{m}]$$

③　$a=-0.5v$ であるので

$$\frac{dv}{dt}=-0.5v \quad \therefore dt=-2\frac{dv}{v}$$

したがって

$$t=-2l_n v+C_2$$

$t=0$ のとき $v=10$ であるので $C_2=2(l_n10)$．$v=5$[m/s] のときの t は

$$t=2\left(l_n\frac{10}{v}\right)=2l_n\frac{10}{5}=2(l_n2)$$

となる．ここに $l_n(\ )$ は自然対数を表す．

7.2.2 ◆ 平面内の質点の運動（曲線に沿う運動）

図 7.5 に示すような平面内の質点 P の任意の運動を考える．P の位置ベクトルを $\boldsymbol{r}(x, y)$ とすれば x 成分，y 成分はそれぞれ t の関数になり

$$x=f(t)\ ,\quad y=g(t) \tag{7.7}$$

の形に書くことができる．x，y 方向の単位ベクトルを $\boldsymbol{i}$，$\boldsymbol{j}$ とすれば位置ベクトル $\boldsymbol{r}$ は

$$\boldsymbol{r}=\boldsymbol{i}x+\boldsymbol{j}y \tag{7.8}$$

と表すことができる．時刻 t から Δt 後の時刻 $t+\Delta t$ において質点 P が P' に位置したものと考える．それに対応して位置ベクトルは図 7.5 に示すように $\boldsymbol{r}'=\boldsymbol{r}+\Delta\boldsymbol{r}$ になったとする．$\boldsymbol{r}'$ の x，y 成分はそれぞれ $x+\Delta x$，$y+\Delta y$ となる．したがって

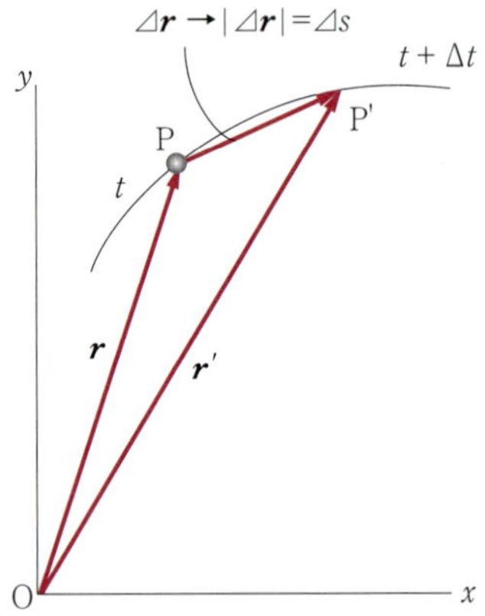

図 7.5　質点の平面内の運動

位置ベクトルの時間的な変化の $\Delta t\to 0$ の極限は P 点の速度ベクトル $\boldsymbol{v}=\dfrac{d\boldsymbol{r}}{dt}=\dot{\boldsymbol{r}}$ を与え，$\Delta t\to 0$ のとき P' は P に近づくので，その方向は質点の経路の P 点における接線方向となる．すなわち

$$\boldsymbol{v}=\frac{d\boldsymbol{r}}{dt}=\dot{\boldsymbol{r}}=\frac{dx}{dt}\boldsymbol{i}+\frac{dy}{dt}\boldsymbol{j}=v_x\boldsymbol{i}+v_y\boldsymbol{j} \tag{7.9}$$

となり，ここに $v_x=dx/dt$，$v_y=dy/dt$ で，x，y 方向の速度成分となる．

さらに時刻 Δt 間の速度の変化 Δv の $\Delta t\to 0$ の極限を取ると加速度ベクトル $\boldsymbol{a}$ が得られる．ここに $a_x=\dot{v}_x$，$a_y=\dot{v}_y$ である．

$$\boldsymbol{a}=\lim_{\Delta t\to 0}\frac{\Delta v}{\Delta t}=\frac{dv_x}{dt}\boldsymbol{i}+\frac{dv_y}{dt}\boldsymbol{j}=a_x\boldsymbol{i}+a_y\boldsymbol{j}=\dot{v}_x\boldsymbol{i}+\dot{v}_y\boldsymbol{j}=a_x\boldsymbol{i}+a_y\boldsymbol{j} \tag{7.10}$$

ところで多くの力学の問題では加速度ベクトル $\boldsymbol{a}$ の成分を上記のように x，y の直交座標成分に分解するよりも，質点の運動経路の接線方向と法線方向の二つの成分に分解して考えると便利なことも多い．

そこで，いま Δt の間の P 点における運動経路の接線方向と法線方向の速度の変化を考えてみる．図 7.6 に示すように P 点および P' 点における運動経路の接線に垂直な直線の交点を C とすると $\Delta t\to 0$ のとき PC は円の半径に近づく．この C 点を**曲率中心**（center of curvature），PC

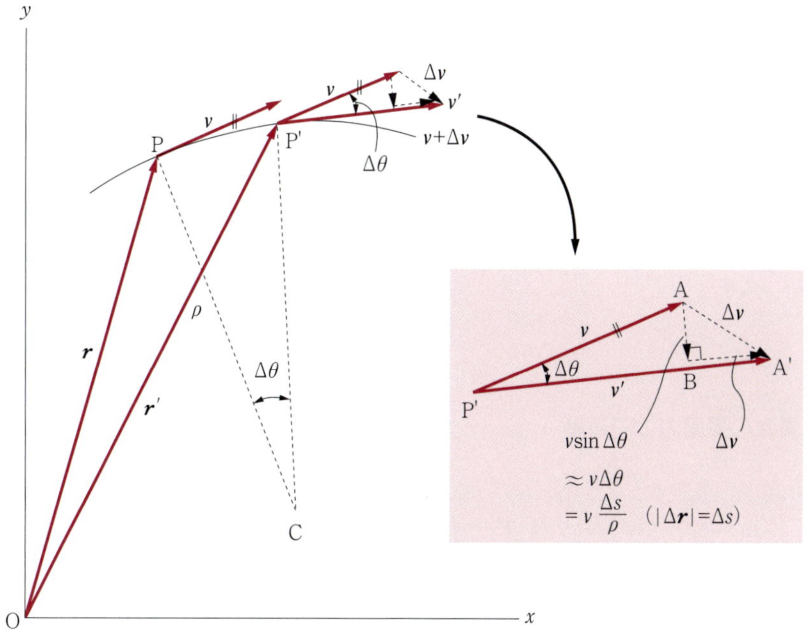

図 7.6　質点の平面内の運動時の速度の変化

$=\rho$ を曲率半径，その逆数 $1/\rho$ を曲率（curvature）と呼ぶ．いま PC と P'C のなす角を $\Delta\theta$ ととおき，P の速度ベクトル $\boldsymbol{v}$ を P' に平行移動して重ねてみる．すると同図の拡大図に示してあるように Δt 経過後の速度の変化分は，P' 点の接線方向 Δv_t と法線方向 Δv_n に分解して考えて

$$\Delta v_t = \mathrm{A'B} \fallingdotseq \Delta v \tag{7.11}$$

$$\Delta v_n = \mathrm{AB} = v\sin\Delta\theta \fallingdotseq v\Delta\theta = v\frac{\Delta s}{\rho} \quad (|\Delta \boldsymbol{r}| = \Delta s \text{ で } s \text{ は経路に沿った距離}) \tag{7.12}$$

となる．したがって $\Delta t \to 0$ とすると P 点における加速度ベクトル $\boldsymbol{a} = (a_t, a_n)$ の成分 a_t，a_n は

$$a_t = \lim_{\Delta t \to 0}\frac{\Delta v_t}{\Delta t} = \frac{dv}{dt} = \dot{v} \tag{7.13}$$

$$a_n = \lim_{\Delta t \to 0}\frac{\Delta v_n}{\Delta t} = \frac{v}{\rho}\frac{ds}{dt} = \frac{v^2}{\rho} \tag{7.14}$$

となる．ここに ρ は既に述べたように曲率半径（radius of curvature）で，その逆数 $1/\rho$ は曲率（curvature）を表す．$\Delta\theta = \Delta s/\rho$ であるので

$$\frac{\Delta\theta}{\Delta t} = \rho\frac{\Delta s}{\Delta t} \tag{7.15}$$

となり，両辺の $\Delta t \to 0$ の極限を取れば

$$\omega = \lim_{\Delta t \to 0}\frac{\Delta\theta}{\Delta t} = \rho\lim_{\Delta t \to 0}\frac{\Delta s}{\Delta t} = \rho v \tag{7.16}$$

左辺の角加速度と角速度ω，速度vの関係が導かれる．式（7.16）から法線方向の加速度a_nを表す式（7.14）は下記のようにも書くことができる．

$$a_n = \frac{v^2}{\rho} = v\omega = \rho\omega^2 \tag{7.17}$$

また加速度ベクトル$\boldsymbol{a}$はP点の接線方向と法線方向の単位ベクトルをそれぞれ，$\boldsymbol{t}$，$\boldsymbol{n}$とすると

$$\boldsymbol{a} = a_t\boldsymbol{t} + a_n\boldsymbol{n} \tag{7.18}$$

と表される．

例題 7.3　質点の平面内の円運動

質点の平面内の運動として，図 7.7 に示すような角速度ωで半径Rの円周上を回る質点の運動を考え，接線方向と法線方向の速度，加速度成分を求めよ．

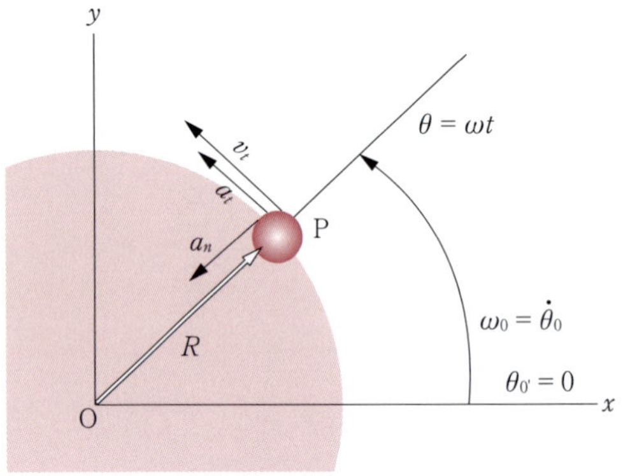

図 7.7　質点の平面内の円運動

【解答】　この場合，円周上の点Pにおける接線方向と法線方向（この場合は円の半径方向と一致）の速度v_t，v_nは

$$v_t = R\omega = R\dot{\theta}\ ,\quad v_n = 0 \tag{7.19}$$

となる．また同点における接線方向と法線方向の加速度a_t，a_nは

$$a_t = R\ddot{\theta} = R\dot{\omega}\ ,\quad a_n = \frac{v^2_t}{R} = R\omega^2 \tag{7.20, .21}$$

となる．法線方向の加速度は半径方向の中心に向かうので**求心加速度**（centipetal acceleraton）と呼ばれる．後述のダランベールの原理に基づく慣性力の考えを導入した場合に，この求心加速度によってその方向とは逆方向の，つまり円の中心から遠ざかる方向に作用する力，**遠心力**（centrifugal force）が生ずる．

例題 7.4　レーシングカーのドライバーが受ける加速度

図 7.8 に示すような半径 $r=200$[m] のカーブにレーシングカーが突入して，図の x 軸から 70°のときの速度が $v=180$[km/h] となり，ドライバーは先の直線コースを予測して 2m/s² の割合で加速している．このときレーシングカーが受ける加速度を求めよ．

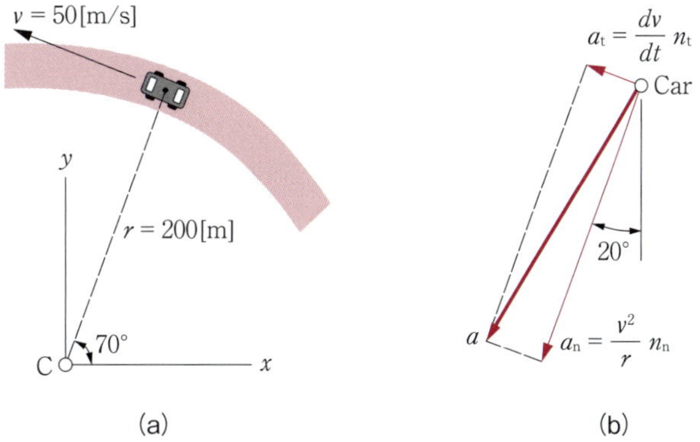

図 7.8　レーシングカーの受ける加速度

【解答】

$$v=180[\mathrm{km/h}]=50[\mathrm{m/s}]$$

接線方向加速度：この方向の加速度の大きさは $|\boldsymbol{a}_t|=a_t=2[\mathrm{m/s^2}]$ となる．したがって接線方向加速度をベクトル表示すれば以下となる．

$$\boldsymbol{a}_t=2(-\cos 20°\,\boldsymbol{i}+\sin 20°\,\boldsymbol{j})=(-1.88\boldsymbol{i}+0.68\boldsymbol{j})\,[\mathrm{m/s^2}]$$

半径方向加速度：ベクトル表示すると下記のようになる．

$$\boldsymbol{a}_n=\frac{v^2}{\rho}\boldsymbol{n}_n=\frac{50^2}{200}(-\cos 70°\,\boldsymbol{i}-\sin 70°\,\boldsymbol{j})=(-4.28\boldsymbol{i}-11.75\boldsymbol{j})\,[\mathrm{m/s^2}]$$

全加速度：上記二つの方向の加速度を合成して，

$$\boldsymbol{a}=\boldsymbol{a}_t+\boldsymbol{a}_n=(-6.16\boldsymbol{i}-11.07\boldsymbol{j})\,[\mathrm{m/s^2}]$$

となる．

例題 7.5　放物曲面上への荷物の搬送

図 7.9 に示すように，$y=x^2/10$ で表される放物曲面上へ荷物を搬送する装置がある．荷物が壊れないように荷物の受ける加速度は最大 1.3[m/s²] 以下としたい．このとき搬送の効率を上げる搬入速度 v の最大値 v_{max} を求めよ．

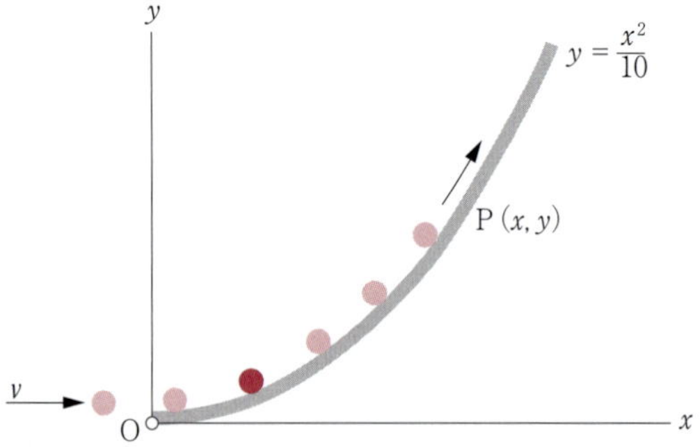

図 7.9　放物曲面への荷物の搬送

【解答】

接線方向の加速度を a_t，垂直方向の加速度を a_n とする．a_t，a_n と速度 v の関係は，

$$a_t=\frac{dv}{dt},\quad a_n=\frac{v^2}{\rho}$$

となる．ここに ρ は曲率半径で，曲面上の位置（x，y）と ρ の関係式は

$$\rho=\frac{\left\{1+\left(\frac{dy}{dx}\right)^2\right\}^{\frac{3}{2}}}{\frac{d^2y}{dx^2}}$$

となる．この式に放物線 $y=x^2/10$ の関係式を入れると入口 O 点の曲率半径は

$$\rho=\frac{(1+0)^{\frac{3}{2}}}{1/5}=5[\mathrm{m}]$$

入口 O における a_n は 0 であるので，したがって求める速度の最大値は以下となる．

$$v^2{}_{\max}=\rho\, a_{\max}=5\times1.3=6.5[\mathrm{m^2/s^2}]$$

$$\therefore\ v_{\max}=2.55[\mathrm{m/s}]$$

7.2.3 ◆ 空間内の質点の運動

三次元空間内の質点の運動は，上記 7.2.2 項の平面内の運動を三次元空間に拡張したものに過ぎず，ここでは単にその拡張に関する補足的な説明を加えるのに留める．

x，y，z 直交座標による変位，速度，加速度の表現は以下のようになる

変位：$\boldsymbol{r}=x\boldsymbol{i}+y\boldsymbol{j}+z\boldsymbol{k}$　(7.22)

$(x=f(t),\ y=g(t),\ z=h(t))$

$$速度：\boldsymbol{v}=\frac{d\boldsymbol{r}}{dt}=\dot{\boldsymbol{r}}=v_x\boldsymbol{i}+v_y\boldsymbol{j}+v_z\boldsymbol{k} \tag{7.23}$$

$$\left(v_x=\frac{dx}{dt},\, v_y=\frac{dy}{dt},\, v_z=\frac{dz}{dt}\right)$$

$$加速度：\boldsymbol{a}=\frac{d\boldsymbol{v}}{dt}=\dot{\boldsymbol{v}}=\frac{d^2\boldsymbol{r}}{dt^2}=a_x\boldsymbol{i}+a_y\boldsymbol{j}+a_z\boldsymbol{k} \tag{7.24}$$

$$\left(a_x=\frac{d^2x}{dt^2},\, a_y=\frac{d^2y}{dt^2},\, a_z=\frac{d^2z}{dt^2}\right)$$

また加速度の運動経路上の円の接線方向と法線方向の各成分は，平面運動の場合と表現上は同一で

$$加速度\ \boldsymbol{a}=a_t\boldsymbol{t}+a_n\boldsymbol{n} \tag{7.25}$$

となる．しかし接線加速度 a_t，法線加速度 a_n および接線方向と法線方向の単位ベクトル $\boldsymbol{t}$，$\boldsymbol{n}$ はいずれも空間内の三次元的な量となり，複雑になることに注意する必要がある．

7.3 静止座標系と運動座標系における変位，速度，加速度

これまでの変位，速度，加速度に関する記述は，静止している座標系（絶対座標系）におけるものであった．ここで静止座標系上の変位，速度，加速度と，運動している座標系の上の変位，速度，加速度との関係を求めてみよう．これらの関係も幾何学的な関係のみから導くことができる，いわゆる運動学的関係である．理解を容易にするために簡単な場合から複雑な場合の順に説明する．動力学では，しばしば運動座標系を用いることが便利な場合がある．

7.3.1 ◆ 並進運動のみをする運動平面座標系における変位，速度，加速度

いま図 7.10 に示すような静止している平面座標系（絶対座標系）O-xy 上で運動している質点の経路を考え，時刻 t における質点の位置を P とする．さらにこの静止座標系に対して原点が速度ベクトル $\boldsymbol{v}_0$ で平行運動している運動平面座標系 O'-$x'y'$ を考えよう．時刻 t の質点の位置 P の静止座標系における位置ベクトル $\boldsymbol{r}$（**絶対変位**；absolute displacement）は並進運動座標系 O'-$x'y'$ の原点の静止座標系における位置ベクトル $\boldsymbol{r}_{\mathrm{O}}$ と運動座標系における位置ベクトル $\boldsymbol{r}_R$（**相対変位**；relative displacement）の和，すなわち

$$\boldsymbol{r}=\boldsymbol{r}_{\mathrm{O}}+\boldsymbol{r}_R \tag{7.26}$$

で表される．時刻 t から Δt 経過後の時刻において P は $\Delta\boldsymbol{r}$（絶対変位）だけ変位して Q 点に移動する．この絶対変位は図 7.10 の①から②へ移動する．よって，$\Delta\boldsymbol{r}$ は，運動座標系に P が固定された時の移動量 $\Delta\boldsymbol{r}_T$（運搬変位）と点 P の運動座標系の変位 $\Delta\boldsymbol{r}_{\mathrm{R}}$（相対変位）の和，すなわち Δt が微小であれば

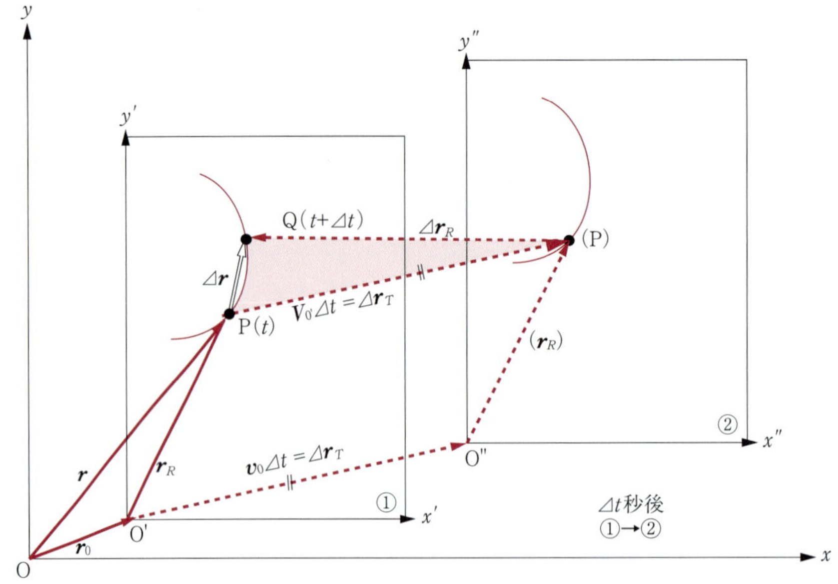

図 7.10　静止（絶対）座標（0–xy）と平面内の並進運動座標（0′–$x'y'$）
および Δt 経過後の並進運動座標系 0″–$x''y''$

$$\Delta \boldsymbol{r} = \Delta \boldsymbol{r}_T + \Delta \boldsymbol{r}_R = \boldsymbol{v}_0 \Delta t + \Delta \boldsymbol{r}_R \tag{7.27}$$

で表される．式（7.26）の両辺を Δt で除して，その極限を取ると

$$\lim_{\Delta t \to 0} \frac{\Delta \boldsymbol{r}}{\Delta t} = \boldsymbol{v}_0 + \lim_{\Delta t \to 0} \frac{\Delta \boldsymbol{r}_R}{\Delta t}$$

となり，静止系の速度すなわち $\boldsymbol{v}$（絶対速度）は，右辺の第 1 項 $\boldsymbol{v}_0$ は運搬速度，第 2 項は相対速度 $\boldsymbol{v}_R = \dot{\boldsymbol{r}}_R$ を表すので

$$\boldsymbol{v} = \boldsymbol{v}_T + \boldsymbol{v}_R = \boldsymbol{v}_0 + \dot{\boldsymbol{r}}_R \tag{7.28}$$

の関係が導かれる．ここで，静止座標系における速度 $\boldsymbol{v}$（**絶対速度**；absolute velocity）は，運動座標系の運動によって運ばれる速度（**運搬速度**；velocity of transportation）$\boldsymbol{v}_T$ と，点 P の運動座標系における速度（**相対速度**；relative velocity）$\boldsymbol{v}_R$ の和であることがわかる．さらにこの時間増分 Δt の間の速度の変化を考えると，絶対速度の増分 $\Delta \boldsymbol{v}$ は，運搬速度の増分 $\Delta \boldsymbol{v}_T$ および相対速度の増分 $\Delta \boldsymbol{v}_R$ の和と考えられる．よって，その極限を取った静止座標系の加速度 $\boldsymbol{a}$（**絶対加速度**；absolute acceleration）は，**運搬加速度** $\boldsymbol{a}_T$（acceleration of transportation）と相対加速度の和，すなわち

$$\boldsymbol{a} = \boldsymbol{a}_T + \boldsymbol{a}_R = \dot{\boldsymbol{v}}_0 + \ddot{\boldsymbol{r}}_R \tag{7.29}$$

の形で書ける．

例題 7.6

図 7.11 に示すような一方向（x 軸方向）に運動する質点 m を考える．時刻 t のとき質点の位置を P とする．座標系 O-xy は静止座標系（絶対座標系）とし，x 方向に v_0 の速度で運動する座標系 O'-$x'y'$ を考える．時刻 t のとき，質点の静止座標系上の変位（絶対変位）はこの場合 x である．また運動座標系の原点の変位（運搬変位）は x_0 であり，運動座標系に対する質点の変位（相対変位）は x' となる．このとき絶対座標と運動座標における変位，速度，加速度の関係を求めよ．

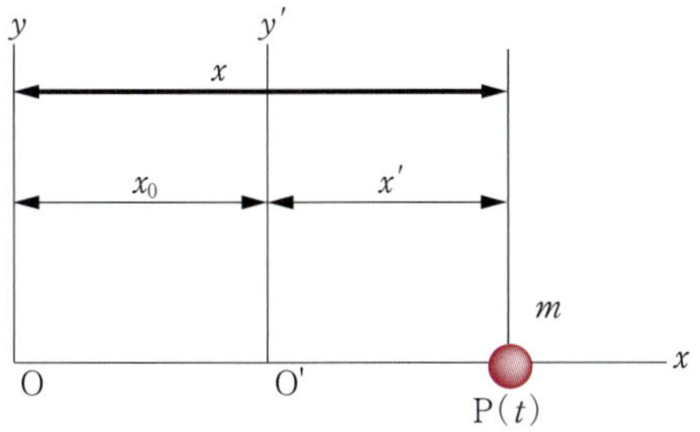

図 7.11　静止座標系 O-xy と x 軸方向に並進する運動座標 O'-$x'y'$

【解答】

（7.25）に相当する絶対変位は，運搬変位と相対変位で次のように表される．

$$x = x_0 + x' \tag{7.30}$$

また式（7.27）に相当する絶対速度は，運搬速度と相対速度で次式のように示される．

$$\dot{x} = \dot{x}_0 + \dot{x}' \tag{7.31}$$

さらに式（7.28）に相当する絶対加速度は

$$\ddot{x} = \ddot{x}_0 + \ddot{x}' \tag{7.32}$$

と書くことができる．

7.3.2 ◆ 並進運動と回転運動をする運動平面座標系における変位，速度，加速度

本題に入る前に回転する座標系の運動の特質について簡単な例を基に考えてみよう．図 7.12 (a) に示すような角速度Ωで回転する円板の床の上におけるキャッチボールを考える．ピッチャーAがキャッチャーBに向かってボールを速度 v で投げた場合にキャッチャーBのところへ届くか否かを検討してみる．結論から言うと一般的には届かない．なぜであろうか．図 7.12 (b) に示すようにピッチャーが投げた速度 $\boldsymbol{v}$ は回転する円板の床の上の速度で，ここでは相対速度 (relative velocity) の意味で $\boldsymbol{v}_{\mathrm{rel}}$ のベクトルで示される．しかしながら円板の床は回転しているのでピッチャー A には回転 (rotation) に伴う速度 $|\boldsymbol{v}_{\mathrm{rot}}| = v_{\mathrm{rot}}$ $(= r\Omega)$ も同図のように加わる．したがって静止している絶対座標から見ればボールに加わる速度は $\boldsymbol{v}_{\mathrm{rel}}$ と $\boldsymbol{v}_{\mathrm{rot}}$ をベクトル的に合成した $\boldsymbol{v}_{\mathrm{abs}}$ となる（ずれの要因①）．さらにキャッチャー B は円板の回転とともに B から B′ の位置に移動してしまう（ずれの要因②）．これらの二つのずれにより一般的にボールはキャッチ

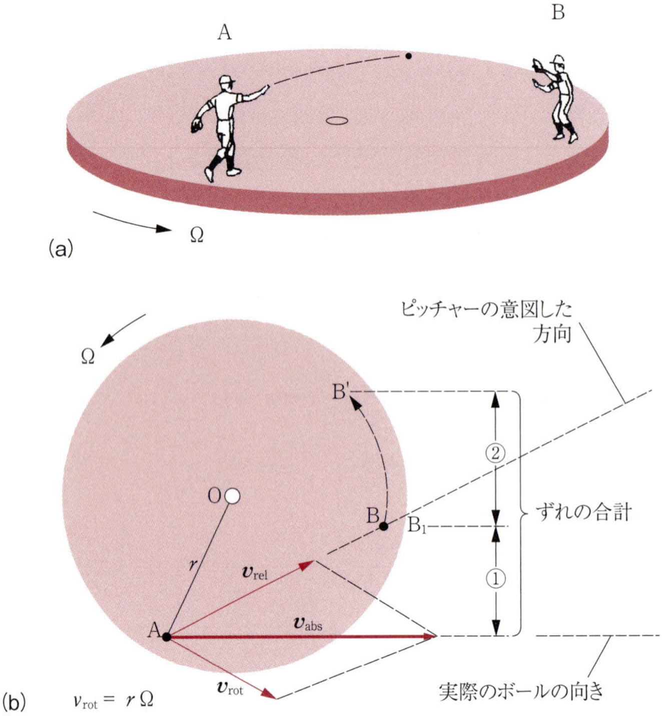

図 7.12　回転する円盤床上のキャッチボール

ャーに届かない．この例は回転座標系の特質を良く示している．すなわち回転座標系には，回転に伴う速度成分が加わるとともに回転による変位成分も加わる．

さて次に図 7.13 に示すように 7.3.1 項の平行移動 $\boldsymbol{v}_0$ に加えて角速度 $\boldsymbol{\omega}_0$ を伴う運動座標 O-$x'y'$ を考え，静止（絶対）座標系における変位，速度，加速度等の関係を求めてみる．

静止座標系における時刻 t の変位（絶対変位）$\boldsymbol{r}$ は，式（7.25）と同じく

$$\boldsymbol{r} = \boldsymbol{r}_0 + \boldsymbol{r}_R \tag{7.33}$$

で表される．しかし Δt 経過後の絶対変位の変化 $\Delta\boldsymbol{r}$ は，図 7.13 に示す座標面の移動，すなわち①から②（並進運動）を経て③（回転運動）に移動したと考えられるので

$$\Delta\boldsymbol{r} = \boldsymbol{v}_0 \Delta \mathrm{t} + (\omega_0 \times \boldsymbol{r}_R)\Delta t + \Delta\boldsymbol{r}_R \tag{7.34}$$

となり，式（7.26）とは異なり，右辺の第 2 項に回転移動に伴う変位の変化分が加わることに注意する必要がある．両辺を時間で除して $\Delta t \to 0$ の極限を取ると

$$\boldsymbol{v} = \boldsymbol{v}_0 + \omega_0 \times \boldsymbol{r}_R + \dot{\boldsymbol{r}}_R = \boldsymbol{v}_T + \boldsymbol{v}_R \tag{7.35}$$

となる．ここに $\boldsymbol{v}_T = \boldsymbol{v}_0 + \omega_0 \times \boldsymbol{r}_R$（運搬速度），$\boldsymbol{v}_R$（相対速度）となり，運搬速度の第 2 項（$\boldsymbol{\omega}_0 \times \boldsymbol{r}_R$）が回転に伴う運搬速度となる．式（7.35）は式（7.33）の絶対座標における時間微分と見なせるので，これをあえて d^A/dt と書くと

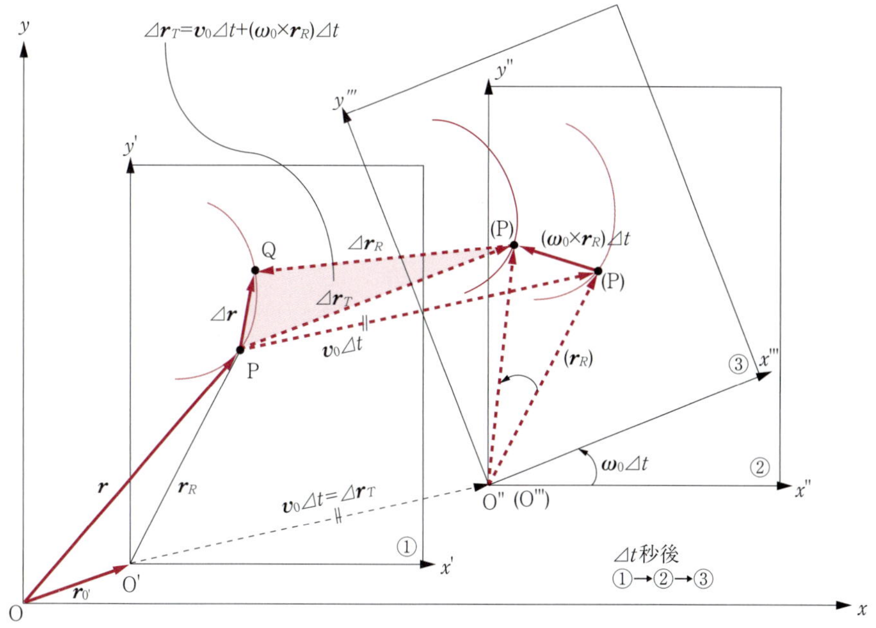

図 7.13　静止（絶対）座標（0-xy）と平面内の並進運動と回転運動をする運動座標系（0'-$x'y'$）および Δt 経過後の運動座標系（0'''-$x'''y'''$）

$$\frac{d^A \boldsymbol{r}}{dt} = \boldsymbol{v}_0 + \frac{d^A \boldsymbol{r}_R}{dt}$$

となり，$d^A\boldsymbol{r}_R/dt \neq d\boldsymbol{r}_R/dt$ とはならず回転の影響を受け

$$\frac{d^A \boldsymbol{r}_R}{dt} = \boldsymbol{\omega}_0 \times \boldsymbol{r}_R + \frac{d\boldsymbol{r}_R}{dt} \tag{7.36}$$

となる．したがって，相対座標 $\boldsymbol{r}_R$ を絶対座標で時間微分をする演算子 d^A/dt は，□を相対座標の量とすれば

$$\frac{d_A \square}{dt} = \boldsymbol{\omega}_0 \times \square + \frac{d\square}{dt} \tag{7.37}$$

の形をとり，式（7.36）の演算をすることを意味している．

したがって絶対加速度 $\boldsymbol{a}$ を求める際には，式（7.34）の両辺に d^A/dt の演算子を乗じて

$$\boldsymbol{a} = \frac{d^A \boldsymbol{v}}{dt} = \frac{d^A}{dt}(\boldsymbol{v}_0 + \boldsymbol{\omega}_0 \times \boldsymbol{r}_R + \dot{\boldsymbol{r}}_R) = \dot{\boldsymbol{v}}_0 + \frac{d^A}{dt}(\boldsymbol{\omega}_0 \times \boldsymbol{r}_R + \dot{\boldsymbol{r}}_R)$$

$$= \dot{\boldsymbol{v}}_0 + \boldsymbol{\omega}_0 \times (\boldsymbol{\omega}_0 \times \boldsymbol{r}_R + \dot{\boldsymbol{r}}_R) + \frac{d}{dt}(\boldsymbol{\omega}_0 + \boldsymbol{r}_R + \dot{\boldsymbol{r}}_R)$$

$$= \dot{\boldsymbol{v}}_0 + \boldsymbol{\omega}_0 \times \boldsymbol{\omega}_0 \times \boldsymbol{r}_R + \boldsymbol{\omega}_0 \times \dot{\boldsymbol{r}}_R + \dot{\boldsymbol{\omega}}_0 \times \boldsymbol{r}_R + \boldsymbol{\omega}_0 \times \dot{\boldsymbol{r}}_R + \ddot{\boldsymbol{r}}_R$$

$$\boldsymbol{a} = \dot{\boldsymbol{v}}_0 + \boldsymbol{\omega}_0 \times \boldsymbol{r}_R + 2\boldsymbol{\omega}_0 \times \dot{\boldsymbol{r}}_R + \boldsymbol{\omega}_0 \times (\boldsymbol{\omega}_0 \times \boldsymbol{r}_R) + \ddot{\boldsymbol{r}}_R = \boldsymbol{a}_T + \boldsymbol{a}_c + \boldsymbol{a}_R$$

ここに

$$\boldsymbol{a}_T = \dot{\boldsymbol{v}}_0 + \dot{\boldsymbol{\omega}}_0 \times \boldsymbol{r}_R + \boldsymbol{\omega}_0 \times (\boldsymbol{\omega}_0 \times \boldsymbol{r}_R) \quad \text{(運搬加速度)} \tag{7.38}$$

$$\boldsymbol{a}_c = 2\boldsymbol{\omega}_0 \times \dot{\boldsymbol{r}}_R \quad \text{(コリオリ加速度)} \tag{7.39}$$

$$\boldsymbol{a}_R = \dot{\boldsymbol{v}}_R = \ddot{\boldsymbol{r}}_R \quad \text{(相対加速度)} \tag{7.40}$$

である．特に $\boldsymbol{a}_c$ は回転移動に伴う回転座標系の上で生ずる特有の加速度で，コリオリ加速度（Coriolis' acceleration）と呼ばれる．

例題 7.7

図 7.14 に示すような角速度 $\omega_0 (=\dot{\theta}_O)$ で回転する剛体円板を考える．円板に固定した，すなわち円板とともに角速度 ω_0 で回転する運動座標系を O'-$x'y'$，静止（絶対）座標系を O-xy とする．円板上の任意の量と相対座標系の量の間の関係を求めよ．

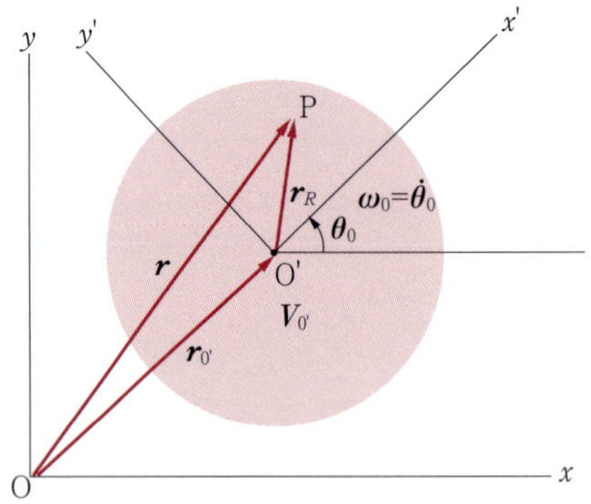

図 7.14　静止（絶対）座標系 O-xy と回転する剛体円板に固定した運動座標系（O'-$x'y'$）

【解答】　上述の 7.3.2 の説明から明らかなように以下となる．

① 変位：$\boldsymbol{r} = \boldsymbol{r}_0 + \boldsymbol{r}_R$ (7.41)

$\boldsymbol{r}$：点 P の絶対座標の位置ベクトル

$\boldsymbol{r}_0$：原点 0' の絶対座標の位置ベクトル

$\boldsymbol{r}_R$：点 P の相対座標（回転座標）上の位置ベクトル

② 速度：$\boldsymbol{v} = \boldsymbol{v}_T + \boldsymbol{v}_R$ (7.42)

$\boldsymbol{v}$：絶対速度（$=\dot{\boldsymbol{r}}$） (7.43)

$\boldsymbol{v}_T$：運搬速度（$=\boldsymbol{v}_{0'} + \boldsymbol{\omega}_0 \times \boldsymbol{r}_R$） (7.44)

$\boldsymbol{v}_R$：相対速度（$=\dot{\boldsymbol{r}}_R$） (7.45)

③ 加速度：$\boldsymbol{a} = \boldsymbol{a}_T + \boldsymbol{a}_c + \boldsymbol{a}_R$ (7.46)

$\boldsymbol{a}$：絶対加速度（$=\ddot{\boldsymbol{r}}$） (7.47)

$\boldsymbol{a}_T$：運搬加速度［$=\boldsymbol{a}_0 + \boldsymbol{\omega}_0 \times \boldsymbol{r}_R + \boldsymbol{\omega}_0 \times (\omega_0 \times \boldsymbol{r}_R)$］ (7.48)

$\boldsymbol{a}_c$：コリオリ加速度（$=2\boldsymbol{\omega}_0 \times \boldsymbol{v}_R$） (7.49)

$\boldsymbol{a}_R$：相対加速度（$=\dot{\boldsymbol{v}}_R = \ddot{\boldsymbol{r}}_R$） (7.50)

7.3.3 ◆ 並進運動と回転運動をする運動空間座標系における変位，速度，加速度

ここでは，さらに一般に図 7.15 に示すような三次元空間内における静止（絶対）座標系 O-xyz

と，並進運動 $\boldsymbol{v}_0(v_{0x}, v_{0y}, v_{0z})$ と回転運動 $\boldsymbol{\omega}_0(\omega_{0x}, \omega_{0y}, \omega_{0z})$ をする運動座標系 O'-$x'y'z'$ における質点の運動経路上の１点Ｐにおける変位，速度，加速度の関係を考えてみよう．この場合は 7.3.2 項の並進と回転運動を伴う二次元の平面的な運動座標の場合を基にして，ほぼ同じような考え方で絶対座標と相対座標の変位，速度，加速度の間の関係を導くことができる．“ほぼ同じような”という表現を用いたのは，厳密な説明は割愛するが，つまり以下のような点においてである．図 7.13 に示した Δt 経過後の①→②→③の平面のいずれも一般的には三次元空間内の同一平面に無い三つの平面にある点と，並進運動の速度ベクトル $\boldsymbol{v}_0$ が（v_{0x}, v_{0y}, v_{0z}）回転運動の角速度ベクトル $\boldsymbol{\omega}_0$ が（$\omega_{0x}, \omega_{0y}, \omega_{0z}$）のそれぞれ三つの成分を持つ点が 7.3.2 項とは異なっている．また 7.3.2 項の場合にはスカラー量である ω_0 の乗算が，この場合にはベクトル量 $\boldsymbol{\omega}_0$ ベクトル積（外積）となっている点である．厳密な説明は省いて，ここではその結果のみを列挙するに留める．

① 変位の関係

・t 秒後の変位の関係

$$\boldsymbol{r} = \boldsymbol{r}_{0'} + \boldsymbol{r}_R \quad \text{（図 7.15 参照）} \tag{7.51}$$

$\boldsymbol{r}$：点Ｐの絶対変位，$\boldsymbol{r}_0$：原点 O' の絶対座標の位置ベクトル，$\boldsymbol{r}_R$：点Ｐの相対変位

・Δt 秒間の変位の関係

$$\Delta \boldsymbol{r} = \Delta \boldsymbol{r}_T + \Delta \boldsymbol{r}_R \tag{7.52}$$

$$\text{ここに，}\ \Delta \boldsymbol{r}_T = \boldsymbol{v}_0 \Delta t + (\boldsymbol{\omega}_0 \times \boldsymbol{r}_R) \Delta t (\boldsymbol{v}_0 = \dot{\boldsymbol{r}}_0) \tag{7.53}$$

運搬に伴う変位変化を示す．

② 速度の関係

$$\boldsymbol{v} = \boldsymbol{v}_T + \boldsymbol{v}_R \tag{7.54}$$

$\boldsymbol{v}$：絶対速度，$\boldsymbol{v}_T$：運搬速度（$= \boldsymbol{v}_{0'} + \boldsymbol{\omega}_0 \times \boldsymbol{r}_R$），$\boldsymbol{v}_R$：相対速度（$= \dot{\boldsymbol{r}}_R$），（$\boldsymbol{v}_0 = \dot{\boldsymbol{r}}_0, \boldsymbol{v}_R = \dot{\boldsymbol{r}}_R$）

③ 加速度の関係

$$\boldsymbol{a} = \boldsymbol{a}_T + \boldsymbol{a}_c + \boldsymbol{a}_R \tag{7.55}$$

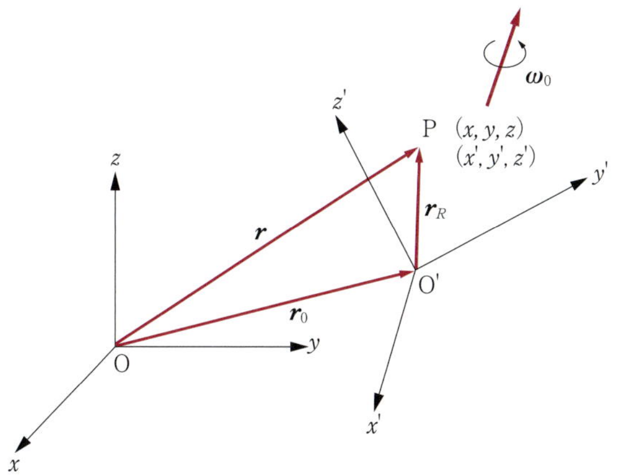

図 7.15　静止（絶対）座標系（O-xyz）と空間内に並進運動と回転運動をする運動座標系（O'-$x'y'z'$）

$\boldsymbol{a}$：絶対加速度（$=\ddot{\boldsymbol{r}}$），$\boldsymbol{a}_T$：運搬加速度［$=\boldsymbol{a}_0+\dot{\boldsymbol{\omega}}_0\times\boldsymbol{r}_R+\boldsymbol{\omega}_0\times(\boldsymbol{\omega}_0\times\boldsymbol{r}_R)$］

$\boldsymbol{a}_c$：コリオリ加速度（$=2\boldsymbol{\omega}_0\times\dot{\boldsymbol{r}}_R$），$\boldsymbol{a}_R$：相対加速度（$=\dot{\boldsymbol{v}}_R$）（$\boldsymbol{a}_0=\dot{\boldsymbol{v}}_0, \dot{\boldsymbol{v}}_0=\dot{\boldsymbol{r}}_{0'}$）

第７章　演習問題

［1］質点の y 座標での位置が，式 $y=t^4-4t^2+t+2$ で表されるとき，質点の最大速度を求めよ．ここに，y[m]，t[s] の単位を有する．

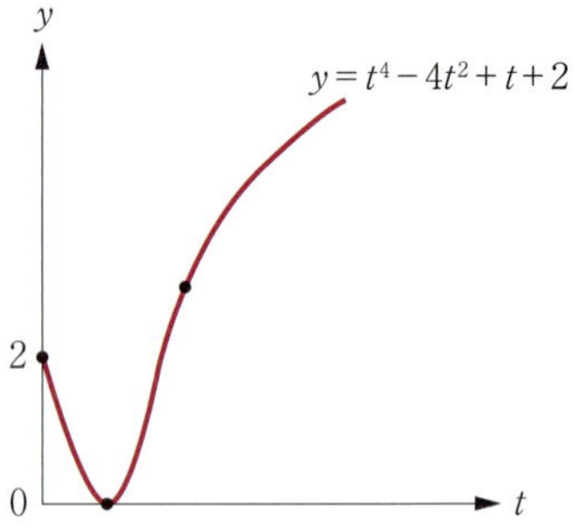

図 E7-1

［2］質点の速度が，式 $v=3\cos t+1$[m/s] で与えられる．質点の変位は $t=0$[s] のとき，$y=2$[m] であった．このとき $t=20$[s] の質点の位置を求めよ．

［3］図 E7-2 に示すように車のドライバーが車の走行中，前方の岩を発見して O 点を速度 30[km/h] 通過してから 1 秒後にブレーキを踏み減速度（負の加速度）$a=-5$[m/s] を得て岩の直前で静止した．このとき静止に要する時間と，O 点から岩のある R 点までの距離 D を求めよ．

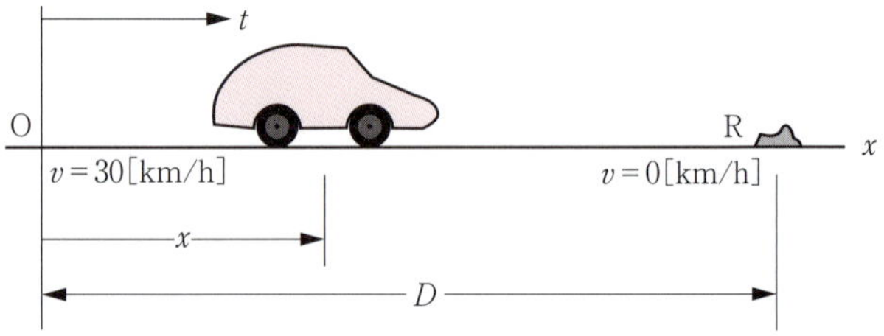

図 E7-2

［4］路傍に止まっていたパトカーの横を図 E7-3 のように車 A が等速度 $v_A=140$[km/h] で通り過ぎた．パトカーはこれに気づき，1 秒間に 1 m ずつ，すなわち加速度 1m/s^2 で加速して追いかけた．パトカーが車 A に追いつく時間とそれまでの走行距離を求めよ．

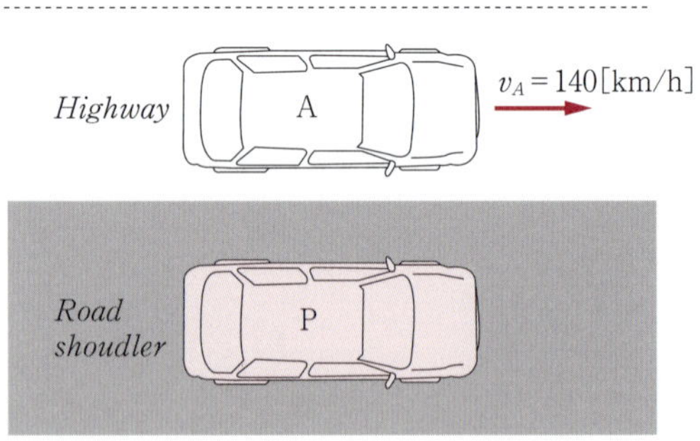

図 E7-3　パトカーの追跡

［5］図 E7-4(a) に示すような速度でエレベータが上昇している．このとき同図 (b) のエレベータ内にいる人が時刻 t_A，t_B で受ける加速度を求めよ（エレベータに固定した座標系で考えよ）．

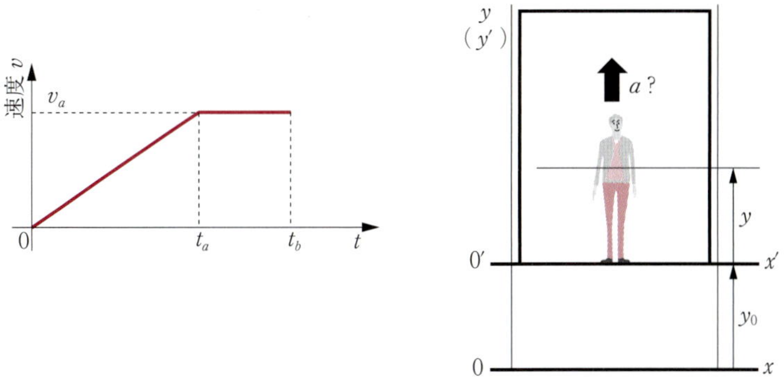

(a) エレベータの上昇速度　(b) エレベータ内の人の受ける加速度

図 E7-4　エレベータ内の人が受ける加速度

［6］図 E7-5 に示すように水平に置かれて一定の角速度 $\omega=20$［rpm］で回転しているテーブルの回転中心に，図のような半径方向のみにバネを介して伸び縮みする質点 m が取り付けられている．このとき固定座標 O-xy における質点 m の加速度およびテーブルに固定した座標 O-$x'y'$ における質点の加速度を求めよ．

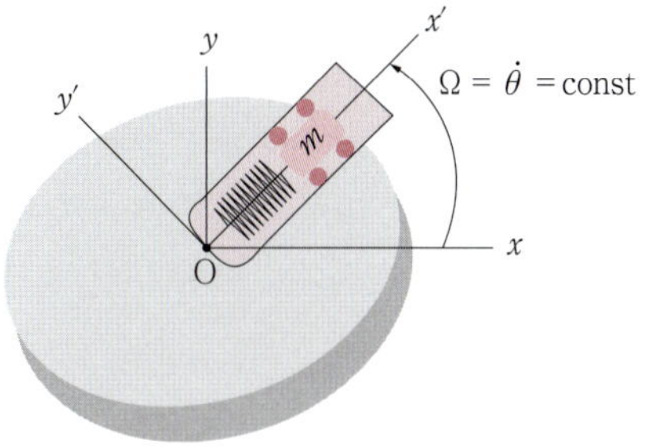

図 E7-5　回転するテーブルに付けられたバネ－質量系

［7］ジェットエンジンが図 E7-6 に示すように試験台に取り付けられている．速度 $v_1=610$［m/s］のとき空気を 45.4kg/s の割合で放出している．このときジェットエンジンの受けるスラスト荷重（thrust）を求めよ．

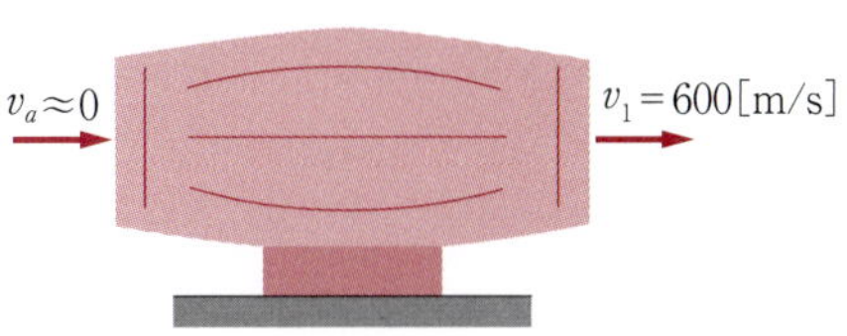

図 E7-6　ジェットエンジンスラスト試験

［8］図 E7-7 に示すような質量 5000kg の宇宙機が空気がない無重力場で静止している．この宇宙機にはイオンエンジンが付いていて，質量 m を毎秒 10^{-6}kg の割合，すなわち $dm/dt=10^{-6}$［kg/s］で放出しており，イオンと宇宙機間の相対速度は 6000km/h となっている．この宇宙機の 1 時間後と 100 時間後のスピードを求めよ．

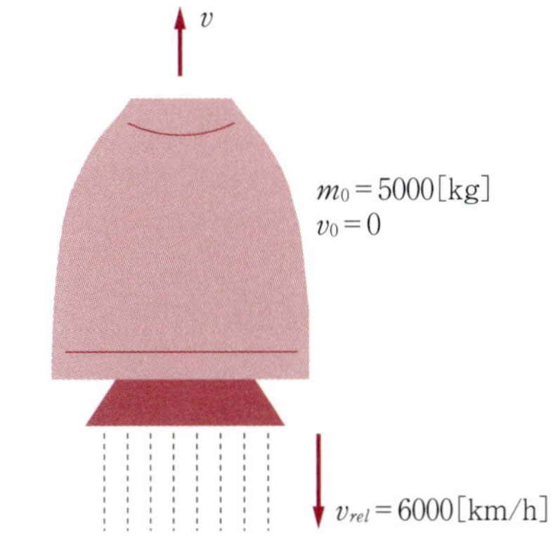

図 E7-7　イオンエンジンを搭載した宇宙機

［9］ある車が，10 秒間に A 点における 50km/h の速度から B 点における 100km/h まで，一様に速度を増す．道路の盛り上がり部 A における道路の曲率半径は 40m である．車の重心における全加速度の大きさは A と B で同じであるとするとき，道路の窪み部 B における曲率半径 ρ_B を計算せよ．車の重心は路面から 0.6m 上にある．

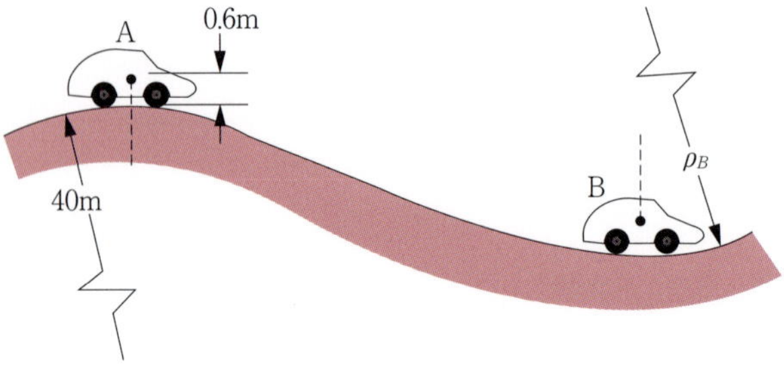

図 E7-8

［10］図に示されたカーブを曲がるときに，2.0m/s^2 の一定の割合で速度を増している車 C がある．この車の全加速度の大きさは，曲率半径が 300m の点 A において 3.0m/s^2 であるとして，この点における車の速度 v を求めよ．

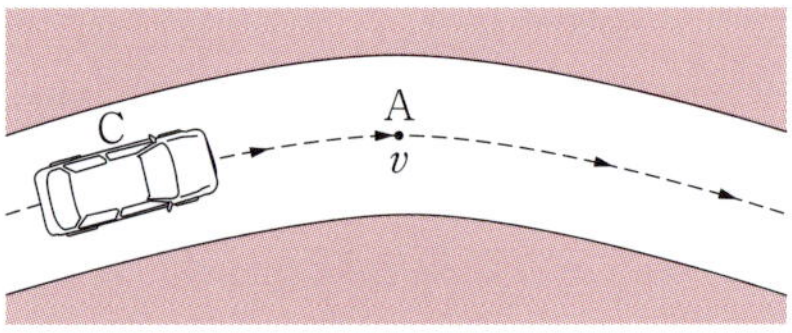

図 E7-9

第8章

動力学の基本法則

OVERVIEW

前章では，外力を考慮しないで運動している物体の変位，速度，加速度など，いわば幾何学的な関係である運動学について説明した．

本章では物体に作用する外力を考えて物体の運動として変位，速度，加速度を論じる，いわゆる動力学のより所となる**動力学の基本法則**（fudamental laws of dynamics）と呼ばれる，いくつかの法則を説明する．本書で取り扱う力学は古典力学あるいはニュートン力学と呼ばれる力学である．その基本となる法則がニュートンの三つの法則である．本書ではまずニュートンの三つの法則の説明をした後，もう一つの基本法則と考えられるダランベールの原理について説明する．最後の限られた紙面でその他の基本法則について簡単に紹介する．

ジャン・ル・ロン・ダランベール
（Jean Le Rond d'Alembert）
1717 年～1783 年，フランス

- 数学者，物理学者，哲学者，百科全書派知識人の中心
- 「動力学論」(1743)，流体のつりあいと運動論
- ダランベールの原理
- ディドロと「百科全書」編集

8.1 ニュートンの運動の三法則

8.1.1 ◆ ニュートンの運動の三法則と万有引力の法則の紹介

力を物体の運動状態を変化させる唯一の原因と考えることは，力の概念のところで少しふれたが，古来より多くの人々の関心と論争の的となっていた．人が石を投げるとき筋肉の収縮による力の感覚はあるが，それが石の運動変化の唯一の原因と即座に断定するのは難しい．実際に石の運動には重力，空気の抵抗力など，他の力も作用している．物体の運動状態を変化させる唯一の原因，作用は力であると明確に示したのはニュートン（Issac Newton 1642 年-1727 年）であり，今日で言う**動力学**（dynamics）の誕生の第 1 歩であった．しかしながらニュートンの運動の法則は，天才のひらめきにより突然に考えられたものではなく，ブラーエ（T. Brahe, 1546 年-1601 年），ケプラー（J. Kepler, 1571 年-1630 年）の天体観測や数学的解析，ガリレイ（G. Galilei, 1564 年-1642 年）の天体観測，地上の物体の実験，数学的解析などの先人の業績を土台に考えられたものである．

ニュートンはその有名な著書，略称**“プリンキピア”**（*Philosophiae naturalis Principia Mathematica*,『自然哲学の数学的原理』初版 1687 年）[(4)] において今日一般に**運動の三法則**（Three laws of motion）や**万有引力の法則**（Laws of universal gravitation）に関しての記述をしている．現代では，プリンキピアの記述のそのままでなく次のような形で教科書等に記述されていることが多い．

《ニュートンの運動の三法則》[(注 1)]

第 1 法則…あらゆる物体は，それに加えられた力によってその状態を変えない限り，静止または一直線上の等速運動を示す．

第 2 法則…運動（後述の運動量）の時間的変化は，加えられた力に比例し，力を加えられた直線の方向に生じる[(注 2)]．

第 3 法則…作用には常に，それに大きさが等しく方向が反対な反作用が伴っている．すなわち二つの物体の相互作用は常にお互いに等しく向き合う．

ニュートンの他の一つの業績で，**万有引力の法則**（law of universal gravity）として知られている法則も次に示しておこう．この法則の記述も今日風の表現を用いている．

《ニュートンの万有引力の法則》

（1） 二つの物体にお互いにおよぼし合う引力は，それぞれの物体の中心に向かっている．

（2） 引力の大きさは，中心からの距離の二乗に反比例する．

（3） 引力の大きさは，物体の質量の大きさに比例する．

これらを式で示すと，r の距離にある二つの質点 M，m の間には

$$F = G\frac{Mm}{r^2} \tag{8.1}$$

（注 1） 運動の**公理**（axioms）とも言われる．

（注 2） さらに今日的な表現では，運動の時間的変化→運動量の時間的変化，となる．

で示されるお互いに引き合う力，すなわち引力が存在する．

ここに G は万有引力定数で

$$G = 6.670 \times 10^{-11}\ [\mathrm{N \cdot m^2/kg^2}]$$

である．

8.1.2 ◆ ニュートンの三法則の内容

ここでは上記のニュートンの三法則の内容について，いろいろな観点からながめてみよう．

①　ニュートンの三法則の順序

ニュートンの三法則は，第一，第二，第三という順序付けがなされている．つまり第一法則の成立が上位で，その下で第二法則の成立，最後に第三法則の成立という順序になっている．

いま図 8.1 のように質点 m が外力 F を受けて運動している状態を考える．空間に固定した座標系 O-x-y を取り変位を x とする．このとき，第二法則をこの系に適用して，いわゆる運動方程式を立てると次のようになる．

$$\frac{d}{dt}(mv) = \frac{d}{dt}\left(m\frac{dx}{dt}\right) = \frac{d}{dt}(m\dot{x})^{(\text{注}3)} \tag{8.2}$$

m が時間に対して変化しなければ

$$m\dot{v} = m\ddot{x} = F \tag{8.3}$$

の形に書ける．加えられた力を 0 にすれば

$$m\dot{v} = m\ddot{x} = 0 \tag{8.4}$$

となる．m は 0 ではないので式（8.3）から容易に

$$\dot{v} = 0 \quad \rightarrow \quad v = v_0 = const \tag{8.5}$$

すなわち等速度 v_0 であることが導かれ，静止はその特殊な場合で $v_0 = 0$ である．したがって第一法則の内容を第二法則から導くことができた．それならば第一法則は不要で第二法則さえあればよいのであろうか．

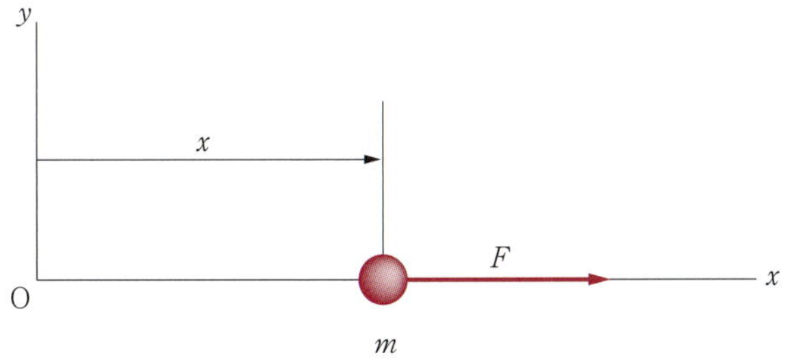

図 8.1　力 F を受ける質点

（注３）第７章から速度 $v = \frac{dx}{dt} = \dot{x}$　加速度 $a = \frac{dv}{dt} = \dot{v} = \ddot{x}$ で与えられる．

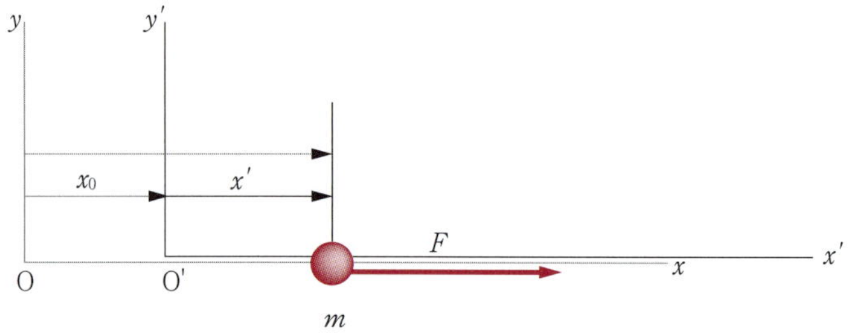

図 8.2　固定座標系 O-xy と移動座標系 O'-x'y

そこで今度は，図 8.2 のように同じ系に対して先ほどの固定座標とは別の原点が移動する移動座標 O'-x'y' を取り，座標 O'-x'y' の原点 O の固定座標からはかった変位を x_0，質点 m の O'-x'y' 座標における変位を x' とすれば，幾何的な関係から

$$x = x_0 + x' \tag{8.6}$$

が成立する．式（8.6）を先の運動方程式（8.3）に代入すると

$$m\,(\ddot{x}_0 + \ddot{x}') = F$$

となり，変形すると

$$m\ddot{x}' = F - m\ddot{x}_0 = F + (-m\ddot{x}_0) \tag{8.7}$$

が成立する．ところで移動座標系 O'-x'y の上では質点に実際に作用する力は外力 F のみであるので，ニュートンの運動の第二法則が成立すれば

$$m\ddot{x}' = F \tag{8.8}$$

となるはずである．しかし式（8.6）を見ると F の他に力の項に第 2 項，$-m\ddot{x}_0$ が加わっている．したがって移動座標 O-x'-y' の上では，ニュートンの運動の第二法則が成立しないことがわかる．さらに $\dot{x}_0 = const$，すなわち移動座標系が静止または等速運動をしていれば，$-m\ddot{x}_0 = 0$ となるので式（8.6）の第 2 項が消滅して運動方程式（8.8）が成立していることになる．このことは何を意味しているのであろうか．

第一法則は，第二法則の運動方程式が成立する座標系の要請と解釈できる．すなわち静止または等速運動をしている座標系の上のみで第二法則が成立することを示している．このような座標系は**慣性系**（inertial system）あるいは**ガリレオ系**（Galileo's system）と呼ばれている．

②　慣性系以外の座標系と見かけの力

前掲の図 8.2 で一定の速度 v_0 で移動する座標系，あるいは静止している座標系は慣性系と呼ばれ，ニュートンの第二法則が成立することを学んだ．また一定でない速度 v_0 で移動する座標系では，もはやニュートンの第二法則が成立しないことも学んだ．そこで一定以外の速度で移動する座標系の上での関係式（8.6）を再度，吟味してみよう．式（8.6）の第 2 項 $-m\ddot{x}_0$ の項を見かけ上，一つの力と見なし $F_I = -m\ddot{x}_0$ と書けば，式（8.7）は次式のようになる．

$$m\ddot{x}' = F + F_I \tag{8.9}$$

すなわち F_1 も外力の仲間に加えれば式（8.7）は見かけ上，ニュートンの第二法則が成立している．この見かけ上，外力と見なした力を**見かけ上の力**（apparent force）と呼ぶ．しかしながら，いま勝手に式（8.6）の第２項を外力の一種である力と見なしたのであるが，この力の実態は何かという疑問が残るであろう．この力は実は次節 8.2 の**ダランベールの原理**（d'Alembert's Principle）のところで登場する**慣性力**であることをここでは単に紹介するに留める．前章の 7.3.3 では，図 7.15 に示すような一般的に原点が $\boldsymbol{v}_0$ の速度で並進運動し，しかも角速度ベクトル $\boldsymbol{\omega}_0$ で回転する座標系上の加速度の関係式（7.55）

$$\boldsymbol{a}=\boldsymbol{a}_T+\boldsymbol{a}_C+\boldsymbol{a}_R \tag{8.10}$$

を示した．ここに $\boldsymbol{a}$，$\boldsymbol{a}_T$，$\boldsymbol{a}_C$，$\boldsymbol{a}_R$ は次式で与えられる量である．

$\boldsymbol{a}$：絶対加速度，$\boldsymbol{a}_T$：運搬加速度，$\boldsymbol{a}_C$：コリオリ加速度，$\boldsymbol{a}_R$：相対加速度

このような座標系上に外力 $\boldsymbol{F}$ が作用する質点 m を考えれば，絶対座標系（ここでは静止座標系）においてはニュートンの第二法則が成立するので

$$m\boldsymbol{a}=m(\boldsymbol{a}_T+\boldsymbol{a}_C+\boldsymbol{a}_R)=\boldsymbol{F} \tag{8.11}$$

となる．この移動座標系上では外力および生ずる加速度は $\boldsymbol{F}$ と $\boldsymbol{a}_R$ のみである．式（8.11）を次式のように変形する．

$$m\boldsymbol{a}_R=\boldsymbol{F}+(-m\boldsymbol{a}_T)+(-m\boldsymbol{a}_C) \tag{8.12}$$

ここでも上式の第２項，第３項を見かけの力

$$\boldsymbol{F}_T=-m\boldsymbol{a}_T,\quad \boldsymbol{F}_C=-m\boldsymbol{a}_C \tag{8.13}$$

として考え，外力の仲間と見なせば，式（8.11）はニュートンの第二法則が見かけ上，成立しているものと考えられる．式（8.12）の第１項は**運搬力**（force of transportation），第２項は**コリオリ力**（Corioli's force）と呼ばれ，これも実態はダランベールの原理の慣性力の一種である．

したがって並進と回転運動を伴う一般的な座標系は慣性系ではないが，上記のように見かけの力の考え方を導入すれば，ニュートンの第二法則が成立しているとみなせることは注意すべきである．

③　慣性座標系の近似の精度

地球上の物体の運動を考えるとき，あるいは人工衛星の運動を考えるとき，地球は自転をし，かつ公転もしているので，厳密に言えば地球に固定した座標系は運動座標系で，慣性系あるいは絶対座標系ではない．地球を慣性座標系と見なす際の精度については，ここでは概略しか述べないが，二つの天体（質点）間の運動（二体問題と呼ばれる）を基に考察することができる．

いま図 8.3 に示すような二つの質点 m_1，m_2 を考え，これらの質点にはお互いに引き合う万有引力のみが作用し，他の力は作用しないものと考える．このとき適当に選んだ慣性系 O-xyz において m_1，m_2 の位置ベクトルをそれぞれ $\boldsymbol{r}_1$，$\boldsymbol{r}_2$ とすれば，二つの質点に対して下記の運動方程式が成立する．

$$m_1\ddot{\boldsymbol{r}}_1=\boldsymbol{F},\qquad m_2\ddot{\boldsymbol{r}}_2=-\boldsymbol{F} \tag{8.14, 15}$$

これらの二つの式から

$$\ddot{\boldsymbol{r}}_2-\ddot{\boldsymbol{r}}_1=\ddot{\boldsymbol{r}}_{12}=-\left(\frac{1}{m_1}+\frac{1}{m_2}\right)\boldsymbol{F}=-\frac{m_1+m_2}{m_1m_2}\boldsymbol{F} \quad (8.16)$$

が成立する．ここに $\boldsymbol{F}$ は万有引力である．式（8.16）の左辺を相対変位 $\boldsymbol{r}_{12}$ の時間の２階微分である相対加速度 $\ddot{\boldsymbol{r}}_{12}$ を用いて表し，右辺の $\boldsymbol{F}$ の係数 $(m_1+m_2)/(m_1m_2)$ を右辺に移動すれば

$$m_{12}\ddot{\boldsymbol{r}}_{12}=-\boldsymbol{F} \quad (8.17)$$

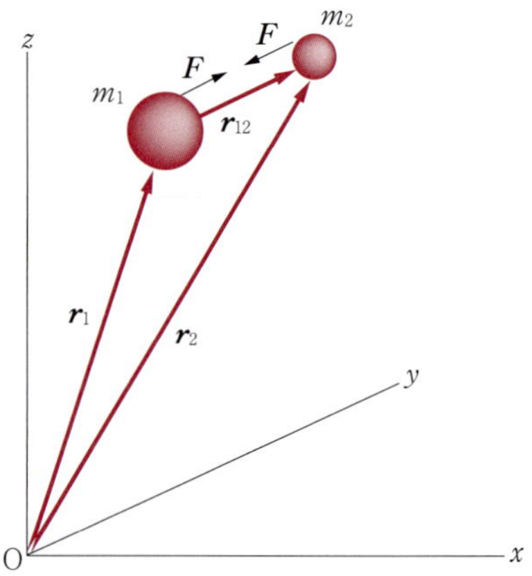

図 8.3　二つの質点の運動（２体問題）

となる．ここに $m_{12}=m_1m_2/(m_1+m_2)$ で，これは**換算質量**（reduced mass）と呼ばれる．式（8.17）は相対運動の運動方程式である．ここで質量 m_1 が質量 m_2 に対して非常に大きければ $m_2/m_1\approx 0$ となるので

$$m_{12}=-\frac{m_1m_2}{m_1+m_2}=\frac{m_2}{1+\dfrac{m_2}{m_1}}\approx m_2$$

となり，式（8.17）は

$$m_2\ddot{\boldsymbol{r}}_{12}=-\boldsymbol{F} \quad (8.18)$$

とかける．すなわち質量の大きい質点 m_1 に対する相対運動の方程式は式（8.18）のように近似される．例えば地球の質量を m_1，月の質量を m_2 とすれば $m_2=1.23\times10^{-2}m_1$ であるので

$$m_{12}=\frac{m_2}{1+\dfrac{m_2}{m_1}}=\frac{m_2}{1+1.23\times10^{-2}}=0.99m_2$$

となる．換算質量 m_{12} と m_2 の間には約 1％の誤差がある．したがってこの場合地球の重心に固定した座標系は相対運動の慣性系として 99％程度の近似精度がある．さらに月ではなく，地球上の月の質量よりもはるかに小さい物体である m_2 を考えれば $m_{12}\fallingdotseq m_2$ と見なしても十分な精度があり，したがって地球の重心に固定した座標系は慣性系と見なせることがわかる．

④　運動の第二法則の説明の補足（時間内に質量が変化する場合）

ニュートンが物体運動に対して明確な表現を与えた第二法則は，通常 $\boldsymbol{F}=m\boldsymbol{a}$（力＝質量×加速度）の形で書かれているが，今日風に第二法則を表現すると，ニュートンの言う，運動の変化とは**運動量**（momentum）（$=m\boldsymbol{v}$：質量×速度（ベクトル））であり，与えられた力とは**力積**（impulse）（$=\boldsymbol{F}\Delta t$：力（ベクトル）×作用時間）である．よって，

$$\Delta(m\boldsymbol{v})\propto\boldsymbol{F}\Delta t \quad (8.19)$$

となり，ここで比例定数が１となるように単位を与えれば

$$\Delta m\boldsymbol{v} = \boldsymbol{F}\Delta t \tag{8.20}$$

となる．式（8.20）は微分形では

$$\frac{d}{dt}(m\boldsymbol{v}) = \boldsymbol{F} \tag{8.21}$$

の形となる．質量の時間的変化がなければ

$$m\frac{d\boldsymbol{v}}{dt} = m\boldsymbol{a} = \boldsymbol{F} \tag{8.22}$$

の形になる．ロケットに見られるように時間的に質量が変化する場合には式（8.21）の表現を基にその影響を考える必要がある．

例えば，図 8.4 に示すような速度 v で水平に飛行しているロケットから，v より小さい速度 v_0 で質量が放出されているとき，そのときの放出に伴う力は

$$R = -\dot{m}(-v_0 - [-v]) = \dot{m}(v - v_0) = \dot{m}u \tag{8.23}$$

となる．ここで v，v_0 は静止座標における速度で，$u = v - v_0$ は，両速度の差を示す相対速度である．したがってロケットに働くすべての力を ΣF と記せば，系の運動方程式は

$$\Sigma F - R = m\dot{v} \tag{8.24}$$

となり，結局次の形の式を導くことができる．

$$\Sigma F = m\dot{v} + \dot{m}u \tag{8.25}$$

ここで式（8.25）の右辺の第 2 項は相対速度 u に関係し，右辺全体は

$$\frac{d}{dt}(mv) = m\dot{v} + \dot{m}v \tag{8.26}$$

とならないことに注意する必要がある．

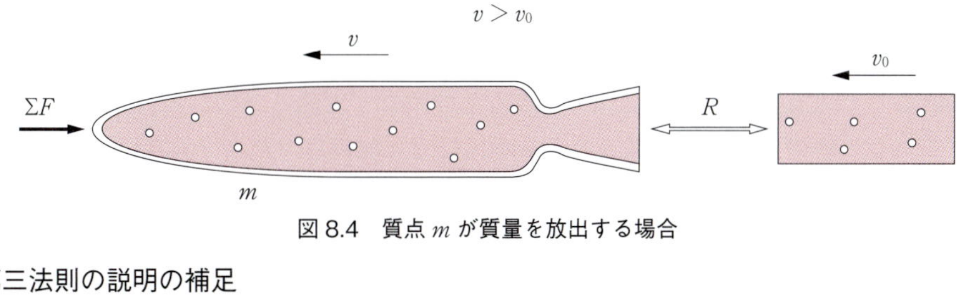

図 8.4　質点 m が質量を放出する場合

⑤　第三法則の説明の補足

第三法則は**作用・反作用の法則**（law of action and reaction）と略称されることも多い．ある物体が何かの力（作用）を受けた場合は，その力は他の物体との間の**相互作用**（mutual action）に起因する力である．したがって相互作用の力の一つを作用と呼べば他の一つの力は反作用と呼ぶべきものとなる．ここで第三法則について，下記の点を例とともに補足しておこう．

補足１：運動中の第三法則の成立

運動の第三法則は，力学系の静的な平衡状態においてのみ成立すると考えられがちであるが，運動中の力学系においても成立する．例えば図 8.5（a）に示すような床面にバネ定数 k のバネで支えられた質量 M の台 B の上に質量 m の物体 A が載っている系を考える．この系を同図（b）に示すように仮想的に質量 m の物体 A，台 B とバネを床の上から切り離した系で考えてみよう．質量 m の物体は地球からの引力を受け重力 $W_A = mg$ の力を受ける．また台 B から力 R_B を受ける．この R_B を第三法則で言うところの重力 W_A の作用する際の反作用としての反力と考えて良いのであろうか．静的な平衡状態では W と R_B の大きさは等しい．しかし台が上下方向に振動している場合はどうであろうか．それは誤りである．物体 A は，台からの力 R_B のみならず，慣性力 I_B も受けるので，W_A と R_B は一般的には等しくならない（注4）．

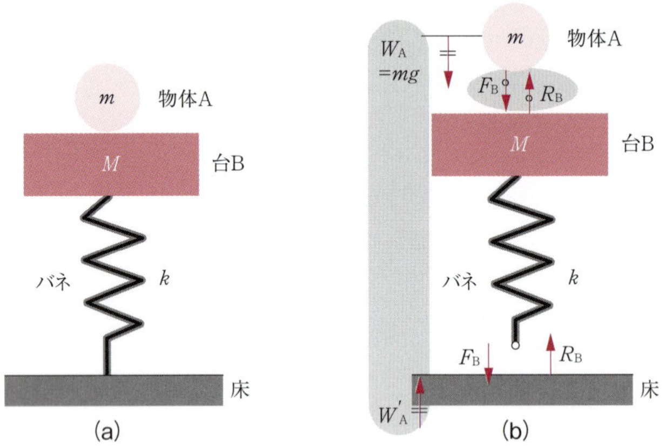

図 8.5　床にバネで支えられた台上の物体

補足２：連続体内部の第三法則の成立

図 8.5 の力系は，質点 A と台 B とバネが結合した別々の二つの系で構成され，作用・反作用を現実に分離している物体間で考えていた．しかし第三法則の成立は必ずしも別々の物体間のみに成立すると考える必要はない．

例えば図 8.6（a）のように壁に A 端が固定された棒の自由端 B を力 P で押す静的な問題を考える．棒の固定端 A には，第三法則で言う反作用としての反力 R_A が生じ，静的な状態で他に力が作用していなければ R_A は P と逆向きで大きさが等しい．さらに同図（b）のように棒の長手方向の任意の断面 C で仮想的に棒を切断してみる．切断された個々の棒の各部分は静的な平衡状態にあるので同図（b）に示すような力が存在するはずである．これらの断面の左右の断面に作用する二つの組の力 R_C，R_C' は，大きさが等しく反対向き（$R_C = -R_C' = -P$）であることがわかり，また断面 C で両方の力は平衡して（$R_C + R_C' = 0$）いることがわかる．よって棒に外部から作用する力，すなわち外力としては 0 である．この力の一方を作用と見なせば，他方の力は第三法則でいう反作用である．これらの力は仮想的な内部の断面 C 上で生ずる力であるので**内力**（internal force）（注5）と呼ばれる．力 P が棒の媒質を伝って仮想的な断面 C の場所で平衡

（注4）等加速度運動の場合は等しくなる．
（注5）棒状部材における図心で評価された内力は，**断面力**（stress resultant）とも呼ばれる．

を考えた際に内部に生ずる力である．

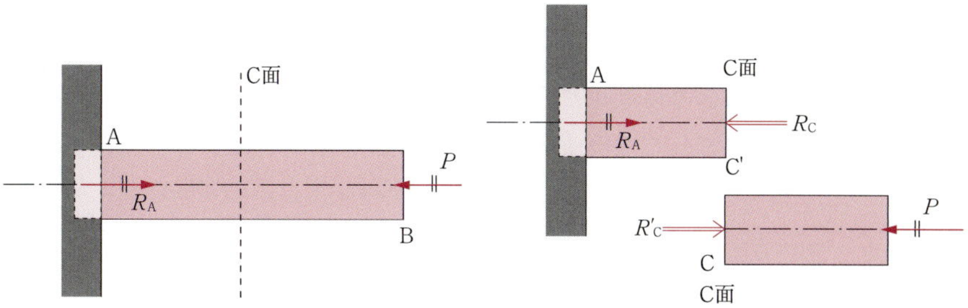

(a)　圧縮を受ける棒　　(b)　仮想断面C上の力

図 8.6　棒の内部の仮想断面における作用・反作用

8.2 ダランベールの原理

図 8.7 に示すように質点に作用する力を $\boldsymbol{F}$，三次元座標の原点から質点を結ぶ位置ベクトルを $\boldsymbol{r}$ とすれば，前述の 8.1 節で説明したニュートンの第二法則から，運動を記述する運動方程式は質量が一定ならば

$$\boldsymbol{F}=m\frac{d^2\boldsymbol{r}}{dt^2}=m\ddot{\boldsymbol{r}}=m\boldsymbol{a} \tag{8.27}$$

となる．ここで $\boldsymbol{a}=\ddot{\boldsymbol{r}}$ は加速度ベクトルである．上式の右辺を左辺に移動すると

$$\boldsymbol{F}-m\boldsymbol{a}=\boldsymbol{O} \tag{8.28}$$

となる．式 (8.28) の第 2 項を符号も含めて $\boldsymbol{F}_I=-m\boldsymbol{a}$ と置けば，式 (8.28) は下記のようになる．

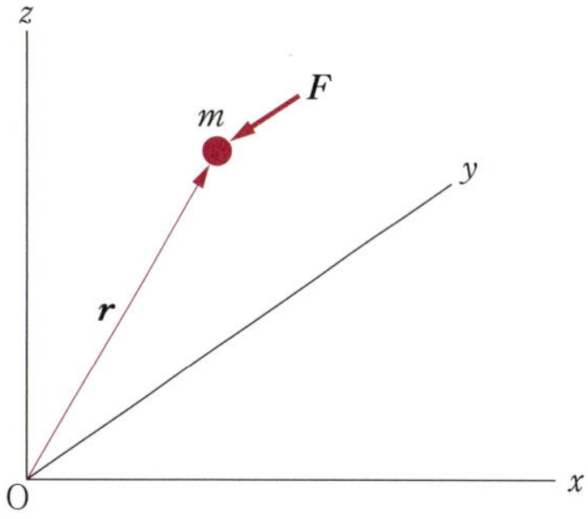

図 8.7

$$\boldsymbol{F}+\boldsymbol{F}_I=\boldsymbol{O} \tag{8.29}$$

この $\boldsymbol{F}_I$ を慣性力（inertia force）として一つの力として考えれば，式 (8.29) は，外力 $\boldsymbol{F}$ と慣性力 $\boldsymbol{F}_I$ との平衡式（つりあい式），つまり動的平衡条件式と考えることができる．すなわち本来は動力学の問題である質点の運動を，見かけ上，静力学の平衡問題として扱うことができることを示している．静力学的平衡は，第 I 編の第 6 章で示されたようにベクトルの演算として扱うことができ，いわば幾何学的な問題に還元される．式 (8.28) は，式 (8.27) の単なる右辺の移項の結果の式に過ぎないが，こうして式 (8.29) を力の平衡条件式として解釈すると，大きな発想の転換であることもわかる．すなわち動力学の静力学化，つまり幾何学化という大きな発想に至ることがわかる．上記を要約すれば

“物体に作用する力系は，慣性力をも考慮すれば平衡状態にある”

という形になる．このような考え方は，一般には発想者，ダランベール（d'Alembert, 1717 年–1783 年，仏）の名を冠してダランベールの原理（d'Alembert's Principle）と呼ばれている．しかし実際にダランベールが示したのはもう少し広い概念である，拘束を受ける質点の運動に関係する原理である．拘束を受ける質点に外力（作用力）が加わった場合に拘束力の影響で実際の運動は一般には作用力の方向にはならず，別の方向になる．ダランベールはその著書**『動力学概論』**（1743）の中で，作用力を運動方向とそれに直角な方向の二つに分解し，前者を有効力，後者を無効力と考え，“作用力と有効力の逆向きの力からなる系は平衡する”あるいは“損失力の系は平衡する”とする考えを示した．すなわち，拘束のある質点系の運動に関する平衡について，広い概念で拘束が無ければ，あるいは拘束力も外力の一つとして算入すれば，式（8.29）の形になる．ちなみにダランベールの原理を動力学の静力学化と言ったのは弟子のラグランジュである．

さて，ここで天下り的に質量と加速度の積に負の符号を付けた

$$\boldsymbol{F}_I = -m\boldsymbol{a} \tag{8.30}$$

を慣性力と称して，一つの力と考えるとしたが，この力は実態があるのか，あるいは我々が力として認識できるのかという疑問を持つ読者も多いと思う．式（8.30）の力 $\boldsymbol{F}_I$ は，加速度に負の符号が付いているので加速度とはベクトル的に反対向きの力である．したがって式（8.30）は慣性力と呼ばれる以外に多少ニュアンスが異なるが，**慣性抵抗**（inertia resistance）あるいは**動的反力**（dynamic reaction）とも呼ばれる．この慣性力の実態を調べるために，再び本章の冒頭で取り扱った図 8.1 の質点系の問題を考えてみよう．移動座標系 O'-$x'y'$ 上では次の式（8.7）が成立した．

$$m\ddot{x}' = F + (-m\ddot{x}_0)$$

この式の第２項はダランベールの原理でいう O'-$x'y'$ 座標系の運動に伴う慣性力と見なすことができる．すなわち我々が移動座標系 O'-$x'y'$ の上に乗っているとすれば，質点には実際に作用する外力 $\boldsymbol{F}$ とみかけの力である慣性力 $\boldsymbol{F}_I$ があたかも作用しているように実感できる．さらに慣性力を実感できる身近な例を二つ挙げることにする．その一つはエレベータの例である．

図 8.8 に示すように加速度 $\ddot{y}_0$ で上昇するエレベータ内の人には，下方に押し付けられる力

$$\boldsymbol{F}_I = -m\ddot{y}_0$$

を受ける．この力は移動するエレベータに固定した座標系の運動に伴う慣性力である．この力が大きいと，つまり上昇加速度が大きいと胃袋が下方に押し付けられて気分が悪くなることは多くの人が体験していると思う．この力が日常生活の中で実感できる一つの慣性力である．高速度で上昇するロケット内の宇宙飛行士が受ける力もこの慣性力で，上昇の加速度が重力加速度の数倍になり，大きな慣性力を受ける．そのために宇宙飛行士にはそれに耐えられるような体力と気力が要求される．

次の例としては，図 8.9 に示すようなカーブのコーナーを曲がる際に車のドライバーが受ける慣性力の例である．図 8.9 に示すようにカーブの曲率半径を R とすれば，運転手は第７章の式（7.13）（7.14）に示すように進行方向の接線方向とその直交方向，すなわち中心に向かう半径方向（求心方向）にそれぞれ a_t, a_n の下記に示される加速度を受ける．

$$a_t = R\ddot{\theta}\ \text{（接線方向）},\quad a_n = R\dot{\theta}^2\ \text{（半径方向，求心方向）} \tag{8.31}$$

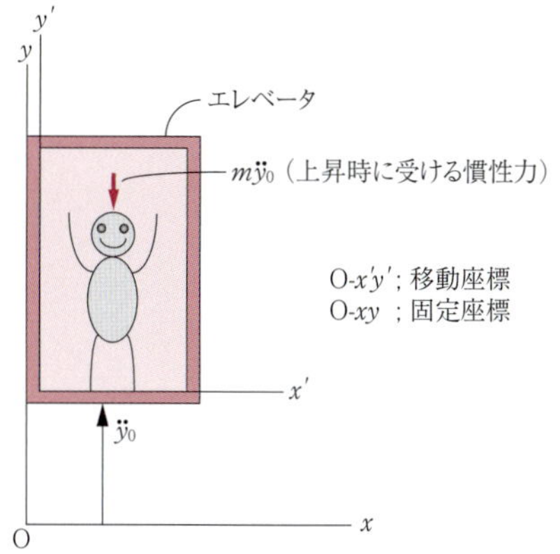

図 8.8　上昇するエレベータ内で人が受ける慣性力

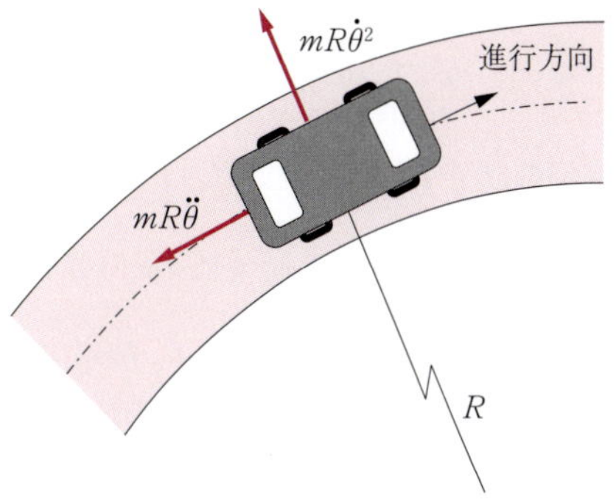

図 8.9　車のドライバーがコーナーで受ける慣性力

また，車に乗っているドライバーには，車と人の合計の質量を m とすれば，この加速度と反対方向，すなわち次の二種類の慣性力を受ける．

$$F_t = -mR\ddot{\theta}\ （接線方向力），\quad F_n = -mR\dot{\theta}^2\ （半径方向力，遠心力） \tag{8.32}$$

前者はドライバーに進行方向とは逆の，つまりブレーキがかかったような力として実感され，後者は半径方向に中心から遠ざかる方向に生ずる遠心力として実感される．実際に F1 ドライバーはコーナリングの際に重力加速度の数倍の加速度によって生ずる大きな遠心力を受け，それに耐える身体能力を持っている[注6]．

8.3 その他の動力学の基本法則

動力学の基本法則と呼ばれるものには前述のニュートンの三法則，ダランベールの原理の他に以下のものが挙げられる

（a）仮想仕事の原理

（b）ラグラジュの運動方程式

（c）ハミルトンの原理

上記の（b），（c）に関しては割愛して，ここでは（a）の仮想仕事の原理について述べよう．

ダランベールの原理によれば外力 $\boldsymbol{F}$ の作用する質点の運動は，その動的な平衡条件式

$$\boldsymbol{F} - m\ddot{\boldsymbol{r}} = \boldsymbol{O} \tag{8.33}$$

で表される．ここで，動的な平衡条件式を満足する系において拘束条件を満足するような任意の変位，すなわち仮想変位（virtual displacement）$\delta \boldsymbol{r}$ を与える．この仮想変位に関する仕事，すなわち仮想仕事（virtual work）を δW とする仮想仕事の原理（principle of virtual work）は，

（注6）実際にはコースのカーブには傾斜（バンク）が付けてあるので運転手には左右のみならず上下の慣性力を受ける．

この仮想仕事 δW は 0 となることを示す原理である．

式で記せば以下のようになる．

$$\delta W = (\boldsymbol{F} - m\ddot{\boldsymbol{r}})\cdot\delta\boldsymbol{r} = \boldsymbol{F}\cdot\delta\boldsymbol{r} - m\ddot{\boldsymbol{r}}\cdot\delta\boldsymbol{r} = 0 \tag{8.34}$$

力，変位の成分 $\boldsymbol{F} = (X, Y, Z)^T$，$\boldsymbol{r} = (x, y, z)^T$ で上式を表すと

$$\delta W = (X - m\ddot{x})\,\delta x + (Y - m\ddot{y})\,\delta y + (Z - m\ddot{z})\,\delta z = 0 \tag{8.35}$$

となる．多くの力 $\boldsymbol{F}_1$，$\boldsymbol{F}_2$，…，$\boldsymbol{F}_n$ が作用する場合も同様で

$$\delta W = \sum_{i=1}^{n}(X_i - m\ddot{x}_i)\,\delta x_i + \sum_{i=1}^{n}(Y_i - m\ddot{y}_i)\,\delta y_i + \sum_{i=1}^{n}(Z_i - m\ddot{z}_i)\,\delta Z_i = 0 \tag{8.36}$$

と書くことができる．仮想仕事はスカラー量であることに注意したい．

仮想仕事の定式化の例として図 8.10（a）に示すような θ の傾斜を持つ斜面上の質量 m の物体を最大摩擦係数 μ の斜面に沿って上方に押し上げる問題を考えてみよう．

物体に作用する力を全て記したフリーボディダイヤグラムは同図（b）のようになる．この物体を斜面に沿って上方 δS（拘束条件の斜面に沿う運動 δS）の仮想変位を与えると，仮想仕事は次のように書ける．ここに $|\boldsymbol{F}| = F$ である．

$$\delta W = F\cdot\delta S - mg\sin\theta\cdot\delta S + \mu mg\cos\theta\,\delta S = 0 \tag{8.37}$$

作用した力の仕事　　重力による仕事　　摩擦力による仕事

第 2 項・第 3 項を右辺へ移項すると

$$F\,\delta S = mg\sin\theta\cdot\delta S + \mu mg\cos\theta\cdot\delta S \tag{8.38}$$

式（8.38）より，上方への運動を可能にする条件 $F > mg\sin\theta + \mu mg\cos\theta$ である．式（8.38）は

$$\text{入力による仕事} = \text{有効仕事} + \text{摩擦力による仕事} \tag{8.39}$$

出力による仕事

とも解釈される．すなわち式（8.40）の右辺の第 1 項は出力の仕事とも考えられるので，下記の効率の式が考えられる．

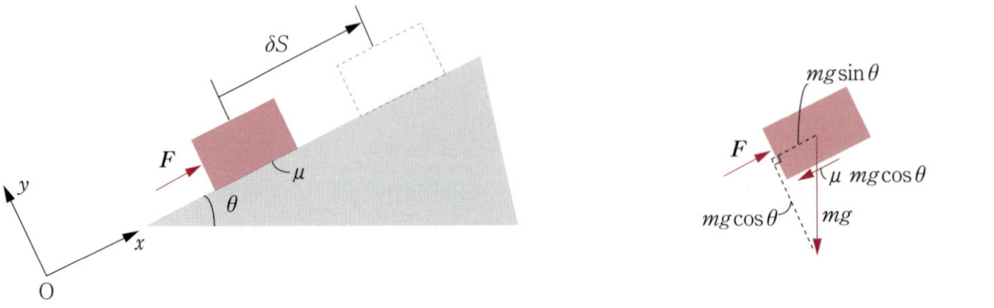

(a)　粗い斜面上の物体の押し上げ　　(b)　物体のフリーボディダイヤグラム

図 8.10　粗い斜面上の物体の押し上げ

$$効率\ \eta = \frac{出力による仕事}{入力による仕事} = \frac{有効仕事}{全仕事(有効仕事+摩擦力による仕事)}$$

したがって摩擦が無い理想的な機械の効率 η は $\eta=1$ であり，通常の機械では摩擦があるので $\eta<1$ となる．

第8章　演習問題

［1］野球選手が，速度を計測するレーダーガンに向かって水平に野球のボールを投げる．このボールの質量は 146g で，球の周囲は 232mm である．$x=0$ のときに $v_0=150$［km/h］とするとき，ボールの速度 v を x の関数として表現せよ．なお，ボールに働く水平方向の空気抵抗は $D=C_D\left(\frac{1}{2}\rho v^2\right)S$ で与えられると仮定せよ．ここで，C_D は抗力係数で，ρ は空気の密度，v はボールの速度，S はボールの断面積である．$C_D=0.3$ とする．

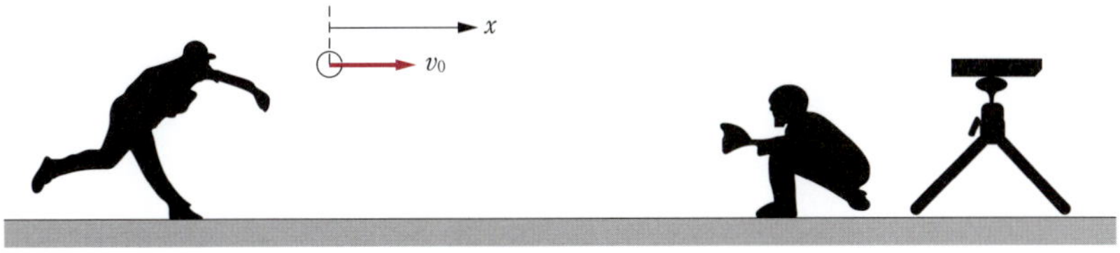

図 E8-1

［2］80kg のスキーのジャンパーが，離陸位置に近づいたときに 25m/s の速さに達するとすれば，彼が A 点に到達する直前に，雪が彼のスキーにおよぼす法線力の大きさ N を計算せよ．

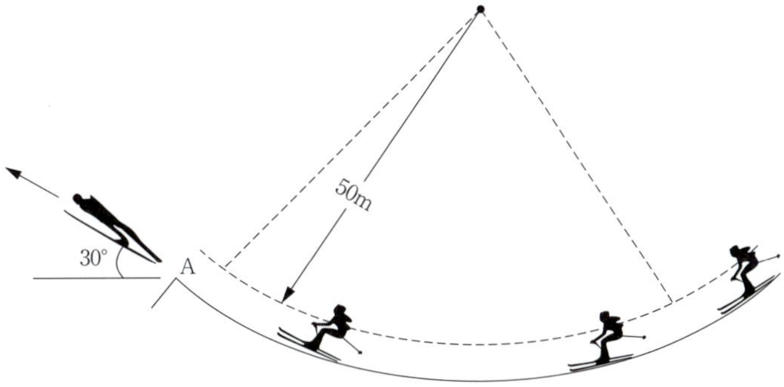

図 E8-2

［3］直径100mmの銅とチタンの二つの球体が宇宙空間の中に置かれている．球体間の距離が (a)$d=2$[m] と (b)$d=4$[m] のそれぞれの場合において，銅の球体がチタンの球体におよぼす引力 $\boldsymbol{F}$ を求めよ．なお，銅，チタンの密度はそれぞれ8.94g/cm^3，4.51g/cm^3 とする．

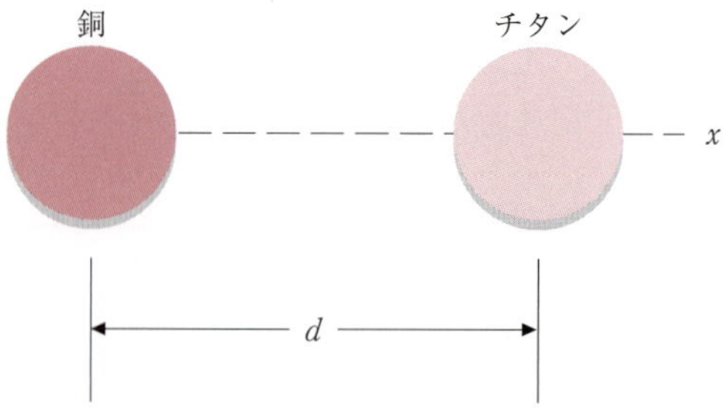

図 E8-3

［4］質量 M の船が速度 v で進むとき水の抵抗 $f=av+bv^2$（a，b は定数）を受けるとする．速度 v_0 のときエンジンを止めれば，それからどれだけ進んで止まるか．

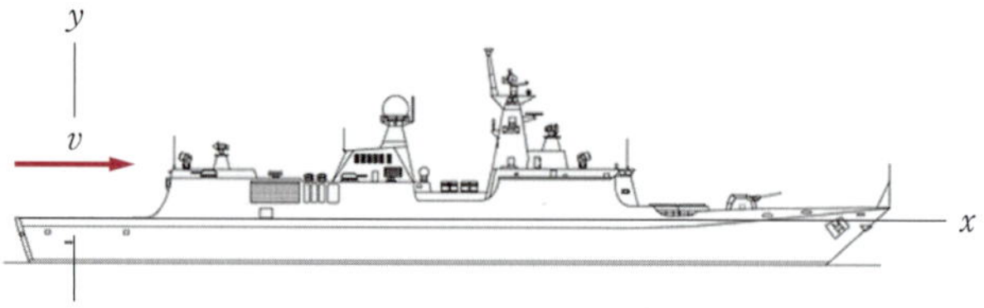

図 E8-4

［5］静かに乗れば人の体重 m の2倍の重量にたえるブランコに乗ってこぐとき，鎖が切れない範囲の最大振幅を求めよ．

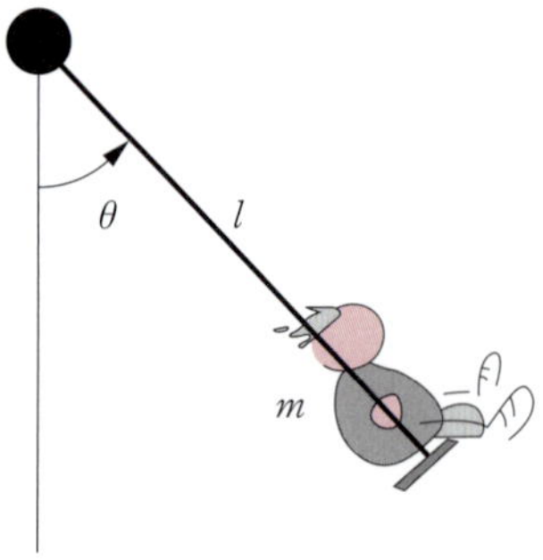

図 E8-5

［6］図に示された系において，ワイヤがぴんと張られた静止状態から放たれる．静摩擦係数を $\mu_s=0.25$，動摩擦係数を $\mu_k=0.20$ とするとき，それぞれの物体の加速度とケーブルの張力 T を求めよ．滑車のわずかな質量と摩擦は無視できるとせよ．

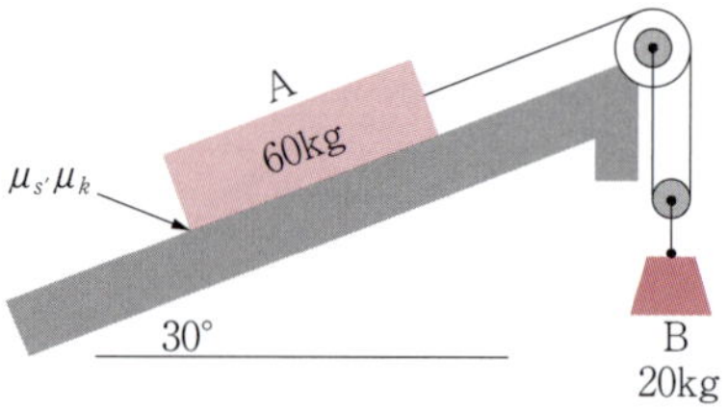

図 E8-6

［7］長さ l，おもりの質量 m の単振子の支点が，ばね定数 k の軽いばねによって水平に左右に働き得る場合，微小振動の周期を求めよ．

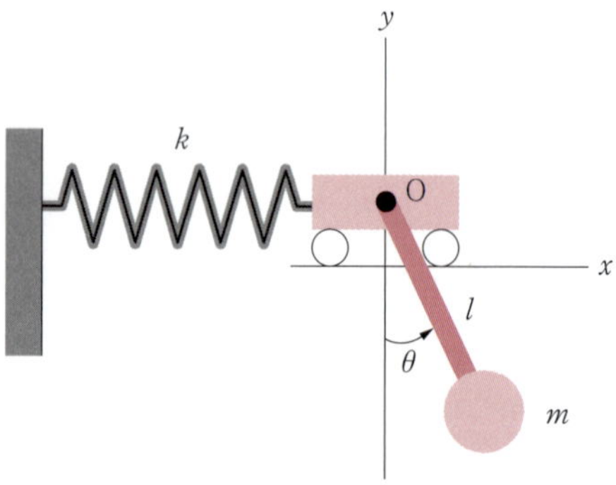

図 E8-7

［8］トラックの平らな荷台とそれに積まれている木箱の間の静止摩擦係数は 0.30 である．このトラックが 70km/h の速度から一定の減速度で減速するとき，木箱が前方に滑らないようにするための最小の制動距離 s を求めよ．

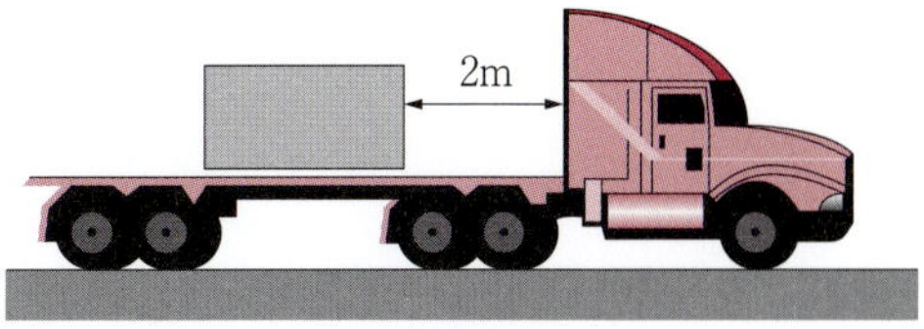

図 E8-8

［9］あるロケットの垂直打ち上げの瞬間において，ロケットは 220kg/s の割合で燃焼ガスを噴出し，その噴出速度は 820m/s である．初期垂直加速度を $6.80\,\mathrm{m/s^2}$ として，打ち上げ時におけるロケットの燃料の全質量を計算せよ．

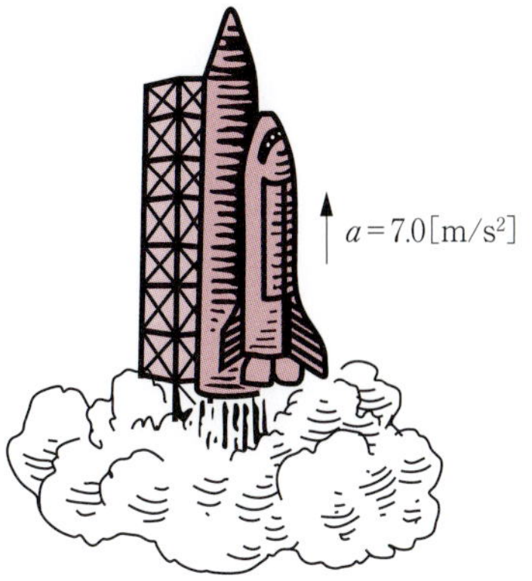

図 E8-9

［10］道路を清掃するタンク車は，そのタンクを一杯にしたときに 9.06 トンの全質量がある．散水を始めると，1 秒間あたり 36.2kg の水がノズルからトラックに対して 25m/s の相対速度で 30° の方向に噴出する．このトラックが水平な道路を動き始めるときの加速度を $0.610\,\mathrm{m/s^2}$ とするとき，(a) 散水をする場合と (b) 散水をしない場合について，タイヤと道路の間で必要なけん引力 P を求めよ．

図 E8-10

第 9 章

質点の運動の解析

OVERVIEW

前章では動力学の基本法則であるニュートンの三つの法則やダランベールの原理等を述べた．本章では，質点系の動力学のいろいろな例題の解をニュートンの法則やダランベールの原理を用いて求める過程を示し，読者に動力学の解析に関する理解を深めてもらうことに主眼をおく．

特に質点の直線に沿う運動，曲線に沿う運動，多質点系の運動などの解析に力点を置き，例題を示しながら説明を行う．

ヨハネス・ケプラー(Johannes Kepler)
1571 年～1630 年，ドイツ

・天文学者，数学者，自然哲学者
・ケプラーの法則，天体物理学
・ケプラーの予想，物理モデルの提示
・ケプラーの多面体，ハレー彗星の観察

9.1 質点の概念と自由度

質点（particle）は，幾何学でいう大きさのない空間上の点に，物理的に質量が集中した理想的な概念である．しかし多くの物体の運動，例えば自動車，ロケット衛星，飛行機あるいは星などの運動でも，巨視的にとらえると質点の運動と見なすことができる．質点はこのように物体を最も簡単にモデル化した概念とも言えよう．図 9.1 に示すように質点は三次元空間内では三つの方向の並進変位が可能で 3 自由度を有する．

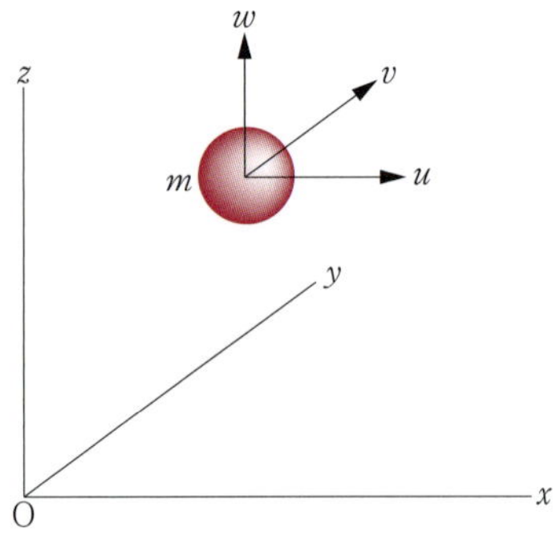

図 9.1　質点とその自由度

9.2 質点の運動の解析

質点の運動を解析するには，質点に作用する外力を全て描き出す，いわゆるフリーボディダイヤグラムをまず描き，それに基づき第 8 章で学んだ動力学の基本法則を用いて解析を行う．その基本法則の中核をなすものは，ニュートンの第二法則の運動方程式やダランベールの原理に基づく平衡条件式である．またその際の変位，速度，加速度に関しての表現は，第 7 章で学んだ運動学の知識を活用することになる．質点の一般的な運動を解析する際には，直線に沿う運動と曲線に沿う運動の二つに分けて考えると便利である．そこで，以下にはこの二つに分けた形で例題とともに質点の運動の解析を行ってみよう．

9.3 直線に沿う質点の運動の解析

例題 9.1　100m の短距離走者の問題

100m 走の短距離走者がスタートしてから一定の加速度で加速して 2 秒後に最高速度に達し，その後その速度を保ちながらゴールして 11.05 秒の記録を得た．このときの最高速度 $v_{\max}$ を求めよ．

【解答】　距離 x と速度 v の間の関係は

$$x=\int_0^t v(x)\,dt+x_0 \tag{9.1}$$

となる．11.05 秒後に 100m の距離になり，しかも初期変位 $x_0=0$ と考えられるので，最高速度 $v_{\max}$ は図の 9.2(b) に示す台形の面積が距離 100m に相当し，

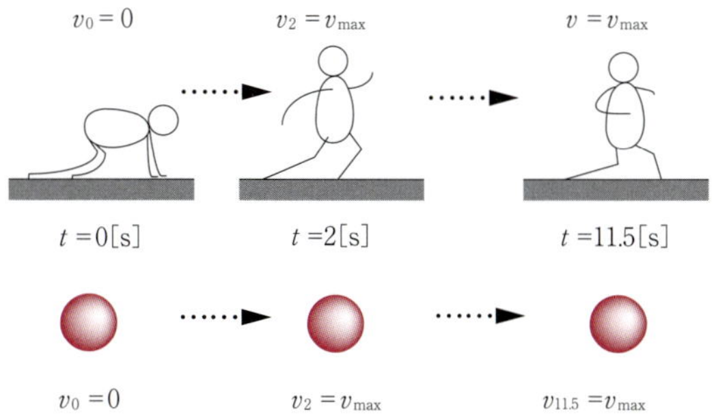

(a)　短距離走者のモデル化

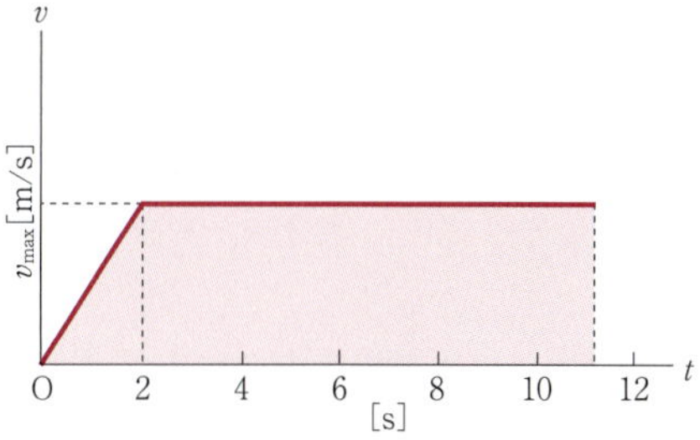

(b)　短距離走者の速度

図 9.2　短距離走者のモデル化と速度

$$100=\int_0^{11.05} v(x)\,dt=\left\{\frac{1}{2}\times 2+(11.05-2)\right\}\times v_{max} \qquad \therefore v_{max}=\frac{100}{10.05}=9.95[\mathrm{m/s}]$$

と簡単に求めることができる．

例題 9.2　粗い斜面上の物体の落下運動

図 9.3（a）に示すような傾斜角 θ の斜面上に，質量 m の物体がある．このとき物体の滑り落ちる加速度を求めよ．

(a)　粗い斜面上を落下する物体

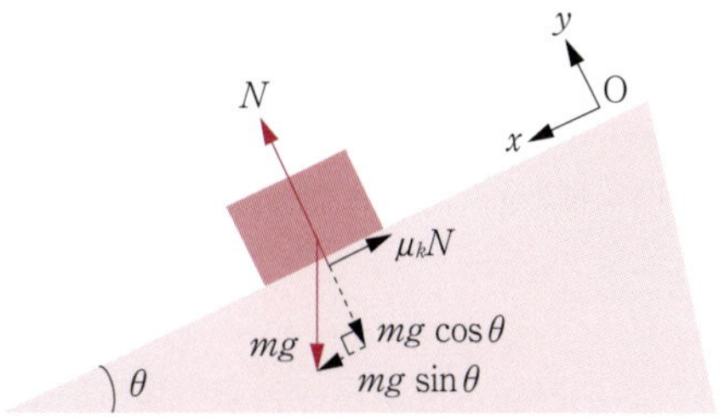

(b)　物体のフリーボディダイヤグラム

図 9.3　粗い斜面上を落下する物体

【解答】　物体に作用する力をフリーボディダイヤグラムとして示せば，同図（b）のようになる．ここに N は垂直抗力，$\mu_k N$ は物体が斜面上を滑りながら落下するときの摩擦力で，μ_k は動摩擦係数（第５章参照）を示す．ここで，この運動を表現するのに便利なように，斜面に沿った直交座標系を O-xy を取り，斜面下方を正となるように x 軸を取る．

図 9.3（b）のフリーボディダイヤグラムを参照してニュートンの第二法則を用いて運動方程式を x，y 方向に立てれば次式のようになる．

$$\begin{cases}(x\text{ 方向}) & mg\sin\theta-\mu_k N=m\ddot{x}\\ (y\text{ 方向}) & -mg\cos\theta+N=m\ddot{y}=0\end{cases} \tag{9.2}$$

この二つの式から N を消去して $\ddot{x}$ について整理すると

$$\ddot{x}=g(\sin\theta-\mu_k\cos\theta) \tag{9.3}$$

となる．式（9.3）の括弧内は1より小さく，したがって斜面を落下する際の加速度はgより小さくなる．ここで少しこの結果を考察してみよう．式（9.3）の右辺の括弧内の第2項が第1項より大きくなったと仮定してみよう．このとき括弧内は負になり，加速度$\ddot{x}$は負，すなわち斜面を昇る方向に生じ，物体は斜面を上ることを表す．しかしながら物体が斜面を上るとした場合には，右辺の括弧内の第2項，すなわち摩擦力の方向は下方になり，実際には物体は斜面を上らない．

例題 9.3　バネで鉛直方向に支持された質点の運動

図 9.4（a）に示すようにバネ定数がkのバネで支持された物体の運動を調べよ．

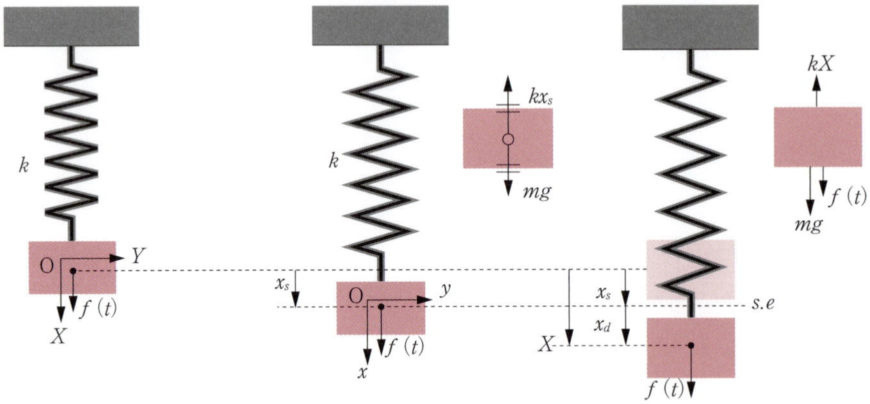

（a）ばねの自然長を原点とする座標系O-XY（図は質量をバネの自然長で保持）

（b）ばねの静的つり合いに原点とする座標系O-xy

（c）物体の運動（振動）
x：自然長座標で表した変位（x_s+x_d）
x_d：ばねの静的つり合い点の座標で表した変位

図 9.4　ばねで支えられた物体の運動

【解答】　この問題は座標の原点を，どこに取るべきかがまず問題となる．もちろん座標の原点は，どこに取っても良いはずではあるが，重力の影響をどのような形で扱うかで，すなわちこの場合は座標の原点をどこに取るかで取り扱いが異なる．まずこの質点をバネに吊るしたときの伸びない状態に保持した長さ，つまり自然長のバネに原点を置いてみる．この座標系での保持を止めると重力による静的な変位x_sが生じ，その大きさは，次のように求められる．図 9.4（b）のフリーボディダイヤグラムから

$$mg - kx_s = 0 \tag{9.4}$$

の式が成立して，x_sは

$$x_s = \frac{mg}{k} \tag{9.5}$$

と求められる．次に，この静的なつりあい点を新たな座標の原点と置き，動的な変位をx_dとする．すなわち物体はバネの自然長より$X = x_s + x_d$変位している．この場合の同図（c）のフリーボデ

ィダイヤグラムを参考にすると，運動方程式は

$$f(t)+mg-kX=m\ddot{X} \tag{9.6}$$

となる．ここで $X=x_s+x_d$ を代入すると

$$f(t)+mg-k(x_s+x_d)=m(\ddot{x}_s+\ddot{x}_d)=m\ddot{x}_d \tag{9.7}$$

となる．右辺は $\ddot{x}_s=0$ となることから導かれ，式（9.7）において式（9.4）の関係に注意すると

$$f(t)-kx_d=m\ddot{x}_d \tag{9.8}$$

の式が導かれ，左辺第2項を移項すると

$$m\ddot{x}_d+kx_d=f(t) \tag{9.9}$$

このように x_d の項のみの微分方程式の形になり，重力 mg の項は現れない．したがって，結論的には，静的なつりあい点を原点にして動的な変位で運動方程式を表す際には一定の重力 mg の影響は考えなくてよいことになる．実はこのことは，式（9.6）が線形の微分方程式（注1）であり，**重ね合わせの原理**（principle of superposition）が成立することを示している．

このことは線形系では重要な性質となる．ちなみにバネの復元力 F_s が非線形で例えば $F_s=kX^2$ となるような場合を考えてみると，式（9.6）に対応する式は

$$f(t)+mg-kX^2=m\ddot{X} \tag{9.10}$$

となる．この式に $X=x_s+x_d$ を代入してさらに式（9.4）に対応する静的なつりあい式

$$mg-kx_s^2=0 \tag{9.11}$$

を考慮して式（9.10）を整理すると

$$m\ddot{x}_d+kx_d^2+2kx_sx_d=f(t) \tag{9.12}$$

となり，x_d だけの式とはならない．すなわち非線形の微分方程式で表される系では静的なバネのつりあい点からの動的な変位のみでは運動方程式は記述できない．このことは十分に注意する必要がある．

ところで式（9.6）は重ね合せの原理を念頭に置いて次のように考えても導くことができる．この系に静的な力（この場合は重力 mg のみ）が作用したときのつりあいの式は

$$mg-kx_s=0 \tag{9.13}$$

となる．式（9.13）は $\ddot{x}_s=0$ であることを考えれば

（注1）係数が独立変数の関数，または定数で，かつ従属変数の導関数の線形和となっている微分方程式，すなわち独立変数を t，従属変数を $x(t)$ とすると

$$a_n(t)\frac{d^nx}{dt^n}+a_{n-1}(t)\frac{d^{n-1}x}{dt^{n-1}}+\cdots a_1(t)\frac{dx}{dt}+a_0(t)x+b_0=f(t)$$

の形となる微分方程式を線形微分方程式という．

$$mg - kx_s = m\ddot{x}_s \tag{9.14}$$

の運動方程式の形に書ける．さらに系に動的な力のみが作用した場合の運動方程式は

$$f(t) - kx_d = m\ddot{x}_d \tag{9.15}$$

の形に表すことができる．式（9.14）と式（9.15）の両辺を加える，すなわち重ね合わせると

$$mg + f(t) - k(x_s + x_d) = m(\ddot{x}_s + \ddot{x}_d) \tag{9.16}$$

となり

$$mg + f(t) - kX = m\ddot{X}$$

すなわち式（9.6）が導かれる．このことは，X が

$$X = x_s + x_d \tag{9.17}$$

の形，すなわち静的荷重および動的荷重が別々に作用したときの別々の応答（変位）の和で表されること，すなわち重ね合わせができることを示し，線形系の重要な特徴である．

さてここで式（9.9）に戻り，その解を求めてみよう．簡単のために x_d の下添字 d は省略して単に x で表した式

$$m\ddot{x} + kx = f(t) \tag{9.18}$$

を対象にしよう．このとき右辺 $f(t)$ が 0 でない場合，系は強制的な外力 $f(t)$ で運動させられ，その結果として振動を生じるので**強制振動系**（forced vibration system）と呼ばれる．また，$f(t)$ が 0 の場合は**自由振動系**（free vibration system）と呼ばれる．この呼称は“強制”に対して“自由”の対句的なものである．また，外力が無いのに振動する理由は，初期変位や初期速度を与えれば，その後は外力が 0 でも振動するからである．ここでは簡単のために自由振動のみ，すなわち

$$m\ddot{x} + kx = 0 \tag{9.19}$$

の微分方程式のみを対象としよう．式（9.19）の変位 x を $\bar{x}e^{st}$ の形で仮定すると

$$(ms^2 + k)\bar{x}e^{st} = 0 \tag{9.20}$$

が得られる．$\bar{x} \neq 0$ の非自明解（注2）を考え，さらに時間 t が任意であることを考えれば，特性方程式

$$ms^2 + s = 0 \tag{9.21}$$

が得られる．この式から s は

（注2）$\bar{x} = 0$，すなわち変位が 0 であることは静止状態を表し，式（9.19）の解（自明解と呼ばれる）となっていることに注意．

$$s = \pm\sqrt{\frac{k}{m}}\,i = \pm\,\omega i \tag{9.22}$$

の2根が得られる．ここに

$$\omega = \sqrt{\frac{k}{m}} \tag{9.23}$$

は**固有角振動数**（natural angular frequency）と呼ばれる量であり，i は，$i^2 = -1$ となる純虚数である．したがって x の一般解は

$$x = c_1 e^{i\omega t} + c_2 e^{-i\omega t} \qquad (c_1,\ c_2 : \text{任意の定数}) \tag{9.24}$$

の形で求められる．オイラーの公式（注3）を用いれば式（9.24）は，さらに次の形に書くことができる（注4）．

$$x = a\cos\omega t + b\sin\omega t \tag{9.25}$$

$$= A\cos(\omega t + \alpha) \tag{9.26}$$

ここに a，b，A，α は任意の定数で

$$A = \sqrt{a^2 + b^2},\ \tan\alpha = \frac{b}{a} \tag{9.27}$$

の関係が成立する．これらの定数 a，b あるいは A，α は**初期条件**（initial condition）によって決定される．例えば $t=0$ のときの変位，速度をそれぞれ x_0，v_0 とすれば，式（9.25）から

$$a = x_0,\ b = \frac{v_0}{\omega} \tag{9.28}$$

と決定することができる．また式（9.26）は，式（9.27）の関係式から

$$A = \sqrt{x_0{}^2 + \left(\frac{v_0}{\omega}\right)^2},\ \tan\alpha = \frac{v_0}{\omega x_0} \tag{9.29}$$

と A，α を決めることができる．

式（9.26）は図9.5に示すように初期変位 x_0 から初期速度 v_0 の傾斜を持つ**単振動**（simple vibration or oscillation）を示す．なお式（9.26）は図9.6に示すよ

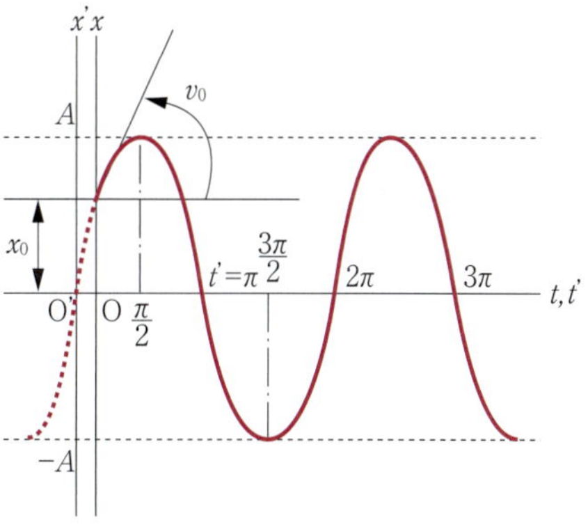

図9.5　ばねの変位（単振動）
（π，$\frac{3}{2}\pi$ … 等は t' 軸の値）

（注3）オイラーの公式　$\cos\omega t = \dfrac{e^{i\omega t} + e^{-i\omega t}}{2}$，$\sin\omega t = \dfrac{e^{i\omega t} - e^{-i\omega t}}{2i}$

（注4）式（9.26）は式（9.25）の右辺を合成したもの．

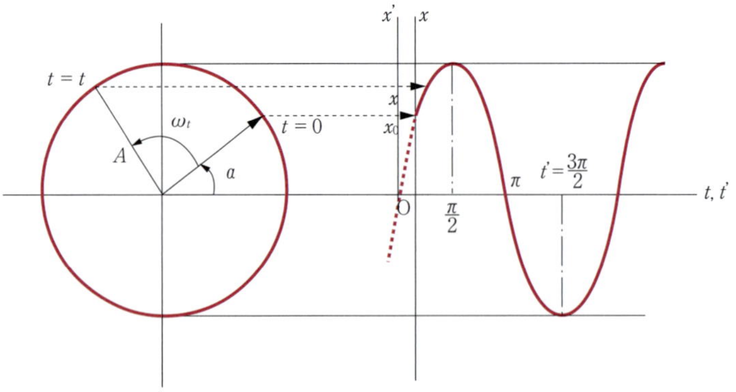

図 9.6　円状の運動の射影

うな振幅 A の円上を角速度 ω で反時計回りに円振動する点を縦軸に射影した点の運動を示す．このとき，一周する時間 T は周期（period）と呼ばれ，1 周の角度 2π を角速度 ω で除した

$$T = \frac{2\pi}{\omega} \quad [\mathrm{s}] \tag{9.30}$$

の形となる．周期 T は，式（9.26）で表される余弦波が一波入るのに要する時間に相当する．また 1 秒間に波が何波（回）入っている（あるいは繰り返すか）を示す振動数 f [Hz] は ω を 2π で除した

$$f = \frac{\omega}{2\pi} \quad [\mathrm{Hz}] \tag{9.31}$$

の周期 T の逆数となることが容易に理解されよう．ω，f は m と k で決まる固有の値なので，それぞれ固有（natural）を前に付けて固有角振動数（natural angular frequency），固有振動数（natural frequency）と呼ばれる．

9.4 曲線に沿う運動の解析

ここではまず簡単のために平面内の運動で，直線的ではない一般の運動，すなわち平面内の曲線に沿う運動の解析を述べよう．

9.4.1 ◆ 平面内の曲線に沿う任意の運動の解析

平面内の曲線に沿う，あるいは曲線となる任意の運動における変位，速度，加速度等の数学的表現は，第 7 章の 7.2.2 頁で既に説明した．一般的には直交座標の成分に分解して考えるよりも，曲線に沿って，その接線方向や法線方向（求心方向）に分けて考える方が便利となることが多いことも述べた．ここで図 9.7 に示すような平面内の質点 m の運動を考えてみる．第 7 章の 7.2 節で述べたように，時刻 t の P 点における曲線の接線方向の加速度 a_t と法線（求心方向）の法線加速度 a_n は次式のようになる．ここで法線（求心）方向とは，瞬間的に曲線運動を円運動と考えたときの半径，すなわち曲率半径 ρ の円の中心に向かう方向を示す．

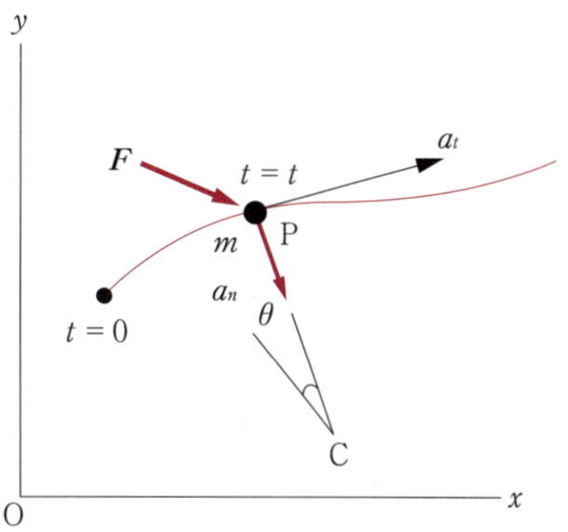

図 9.7　曲線に沿う質点の運動

$$a_t = \rho\ddot{\theta} = \rho\dot{\omega} \tag{9.32}$$

$$a_n = \rho\dot{\theta}^2 = \rho\omega^2 \tag{9.33}$$

ここに $\dot{\theta}$ は角速度 ω を，$\ddot{\theta}$ は角加速度 $\dot{\omega}$ を，また ρ は曲率半径を示す．質点 m に作用する外力の合力 $\boldsymbol{F}$ を接線方向と法線（求心）方向に分解して，それぞれ F_t，F_n と記せば，接線方向と法線方向の運動はニュートンの第二法則から導かれる次の二つの運動方程式の解として解析することができる．

$$\begin{cases} （接線方向）\ F_t = ma_t = m\rho\ddot{\theta} & (9.34) \\ （法線方向）\ F_n = ma_n = \rho\dot{\theta}^2 & (9.35) \end{cases}$$

例題 9.4　**円筒上を滑り落ちる質点の解析**

図 9.8 に示すように半径 r の円筒 I が床におかれており，その最上点 A から図のように平面内に滑り落ちる質点 m を考えてみる．円筒の表面は滑らかで摩擦は無視できるものとする．任意の時刻 t の質点は最上点 A から θ の角度をなしている B 点にあるものとする．このとき質点が円筒面から離れる角度を求めよ．

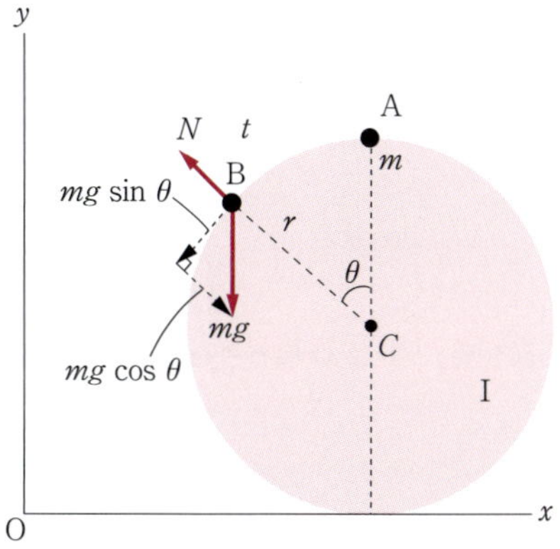

図 9.8　円筒状の平面内を滑り落ちる質点

【解答】　B 点で質点に作用する力は，摩擦力が無いので円筒面から質点に作用する垂直抗力 N と重力 $W = mg$ の二つである．したがって接線方向と法線方向の運動方程式は，重力 $W = mg$ を接線方向と法線方向に分解して考え，上述の式（9.34），（9.35）から次式となる．

$$\begin{cases}（接線方向）\ mg\sin\theta = m(r\ddot{\theta}) & (9.36)\\ （法線方向）\ mg\cos\theta - N = m(r\dot{\theta}^2) & (9.37)\end{cases}$$

ここで質点が円筒面を離れる条件について考える．θ が 90° を超えると式（9.37）より左辺の第１項は負となり，右辺は正であるので N は負となる．したがって N が正から負に変化する点の θ において質点が円筒の表面を離れると考えられ，N が 0 となる θ を求めることにする．

式（9.36）（9.37）より，両辺から m を除して $N=0$ とおけば

$$\begin{cases} g\sin\theta = r\ddot{\theta} & (9.38)\\ g\cos\theta = r\dot{\theta}^2 & (9.39)\end{cases}$$

となる．

ここで上式はいずれも $\sin\theta$ の項および $\cos\theta$，$\dot{\theta}^2$ の項が入っているので，θ に関する非線形の微分方程式になっている（注5）．

ここで下記の関係

$$\ddot{\theta} = \frac{d\dot{\theta}}{dt} = \frac{d\dot{\theta}}{d\theta}\cdot\frac{d\theta}{dt} = \frac{d\dot{\theta}}{d\theta}\dot{\theta} = \dot{\theta}\frac{d\dot{\theta}}{d\theta}$$

を用いると式（9.38）は

$$g\sin\theta = r\dot{\theta}\frac{d\dot{\theta}}{d\theta} \qquad \therefore g\sin\theta d\theta = r\dot{\theta}d\dot{\theta} \tag{9.40}$$

となるので両辺を 0 から t まで積分すると

$$[-g\cos\theta]_0^{\theta} = \left[\frac{r}{2}\dot{\theta}^2\right]_0^{\dot{\theta}} \qquad \therefore g(1-\cos\theta) = \frac{r}{2}\dot{\theta}^2 \tag{9.41}$$

となる．式（9.41）を式（9.39）に代入すると

$$g(1-\cos\theta) = \frac{1}{2}g\cos\theta \qquad \therefore \cos\theta = \frac{2}{3}$$

したがって $\cos\theta$ がこの値を取るとき，すなわち $\theta = \cos^{-1}\dfrac{2}{3}$ のとき質点は円筒面を離れる．

例題 9.5　単振子の運動解析

質量が無視できる長さ l の棒の先端に質点 m が付いた**単振子**（simple pendulum）の運動を解析せよ．この際に支点 O の摩擦力は無視できるものとする．

【解答】　図 9.9 に示すように，振子の質点 m に作用する外力は重力 $W=mg$，棒から作用する張

（注5）線形の微分方程式の一般形は従属変数 θ やその導関数の線形和で，しかも係数が独立変数のみの関数（定数も含まれる）となっている．すなわち（注1）に示したように２階の線形の微分方程式は一般に $a_2(t)\ddot{\theta}+a_1(t)\dot{\theta}+a_0(t)\theta=b(t)$ の形を取る．

力 T である．また質点に生じる加速度は接線方向の加速度 $a_t=l\ddot{\theta}$ と法線方向（求心方向）の加速度 $a_n=l\dot{\theta}^2$ である．重力を接線方向成分と法線方向成分に分けるとそれぞれ，$mg\sin\theta$，$mg\cos\theta$ となる．

さて，ここでニュートンの第二法則ではなく，ダランベールの原理に基づき，系の接線方向の力と法線方向の力の平衡式を立ててみる．この際には上記の外力の外に図 9.9 に示すように接線方向の慣性力 $F_t=-ml\ddot{\theta}$ および法線方向の慣性力 $F_n=-ml\dot{\theta}^2$ を考慮する必要がある．法線方向の慣性力は，中心に向う加速度（求心加速度）a_n と反対方向（F_n の負の符号）に作用する力となるので**遠心力**（centrifugal force）と呼ばれる．平衡方程式は次のようになる．

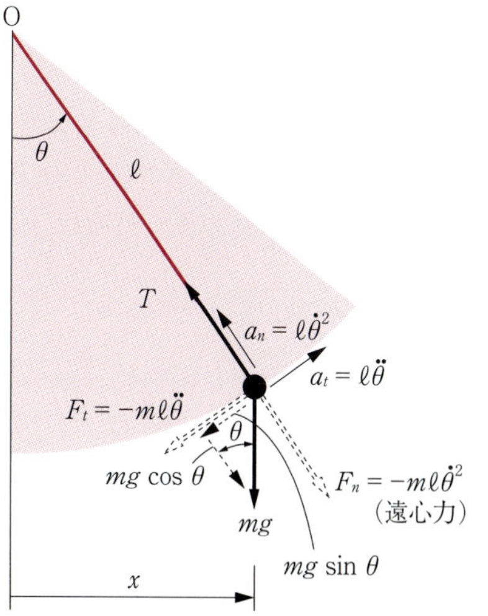

図 9.9　単振り子の運動解析

$$\begin{cases}（接線方向の力の平衡）\ -mg\sin\theta-ml\ddot{\theta}=0 & (9.42)\\（法線方向の力の平衡）\ T-mg\cos\theta-ml\dot{\theta}^2=0 & (9.43)\end{cases}$$

式（9.43）は θ に関する非線の微分方程式となる．$\sin\theta$，$\cos\theta$，$\tan\theta$ のテーラ展開式を示すと

$$\begin{cases}\sin\theta=\theta-\dfrac{\theta^3}{3!}+\dfrac{\theta^5}{5!}+\cdots\\ \cos\theta=1-\dfrac{\theta^2}{2!}+\dfrac{\theta^4}{4!}+\cdots\\ \tan\theta=\theta+\dfrac{\theta^3}{3}+\dfrac{2}{15}\theta^3+\cdots\end{cases}\tag{9.44}$$

となるので，θ が小さく，θ の２乗が θ^2 に比べて無視できるようなオーダーであれば式（9.44）の三つの式は

$$\sin\theta\fallingdotseq\theta,\quad \cos\theta\fallingdotseq 1,\quad \tan\theta\fallingdotseq\theta\tag{9.45}$$

の形で近似できる．したがってこの近似式が成立するような微小な θ の範囲では式（9.42）から

$$ml\ddot{\theta}=-mg\theta\tag{9.46}$$

となる．さらに最下点からの水平方向の質点の変位 x は，$x\fallingdotseq l\theta$ と近似できるので，式（9.46）は

$$m\ddot{x}=-\left(\frac{mg}{l}\right)x\tag{9.47}$$

と書くことができる．式（9.46），（9.47）を，例題 9.3 のバネで支持された質点の運動の運動方程式（9.18）の形

$$m\ddot{x} = -kx$$

と比較すると $k=mg/l$ となっていることがわかる．すなわち角度 θ が微小なときは，振子は重力による復元力を有するバネ（$k=mg/l$）で支持されている質点 m の運動と同一になる．したがって，振子の運動方程式の解は，質量とバネの場合と同様に式（9.25）から

$$\theta = a\cos\omega t + b\sin\omega t \tag{9.48}$$

となる．ここで角固有振動数 ω は

$$\omega = \sqrt{k/m} = \sqrt{\frac{mg}{l}\Big/ m} = \sqrt{\frac{g}{l}} \tag{9.49}$$

となり，その周期 T は

$$T = \frac{2\pi}{\omega} = 2\pi\sqrt{\frac{l}{g}} \tag{9.50}$$

となる．式（9.48）で時刻 $t=0$ の初期状態に $\theta=\theta_0$ の位置に質点を支えて，この状態から角速度 $0(\dot{\theta}=0)$ で支えを除いたとすると，運動方程式の解は

$$\theta = \theta_0\cos\sqrt{\frac{g}{l}}\,t \tag{9.51}$$

となる．周期の式（9.50）は，初期の振幅 θ_0 には依存せず，すなわち θ_0 が大きくなっても（もちろん θ が微小のときで, 式（9.45）の近似が成り立つ範囲で）周期が変わらないので, **等時性**（isochronism）と呼ばれている現象である．また式（9.50）には質量 m も含まれておらず，質量 m が大きくなっても周期は変らないことも示している．この単振子の問題で θ が大きくなり，式（9.45）のような線形のみで近似できなくなる場合には，式（9.42）をそのまま非線形方程式として取扱う必要がある（注6）．

例題 9.6　自動車の運動の解析

質量 2,000kg の自動車が図 9.10（a）に示すような高速道路の水平面内の曲率半径 500m のカーブに進入する際に 100km/h の速度から一定の割合で減速して，その後逆の曲率 300m のカーブに進入して C 点を通過する際には 50km/h の速度となった．AC 間の距離は 200m である．このとき A，B，C におけるタイヤが受ける水平面内の力を求めよ．ここに B は二つのカーブの接続点である変曲点である．

（注6）振幅が大きいと楕円関数で表されるような周期変化をし，周期は振幅が大きくなればなるほど，線形系と全く違う挙動を示す．

【解答】 車を質点とすると，タイヤの受ける力は単一の力として扱うことができる．いまA点の速度を v_A，C点の速度を v_C とし，車の進行方向（つまりカーブの接線方向）の加速度を a_t，AB間の曲線の長さを ΔS とすると次式が成り立つ．

$$v_C{}^2 = v_A{}^2 + 2a_t \cdot \Delta S \tag{9.49}$$

この式に $v_A = 100/3.6$[m/s]，$v_C = 50/3.6$[m/s]，$\Delta S = 200$[m] を代入して未知の接線方向加速度 a_t を求めれば

$$a_t = \frac{v_C{}^2 - v_A{}^2}{2 \cdot \Delta S} = \frac{(50/3.6)^2 - (100/3.6)^2}{2 \times 200} = -1.447 \ [\mathrm{m/s^2}]$$

となる．

A，B，Cにおける法線方向加速度 a_n は $a_n = \dfrac{v^2}{\rho}$ であるので，次のように計算できる．

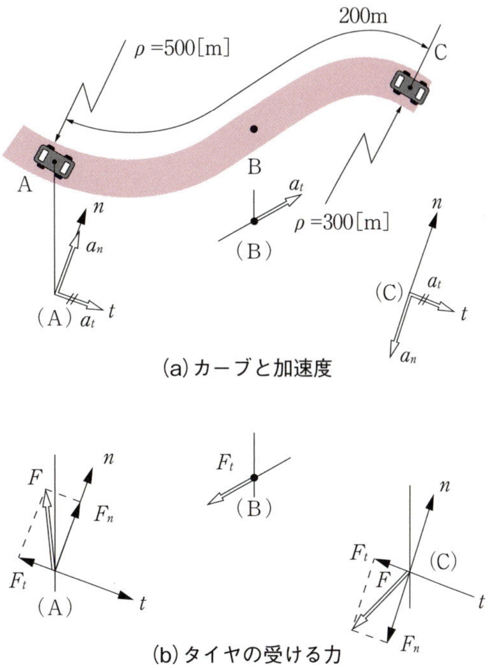

(a)カーブと加速度

(b)タイヤの受ける力

図9.10　カーブを走行する自動車

$$\begin{cases} \text{A点} \quad a_n = \dfrac{(100/3.6)^2}{500} = 1.929 \ [\mathrm{m/s^2}] \\ \text{B点} \quad a_n = 0 \\ \text{C点} \quad a_n = \dfrac{(50/3.6)^2}{300} = 0.965 \ [\mathrm{m/s^2}] \end{cases}$$

車の接線方向に働く力は，ダランベールの原理から進行方向の加速度とは逆に

$$F_t = -ma_t = -2000 \times (-1.447) = -2894[\mathrm{N}]$$

の慣性の力が働く．この力はブレーキをかけなければそのままタイヤの接線方向の力となる．一方，自動車自体に作用する法線方向に働く力は，ダランベールの原理から曲率中心に向う求心加速度 a_n 方向とは逆の

$$F_n = -ma_n$$

の慣性力（遠心力）がかかり，タイヤにはこの逆向き，すなわち求心加速度 a_n 方向の力が働く（図9.10（b））．そこで各点でタイヤに作用する接線方向の力は以下のようになる．

$$\begin{cases} \text{A点} \quad F_{nA} = 2000 \times 1.929 = 3918 \ [\mathrm{N}] \\ \text{B点} \quad F_{nB} = 0 \\ \text{C点} \quad F_{nC} = 2000 \times 0.965 = 1930 \ [\mathrm{N}] \end{cases}$$

したがって，タイヤに作用する面内の力（全水平力）は図 9.10（b）を参照すれば

$$\begin{cases} \text{A 点} \quad F_A = \sqrt{F_t^2 + F_{nA}^2} = \sqrt{(3918)^2 + (2894)^2} = 4871 \ [\text{N}] \\ \text{B 点} \quad F_B = 0 \\ \text{C 点} \quad F_C = \sqrt{F_t^2 + F_{nC}^2} = \sqrt{(1930)^2 + (2894)^2} = 3478 \ [\text{N}] \end{cases}$$

となる．

9.4.2 ◆ 空間内の曲線に沿う任意の運動

第 7 章の 7.1.3 頁で示したように空間内の質点の運動は，平面内の運動を三次元空間に拡張したものに過ぎない．つまり三次元の直交座標で表現する場合は，質点の図 9.11 に示すように質点の位置ベクトルを $\boldsymbol{r}$ とすれば，速度ベクトル，加速度ベクトルは次式で与えられる．

$$\boldsymbol{v} = \frac{d\boldsymbol{r}}{dt} \qquad (9.52)$$

$$\boldsymbol{a} = \frac{d^2\boldsymbol{r}}{dt^2} \qquad (9.53)$$

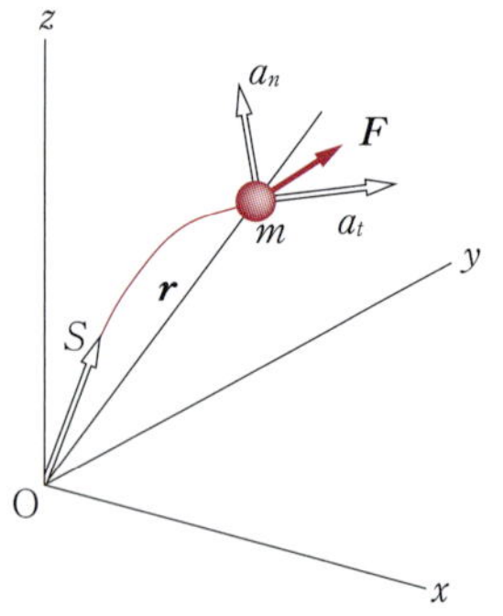

図 9.11 空間内の質点の運動

質点に作用する外力の合力を $\boldsymbol{F}$ とベクトルの形で書けば，ニュートンの第二法則から運動方程式は

$$\boldsymbol{F} = m\boldsymbol{a} = m\frac{d\boldsymbol{v}}{dt} = \frac{d^2\boldsymbol{r}}{dt^2} \qquad (9.54)$$

と表現できる．式（9.54）を x, y, z 方向の成分で表すと次のようになる．

$$\begin{cases} X = ma_x = m\dfrac{dv_x}{dt} = m\dfrac{d^2x}{dt^2} \\ Y = ma_y = m\dfrac{dv_y}{dt} = m\dfrac{d^2y}{dt^2} \\ Z = ma_z = m\dfrac{dv_z}{dt} = m\dfrac{d^2z}{dt^2} \end{cases} \qquad (9.55)$$

ここに　$\boldsymbol{r} = \begin{Bmatrix} x \\ y \\ z \end{Bmatrix}$，$\boldsymbol{v} = \begin{Bmatrix} v_x \\ v_y \\ v_z \end{Bmatrix}$，$\boldsymbol{a} = \begin{Bmatrix} \mathrm{a}_x \\ \mathrm{a}_y \\ \mathrm{a}_z \end{Bmatrix}$，$\boldsymbol{F} = \begin{Bmatrix} X \\ Y \\ Z \end{Bmatrix}$.

また曲線に沿った座標を S，その接線方向，法線（求心）方向の加速度成分を a_t，a_n と記せば，加速度 $\boldsymbol{a}$ は

$$\boldsymbol{a} = a_t \boldsymbol{t} + a_n \boldsymbol{n} \tag{9.56}$$

となる．ここに $\boldsymbol{t} = (t_x, t_y, t_z)^T$，$|\boldsymbol{t}| = 1$，$\boldsymbol{n} = (n_x, n_y, n_z)$，$|\boldsymbol{n}| = 1$ のそれぞれ接線方向，法線方向の単位ベクトルである．

例題 9.7　斜面上の質点の落下運動

水平と α の角をなす粗い斜面（摩擦係数 μ）の上で質量 m の質点に水平方向に初速度 v_0 を与えて投射した時の斜面上の運動を調べよ．

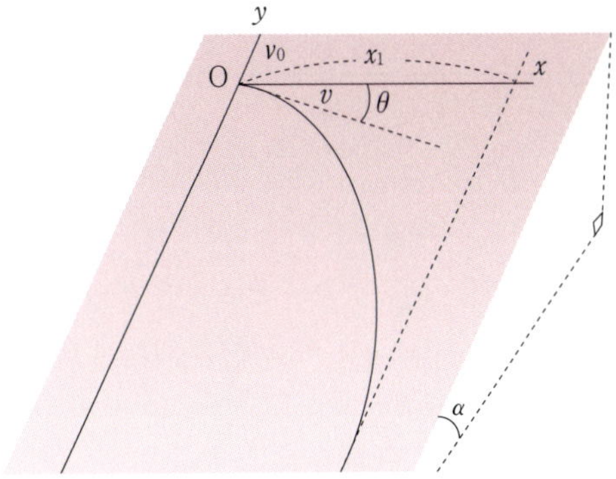

【解答】　投射方向に水平に x 軸，斜面に沿って上向きに y 軸をとり，速度の方向が x 軸となす角を θ，速さを v とする．垂直抗力は $R = mg\cos\alpha$ で，摩擦力 $-\mu R$ が働くから，運動方程式は

$$m\frac{d(v\cos\theta)}{dt} = -\mu mg\cos\alpha\cos\theta,$$

$$\frac{md(v\sin\theta)}{dt} = -\mu mg\cos\alpha\sin\theta - mg\sin\alpha \tag{a}$$

(a) より，

$$\frac{dv}{dt} = -\mu g\cos\alpha - g\sin\alpha\sin\theta \tag{b}$$

$$v\frac{d\theta}{dt} = -g\sin\alpha\cos\theta \tag{c}$$

(b) を (c) で割って次式を得る．

$$\frac{1}{v}\frac{dv}{d\theta} = \tan\theta + \mu\cot\alpha\frac{1}{\cos\theta} \tag{d}$$

積分して　$\log v = -\log\cos\theta + \mu\cot\alpha\log\tan\left(\dfrac{\theta}{2} + \dfrac{\pi}{4}\right)$　となる．

$$\because \cos\theta = \sin(\theta + \pi/2) = 2\sin(\theta/2 + \pi/4)\cos(\theta/2 + \pi/4) \tag{e}$$

以上より，$\displaystyle\int\frac{d\theta}{\cos\theta} = \int\frac{\sec^2(\theta/2 + \pi/4)}{2\tan(\theta/2 + \pi/4)}d\theta = \log\tan\left(\frac{\theta}{2} + \frac{\pi}{4}\right)$　であるので

$$\therefore\ v = C\frac{1}{\cos\theta}\left\{\tan\left(\frac{\theta}{2}+\frac{\pi}{4}\right)\right\}^{\mu\cot\alpha} \qquad (C\text{は定数})$$

$t=0$ で $\theta=0$，$v=v_0$ であるから（$\varphi=\theta/2+\pi/4$，$\lambda=\mu\cot\alpha$ として），

$$v=\frac{v_0}{\cos\theta}\left\{\tan\left(\frac{\theta}{2}+\frac{\pi}{4}\right)\right\}^{\mu\cot\alpha}=\frac{v_0}{2}(\sin\varphi)^{\lambda-1}(\cos\varphi)^{-\lambda-1} \tag{f}$$

(c) より　$$\dot{\theta}=\frac{-g\sin\alpha}{v_0}\cos^2\theta\left\{\cot\left(\frac{\theta}{2}+\frac{\pi}{4}\right)\right\}^{\mu\cot\alpha}=-\frac{4g\sin\alpha}{v_0}(\sin\varphi)^{2-\lambda}(\cos\varphi)^{2+\lambda} \tag{g}$$

$\lambda>1$（$\mu>\tan\alpha$）のときは (f) より，$\varphi=0$ すなわち $\theta=-\pi/2$ で $v=0$ となって止まる．

$\lambda<1$（$\mu<\tan\alpha$）のときは (f) より，$\varphi\to 0$ すなわち $\theta\to-\pi/2$ で $v\to\infty$ となり，止まらない．しかし (g) より，そのとき $\dot{\theta}\to 0$ であるから $\theta=-\pi/2$ の方向に漸近する．

$\lambda=1$（$\mu=\tan\alpha$）のときは (f) より，$\varphi\to 0$ すなわち $\theta\to-\pi/2$ で $v\to v_0/2$ となって止まらず，(g) より $\dot{\theta}\to 0$ となって，$\theta=-\pi/2$ の方向に漸近する．

x 方向に進む距離を x_1 とすると

$$x_1=\int_0^{-\pi/2}\left(v\cos\theta\,\frac{dt}{d\theta}d\theta=-\frac{v_0^2}{g\sin\alpha}\right)\int_0^{-\pi/2}\frac{\{\tan(\theta/2+\pi/4)\}^{2\mu\cot\alpha}}{\cos^2\theta}d\theta$$

$$=-\frac{v_0^2}{g\sin\alpha}\int_{\pi/4}^{0}\frac{\tan^{2\lambda}\varphi}{2\sin^2\varphi\cos^2\varphi}d\varphi$$

$s=\tan\varphi$ とおくと　$ds=\dfrac{d\varphi}{\cos^2\varphi}$，$\dfrac{1}{\sin^2\varphi}=1+\cot^2\varphi$　だから

$$x_1=-\frac{v_0^2}{g\sin\alpha}\int_1^0\frac{1}{2}(s^{2\lambda}+s^{2\lambda-2})ds$$

$\lambda>1/2$ のとき，

$$x_1=-\frac{v_0^2}{2g\sin\alpha}\left[\frac{s^{2\lambda+1}}{2\lambda+1}+\frac{s^{2\lambda-1}}{2\lambda-1}\right]=\frac{v_0^2}{g\sin\alpha}\frac{2\lambda}{4\lambda^2-1}=\frac{v_0^2}{g}\cdot\frac{2\mu\cos\alpha}{4\mu^2\cos^2\alpha-\sin^2\alpha} \tag{h}$$

$\lambda=1/2$ のとき　$$x_1=-\frac{v_0^2}{2g\sin\alpha}\left[\frac{s^2}{2\lambda+1}+\log s\right]_1^0=\infty$$

$\lambda<1/2$ のとき　$$x_1=-\frac{v_0^2}{2g\sin\alpha}\left[\frac{s^{2\lambda+1}}{2\lambda+1}-\frac{s^{-(1-2\lambda)}}{1-2\lambda}\right]_1^0=\infty$$

要するに，$\mu>\tan\alpha$ のときはだんだんと下方に曲がり，(h) で与えられた水平距離 x_1 だけ離れた最大傾斜線に接するように達して止まる．$\tan\alpha\geqq\mu>(1/2)\tan\alpha$ のときはそのような位置にある最大傾斜線に漸近的に接近する．$(1/2)\tan\alpha\geqq\mu$ のときは水平方向にも無限遠の方向に降下する．

9.5 多質点系の解析

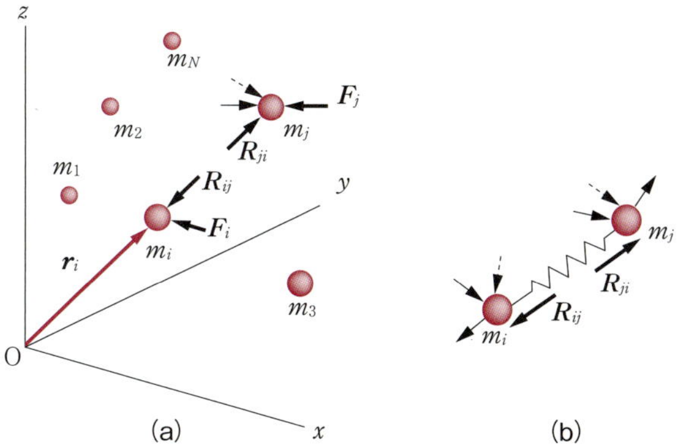

図 9.12 多質点系の運動

図 9.12 に示すような空間内の多質点系の運動を考える．質点の個数を N，各質点の質量および位置ベクトルをそれぞれ，$m_i(i=1,\ 2,\cdots,\ N)$，$\boldsymbol{r}_i(i=1,\ 2,\cdots,\ N)$ と表す．いま i 番目の質点 m_i と j 番目の質点 m_j に着目する．i 番目の質点には外力 $\boldsymbol{F}_i$ が作用しているとともに j 番目の質点から内力 $\boldsymbol{R}_{ij}$ を受ける．この内力 $\boldsymbol{R}_{ij}$ は，例えば質点 m_i と m_j が質量の無視できるバネで連結されていたり，あるいは質量の無視できる剛体棒で連結されていたり，あるいは磁気的な引力が生じたりした場合などに生じる力である．図 9.12（b）では m_i と m_j がバネで連結した場合のモデルを示している．このとき質点 m_j から m_i に作用する内力 $\boldsymbol{R}_{ij}$ と m_i から m_j に作用する $\boldsymbol{R}_{ji}$ は，ニュートンの第三法則の作用・反作用の法則によってお互いに大きさは等しく，方向は逆向きの一組の力となる．すなわち

$$\boldsymbol{R}_{ij}=-\boldsymbol{R}_{ji} \tag{9.57}$$

が成立する．ここで，質点 m_i に対してニュートンの第二法則を適用して運動方程式を立てると

$$\boldsymbol{F}_i+\sum_{\substack{j=1\\(j\neq i)}}^{N}\boldsymbol{R}_{ij}=m_i\ddot{\boldsymbol{r}}_i \tag{9.58}$$

となる．ここに左辺の第２項の Σ は，i 以外のほかの質点から m_i に作用する内力の合力を示している．式（9.58）をすべての m_i（$i=1,\ 2,\cdots,\ N$）に関して導き，両辺の和を取ると

$$\sum_{i=1}^{N}\boldsymbol{F}_i+\sum_{i=1}^{N}\left(\sum_{\substack{i=1\\(i\neq j)}}^{N}\boldsymbol{R}_{ij}\right)_i=\sum_{i=1}^{N}m_i\ddot{\boldsymbol{r}}_{ii} \tag{9.59}$$

となる．式（9.59）の左辺の第２項は式（9.57）の関係を考慮すると相殺されて $\boldsymbol{0}$ となるので

$$\sum_{i=1}^{N}\boldsymbol{F}_i=\sum_{i=1}^{N}m_i\ddot{\boldsymbol{r}}_{ii} \tag{9.60}$$

となる．式（9.60）において $\boldsymbol{F}=\sum_{i=1}^{N}\boldsymbol{F}_i$，$M=\sum_{i=1}^{N}m_i$ と書き，かつ，質量中心 $\boldsymbol{r}_G$ の定義式

$$\boldsymbol{r}_G=\frac{\sum m_i\boldsymbol{r}_i}{M} \tag{9.61}$$

を想起すると $\sum m_i\boldsymbol{r}_i=M\boldsymbol{r}_G$ となるので，式（9.60）は

$$\boldsymbol{F}=M\ddot{\boldsymbol{r}}_G \tag{9.62}$$

の形に書くことができる．つまり質点系の運動は，全質量がその質量中心（重心）に集中した質点 M に，全外力の合力 $\boldsymbol{F}$ が作用したときの運動と同一であることがわかる．式（9.62）で $\boldsymbol{F}=\boldsymbol{0}$ のとき，すなわち外力の合力が $\boldsymbol{0}$ あるいは外力が作用しなければ

$$M\ddot{\boldsymbol{r}}_G=\frac{d}{dt}(M\dot{\boldsymbol{r}}_G)=\frac{d}{dt}\boldsymbol{P}=\boldsymbol{0} \tag{9.63}$$

となるので $M\dot{\boldsymbol{r}}_G=\boldsymbol{P}$ は一定値となる．ここに $\boldsymbol{P}$ は**運動量**（momentum）を示し，**運動量保存法則**（law of conservation of momentum）として知られている．

例題 9.8　アトウッドの機械

図 9.13 に示すような滑車に，M とほぼ質量が等しい $(M+m)$ の重りを吊るした 2 質点系を考え，その運動を論じよ．

【解答】　解析において糸の質量や滑車の摩擦を無視する．左右の重りに作用する張力 T は大きさが等しく逆向きで一定である．なぜならば張力 T の合力が一定でなければ，ニュートンの第二法則から 0 の質量の糸の部分に無限大の加速度が生ずることになり，事実と反する．右の重りの変位を x として，その方向を正として左右の重りに対する運動方程式を立てると

$$T-M_g=M\ddot{x} \tag{9.64}$$

$$M_g+mg-T=(M+m)\ddot{x} \tag{9.65}$$

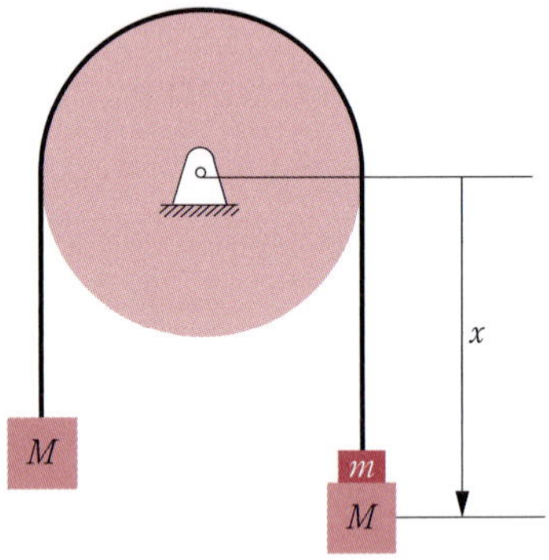

図 9.13　アットウッドの機械

となる．式（9.64）と（9.65）の両辺を加えると

$$mg=(2M+m)\ddot{x} \qquad \therefore\ \ddot{x}=\frac{m}{2M+m}g=\frac{1}{\left(\dfrac{2M}{m}\right)+1}g \tag{9.66}$$

したがって M が m よりも十分に大きければ，g よりも非常に小さな加速度で右の重りは落下することになる．この系は**アットウッドの機械**（Atwood's machine）として知られ，アットウッド（1746 年-1807 年）が物体の非常にゆっくりした落下運動を示すために設計したものである．

例題 9.9　ロープで結合された斜面上の質点とプーリに吊るされた質点の運動

図 9.14 のように粗い斜面上の質量 $m_1=5$[kg] の物体が，摩擦の無視できる滑車を介して垂直方向に吊るされている物体 m_2 と連結されていて，つりあいの状態にある．このとき次の問いに答えよ．重力加速度は $g=9.8$[m/s^2] とする．

（1）物体 m_1 と斜面の間の静止摩擦係数を $\mu_s=0.4$ としたとき，つりあいの状態になる m_1 の範囲を求めよ．

（2）物体 m_2 の質量を $m_2=10$[kg] としたときの物体 m_1，m_2 の加速度とその方向を求めよ．ただし物体 m_1 と斜面の間の動摩擦係数を $\mu_D=0.3$ とする．

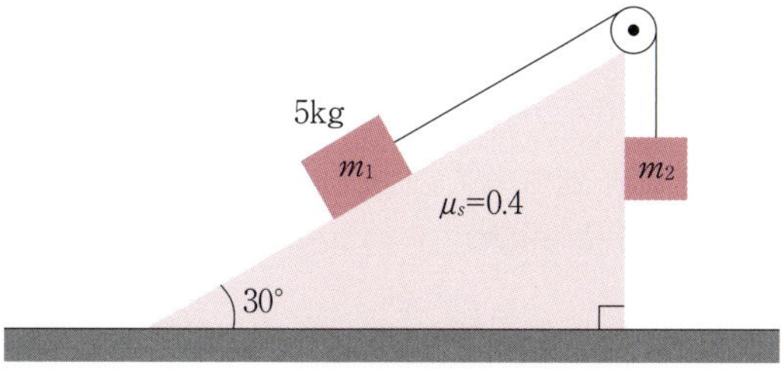

図 9.14

【解答】（1）質量 m_1，m_2 に関するフリーボディダイヤグラムを描くと図 9.15 のようになる．ここで m_1 が下降時上昇時のそれぞれの運動方程式と静止の限界となる条件を下表にまとめる．

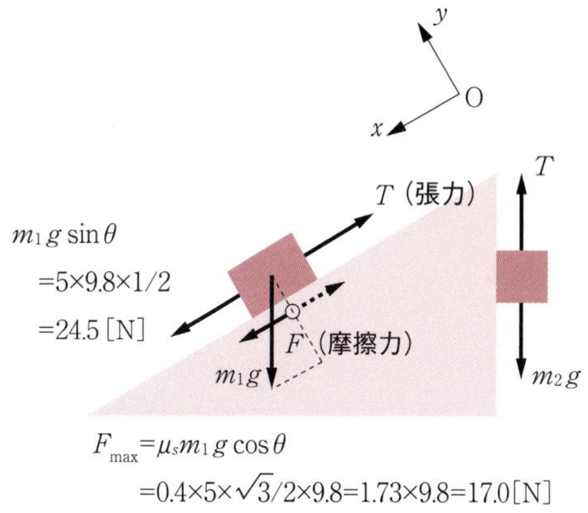

図 9.15

運動方程式

m_1 が下降	m_1 が上昇
$m_1 g\sin\theta - F - T = m_1\ddot{x}$ $T - m_2 g = m_2\ddot{x}$	$m_1 g\sin\theta + F - T = m_1\ddot{x}$ $T - m_2 g = m_2\ddot{x}$
$\therefore (m_1+m_2)\ddot{x} = (m_1\sin\theta - m_2)g - F$	$\therefore (m_1+m_2)\ddot{x} = (m_1\sin\theta - m_2)g + F$

静止($\ddot{x}=0$)の条件

$(m_1 g\sin\theta - m_2)g = F_{max}$	$(m_1 g\sin\theta - m_2)g = F_{max}$
$m_2 = \dfrac{m_1 g\sin\theta - F_{max}}{g}$	$m_2 = \dfrac{m_1 g\sin\theta + F_{max}}{g}$
$m_2 = \dfrac{24.5-17}{9.8} = 0.765$ [kg]	$m_2 = \dfrac{24.5+17}{9.8} = 4.23$ [kg]

よって，$0.735 \leqq m_2 \leqq 4.23$ [kg].

（2）運動方程式は上昇時のもので次式のようになる.

$$m_1 g \sin\theta + F_D - T = m_1 \ddot{x}$$

$$T - m_2 g = m_2 \ddot{x}$$

$$(m_1 + m_2)\ddot{x} = (m_1 \sin\theta - m_2)g + F_D$$

$$15\ddot{x} = -73.5 + 0.3 \times 5 \times 9.8 \times \frac{\sqrt{3}}{2}$$

$$15\ddot{x} = -73.5 - 12.7 = 60.8$$

$$\ddot{x} = -4.05 \text{ [m/s}^2\text{]}$$

例題 9.10　テーブルから落下する鎖の運動

図 9.16 に示すように単位長さ当りの質量が m で長さ l の鎖がテーブルから落下するときの運動を考え，以下の問いに答えよ．ただしテーブルのコーナーやテーブル上の摩擦は無視できるほど小さいと考える.

（1）テーブルからの落下長さが図のように x とするとき，この系の運動方程式とその一般解を求めよ.

（2）時刻 $t=0$ のとき $x=a$，$\dot{x}=0$ であるとするとき変位 x を求めよ.

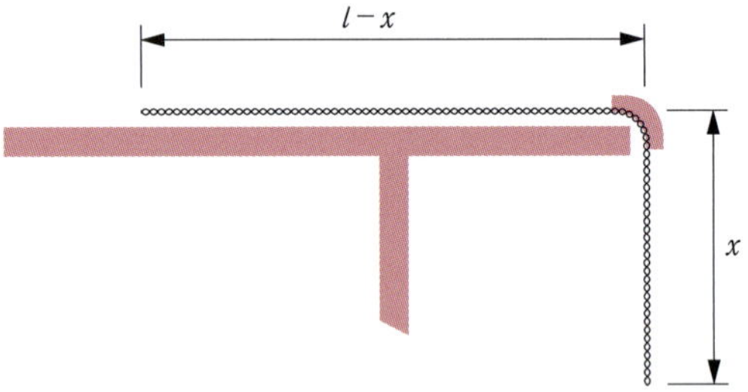

図 9.16　鎖の落下運動

【解答】（1）この問題は質量が長手方向に連続的に分布するいわば連続体の問題であり，多質点系の問題ではない．しかし，鎖のテーブル上にある部分（$l-x$ の長さの部分）と落下部分（x の長さの部分）をあたかも２質系になると考えることにより，多質点系の運動解析が適用できる．すなわちテーブル上の長さ $l-x$ の鎖の部分と，落下している x の部分の鎖に対して，それぞれ運動方程式を導く．この際両部分の接続点において張力 T を考える．運動方程式はそれぞれ以下のようになる.

$$T = m(l-x)\ddot{x} \tag{a}$$

$$mgx - T = mx\ddot{x} \tag{b}$$

両式を加えて T を消去すれば

$$\ddot{x}=g\frac{x}{l} \tag{c}$$

運動方程式の（c）の解はバネに支えられた質点系の運動と同じように $x=\bar{x}e^{st}$ と考えて特性方程式を導けば

$$s^2-\frac{g}{l}=0 \tag{d}$$

となり，その解は $s=\sqrt{g/l}$ となるので求める一般解は

$$x=c_1e^{\sqrt{\frac{g}{l}}t}+c_2e^{-\sqrt{\frac{g}{l}}t} \tag{e}$$

（2）初期条件，すなわち $t=0$ で $x=0$，$\dot{x}=0$ を代入して c_1，c_2 を決定して解を求めると

$$x=a\frac{e^{\sqrt{\frac{g}{l}}t}+e^{-\sqrt{\frac{g}{l}}t}}{2} \tag{f}$$

となり，これは cosh の定義から下記の形となる.

$$x=a\cosh\left(\sqrt{\frac{g}{l}}t\right) \tag{g}$$

第９章　演習問題

［1］バネ定数 k_1，k_2 の二つのバネで垂直に支えられている質量 m の質点の運動を考える．重力加速度は g として次の問に答えよ．

(a)両方のバネが自然長になる位置を原点として支持し，その後で質点の支持を除いたときに，質点の静的変位 y_s を求めよ．

(b)静的平衡点の回りの質点の自由振動を考え，その運動方程式と固有振動数 f を求めよ．

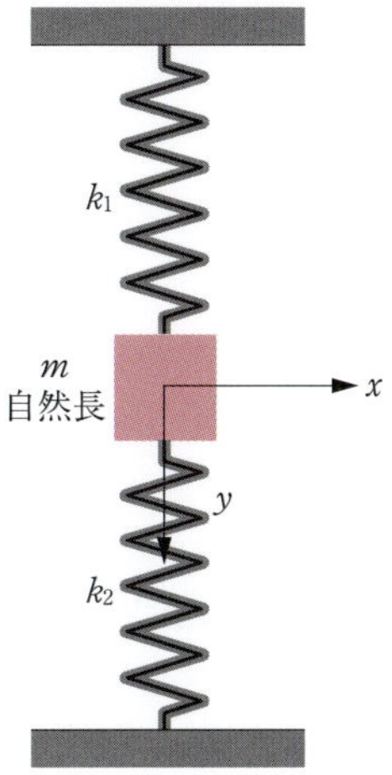

図 E9-1

［2］人工衛星Sが地表面から350km上空の円軌道に沿って飛行するのに必要な速度の大きさ v を計算せよ．

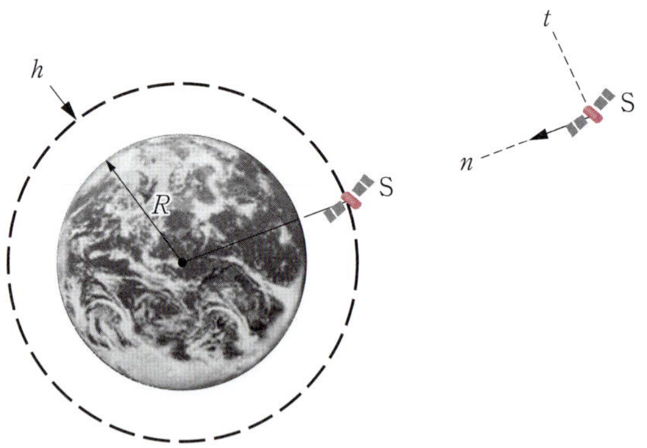

図 E9-2

［3］野球の選手が，図に示された初期条件でボールを離す．①ボールを離した直後と②ボールの最高到達点における移動軌跡のそれぞれの曲率半径を求めよ．それぞれの場合に対して，スピードの時間変化率を計算せよ．

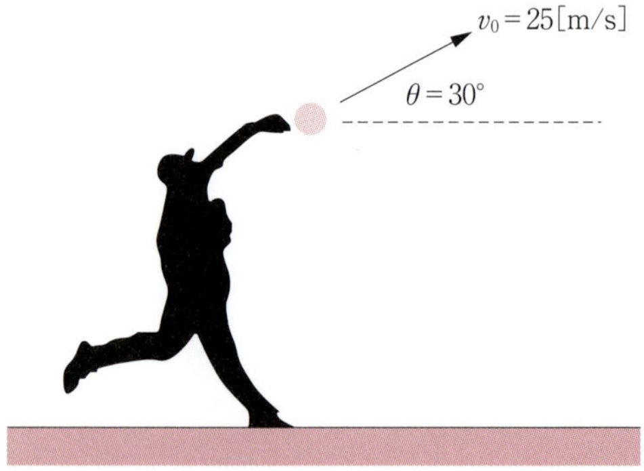

図 E9-3

［4］糸の全長 $\sqrt{3}$m，質量2kgの振子がある．この振子を，図に示すように支点Oからの長さ1mのところで糸とのなす角が直角となるように吊り上げ，水平とのなす角が30°となるようにした（$t=0$[s]）．その後，吊り上げた糸を切ると，おもりは自由落下した後（$t=t_1$[s]），振子の運動に移行した．糸の重さは無視できるものとして，以下の問に答えよ．

①$t=0$ のとき，支点Oから糸に作用する力 T_0[N] を求めよ．

②$t=t_1$ におけるおもりの落下速度 v_1[m/s] と最下端からの高さ h_1[m] を求めよ．

③$t=t_1$ でおもりの速度は鉛直方向から振子の円周方向に急激に向きを変える．このとき振子の半径方向の速度は失われるものとして，おもりが最下端を通過するとき（$t=t_2$）の支点から糸に作用する力 T_2[N] を求めよ．

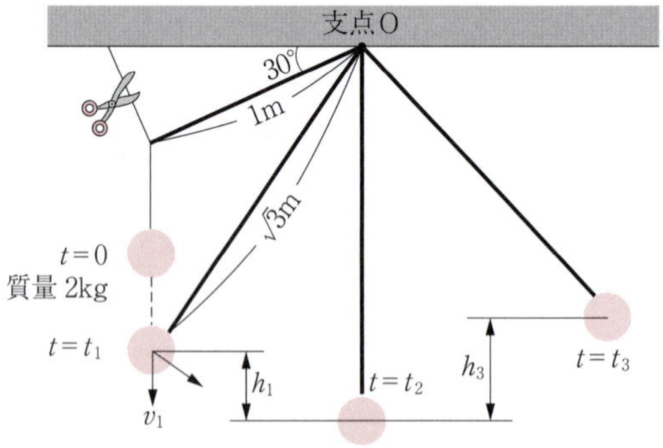

図 E9-4

④おもりが再び静止するとき（$t=t_3$），最下端からの高さ h_3[m] を求め，$t=0$ のときの高さと比較せよ．

［5］1500kg の車が水平面内でカーブした道路の，A 点において 80km/h の速度から一定の割合で減速し，C 点を通過するときには 50km/h の速度になった．A 点における道路の曲率半径 ρ は 400m で，C 点では 90m である．A，B および C の位置においてタイヤが道路から受ける全水平力を求めよ．ここで，B 点は曲率が方向を変える変曲点である．

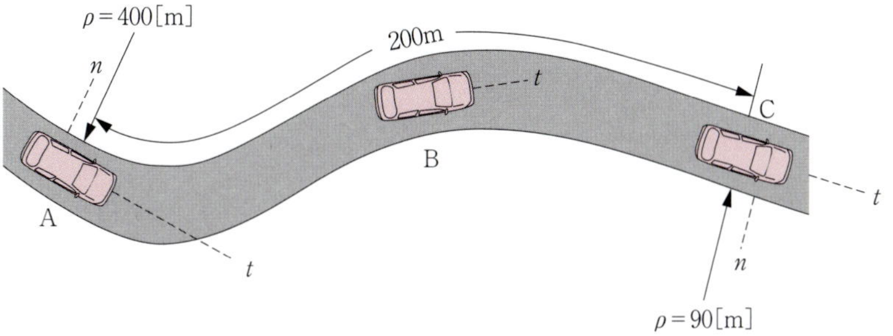

図 E9-5

［6］図のような半球状のドーム型天井を有する塔の頂上 A にある飾りが突然ドーム上を滑り落ちて地上に落下した．このとき下記の問に答えよ．ただし，飾りとドーム間の摩擦や空気抵抗は無視できるものとする．

(a) 飾りがドーム上から離脱する位置 C とそのときの速度 V_c を求めよ．

(b) 飾りが地上に落下したときの位置 $\overline{BP}$ を求めよ．

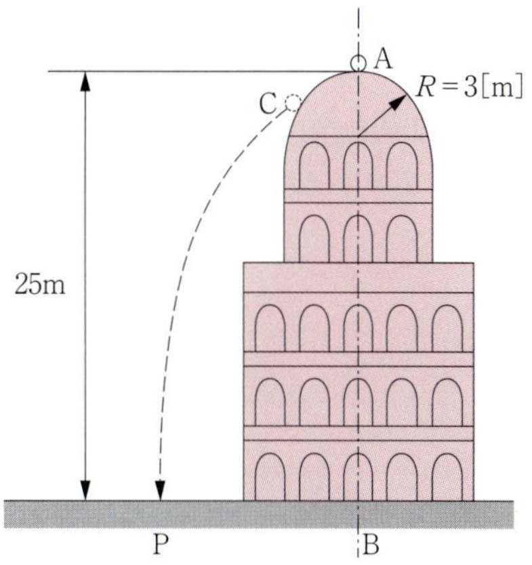

図 E9-6

［7］A 点で静止していた質量 m の小さな物体が図のように半径 R の滑らかな円弧状の表面に沿ってコンベヤー B まで滑り落ちる場合を考える．このとき下記の各問に答えよ．

① A 点から θ の角度をなす点における表面からの垂直抗力を N としたとき，物体に作用するすべての力を表す，フリーボディダイアグラムを描け．

② 面の垂直方向と接線方向にそれぞれ運動方程式を立てよ．

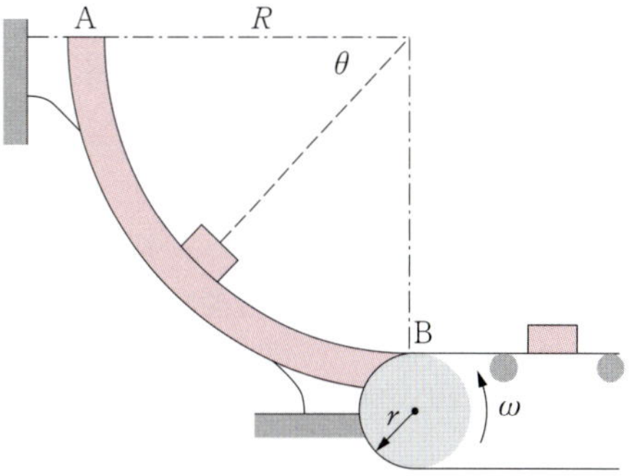

図 E9-7

③ 上記の運動方程式から θ の角度をなす点における物体の速度 v と垂直抗力 N を求めよ．

④ B 点に到達してから物体は半径 r，角速度 ω のコンベヤーで搬送される．このとき物体がコンベヤー上をいかなるときでも滑らないで搬送されるようなコンベヤーの回転の角速度 ω を求めよ．

［8］水平と θ の角をなす滑らかな斜面が水平に $x(t)$ で表される運動をするとき，斜面にそって初速度を与えられた質点の斜面に沿った運動を調べよ．

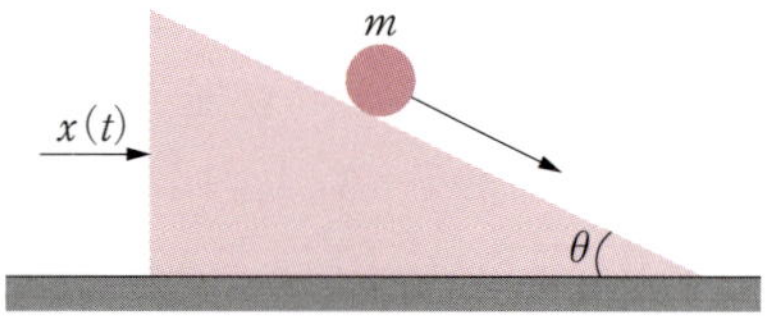

図 E9-8

［9］全質量 M の気球が加速度 a で降下している．浮力が一定として，どれだけの砂袋を捨てると，加速度 b で上昇するようになるか．

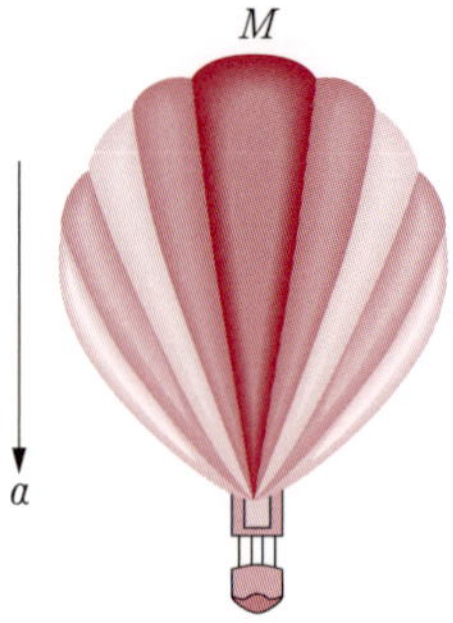

図 E9-9

［10］300N の力の作用によって生じる図 E9-10 に示すような物体 A と B の加速度とケーブルの張力を求めよ．すべての摩擦と滑車の質量は無視せよ．

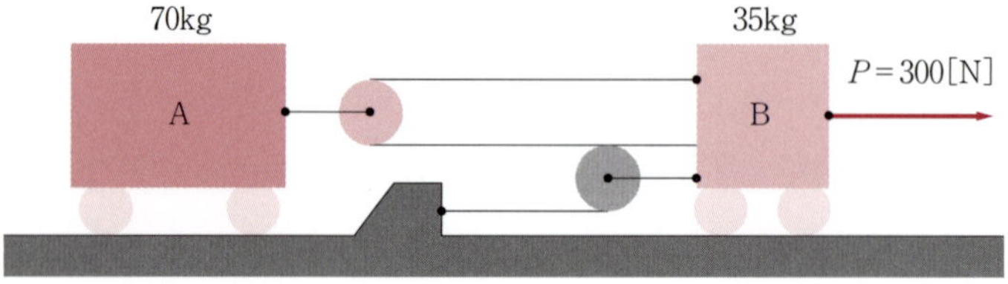

図 E9-10

［11］傾斜したブロック A が右向きに一定の加速度 a を与えられた．加速度 a の大きさにかかわらず，ブロック B がブロック A に対して滑らないようにするための傾斜角 θ の範囲を求めよ．なお，ブロック間の静摩擦係数は μ_s とする．

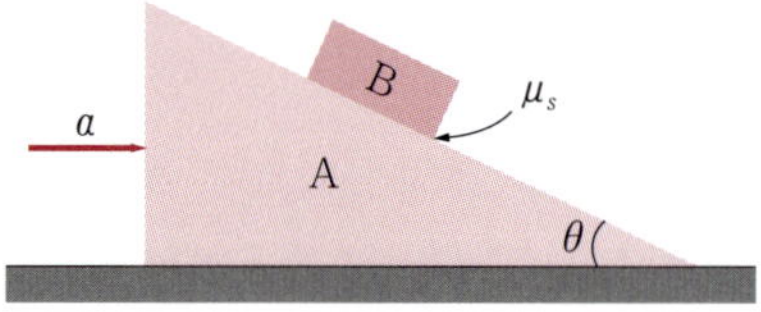

図 E9-11

［12］二つの質点 m_1，m_2 がロープで結合されている．各質点と傾斜間の動摩擦係数は μ_1，μ_2 で異なる値である．

①ロープが張力を受けながら二つの質点が下降する際の運動方程式を求めよ．このとき μ_1，μ_2 の間の関係について調べよ．

② $m_1=90$[g]，$m_2=45$[g]，$\mu_1=0.1$，$\mu_2=0.3$ のときロープの張力を求めよ．

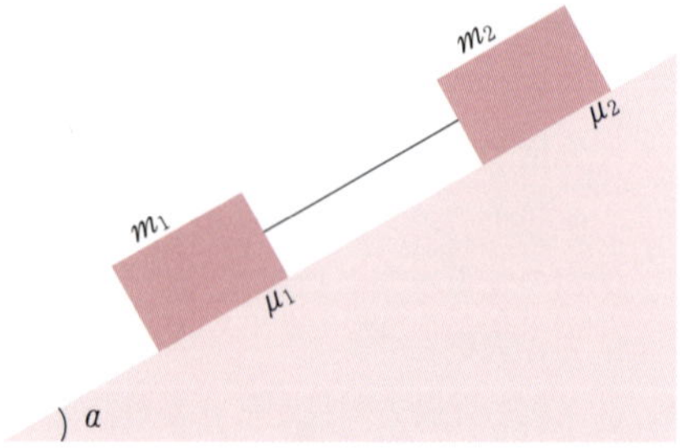

図 E9-12

[13] 図のように長さ l の鎖が図の二つの斜面の上に置かれている.

(a)鎖が静的に平衡状態となるためには，鎖はどのような比で分割すればよいか.

(b)平衡点から a 離れた点で，静かに鎖を離したときの運動方程式を導け.

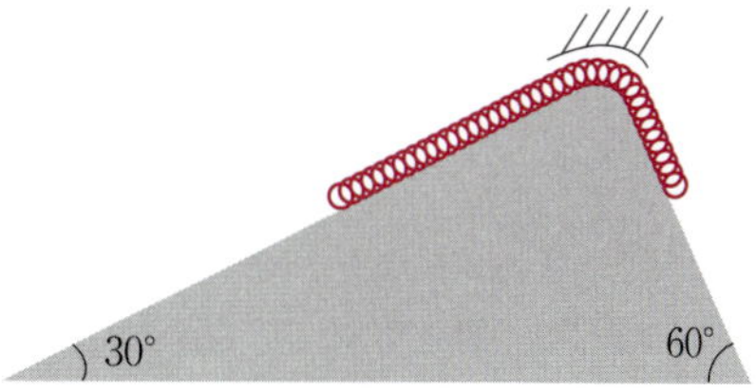

図 E9-13

[14] 水平面から θ_1，θ_2 の角をなす滑らかな複斜面をもつ質量 M の三角柱が，滑らかな水平机上においてある．質量 m_1，m_2 の質点を糸で結び，三角柱の頂上にある滑らかな水平な針にかけ，質点を両斜面上で運動させるとき，三角柱と質点の運動，糸の張力，机の抗力を求めよ.

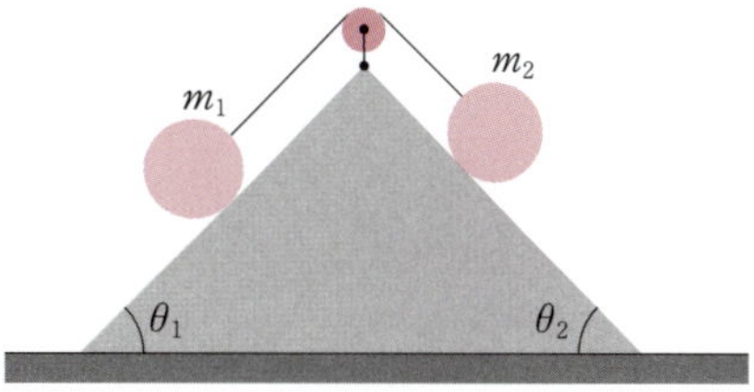

図 E9-14

[15] 長さ L，単位長さあたりの質量 ρ のチェーンが，上端に力 P を受けて一定の速さ v で降下している．降下したチェーンは台秤の上に重なっていく．このとき台秤の目盛りを鎖の長さ L から短かくなった長さ x の項で表せ.

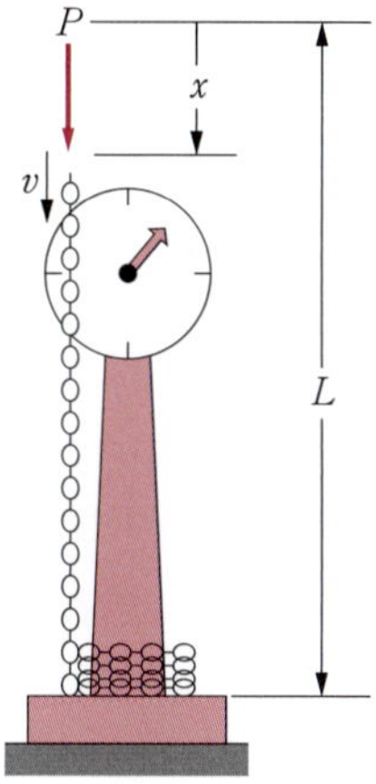

図 E9-15

[16] 3段式ロケットにおいて，第 i 段ロケットの燃料の質量を μ_i，燃料を除いた全質量を m_i とし，各段の噴射速度 u は一定とすると，全燃料を消費したとき達する最高速度はいくらか.

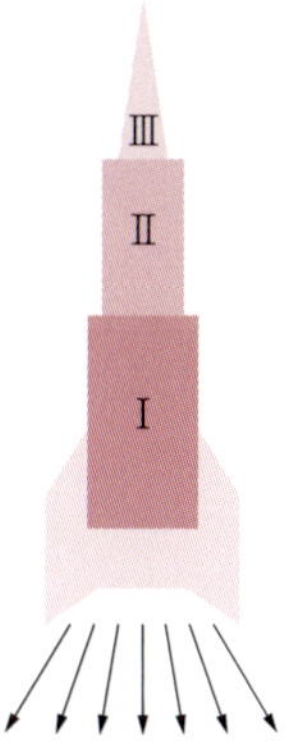

図 E9-16

[17] 滑らかな水平面上で，単位時間に一定の質量 μ の割合で物質を後方に噴出しながら進む物体がある．初めの質量が m_0，速度が v_0 で，物質は速度が 0 になるように噴出されるとすると，時間 t の後の速度と進行距離を求めよ．

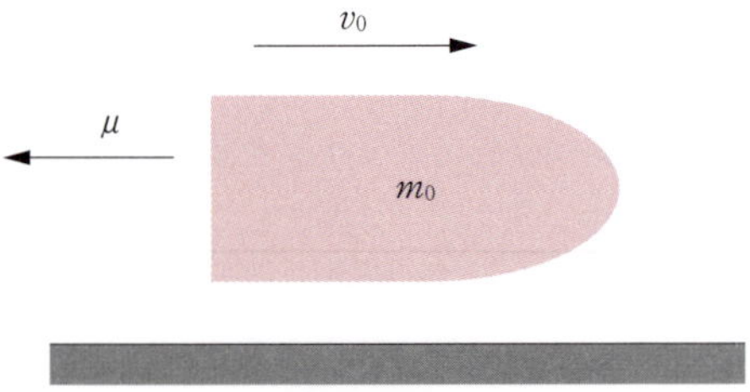

図 E9-17

[18] 図に示すように加速度 a で加速されている枠内に鋼製の球が 2 つの紐 A，B で吊るされている．紐 A の張力が紐 B の張力の 2 倍となるような枠の加速度を求めよ．

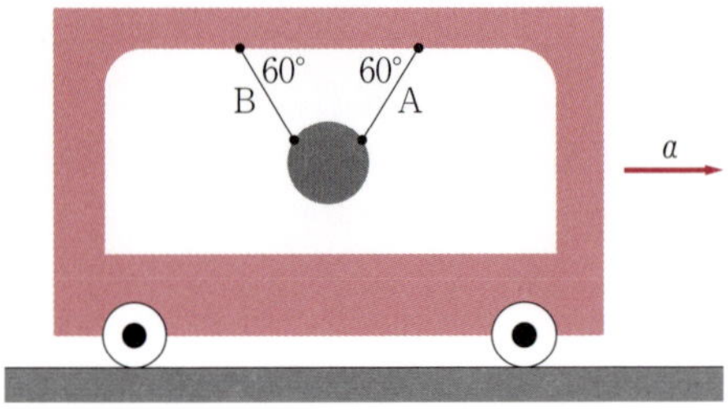

図 E9-18

[19] 平らなテーブルが，一様な角速度 ω で回転している．このテーブルの上に質量 m の質点がバネ定数 k のバネで回転中心に結合されている．質点は半径方向のみ動きうるものとする．回転が 0 のとき，バネは伸びていないものとしてその半径を r_1 とする．テーブルの半径を r_2 とする．バネの長さ r が $r_1 < r < r_2$ となるときの r と ω の関係式を求めよ．

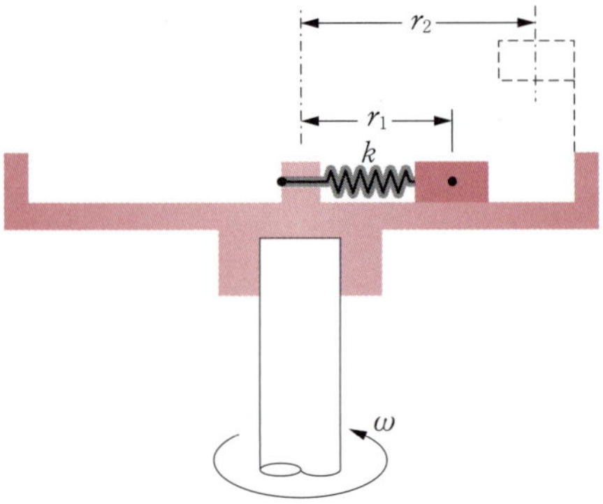

図 E9-19

[20] 質量 m の質点が，質量の無視できる長さ l の棒によって質量 M の台車に連結されている．この台車が右向きに一定の加速度 a を受けているとき，定常状態において棒の振れ角 θ と作用する水平方向の力 P を求めよ．

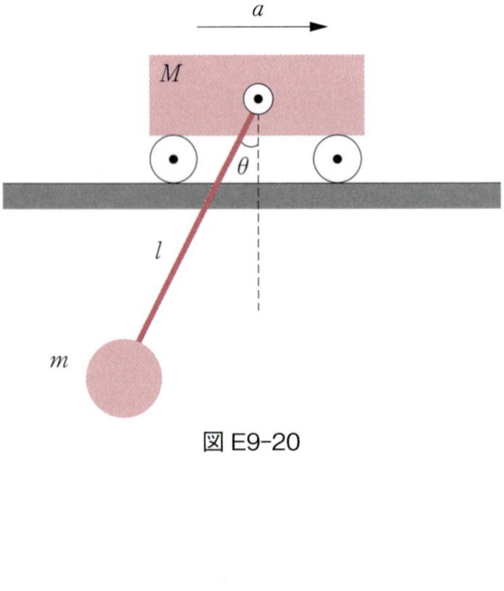

図 E9-20

第10章

剛体の運動

OVERVIEW

本章では，質点とは異なり力を受けても変形しない大きさのある物体の運動，すなわち剛体（regid body）の運動について述べる．剛体の概念は質点と同様に理想化された概念である．剛体の概念を用いると質点では表現できない物体の回転に関する運動も表現可能となる．直線運動の際の質量，加速度に対応する物理量として，回転運動では慣性モーメント（moment of inertia）と角速度があることも示す．人工衛星や剛体ロボットアームの運動は三次元的な剛体の運動として扱われることが多い．その一般的な解法は少し複雑となるので，二次元的な剛体の運動を中心に述べ，三次元的な剛体の運動に関しては，基本的な考え方のみを示すに留める．二次元的および三次元的な剛体の運動は，剛体内の代表的点として重心を選択すると運動方程式の記述が簡単になる．重心の並進運動と回転運動の運動方程式について説明する．

レオンハルト・オイラー
（Leonhard Euler）
1707年～1783年，スイス

・数学者，物理学者，天文学者
・オイラー図，オイラーの公式，オイラーの定理，オイラー微分方程式など名を冠した数学的業績多数
・解析的形式の運動方程式提示
・流体力学の基礎方程式，剛体の力学（オイラー角），変分法

10.1 剛体の概念と自由度

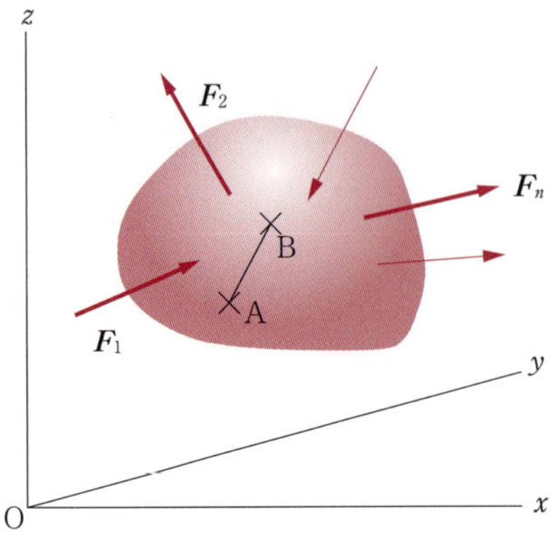

図 10.1　三次元空間内の物体と剛体の概念

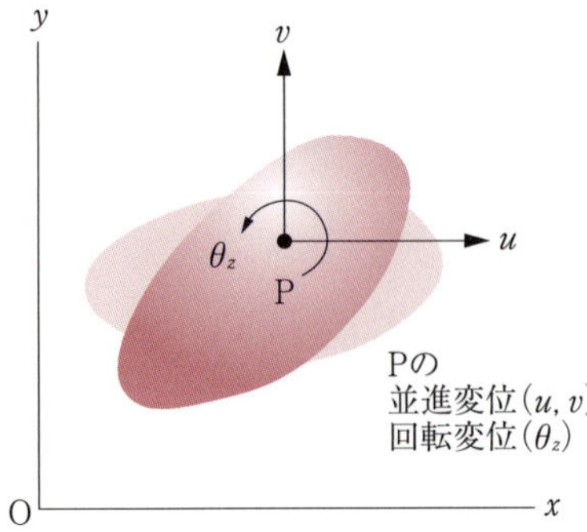

図 10.2　二次元空間内の物体と剛体の自由度（＝3）

図 10.1 に示すような三次元空間にある物体を考えてみる．この物体に多数の外力 $\boldsymbol{F}_1$，$\boldsymbol{F}_2$, ･･･ $\boldsymbol{F}_n$ が作用しているとき，この物体内の任意の二点 A，B について，外力の作用前の AB 間の長さと作用後の長さを比較したとき，この物体が変形する物体であれば，一般にその長さは変化する．しかしながらここで，外力の作用前と作用後の長さが変化しない，すなわち変形しない固い理想的な物体を考え，それを**剛体**（rigid body）と呼ぶ．

ここで剛体の二次元空間内の自由度について考えてみよう．図 10.2 のように剛体内の任意の一点のＰ変位を考えてみると，質点と同様の二つの並進変位（u, v）が考えられる．しかしこの並進変位のみでは剛体の空間上の位置は決まらないことは容易に理解できよう．すなわち質点の場合と異なり，点Ｐの z 軸方向の回転が可能で，一つの回転変位 θ_z も定めなければその空間的な位置は決まらない．一方，剛体内の任意の一点Ｐのこのような合計三つの変位〔並進変位（u, v），回転変位（θ_z）〕が決まれば，二次元空間で剛体の他のすべての点は幾何学的な関係からその位置が決まることは容易に解る．したがって，二次元空間内の剛体の自由度は３である．この考え方を拡張すると図 10.3 のように三次元空間内にある剛体の任意の点Ｐの変位は，三つの並進変位（x, y, z）および x 軸，y 軸，z 軸回りの三つの回転変位（θ_x，θ_y，θ_z）の計六つの変位を定めなければ物体の位置が決まらず，したがって三次元空間内の剛体の自由度は６である．剛体内の代表点としては幾何学的には任意の点を選ぶことは可能であるが，後述のように運動を記述するためには，代表点を重心Ｇにとり，その六つの変位（$u_G, v_G, w_G, \theta_{Gx}, \theta_{Gy}, \theta_{Gz}$）を考える方が力学的な取り扱いの際に便利であることも付言しておく．

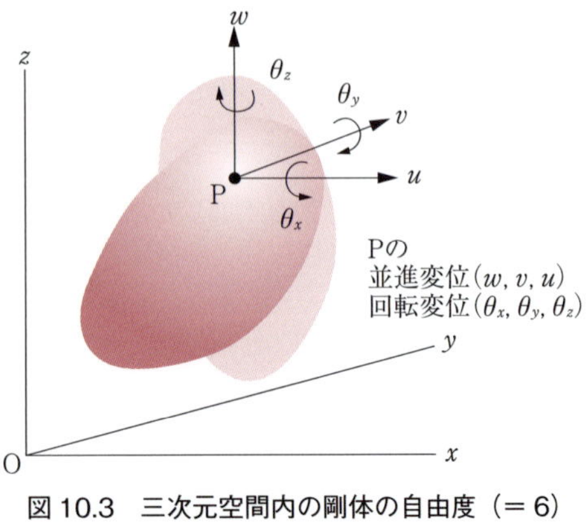

図 10.3　三次元空間内の剛体の自由度（＝6）

これらの並進変位 u，v，w は，その座標値（x, y, z）でも表現できる．

10.2 二次元空間内の剛体の運動

二次元空間内の剛体の運動は，幾何学的拘束のある場合の剛体の運動と，幾何学的な拘束の無い場合の剛体の運動に分けて考えると便利である．以下にはそれぞれについて説明する．なお拘束のある場合の代表的な運動は，固定点回りの剛体の運動である．

10.2.1 ◆ 幾何学的な拘束がある場合の二次元的な剛体の運動

ここでいう幾何学的な拘束とは二次元的な剛体の変位，すなわち並進変位（u, v）あるいは回転変位（θ_z）のいずれかを拘束するような幾何学的な拘束条件を考えている．

① 回転変位の拘束下の剛体の二次元的な運動

回転変位 θ_z を拘束した場合の質量 m の剛体の変位は並進変位（u, v）のみである．その運動は質点の運動と同様に代表点を重心（x_G, y_G）に取り，その変位 u，v を座標 x_G，y_G で表せば，運動方程式は

$$\begin{cases} X = m\ddot{x}_G \\ Y = m\ddot{y}_G \end{cases} \tag{10.1}$$

となる．ここに m は剛体の質量で，X，Y は剛体に作用する x 軸方向，y 軸方向の外力である．

② 並進変位を拘束した場合（固定点回りの）剛体の二次元的空間運動

(a) 運動方程式

図 10.4 に示すような固定点 C で並進変位（x_C，y_C）が拘束（固定）されている剛体の二次元空間内の運動を考える．この剛体の質量を m とし，重心（あるいは質量中心）を G，任意の点 P における微小質量を dm とする．$\overrightarrow{CG}$，$\overrightarrow{GP}$，$\overrightarrow{CP}$ を図のようにベクトル $\boldsymbol{a}$，$\boldsymbol{r}_G$，$\boldsymbol{r}_C$ でそれぞれ表す．点 P には単振子の場合と同様に，接線方向加速度 $a_t = r_C\ddot{\theta}$ および法線方向（求心）加速度 $a_n = r_C\dot{\theta}^2$ が生ずる．ここに $|\boldsymbol{r}_C| = r_C$ であり，θ は固定点回りの剛体の振れ角を表す．これらの

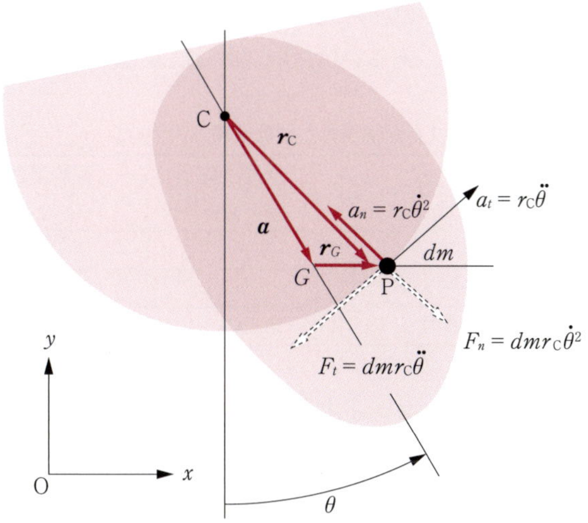

図 10.4　固定点回りの剛体の運動

加速度により，微小質量 dm には，タランベールの原理により，それぞれの加速度とは逆方向に慣性力 $F_t = dmr_C\ddot{\theta}$ および $F_n = dmr_C\dot{\theta}^2$ が生ずる．(図の点線の矢印) ここでC点に作用する外力による，紙面に垂直方向（θ_z 方向）の合モーメントを M とする．前述の慣性力の紙面に垂直方向（θ_z 方向）であるC点回りのモーメントを考えて物体全体にわたって合計（この場合には積分）したモーメント M_C は

$$M_C = \int r_C \cdot (dmr_C\ddot{\theta}) = \left(\int r_C^2 dm\right)\ddot{\theta} = I_C\ddot{\theta} \tag{10.2}$$

となる．ここに $I_C = \int r_C^2 dm$ となる量で，固定点C点回りの**慣性モーメント**（moment of inertia）と呼ばれる量である．半径方向の慣性力，すなわち遠心力 F_n はモーメント M に寄与しない．式（10.2）は，次式（10.3）のように $\boldsymbol{r}_C$ ベクトルの内積で表示でき，後の式の変形時に活用できる．

$$M_C = \int \boldsymbol{r}_C \cdot (dm\boldsymbol{r}_C\ddot{\theta}) = \left(\int \boldsymbol{r}_C \cdot \boldsymbol{r}_C dm\right)\ddot{\theta} = \left(\int r_C^2 \cos 0\, dm\right)\ddot{\theta} = \left(\int r_C^2 dm\right)\ddot{\theta} = I_C\ddot{\theta} \tag{10.3}$$

したがってC点における外力によるモーメント M と，慣性力によるモーメント M_C のついあいは

$$M - M_C = 0 \quad \rightarrow \quad M = M_C = I_C\ddot{\theta} \tag{10.4}$$

となる．式（10.4）は，C点回りの外力によるモーメントがC点回りの慣性モーメントと角加速度 $\ddot{\theta}$ の積になっていることを示している．

ところで，外力 F を受ける質点 m の直線運動の式は，変位を x としたとき次式で表されることは既に述べた．

$$F = m\ddot{x} \tag{10.5}$$

式（10.4）と式（10.5）を比較すると表10.1に示すような**アナロジー**（analogy）が成立している．すなわち同一形式に微分方程式で示され，形式的にも同一の構造をなしていることがわかる．したがって，直線運動は回転運動として，あるいは回転運動は直線運動として記述できることがわかる．

表10.1　直線運動と回転運動のアナロジー

運動系	直線運動	回転運動
運動方程式	$F = m\ddot{x}$	$M = I_C\ddot{\theta}$
力 ⇔ モーメント	F	M
質量 ⇔ 慣性モーメント	m	I_C
変位 ⇔ 角変位	x	θ

(b) 固定点，C点における慣性モーメントと重心に関する慣性モーメントの関係

ここで固定点，C点における慣性モーメント I_C と重心における慣性モーメント I_G の関係を調べてみよう．

まず図の r_C の x 方向と y 方向の成分を x_C，y_C とすれば

$$r_C^2 = x_C^2 + y_C^2 \tag{10.6}$$

となるので

$$I_C = \int r_C^2 dm = \int x_C^2 dm + \int y_C^2 dm = I_{yC} + I_{xC} \tag{10.7}$$

ここに $I_{yC} = \int x_C^2 dm$, $I_{xC} = \int y_C^2 dm$ で，それぞれ y 軸および x 軸に関する慣性モーメントである．式（10.6）はその和で I_C が表されることを示している．

次に C 点に関する慣性モーメント I_C と重心点 G における慣性モーメント I_G の関係を求めてみよう．

図 10.4 から

$$\boldsymbol{r}_C = \boldsymbol{a} + \boldsymbol{r}_G \tag{10.8}$$

であるので，式（10.8）を式（10.3）に代入し，$\boldsymbol{a}$ と $\boldsymbol{r}_G$ のなす角を α とすれば

$$\begin{aligned} I_C &= \int \boldsymbol{r}_C \cdot \boldsymbol{r}_C dm = \int (\boldsymbol{a} + \boldsymbol{r}_G) \cdot (\boldsymbol{a} + \boldsymbol{r}_G) dm = \int \boldsymbol{a} \cdot \boldsymbol{a} dm + 2\int \boldsymbol{a} \cdot \boldsymbol{r}_C dm + \int \boldsymbol{r}_G \cdot \boldsymbol{r}_G dm \\ &= \int a^2 \cos 0\, dm + 2\int a r_G \cos\alpha\, dm + \int r_G^2 \cos 0\, dm \\ &= a^2 \int dm + 2a \cos\alpha \int r_G dm + \int r_G^2 dm \end{aligned} \tag{10.9}$$

ここで重心の定義から $\int r_G dm = 0$ となり，$I_G = \int r_G^2 dm$ であるので式（10.9）は次式

$$I_C = a^2 m + I_G = I_G + a^2 m = I_G + (a_x^2 + a_y^2) m \tag{10.10}$$

となる．この式は C 点に関する慣性モーメントは，重心における慣性モーメント I_G に補正項 $a^2 m = (a_x^2 + a_y^2) m$ を加えれば求められることを示す．ベクトル $\boldsymbol{a}$ は固定点 C から重心までの距離ベクトルで，a_x, a_y はその x, y 成分である．したがって重心における慣性モーメントがわかれば，任意の点 P における慣性モーメントは，重心の慣性モーメントに点 P から重心までに距離の二乗に質量を乗じた補正項を加えることで求められることがわかる．表 10.2 に代表的な断面形状の物体の重心における慣性モーメント I_G 等の一覧を示しておく．また，以下にはいくつかの慣性モーメントの計算例を例題にて示しておく．

例題 10.1　長方形断面板の慣性モーメント

表 10.2 に示してある長方形板の慣性モーメントを求めよ．

【解答】　図 10.5 に示すように重心から距離 r にある慣性モーメントは，式（10.7）より

$$I_G = \int r^2 dm = \int x^2 dm + \int y^2 dm = I_y + I_x$$

表 10.2　重心等における慣性モーメント

名称	慣性モーメント	名称	
棒	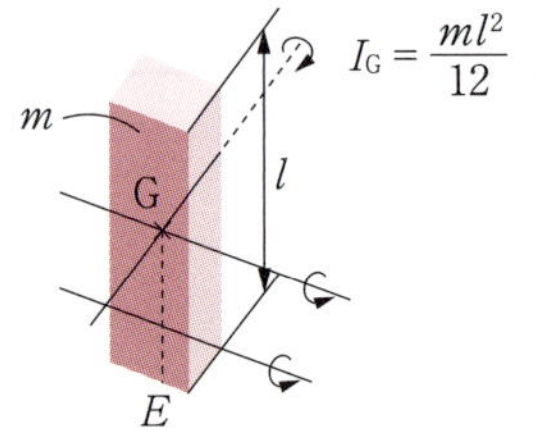	円筒	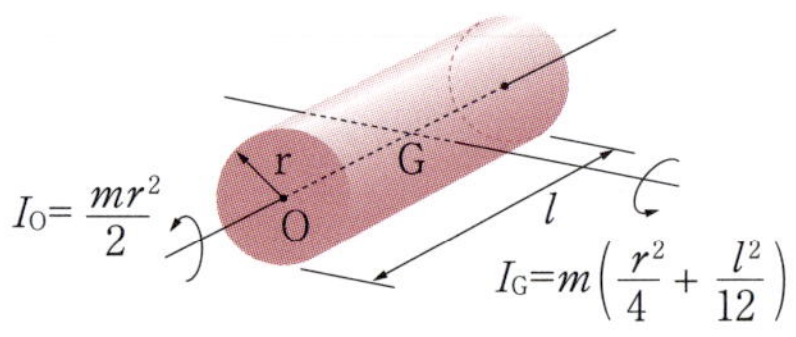
長方形板	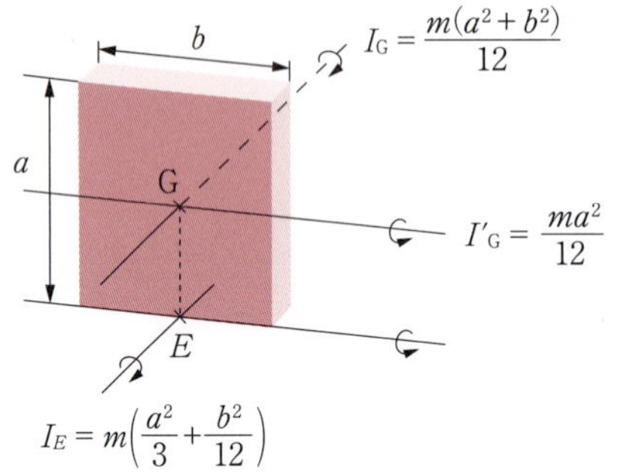	楕円板	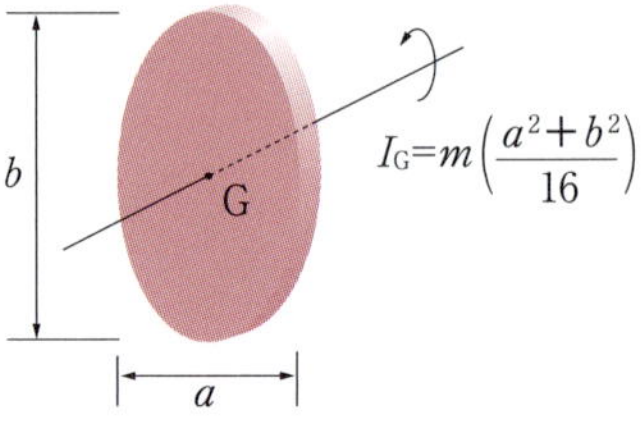
円板	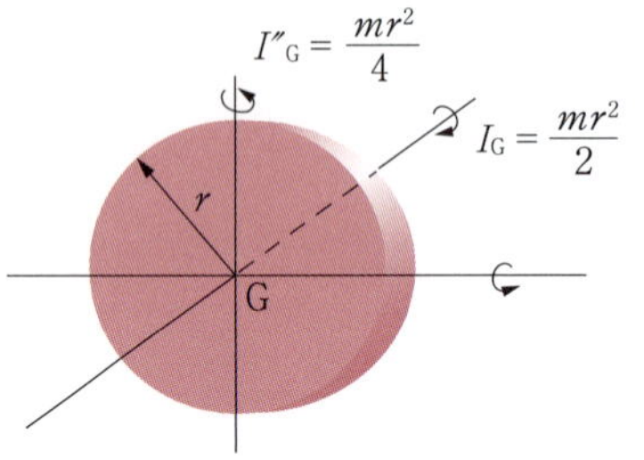	球（中空球）	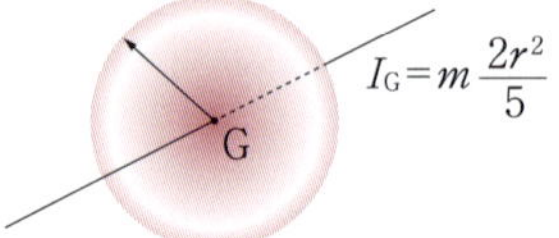 ※中空の球（外径R，内径r） $I_G = m\frac{2}{5}\frac{R^5-r^5}{R^3-r^3}$
三角形板	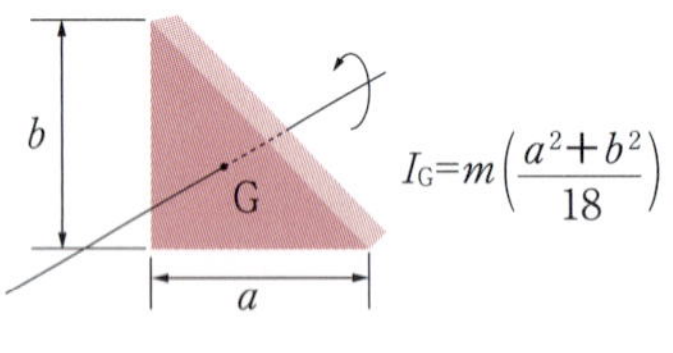	半球	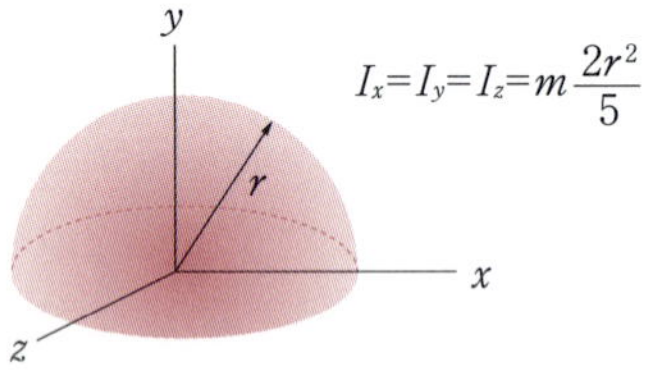

であるので，まず $I_x = \int y^2 dm$ を求める．板の厚さを t，密度を ρ とする．

$$I_x = \int y^2 dm = \int_{-\frac{a}{2}}^{\frac{a}{2}} y^2 \rho btdy = 2\rho bt \int_0^{\frac{a}{2}} y^2 dy = 2\rho bt \left[\frac{y^3}{3}\right]_0^{\frac{a}{2}} = \frac{\rho abt \cdot a^2}{12} = \frac{ma^2}{12}$$

ここに，$m = \rho abt$ で板の質量である．

同様に $I_y = \dfrac{mb^2}{12}$ が得られるので両者を加えて

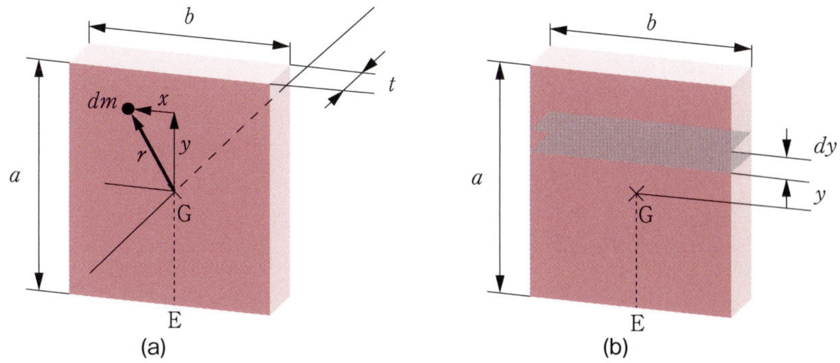

図 10.5　長方形板の慣性モーメント

$$I_G = I_x + I_y = \frac{m(a^2 + b^2)}{12}$$

が求められる．点 E における慣性モーメントは式（10.10）から GE 間の距離 $\frac{a}{2}$ で補正して

$$I_E = I_G + \left(\frac{a}{2}\right)^2 m = \frac{m(a^2 + b^2)}{12} + m\frac{a^2}{4} = m\left(\frac{a^2}{3} + \frac{b^2}{12}\right)$$

と求められる．

例題 10.2　円板の慣性モーメント

表 10.2 に示してある円板の重心における慣性モーメントを求めよ．

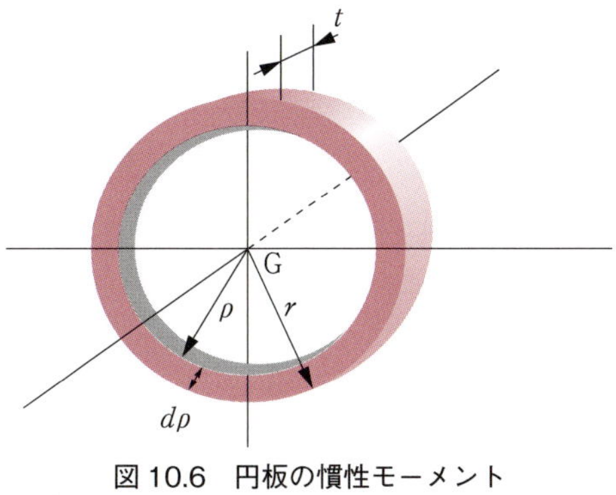

図 10.6　円板の慣性モーメント

【解答】　図 10.6 のように半径 ρ，厚さ $d\rho$ のリングを考えると，dm は円の面積 πr^2 とリングの面積 $2\pi\rho d\rho$ との比

$$dm = m\frac{2\pi\rho d\rho}{\pi r^2} = \frac{2m}{r^2}\,\rho d\rho$$

で与えられる．したがって

$$I_G = \int_0^r \rho^2 \cdot \left(\frac{2m}{r^2} \cdot \rho \right) d\rho = \frac{2m}{r^2} \int_0^r \rho^3 d\rho = \frac{mr^2}{2}$$

となる.

例題 10.3　1/4 部分が欠けた長方形板の慣性モーメント

図 10.7 に示すような右上の 1/4 部分が欠けた質量 $\frac{3}{2}m$ の長方形板がある．このとき次の問いに答えよ.

(1) この図形の重心を求めよ.

(2) この図形の重心における慣性モーメントを求めよ.

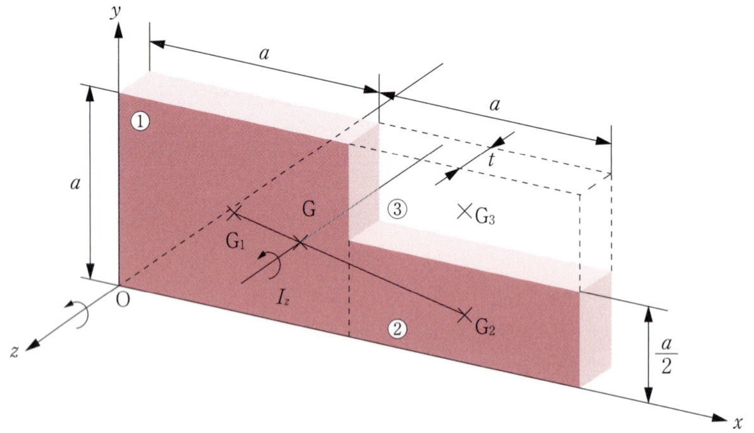

図 10.7　1/4 部分が欠けた長方形板の慣性モーメント

【解答】　(1) この図形の重心は①の板の部分の重心 G_1 と②部分の板の重心 G_2 を結んだ線分 G_1G_2 上にあり，それぞれの板の質量の逆比に内分した点である．G_1，G_2 の座標は $G_1\left(\frac{a}{2}, \frac{a}{2}\right)$，$G_2\left(\frac{3}{2}a, \frac{a}{4}\right)$ となる．①の板の部分と②の板の部分の質量の逆比は $\frac{a^2}{2} : a^2 = 1:2$ となる．したがって重心 G の座標は次のようになる.

$$G\left(\frac{\frac{3}{2}a + a}{3}, \frac{\frac{a}{4} + a}{3} \right) = G\left(\frac{5}{6}a, \frac{5}{12}a \right)$$

(2) この問題の簡単な解法として，以下に示す 2 通りの方法が考えられる.

1）この板を①の部分と②の部分から構成されていると考える.

①の部分の板の重心 G_1 および②の部分の重心 G_2 における慣性モーメントは

$$I_{1z} = I_{1x} + I_{1y} = m\left(\frac{a^2 + a^2}{12} \right) = \frac{1}{6}ma^2$$

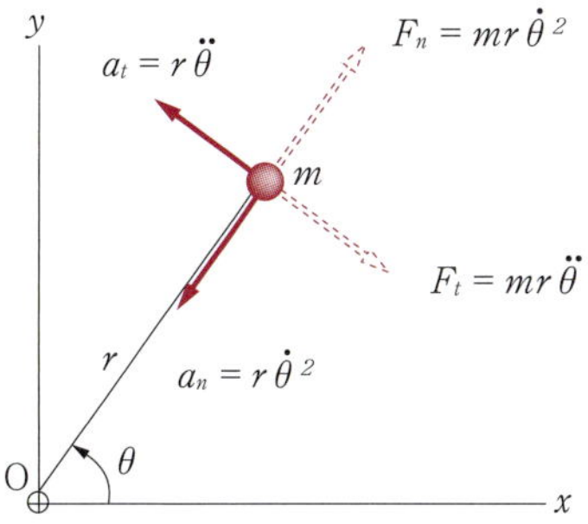

図 10.8　質量の無視できる棒の先端の集中質量の回転

$$I_{2z} = I_{2x} + I_{2y} = \frac{m}{2}\left(\frac{\left(\dfrac{a}{2}\right)^2 + (a^2)}{12}\right) = \frac{5}{96}ma^2$$

となる．

$$\overline{\overline{\mathrm{G_1G}}} = \left\{\left(\frac{1}{2} - \frac{5}{6}\right)^2 + \left(\frac{1}{2} - \frac{5}{12}\right)^2\right\}a^2 = \frac{17}{144}a^2$$

$$\overline{\overline{\mathrm{GG_2}}} = \left\{\left(\frac{5}{6} - \frac{3}{2}\right)^2 + \left(\frac{5}{12} - \frac{1}{4}\right)^2\right\}a^2 = \frac{17}{36}a^2$$ ここに，$\overline{\overline{\mathrm{G_1G}}}$，$\overline{\overline{\mathrm{GG_2}}}$は式(10,10)に示す補正項．

$$I_z = I_{1z} + m\overline{\overline{\mathrm{G_1G}}} + I_{2z} + \frac{m}{2}\overline{\overline{\mathrm{GG_2}}} = \left(\frac{1}{6} + \frac{17}{144} + \frac{5}{96} + \frac{17}{72}\right)ma^2 = \frac{55}{96}ma^2$$

2）この板を図の①＋①－③，つまり $a\times 2a$ の慣性モーメントから欠けた 1/4 の部分の慣性モーメントを引くことで同様に計算できる．練習として読者の計算に委ねよう．

(c) 慣性半径

図 10.8 のように，質量の無視できる棒，あるいは糸の先端に集中質量が取り付けられ水平面内回転している系を考えてみる．水平面内では質量に接線方向加速度 a_t および半径方向加速度（求心加速度）a_n が生じ，それぞれ次のような値を取る．

$$a_t = r\ddot{\theta}\,, \quad a_n = r\dot{\theta}^2 \tag{10.11}$$

したがってダランベールの原理によって，質量には上記の加速度と反対向きの慣性力 F_t，F_n が作用する．

$$F_t = -mr\ddot{\theta}\,, \quad F_n = -mr\dot{\theta}^2 \tag{10.12}$$

ここに F_n は**遠心力**（centrifugal force）として知られている力である．ここで原点 O における外力によるモーメントの合計を M とすれば，M は慣性力 F_t による O におけるモーメントとつりあっている．（慣性力 F_n はモーメントを生じない）すなわち

$$M = mr^2\ddot{\theta} = (mr^2)\ddot{\theta} \tag{10.13}$$

この式と剛体の場合の式（10.4）と比較してみると

$$mr^2 \leftrightarrow I \tag{10.14}$$

の対応関係が生じている．すなわち慣性モーメントの原理とも考えられるし，剛体系の慣性モーメントはこのような質点系の慣性モーメントが無限に集まったとも考えられる．したがって質量 m，慣性モーメント I を有する剛体は，質量 m の図 10.8 のようなモデルにも置換できる．その際に

$$I = mk^2 \tag{10.15}$$

となる k を定めれば，k は図 10.8 の r に相当するので，k は**慣性半径**（radius of gyration）と呼ばれる．ここに $k=\sqrt{I/m}$ で定まる量で，回転体を単純化して考えるのに便利である．ちなみに円板の慣性半径は，円板の半径を r とすれば $k=0.7r$ である．

(d) 固定点のある剛体の運動の解析

ここで固定点 O のある剛体の二次元運動の解析手順を示し，代表的な例題 2 題を示そう．

固定点 O のある剛体の二次元運動解析の手順

1）固定点 O における剛体の慣性モーメント I_O を求める．
　固定点が重心でない場合には式（10.10）で補正項を加えた計算をする．

2）剛体に作用する全ての外力の固定点 O における合モーメントを $\boldsymbol{M}_O$ を求める．

3）固定点回りの角度を θ とすれば式（10.4）から

$$M_O = I_O \ddot{\theta}$$

が成立するので，この微分方程式を解くことで運動が求められる．

例題 10.4　剛体振子の運動

図 10.9 に示すような剛体が一点 C で固定され，その回りに振れ回る振子，**剛体振子**（rigid body pendulum or compound pendulum）を考える．剛体の質量を m，固定点 C に関する慣性モーメントを I_C，重心を G として G に関する慣性モーメントを I_G，C と G 間の距離 $\overline{CG} = a$ とし，振れ角 θ が生じたときの，運動方程式を求めよ．

【解答】　図 10.9 に示すように，振子の重心 G には接線方向の加速度 a_t および法線方向（求心方向）の加速度 a_n が生じている．外力の C 点に関するモーメントは重力によって生ずるモーメント

$$M = -mga\sin\theta$$

である．したがって運動方程式は

$$-mga\sin\theta = I_C\ddot{\theta} \tag{10.16}$$

となる．式（10.16）から角速度 $\ddot{\theta}$ は

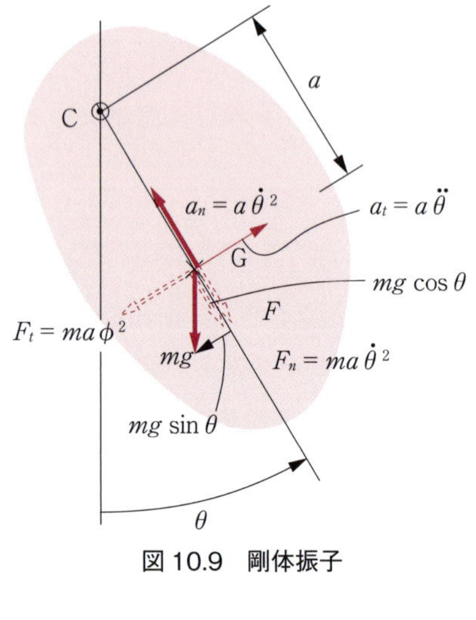

図 10.9　剛体振子

$$\ddot{\theta} = -\frac{g}{I_C/(ma)}\sin\theta \tag{10.17}$$

となる．この式と質点系の単振子の加速度の式

$$\ddot{\theta} = -\frac{g}{l}\sin\theta \tag{10.18}$$

と比較すると剛体振子は等価長さ $l_{eq} = I_C/(ma)$ となる単振子の運動に置き換えられる．さらに I_C は重心の I_G を使って

$$I_C = I_G + ma^2 = m(k_G{}^2 + a^2) \tag{10.19}$$

となる．ここに k_G は慣性半径である．また重心 G には図に示すような加速度と慣性力が作用している．

例題 10.5　一方の支持端を解放したときの剛体はりに生ずる加速度

図 10.10 に示すような A，B で支持された長さ l，質量 m の剛体はりを考える．右の支持端 B を急に開放した場合の右端 B の加速度を求めよ．

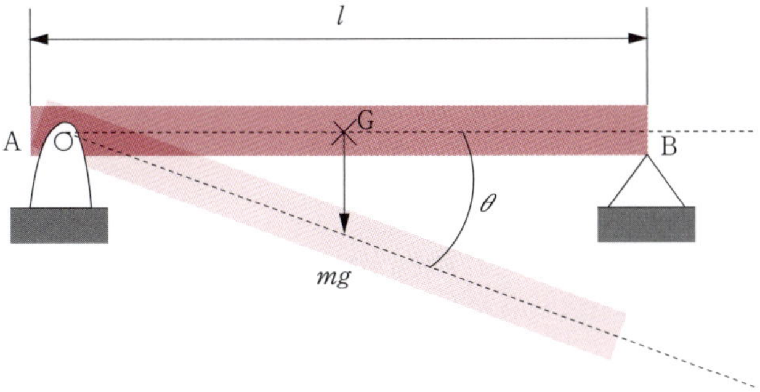

図 10.10　両端支持された剛体はり

【解答】　容易に判るように，剛体はりは支点 A の回りに回転運動をする．そこで支点 A に関して運動方程式を立てる．支点 A に作用する外力によるモーメントは，重力 mg によるモーメント $M = \dfrac{mgl}{2}$ のみである（時計回りを正とする）．したがって

$$\frac{mgl}{2} = I_A\ddot{\theta} \tag{10.20}$$

となる．ここで A 点に関する慣性モーメントは重心における慣性モーメント $I_G = \dfrac{ml^2}{12}$ を補正して

$$I_A = I_G + m\left(\frac{1}{2}l\right)^2 = \left(\frac{1}{12} + \frac{1}{4}\right)ml^2 = \frac{1}{3}ml^2 \tag{10.21}$$

で与えられる．式（10.21）を式（10.20）に代入すると

$$\frac{mgl}{2} = \frac{mgl^2}{3}\ddot{\theta} \tag{10.22}$$

となり，この式から

$$\ddot{\theta} = \frac{3}{2}\frac{g}{l} \tag{10.23}$$

となる．したがって右端の加速度 $\ddot{x}_B = l\ddot{\theta} = \dfrac{3}{2}g$ となる．

10.2.2 ◆ 固定点のない場合の二次元空間内の剛体の運動

ここでは 10.2.1 項の場合のような固定点のない場合の剛体の二次元空間内の運動すなわち自由な運動を考え，その運動方程式を導いてみよう．

まず予備知識として必要なことは，静力学の第 2 章や 6.3 節で説明した静力学的に等価な系の概念である．図 10.11 に示すように点 P に作用している力 F の作用点と異なる任意の点 Q を考えよう．点 Q における静力学的に等価な力系は，同図（b）に示すように P に作用した F と平行な点 Q に作用する $\boldsymbol{F}$ と偶力 $\boldsymbol{M}_c$ である．これは同図（c）に見られるように合計が 0 になるような（相殺するような），逆向きの F を Q 点に加え，元の P に作用する力と平行な力 F，偶力を形成する力をまとめて考えることで容易に示される．

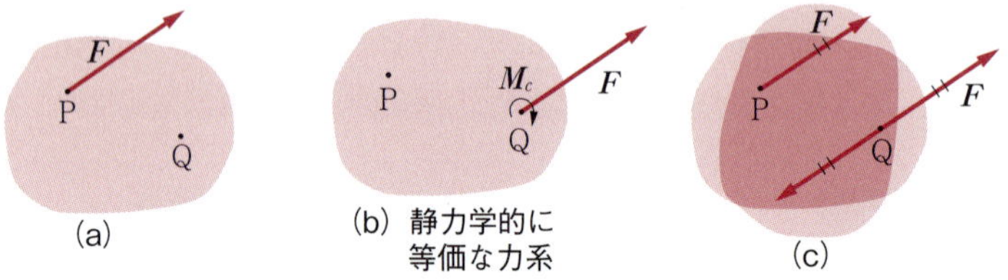

図 10.11　作用点の移動と静力学的に等価な系

この概念を使って図 10.12 に示すような二次元空間にある固定点（拘束点）の無い剛体の運動方程式を導出することにしよう．この剛体の重心を $\mathrm{G}(x_\mathrm{G}, y_\mathrm{G})$ とし，剛体上の任意の点 $\mathrm{P}(x_\mathrm{P}, y_\mathrm{P})$ に微小質量 dm を考えよう．運動方程式を得るためにここではまず剛体に作用する外力 $\boldsymbol{F}_1$, $\boldsymbol{F}_2$, ･･･, $\boldsymbol{F}_i$, ･･･, $\boldsymbol{F}_n$ の重心に関する静力学的な等価な力系を求める一方，剛体の各点におけるダランベールの原理による慣性力と重心において静力学的に等価な力系を求めることにする．

① 外力 F_1, F_2, ･･･, F_i, ･･･, F_n の重心における静力学的に等価な力系

各外力に対して重心において静力学的に等価な力系は前述の図 10.11 の手法を用い，その結果をすべて合計すればよい．したがって静力学的に等価な系は下記の合力：

$$\boldsymbol{F} = \sum_{i=1}^{n} \boldsymbol{F}_i \quad \text{あるいは}\ X = \sum_{i=1}^{n} X_i, \quad Y = \sum_{i=1}^{n} Y_i \tag{10.24}$$

となる．ここに X_i, Y_i は $\boldsymbol{F}_i$ の x 成分と y 成分である．また，偶力のモーメント $\boldsymbol{M}$ は，$\boldsymbol{F}_1$, $\boldsymbol{F}_2$, ･･･, $\boldsymbol{F}_i$, ･･･, $\boldsymbol{F}_n$ の重心 G に関するモーメントと同じであるので

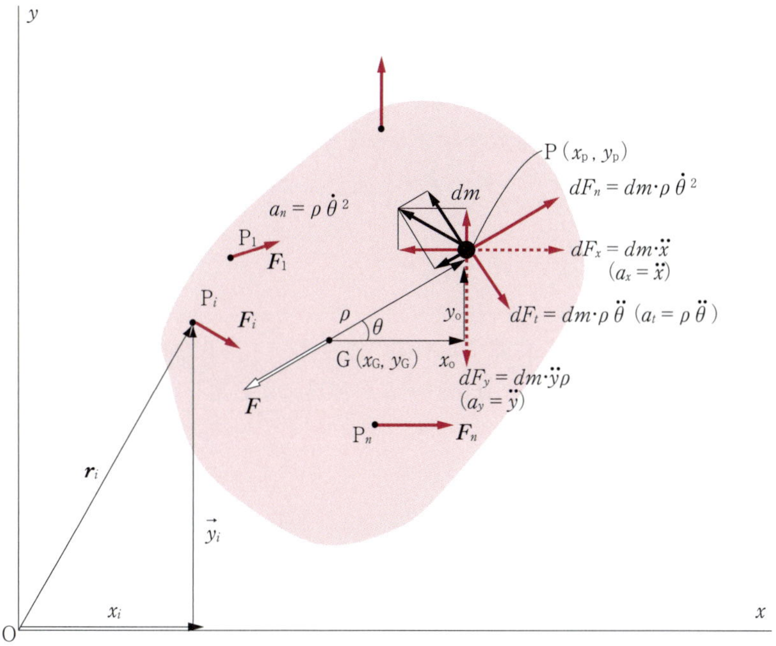

図 10.12　二次元空間内の固定点（拘束点）のない剛体の運動

$$\boldsymbol{M}=\sum_{i=1}^{n}\boldsymbol{M}_i\,,\qquad \boldsymbol{M}_i=\sum\boldsymbol{r}_i\times\boldsymbol{F}_i=\boldsymbol{k}\sum_{i=1}^{n}(x_iY_i-y_iX_i) \tag{10.25}$$

となる．

ここに $\boldsymbol{k}$ は z 方向の単位ベクトル，x_i と y_i は $\boldsymbol{F}_i$ の位置ベクトル $\boldsymbol{r}_i$ の x，y 成分である．

② 剛体の各点に生ずる慣性力の重心 G における静力学的に等価な力系

点 P の微小量 dm に作用する慣性力は，x，y 座標では図の $a_x=\ddot{x}$，$a_y=\ddot{y}$ と逆向きに dm を乗じた力

$$dF_x=-dm\cdot\ddot{x}_p=-dm(\ddot{x}_{\mathrm{G}}+\ddot{x}_{\mathrm{O}})\,,\quad dF_y=-dm\cdot\ddot{y}_p=-dm(\ddot{y}_{\mathrm{G}}+\ddot{y}_{\mathrm{O}}) \tag{10.26}$$

であり，剛体の回転の接線方向と法線方向の加速度成分 $a_t=\rho\ddot{\theta}$，$a_n=\rho\dot{\theta}^2$ を考えると，その逆向きに dm を乗じた力

$$dF_t=-dm\rho\ddot{\theta}\,,\quad dF_n=-dm\rho\dot{\theta}^2 \tag{10.27}$$

となる．ここで図に示すように $\rho=\overline{\mathrm{GP}}$ で，x_0，y_0 は距離 ρ の x，y 成分である．加速度 $\ddot{x}_0$ と加速度 $\ddot{y}_0$ の合ベクトルと加速度 a_t，a_n の合ベクトルの値は同一になる．したがって，重心 G において各点に生ずる慣性力の静力学等価な力系は剛体の全質量におよぶので，積分をして，x，y 方向では

$$\begin{cases} F_x=-\int\ddot{x}_p dm=-\int\ddot{x}_{\mathrm{G}}dm-\int\ddot{x}_{\mathrm{O}}dm=-\int\ddot{x}_{\mathrm{G}}dm \\ F_y=-\int\ddot{y}_p dm=-\int\ddot{y}_{\mathrm{G}}dm-\int\ddot{y}_{\mathrm{O}}dm=-\int\ddot{y}_{\mathrm{G}}dm \end{cases} \tag{10.28}$$

となる．なぜならば重心の定義から$\int \ddot{x}_O dm=0, \int \ddot{y}_O dm=0$になるからである．これらの力と一緒に重心Gにおける慣性力のモーメント成分も考えなければならず，その場合には回転方向の接線成分と法線成分に分けた力を使ってモーメント成分を求めた方が便利である．なぜならば法線成分の力（遠心力）はモーメント成分が0となるからである．したがって，式（10.27）の力とモーメントの腕の長さρを考えて，モーメント成分は全質量におよぶので積分をして

$$M_G=-\int \rho\cdot\rho\ddot{\theta}dm=-(\int \rho^2 dm)\ddot{\theta}=-I_G\ddot{\theta} \tag{10.29}$$

となる．ここに$I_G=\int \rho^2 dm$で重心に関する剛体の慣性モーメントである．

以上の（1），（2）の結果から，タランベールの原理による重心における力のつりあいおよびモーメントのつりあいは

$$\begin{cases} \sum_{i=1}^{n} X_i - m\ddot{x}_G=0, \quad \sum_{i=1}^{n} Y_i - m\ddot{y}_G=0 \\ M-I_G\ddot{\theta}=\sum_{i=1}^{n} M_i - I_G\ddot{\theta}=\sum_{i=1}^{n}(x_iY_i-y_iX_i)-I_G\ddot{\theta}=0 \end{cases} \tag{10.30}$$

となる．ニュートンの運動方程式の形に記せば

$$\sum_{i=1}^{n} X_i=m\ddot{x}_G, \quad \sum_{i=1}^{n} Y_i=m\ddot{y}_G, \quad \sum_{i=1}^{n} M_i=I_G\ddot{\theta} \tag{10.31}$$

となる．すなわち固定点（拘束点）の無い剛体の二次元的な運動は，重心におけるx，y方向の並進運動の運動方程式と，回転運動の運動方程式の三つの式で表されることがわかる．回転における運動方程式は，重心を固定点とした場合の運動方程式と同一になる．

例題 10.6　斜面上を転がる円板の運動

図10.13に示すように半径r，質量m，重心（質量中心）における慣性モーメントがI_Gであり，重心が回転の中心と一致している円板を考える．水平面とθをなす粗い斜面（静摩擦係数μ_s，動摩擦係数μ_d）の上にこの円板を静かに置く時，どんな運動が起こるか．

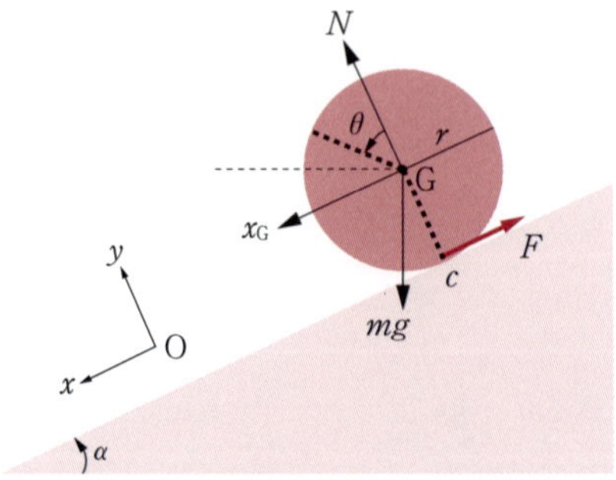

図10.13　斜面を転がり落ちる円板

【解答】　運動の可能性として次の三通りの場合が考えられる．

（1）滑らずに転がり落ちる場合

斜面に沿って下方に軸を取り，重心の座標を x_G，回転の角度を θ，斜面に沿って作用する摩擦力を F とすると，重心に関する運動方程式は

$$\begin{cases} mg\sin\alpha - F = m\ddot{x}_G & (10.32) \\ Fr = I_G\ddot{\theta} & (10.33) \end{cases}$$

となる．滑らないときは $x_G = r\theta$ なので上の 2 式から $\ddot{\theta}$ を消して $\ddot{x}_G$，F ついて解くと

$$\ddot{x}_G = \frac{2}{3}g\sin\alpha\,,\ F = \frac{1}{3}M_g\sin\alpha \tag{10.34}$$

となる．摩擦力 F は，最大摩擦力 $\mu_s N$ を超えることはないので

$$\frac{1}{3}mg\sin\alpha \leqq \mu N = \mu_s mg\cos\alpha \quad \therefore \quad \tan\alpha \leqq 3\mu_s \tag{10.35}$$

すなわち $\tan\alpha \leqq 3\mu_s$ のとき滑らないで転がり，重心は $\ddot{x} = (2/3)g\sin\alpha$ の定加速度運動をする．

（2）滑りながら落ちる場合

この場合は $\tan\alpha > 3\mu_s$ の場合で，摩擦力 F は

$$F = \mu_d N = \mu_d mg\cos\alpha \tag{10.36}$$

したがって式（10.32）に相当する式は

$$mg\sin\alpha - \mu_d mg\cos\alpha = m\ddot{x}_G \quad \therefore \quad \ddot{x} = g(\sin\alpha - \mu_d\cos\alpha) \tag{10.37}$$

ここで $\tan\alpha > 3\mu_s > 3\mu_d > \mu_d$ より，$\sin\alpha - \mu_d\cos\alpha > 0$ となり，$\ddot{x}_G > 0$ で重心は定加速度 $g(\sin\alpha - \mu_d\cos\alpha)$ で落ちる．

（3）そのまま静止する場合

静止する場合は起こらない．なぜならば摩擦力が大きければ斜面に沿う力ベクトルは 0 とはなるが，重心回りのモーメントが残るからである．この場合，最大摩擦力 $F_s = \mu_s N$ 以下で転がりだす．しかし実際の現象として円板は点でなく面で斜面と接触しているために，斜面の角度 α が小さければ静止することもある．

例題 10.7　ヨーヨーの運動

図 10.14 に示すような半径 R，質量 M の一様な円板の中心に半径 r の軸を通し，この軸の回りに糸を巻きつける．そして，糸の他端を固定して円板を静かに落下させる．これはヨーヨー（yo-yo）と呼ばれる玩具である．円板が糸をほどきながら落下するときの加速度 a を求め考察せよ．なお簡単のために中央に取り付けた軸の質量は無視できると考え，$R = nr$ とおく．

【解答】　円板に作用する力は重力 Mg と糸の張力 T のみである．したがって，円板の重心における落下の運動方程式は

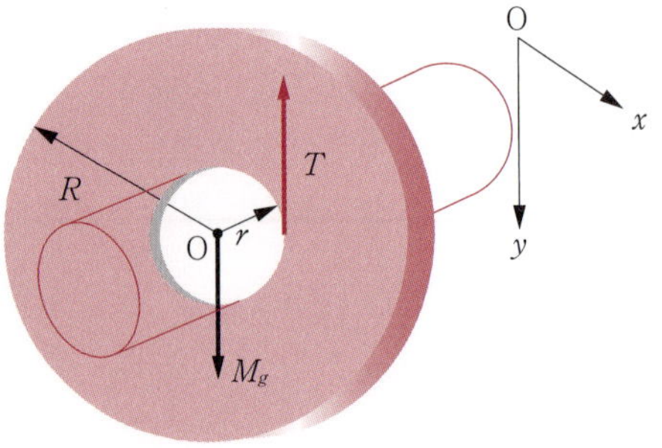

図 10.14　ヨーヨーの落下運動

$$Mg - T = Ma \tag{10.38}$$

となる．また円板の回転角を θ とすれば，円板の重心に関する回転運動の運動方程式は

$$rT = I_G \ddot{\theta} \tag{10.39}$$

となる．糸がほどけるに従って円板は落下するので，落下距離 y と θ との間の関係は

$$y = r\theta \tag{10.40}$$

式（10.40）を式（10.39）に代入して

$$T = \frac{I_G}{r^2}\ddot{y} \tag{10.41}$$

となり，式（10.38）より加速度 a を求めると

$$a = \ddot{y} = \frac{M_g}{M + \dfrac{I_G}{r^2}} \tag{10.42}$$

となる．ここで慣性モーメント $I_G = 1/2(MR^2)$，また $R = nr$ であるので，加速度 a と張力 T は

$$a = \frac{2g}{2+n^2} \tag{10.43}$$

$$T = \frac{n^2 Mg}{2+n^2} \tag{10.44}$$

となる．ここで n の大きさと落下加速度および張力の関係を調べてみると，表 10.3 のようになる．

表 10.3　軸の半径 r と加速度 G と張力 T の関係

n	1	2	5
R	$R = r$	$R = 2r$	$R = 5r$
a	$\frac{2}{3}g$	$\frac{1}{3}g$	$\frac{2}{27}g$
T	$\frac{1}{3}Mg$	$\frac{2}{3}Mg$	$\frac{25}{27}Mg$

この表から，糸を巻く軸の半径 r が円板の半径 R に比べて小さくなるほど，円板はゆっくり落下することがわかる．

例題 10.8　ビリヤード球の運動

図 10.15 のように水平の台の上の半径 r のビリヤード球をキュー（突棒）で台面から h の高さで水平に突く時，ボールが滑らずに転がる高さ h を求めよ．

【解答】　キューの突く力を P とする．ビリヤード球に作用する力は，重力 mg，床との接点における垂直抗力 N，摩擦力 F である．球の半径を r として中心（重心）G に関する運動方程式を立ててみる．

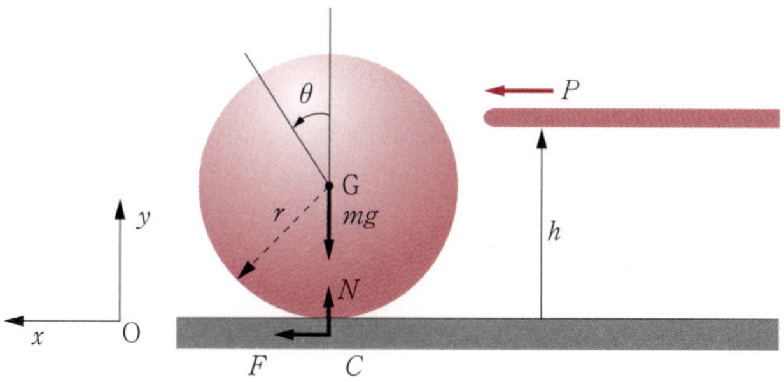

図 10.15　ビリヤード球の運動

まず x 方向の並進運動の運動方程式は

$$P+F=m\ddot{x}_{\mathrm{G}} \tag{10.45}$$

となり，回転運動の運動方程式は，回転角 θ を図 10.15 のように取ると

$$-Fr+P(h-r)=I_{\mathrm{G}}\ddot{\theta} \tag{10.46}$$

となる．滑らずに転がることを考えているので

$$x_{\mathrm{G}}=r\theta \tag{10.47}$$

式（10.45）を式（10.46）に代入して，その結果に式（10.47）に代入して摩擦力 F を求めると次式となる．

$$F=\frac{mrP}{I_{\mathrm{G}}}\left(h-r-\frac{I_{\mathrm{G}}}{mr}\right) \tag{10.48}$$

球が滑らずに転がるためには摩擦力 F が正，すなわち式（10.48）の（　）内が正であることが必要である．したがって

$$h>r+\frac{I_{\mathrm{G}}}{mr} \tag{10.49}$$

となり，球の I_{G} は $I_{\mathrm{G}}=\dfrac{2}{5}mr^2$ であるので

$$h>\frac{7}{5}r \tag{10.50}$$

となる．

例題 10.9　壁に立て掛けてあるはしごの運動

図 10.16 のように，一端を壁に立て掛け他の一端を床に置いてある長さ l，一様な質量分布をしている質量 m のはしごがある．壁および床の表面は滑らかで摩擦は無視できるものとする．このはしごの運動方程式を求めよ．

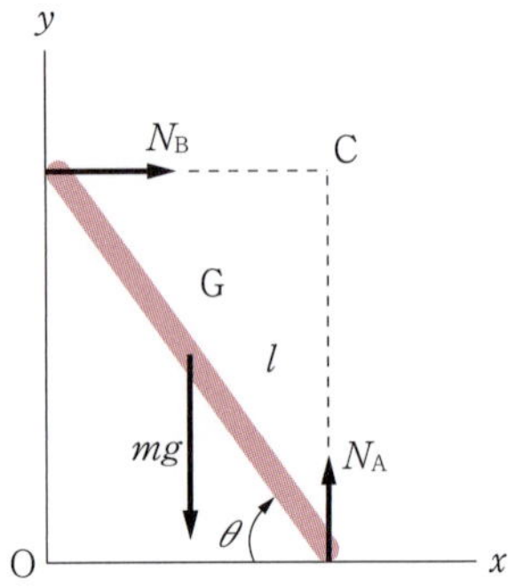

図 10.16　壁に立てかけてあるはしごの運動

【解答】　はしごの重心に関する運動方程式を立てる．x 方向と y 方向の並進運動と，回転運動の運動方程式は，はしごの回転角を θ，はしごの重心回りの慣性モーメントを I_G とするとき，以下のようになる．

$$\begin{cases} N_B = m\ddot{x}_G & (10.51) \\ N_A - mg = m\ddot{y}_G & (10.52) \\ N_A \dfrac{1}{2}\cos\theta - N_B \dfrac{l}{2}\sin\theta = I_G\ddot{\theta} & (10.53) \end{cases}$$

式（10.51），式（10.52）の N_A，N_B を式（10.53）に代入して消去すれば

$$(m\ddot{y}_G + mg)\frac{l}{2}\cos\theta - m\ddot{x}_G\frac{l}{2}\sin\theta = I_G\ddot{\theta} \tag{10.54}$$

となる．重心の座標 x_G，y_G と θ とは以下の幾何学的な関係がある．

$$x_G = \frac{l}{2}\cos\theta,\quad y_G = \frac{l}{2}\sin\theta \tag{10.55}$$

式（10.55）から加速度 $\ddot{x}_G$ および $\ddot{y}_G$ は，微分を行って，その際に**鎖の規則**（chain rule）に注意すれば以下のように表せる．

$$\ddot{x}_G = -\frac{l}{2}\cos\theta\cdot\dot{\theta}^2 - \frac{l}{2}\sin\theta\cdot\ddot{\theta},\quad y_G = -\frac{l}{2}\sin\theta\cdot\dot{\theta}^2 - \frac{l}{2}\cos\theta\cdot\ddot{\theta} \tag{10.56}$$

式（10.56）を式（10.54）に代入して整理すると

$$mgl\cos\theta = \left[I_G + m\left(\frac{1}{2}\right)^2\right]\ddot{\theta} \tag{10.57}$$

となる．

10.3 三次元空間内の剛体の運動

三次元空間内の剛体の運動は，基本的には二次元空間内の運動の拡張と考えるが，自由度が二次元空間内は3であるのに対し，自由度が倍の6になるため，運動方程式の記述やその解法は複雑になる．そこで，ここではその概略と，典型的な剛体の運動であるコマの運動に関して例題を通じて紹介するに留める．

三次元空間内の剛体の運動も，二次元空間内の剛体の運動の場合のように，固定点のある場合の運動と固定点がない場合の運動に分けて考えるのが便利である．

10.3.1 ◆ 固定点のある場合の剛体の三次元空間内の運動

この場合の運動方程式は，一般的には以下のように固定座標での記述と，オイラーの運動方程式と呼ばれる慣性主軸に設けた座標での記述が行われている．

① 固定座標における運動方程式

三次元空間内の剛体が 1 点 C で固定されて運動する場合を考える．C 点に関する剛体に作用する外力のモーメントを $\boldsymbol{M}$，剛体の角運動量を $\boldsymbol{L}$ とする．ここで角運動量について少し説明をしておく．

まず図 10.17 に示すように固定点 C の回りに剛体が自由に回転できるとして，剛体内に任意の点 P を取り，その位置ベクトルを $\boldsymbol{r}$ とする．原点を固定点 C に原点を一致させて固定座標系 O-xyz を取る．このとき剛体の運動は瞬時回転軸回りの運動となるので，その角速度ベクトル $\boldsymbol{\omega}$ を考える．P の速度 $\boldsymbol{v}$ は

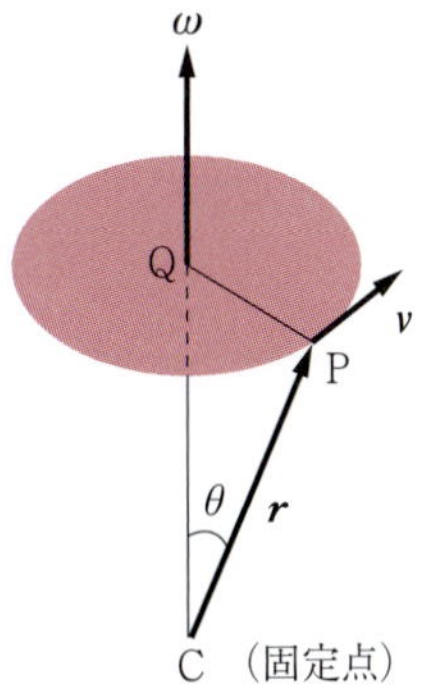

図 10.17　角速度ベクトル

$$\boldsymbol{v} = \frac{d\boldsymbol{r}}{dt} \tag{10.58}$$

となる．P から角速度ベクトル $\boldsymbol{\omega}$ に垂線を下し，その足を Q とし，角速度ベクトル $\boldsymbol{\omega}$ の大きさを $|\boldsymbol{\omega}| = \omega$ とすれば

$$v = \omega\overline{\mathrm{PQ}} = \omega r \sin\theta \tag{10.59}$$

となる．ここに $|\boldsymbol{r}| = r$ である．

式 (10.59) より，速度ベクトル $\boldsymbol{v}$，角速度ベクトル $\boldsymbol{\omega}$，と位置ベクトル $\boldsymbol{r}$ の外積の関係

$$\boldsymbol{v} = \boldsymbol{\omega} \times \boldsymbol{r} \tag{10.60}$$

が成立することがわかる．

各質点までの位置ベクトル $\boldsymbol{r}_i$ とすれば，N 個の質点系の場合の角運動量ベクトル $\boldsymbol{L}$ は，位置ベクトル $\boldsymbol{r}_i$ と並進運動の運動量のベクトル $m_i\boldsymbol{v}_i$ の外積として与えられる．すなわち

$$\boldsymbol{L} = \sum_{i=1}^{N} \boldsymbol{r}_i \times m_i \boldsymbol{v}_i = \sum_{i=1}^{N} m_i (\boldsymbol{r}_i \times \boldsymbol{v}_i) \tag{10.61}$$

として与えられる．二次元空間の剛体の回転運動の概念を拡張して，三次元空間内の剛体の運動方程式は

$$\boldsymbol{M} = \frac{d\boldsymbol{L}}{dt} \tag{10.62}$$

となる．ここに $\boldsymbol{M}$ は剛体に作用するモーメントの総和である．

② オイラーの運動方程式

剛体の運動を三つの慣性主軸に位置する座標系で考える．固定点 O に関する慣性主軸 ξ，η，ζ に沿って単位ベクトル $\boldsymbol{e}_1$，$\boldsymbol{e}_2$，$\boldsymbol{e}_3$ をとして（図 10.18 参照），角速度ベクトル $\boldsymbol{\omega}$ と角運動量ベクトル $\boldsymbol{L}$ を成分に分けて記すと

角速度　$\omega = \omega_1 \boldsymbol{e}_1 + \omega_2 \boldsymbol{e}_2 + \omega_3 \boldsymbol{e}_3$　(10.63)

角運動量　$\boldsymbol{L} = L_1 \boldsymbol{e}_1 + L_2 \boldsymbol{e}_2 + L_3 \boldsymbol{e}_3$　(10.64)

となる．ここで注意しなければならないのは，$\boldsymbol{L}$ の時間に関する微分 $d\boldsymbol{L}/dt$ であるが，第 7 章の式（7.37）から

$$\frac{d\boldsymbol{L}}{dt} = \frac{dL_1}{dt}\boldsymbol{e}_1 + \frac{dL_2}{dt}\boldsymbol{e}_2 + \frac{dL_3}{dt}\boldsymbol{e}_3 + \omega \times \boldsymbol{L} \quad (10.65)$$

となる．すなわち回転が伴う系の微分は，右辺の第 4 項が加わることになる．式（10.65）と剛体に作用する外力のモーメントの総和 $\boldsymbol{M}$ も単位ベクトルで表して

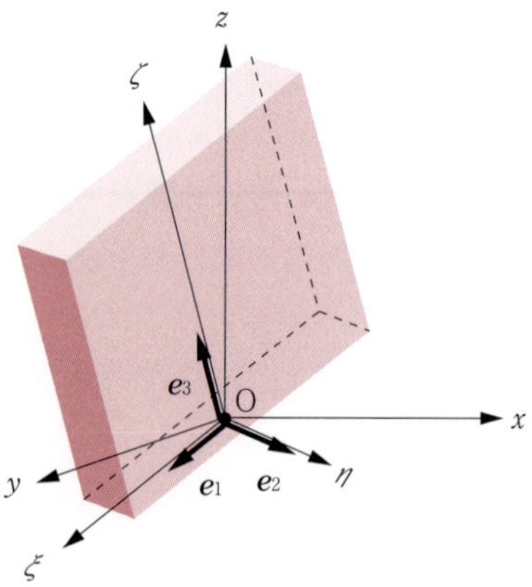

図 10.18　慣性主軸に関する座標系（O − ξηζ）

$$\boldsymbol{M} = M_1 \boldsymbol{e}_1 + M_2 \boldsymbol{e}_2 + M_3 \boldsymbol{e}_3 \quad (10.66)$$

とする．これを式（10.62）に代入して，

$$L_1 = I_1 \omega_1,\ L_2 = I_2 \omega_2,\ L_3 = I_3 \omega_3 \quad (10.67)$$

に注意して $\boldsymbol{e}_1$，$\boldsymbol{e}_2$，$\boldsymbol{e}_3$ 成分を求めると

$$\begin{cases} I_1 \dfrac{d\omega_1}{dt} = (I_2 - I_3)\,\omega_2 \omega_3 = M_1 \\ I_2 \dfrac{d\omega_2}{dt} = (I_3 - I_1)\,\omega_3 \omega_1 = M_2 \\ I_3 \dfrac{d\omega_3}{dt} = (I_1 - I_2)\,\omega_1 \omega_2 = M_3 \end{cases} \quad (10.68)$$

の三つの式を得る．式（10.68）はオイラーの運動方程式と呼ばれる式である．

10.3.2 ◆ 固定点の無い剛体の三次元空間内の運動

固定点のない剛体の三次元空間内の運動は，二次元空間内の運動の拡張と考えられるのでここでは結果のみを記す．剛体の重心 G の位置ベクトルを $\boldsymbol{r}_G$，剛体に作用する力を $\boldsymbol{F}$，剛体の重心に作用する外力によるモーメントを $\boldsymbol{M}_G$，剛体の重心における角運動量を $\boldsymbol{L}_G$ とすれば

$$\boldsymbol{F} = m\frac{d^2 \boldsymbol{r}_G}{dt^2},\quad \boldsymbol{M}_G = \frac{d\boldsymbol{L}_G}{dt} \quad (10.69)$$

となる．

例題 10.10　対称コマの運動

図 10.19 に示すような軸に対称な剛体（コマ）が z 軸上の点 O に固定され，重力の下で運動する場合を考える．このコマの運動方程式を求め，解を検討せよ．

【解答】 図 10.19 に示すような O 点を原点として鉛直上方に z 軸とする固定座標系を取る．コマの質量は m で，重心 G の位置は ζ 軸上の O から l の距離にあるとする．O に作用する外力のモーメント $\boldsymbol{M}$ は重力によるもののみで，

$$\boldsymbol{M}=\overline{\mathrm{OG}}\times m\boldsymbol{g}=(l\boldsymbol{e}_3)\times(-mg\boldsymbol{e}_z) \tag{10.70}$$

この式で $\boldsymbol{M}$ は $\boldsymbol{e}_3$ 方向のモーメントを持たないので，式（10.68）のオイラーの式で $M_3=0$，コマの対称性を考えて $I_1=I_2$ とすると

$$I_3\dot{\omega}_3=0 \quad \therefore \omega_3=\omega_0=const \tag{10.71}$$

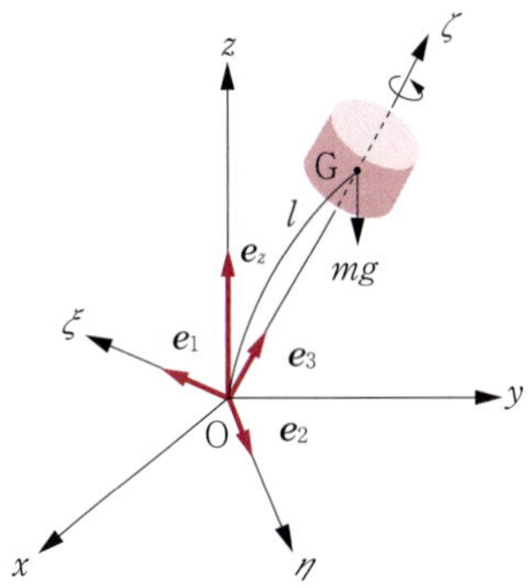

図 10.19　対称コマの運動

$\boldsymbol{M}$ はまた z 軸方向にも成分を持たないので

$$\frac{dL_z}{dt}=0 \quad \therefore L_z=L_0=const \tag{10.72}$$

$$\begin{aligned} L_2&=\boldsymbol{L}\cdot\boldsymbol{e}_2=(L_1\boldsymbol{e}_1+L_2\boldsymbol{e}_2+L_3\boldsymbol{e}_3)(\sin\theta\sin\psi\,\boldsymbol{e}_1+\sin\theta\cos\psi\,\boldsymbol{e}_2+\cos\theta\,\boldsymbol{e}_3)\\ &=I_1\omega_1\sin\theta\sin\psi+I_2\omega_2\sin\theta\cos\psi+I_3\omega_3\cos\theta=L_0 \end{aligned} \tag{10.73}$$

ここに，エネルギー保存則より

$$\frac{1}{2}(I_1\omega_1{}^2+I_2\omega_2{}^2+I_3\omega_3{}^2)+mgl\cos\theta=\mathrm{E}=const. \tag{10.74}$$

したがって以上の式から

$$\dot{\psi}\cos\theta+\dot{\psi}=\omega_0,\quad \dot{\psi}\sin^2\theta=a-b\cos\theta,\quad \dot{\theta}^2+\dot{\psi}^2\sin^2\theta=\alpha-\beta\cos\theta \tag{10.75}$$

となる．ここに

$$\alpha=\frac{2E-I_3\omega_0{}^2}{I_1},\quad \beta=\frac{2mgl}{I_1},\quad a=\frac{L_0}{I_1},\quad b=\frac{I_2\omega_0}{I_1}$$

である．

式（10.73）の第 2 式および第 3 式から $\dot{\psi}$ を消去して

$$(a-b\cos\theta)^2+\theta^2\sin^2\theta=\sin^2\theta=\sin^2\theta\,(\alpha-\beta\cos\theta) \tag{10.76}$$

$u=\cos\theta$ とおき，変形すると

$$\ddot{u}=(\alpha-\beta u)(1-u^2)-(a-bu)^2 \tag{10.77}$$

この式（10.77）によってコマの運動の概要がつかめるが，ここではその詳細は省略する．コマの運動において z 軸に関して一方向に回る運動（ψ の平均変化）を**歳差運動**（prrecession）という．また，z 軸を回りながら θ が変化する運動，すなわち首振り運動は**章動**（nutation）といい，安定である．つまり小さい変動を与えても章動を起こしながらもとの近くの運動に戻る．章動がないときには，**正則歳差運動**と特に呼ぶ．コマのように対称物体を対称軸の回りに高速で回転させるような装置をジャイロと呼び，船の航行のジャイロコンパス，船や飛行機の横揺れを防ぐジャイロスタビリライザーなど多方面に利用されている．

第 10 章　演習問題

［1］次の各図形の平面内の重心および A 点まわりの慣性モーメントを求めよ．

①一様な棒　②一様な長方形　③一様な三角形　④一様な円　⑤空孔のある円

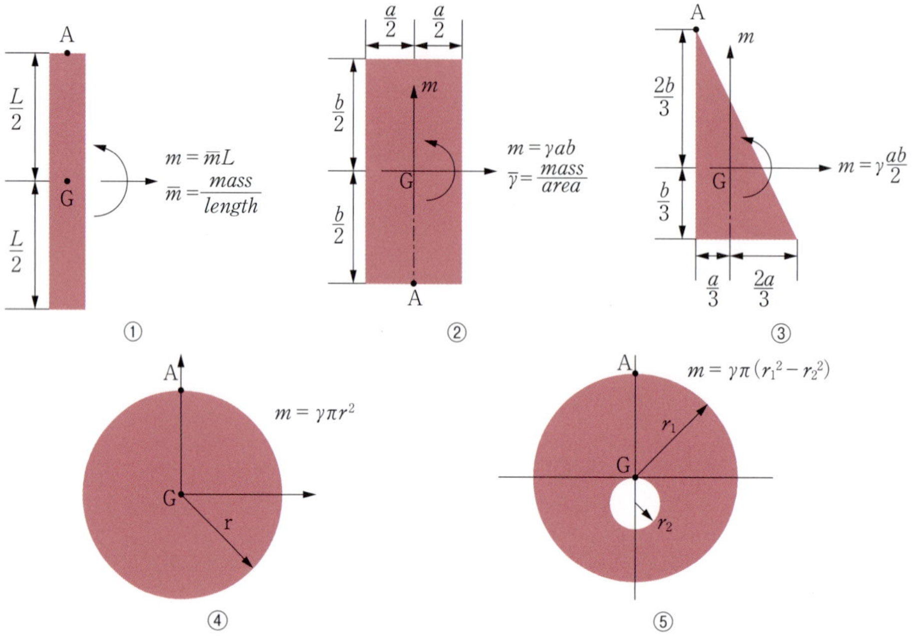

図 E10-1

［2］質量 m，半径 r で肉厚一定の薄い円板において，中心 O から x 離れた点を P とする．円板を P 点で支持し，鉛直面内で振動させるとき次のものを求めなさい．

①支点 P まわりの慣性モーメント I_p はいくらか．

②角変位を θ として，この円板に関する運動方程式をたてよ．

③この振子の固有角振動数 ω はいくらか．

④ω を最大にするには，P 点をどこにおけばよいか．

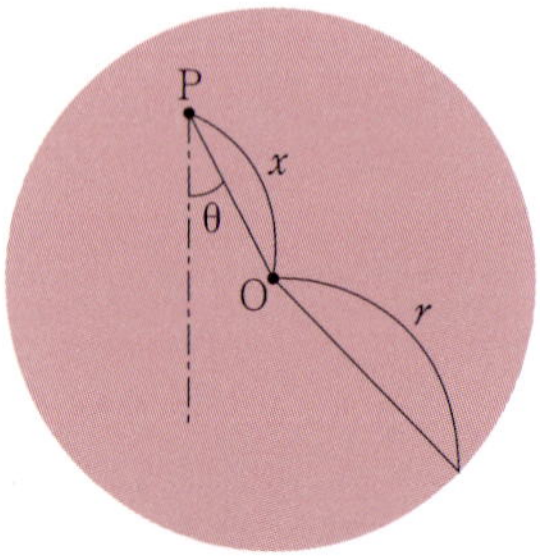

図 E10-2

［3］長さ l，質量 m の均一な棒が2点で支えられているとき，次の問に答えなさい．
①図(a) で，O，P における支点反力 F_O，F_P はいくらか．
②長さ l の棒の重心まわりの慣性モーメント I_G はいくらか．
③直後の棒の重心の変位を x_G としてPの支点を突然取り除いたとき図(b)，運動方程式を立てよ．
④図(b) のとき，棒の回転角を θ として，重心まわりの回転運動の方程式を求めよ．
⑤図(b) における重心Gの加速度（$\ddot{x}_G$）を求めよ．
⑥図(b) における O 点の反力 F_O を求めよ．

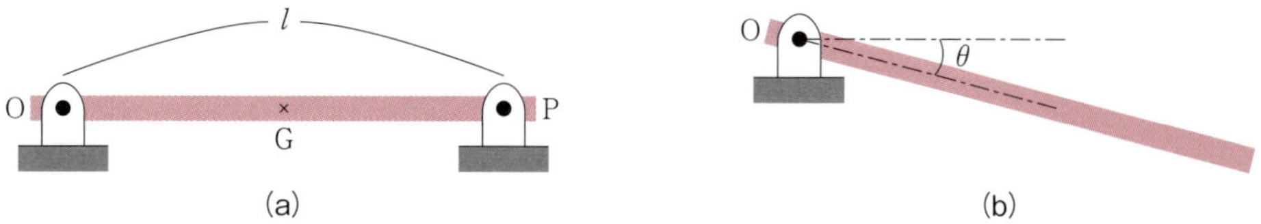

図 E10-3

［4］粗い複斜面の頂上に，水平軸のまわりにまわる輪軸（慣性モーメント I，輪の半径 r_1，軸の半径 r_2）をとりつけ，輪と軸に糸を巻き，糸の自由端に質量 m_1，m_2 の物体を結び，それぞれ水平との角が θ_1，θ_2，動摩擦係数が μ_1，μ_2 の斜面上にのせ，物体 m_1 が滑り降りるときのその加速度を求めよ．糸は斜面に平行になっていると仮定する．

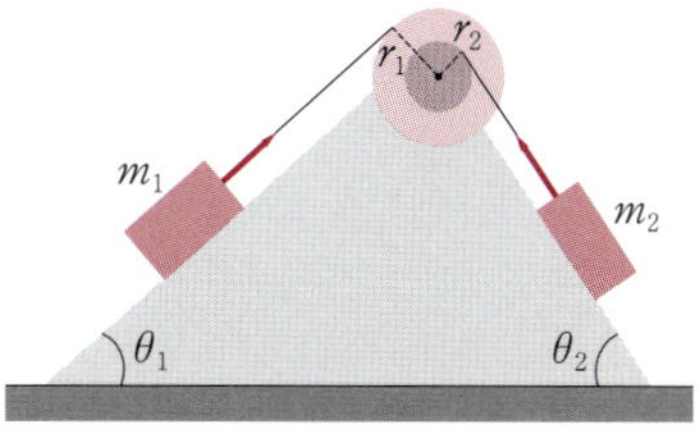

図 E10-4

［5］レコードプレーヤーのテーブルが小さな駆動車によって摩擦で回転している．5秒間の間にテーブルが角速度 $\omega = 1/3$[rpm] になるように加速されている．5秒経過したときのテーブルの回転数はいくらか計算せよ．

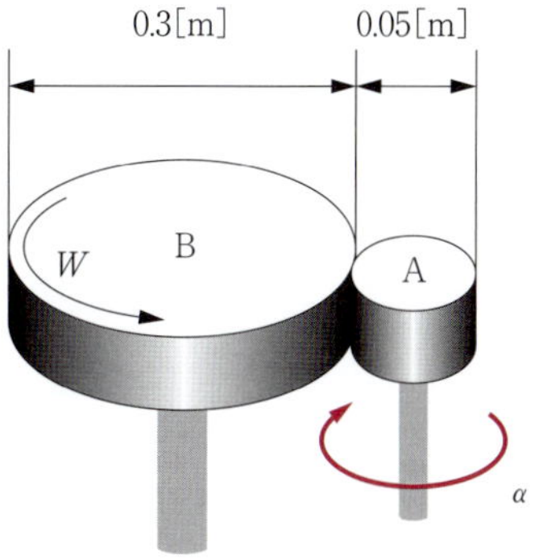

図 E10-5

［6］三角形板 ABC の辺 AC を鉛直から角 α だけ傾けて固定し，AC を軸として振動するとき，微小振動の固有振動数を求めよ．B から AC に下した垂線の長さを h とする．

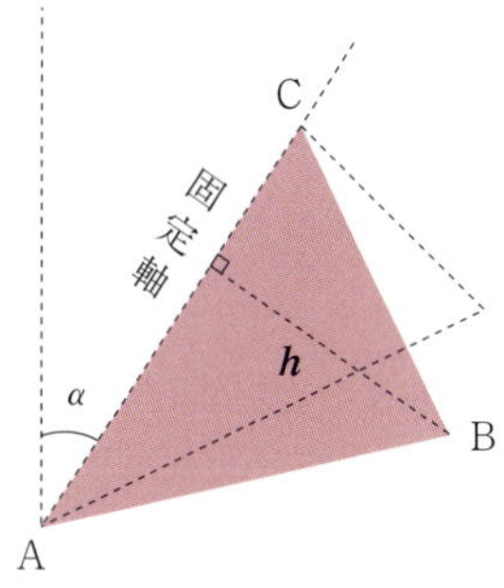

図 E10-6

［7］車が研究室の実験で後部車輪が回転支持されている．このとき，前輪は $a=14$[m/s^2] で上方に加速されている．車の各加速度と前後輪の中間点 A における垂直方向の加速度を計算せよ．

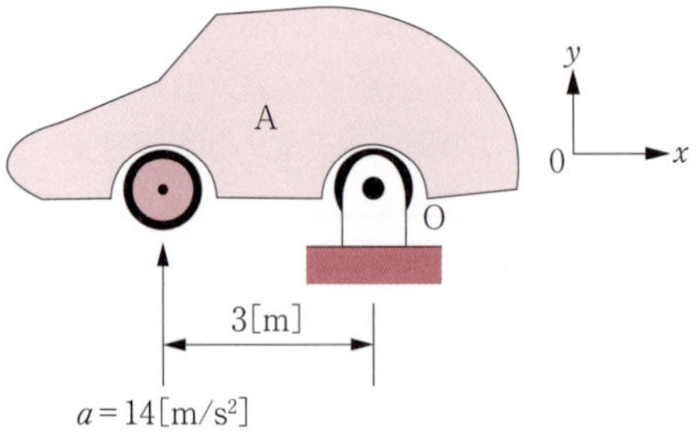

図 E10-7

［8］3m の高さの収納箱が振動加振台に取り付けられている．並進駆動機により加振台の基盤部は長さ 1m のアーム 2 本を介して，$\omega=2$[rad/s] で加振されている．2 本のアームのなす角がそれぞれ 60°のとき基礎部は水平である．収容箱の A，B 点における加速度を求めよ．

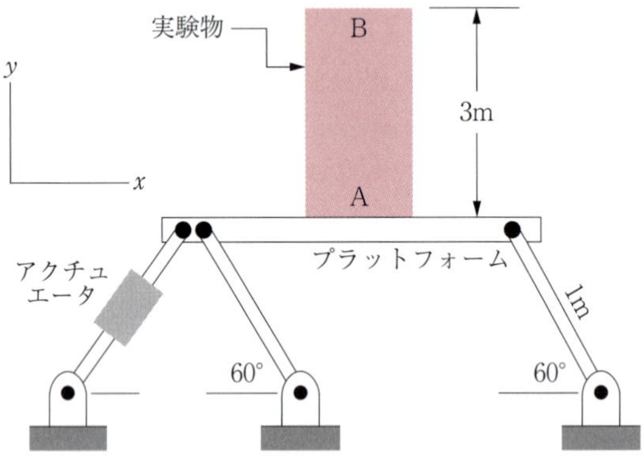

図 E10-8

［9］ヘリコプターが水平に 30m/s の速度で飛んでいる．ヘリコプターの大きなブレードの角速度が $\omega=160$[rad/s] とするとブレードの先端の最大速度と最小速度を求めよ．

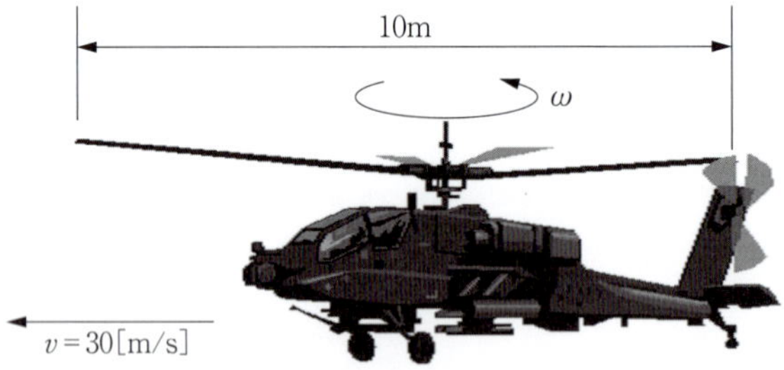

図 E10-9

［10］半径 r の車輪が滑らないで水平面を角速度 ω で転がっている．このとき，O，A，B，D の各点における速度を求めよ．

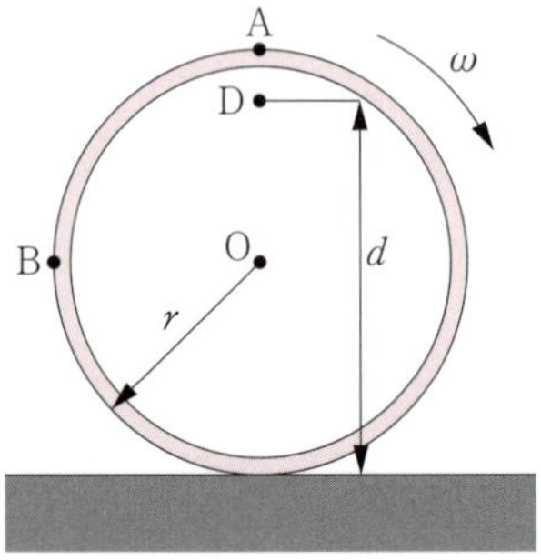

図 E10-10

［11］図のように，質量 M，半径 r の一様な球を回転を与えずに速度 v_0 で床に水平に投げ出すと，球は床との摩擦力によって，少しずつ回転を始め，時刻 t_1 以降は床の上を滑ることなく転がったとする．重力加速度を g，動摩擦係数を μ として以下の問に答えよ．ただし，球の慣性モーメント I は $2Mr^2/5$ である．

①球の滑りがなくなるまでの時間 t_1 を求めよ．

②時刻 t_1 における球の水平方向速度 V_1 を求めよ．

③時刻 t_1 までに摩擦力のした仕事を計算せよ．

④滑りがなくなった後（時刻 t_1 以降），球はどのような運動をするか簡単に述べよ．

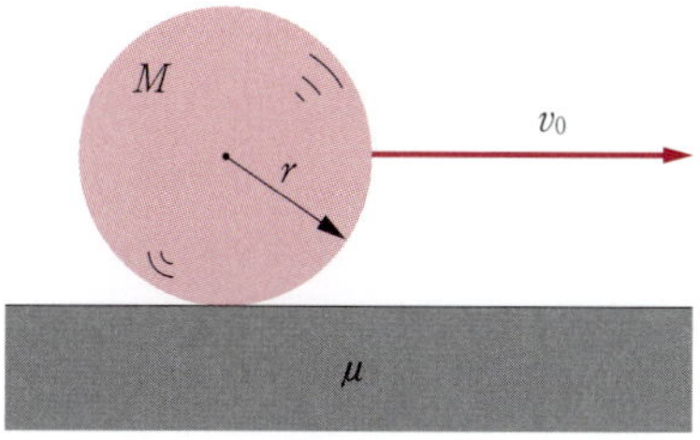

図 E10-11

［12］半径 0.4m のタイヤが速度 $v_0 = 100$[k/h］の速度で走行している車に取り付けられているとき，図の A 点，B 点における速度を求めよ．

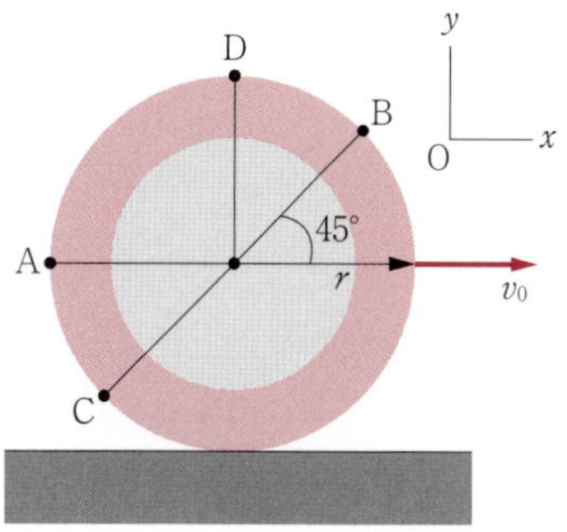

図 E10-12

［13］半径 a，質量 M の円輪上の 1 点 P に質量 m の質点がついている．この円輪が粗い水平面上を滑らずに，一つの鉛直面内で転がる．P が最高点にある位置から初速度なしに転がりだせば，P を通る半径が鉛直下方と θ の角をなす位置での角速度はいくらか．

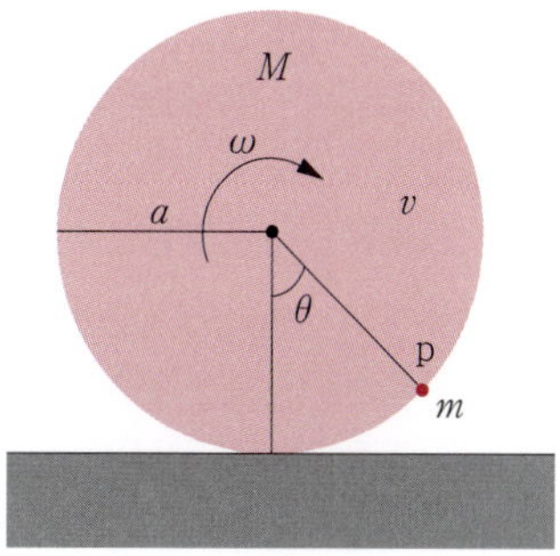

図 E10-13

［14］水平路を走る質量 M の自動車にブレーキをかけて前輪の回転を止めるとき，後輪が浮き上がらないための条件とそのときの加速度を求めよ．後輪にブレーキをかけるときはどうか．車輪と道路の間の動摩擦係数を μ とし，車輪の質量は無視する．

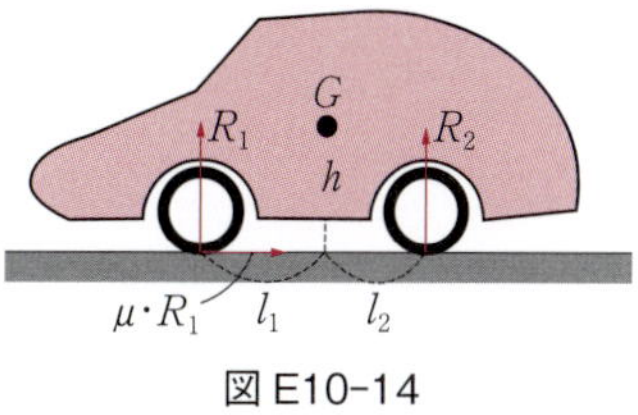

図 E10-14

[15] 質量 M の機関車の前輪と後輪の半径が a, b, それぞれの軸に関する慣性モーメントが I_1, I_2 であり，エンジンが前輪軸にモーメント N の偶力を作用させるとき，滑らかで水平に進むためにはレールから前輪に最小限どれだけの摩擦力が作用しなければならないか.

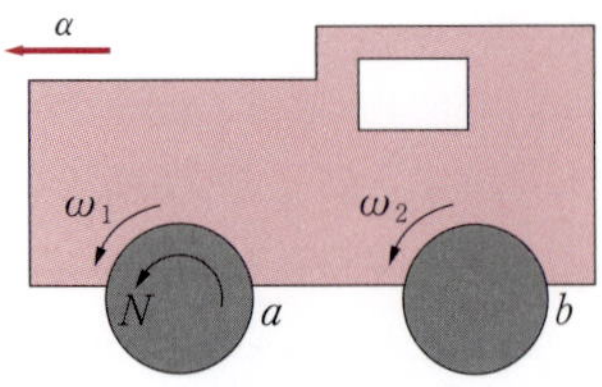

図 E10-15

[16] 半径 a, 質量 M の一様な円板を水平と α の角をなす粗い斜面上（静および動摩擦係数 μ, μ'）最急傾斜線を含む鉛直面内で重心初速度 u_0 を与え（回転を与えず）投げ上げると，どのような運動をするか.

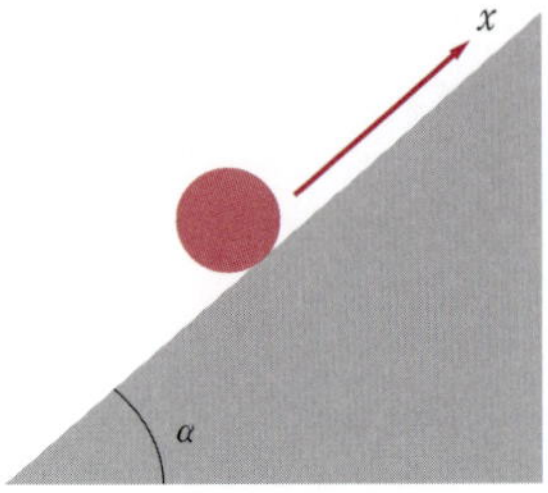

図 E10-16

[17] 水平と α の角をなす粗い斜面（動摩擦係数 μ'）がある. 半径 a, 質量 M の一様な円板に角速度 ω_0（斜面を落下する向き）を与え，円板面を斜面の最急傾斜線を含む鉛直面内にして斜面上に静かにおくとき，滑りがなくなるまでの時間を求めよ.

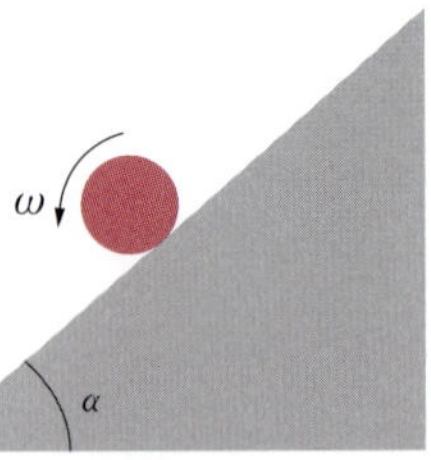

図 E10-17

[18] 図のように床上に置かれているロール状のウェーブ（アルミホイルのようなフレキシブルな薄い帯状の素材）の一端をガイドローラを介しておもりによって引っ張っている. ロールの半径を r[m], 質量を M[kg], おもりの質量を m[kg], ロールと床面の摩擦係数を $f=0.1$ としたとき，次の二つの場合についてロールとおもりの加速度を求めよ. ただし，ウェーブはガイドローラ部で不接触走行し，またウェーブに作用する張力は一定とする.

① $M=3m$ のとき

② $M=m/3$ のとき

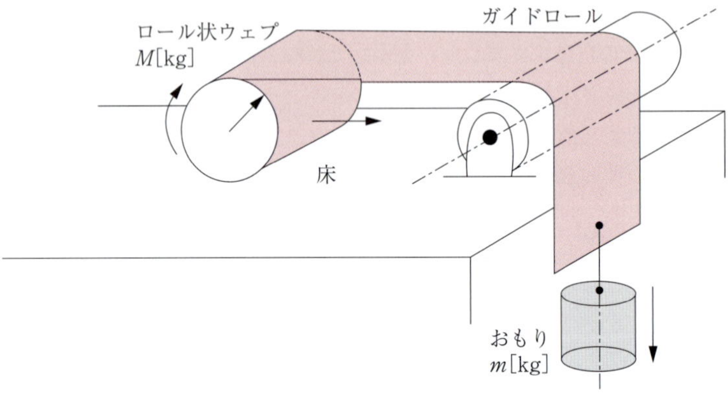

図 E10-18

［19］重さ W，直径 d の均質な中実円柱が図に示すように，その円周に巻かれた糸の端に加えられた一定の力 $P=2/3 \cdot W$ によって斜面を上方に引張られている．円柱と斜面の間に滑りがないとして，円柱重心 G の斜面上方への加速度を求めよ．

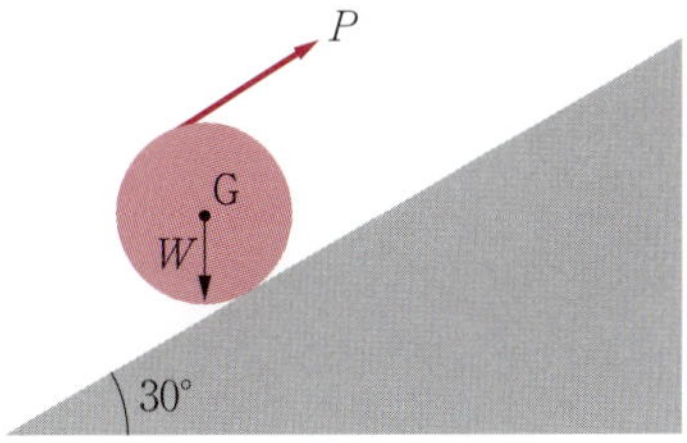

図 E10-19

［20］質量 M，半径 a の小球を，固定した半径 b の完全に粗い大球の上に中心線が鉛直と θ_0 の角をなす位置にのせて静かに手を放すとき，どこで大球から離れるか．

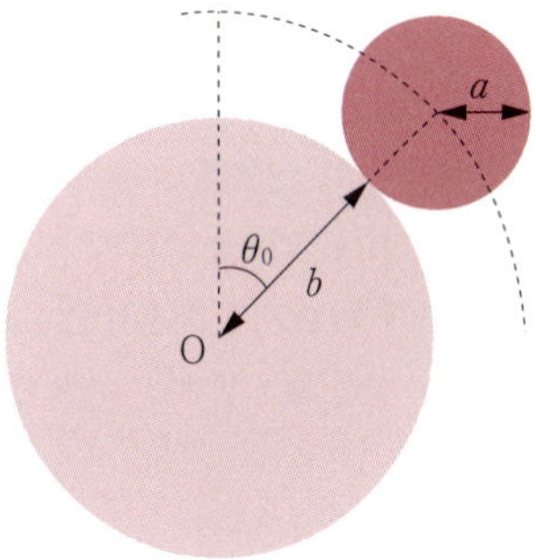

図 E10-20

［21］30km/h で自転車が走行している．車輪直径は 0.7m，スプロケット A の直径は 0.2m，ペダルの回転軌跡は直径 0.3m である．このとき，スプロケット B の直径をパラメータに，スプロケット A の角速度をグラフ化せよ．なおスプロケット B の直径 $d_B=0.5$，0.7，0.9［m］とする．

図 E10-21

［22］長さ 0.8m のロボットアーム OA が U 字金具の x 軸方向に回転する場合を考える．アーム全体は z 軸方向に $N=60$［rpm］で等速に回転し，それと同時にロボットアーム OA は角速度 $\dot{\beta}=4$［rad/s］で上昇する．$\beta=60°$になった場合に，以下の問いに答えよ．

①ロボットアーム OA の角速度

②ロボットアーム OA の角加速度

③ A 点の速度

④ A 点の加速度

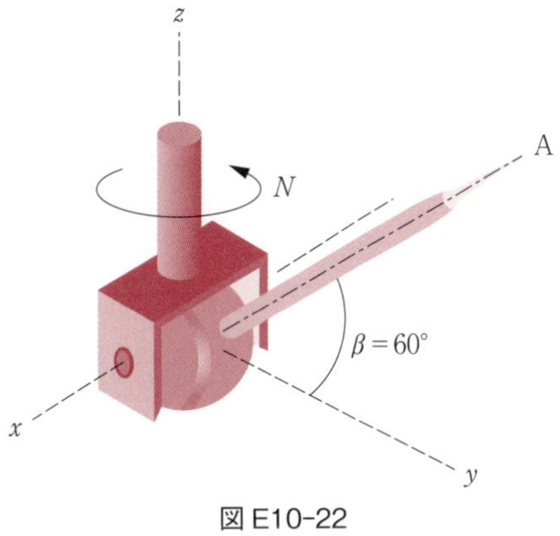

図 E10-22

[23] 下図に示す円錐（底面の半径 a，高さ h，質量 M，重心の位置 G）の z 軸に関する慣性モーメント I を求めよ．

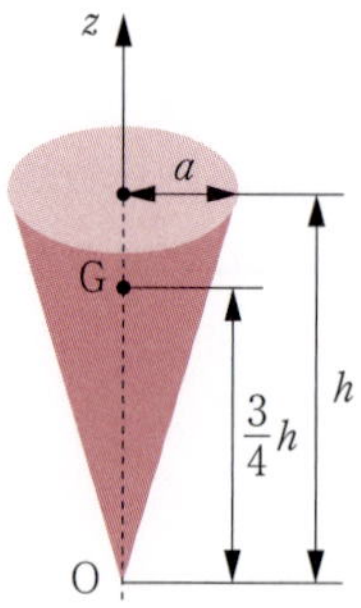

図 E10-23

[24] 問 23 に示した円錐を，中心軸 z まわりに角速度 W で回転させ，鉛直軸 z' に対して角度 q 傾けたところ，z' 軸に対して角速度 w（一定）の歳差運動を始めた（図 E10-24 参照）．このとき，以下の問いに答えよ．

①円錐の中心軸 z まわりの角運動量（ベクトル）$\boldsymbol{L}$ の大きさと方向を求めよ．

②円錐に働く力のモーメント（ベクトル）$\boldsymbol{N}$ の大きさと方向を求めよ．

③角運動量（ベクトル）$\boldsymbol{L}$ と，力のモーメント（ベクトル）$\boldsymbol{N}$ との間に，次の関係が成り立つことを示せ．

$$\boldsymbol{N} = \boldsymbol{\omega} \times \boldsymbol{L}$$

ただし，×：ベクトル積，$\boldsymbol{\omega}$：大きさ ω の角速度ベクトルである．

④歳差運動の周期 T を求めよ．

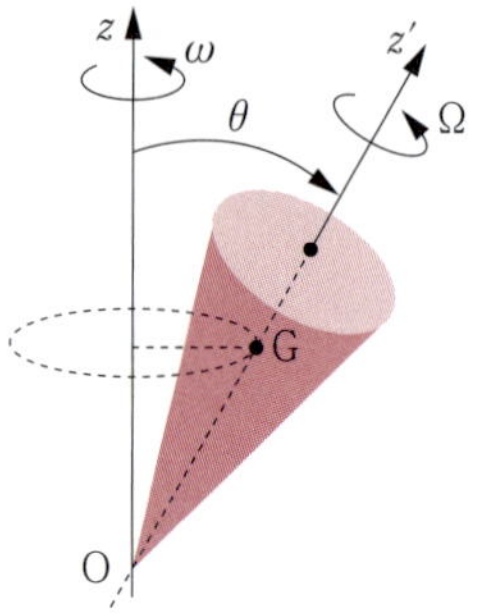

図 E10-24

第 11 章

仕事とエネルギー

OVERVIEW

本章ではまず仕事（work）の基礎的な概念と仕事に関連する仕事率（パワー，power），効率について説明する．次にポテンシャルエネルギー（potential energy）や運動エネルギー（kinetic energy）の概念を述べ，関連して力学的エネルギー保存則について説明する．さらに保存力（conservative force）や保存場（cinservative field）の考え方も示す．また力学的問題の解法に仕事やエネルギーの概念がどのような形で利用されるのかを例題を通じながら示す．

ジョゼフ・ルイ・ラグランジュ
（Joseph Louis Lagrange）
1736 年～1813 年，イタリア

・数学者，天文学者
・微分積分学の力学への応用
・解析力学（ラグランジュ方程式）
・ラグランジュの未定係数法
・エネルギー原理から最小作用の原理導出

11.1 仕　事

図 11.1 に示すような物体の一点 P に力 $\boldsymbol{F}$ が作用している．この点がこの力 $\boldsymbol{F}$ によって微小な変位 $d\boldsymbol{S}$（$\boldsymbol{F}$ と $\boldsymbol{S}$ は必ずしも方向は同一ではない）を生じて P' に移動したとき

$$dW=\boldsymbol{F}\cdot d\boldsymbol{S}=F\cos\theta\cdot dS=Xdx+Ydx+Zdz \tag{11.1}$$

を微小な仕事という．ここに $|\boldsymbol{F}|=F$，$|d\boldsymbol{S}|=dS$，X，Y，Z および x，y，z は力 $\boldsymbol{F}$ および変位 $d\boldsymbol{S}$ の x，y，z 座標成分である．ここで仕事の単位は力［N］と変位［m］を乗ずるので［N·m］となり，この単位にはジュール［J］という特別な単位が与えられる．すなわち 1[N] の力により 1[m] 移動する間になされる仕事は，1[J] となる．仕事の単位として［N·m］も用いられるが，同じ［N·m］の単位で与えられるモーメントすなわちトルクとの混同を避ける意味からは［J］を用いた方が良い．仕事はベクトルの内積で与えられ，スカラー量で，一方モーメントはベクトルの外積として与えられて力に対して直角に作用するベクトル量である．

① 有限な変位間になす仕事

力の作用点が有限な距離を移動する間になす仕事は，式（11.1）の微小な仕事の総和として

$$W=\int\boldsymbol{F}\cdot d\boldsymbol{S}=\int F\cdot dS=\int(Xdx+Ydy+Zdz) \tag{11.2}$$

で与えられる．この仕事は図 11.2 のように F と S との関数関係が与えられるとその積分，すなわち図に示すような面積として与えられる．

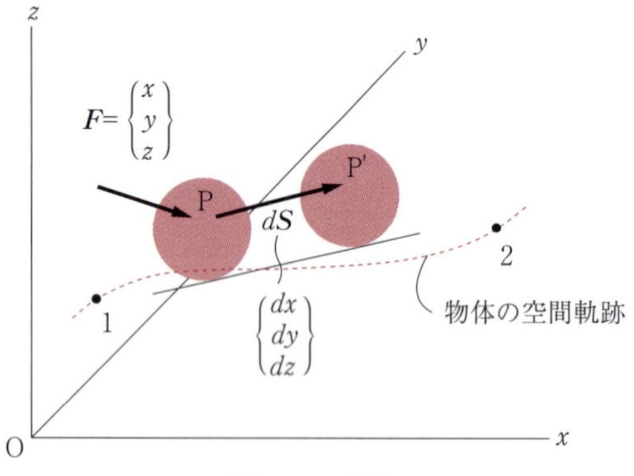

図 11.1　仕事

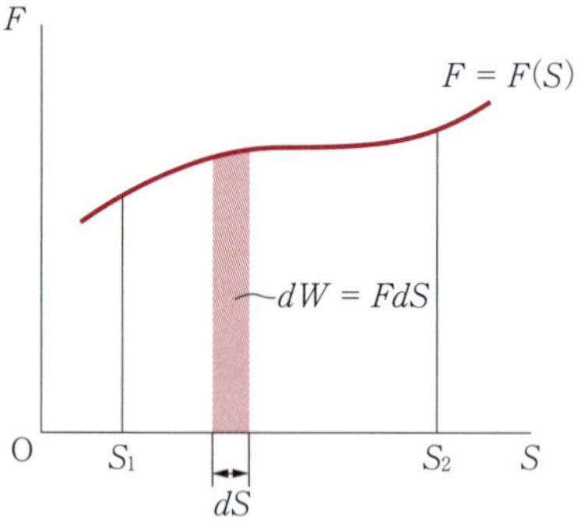

図 11.2　有限変位間になす仕事

例題 11.1　線形バネのなす仕事

図 11.3 (a)，(b) に示すような線形バネに取り付けられている物体が引張力 P を受けている場合と圧縮力 P を受けている二つの場合に，x_1 から x_2 まで変位した時のバネの仕事を求めよ．

【解答】　いずれの場合もバネの復元力 F_s はバネの変位と反対方向になるので，復元力のなす仕事，すなわちバネのなす仕事は負になる．

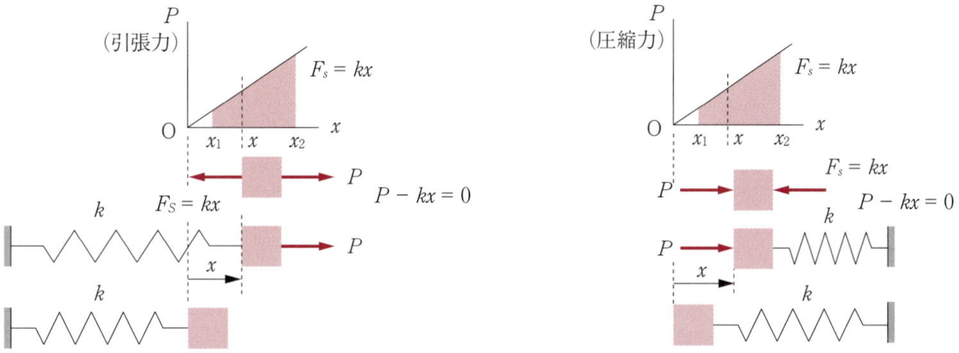

(a) 引っ張り力を受ける線形バネのなす仕事　(b) 圧縮力を受ける線形バネのなす仕事

図 11.3　線形バネと仕事

$$W_{12} = -\int_{x_1}^{x_2} F_s \cdot dx = -\int_{x_1}^{x_2} kx \cdot dx = -\frac{1}{2}k(x_2^{\,2} - x_1^{\,2}) \tag{11.3}$$

ここで注意すべきは，相対変位の二乗，$(x_2 - x_1)^2$ とならない点である．またバネが逆に物体になす仕事は，物体におよぼす力 P が変位と同方向であるので，正の仕事をなすことに注意されたい．

例題 11.2　2 次元空間の仕事

2 次元空間で 2 組の力 F_x，F_y が作用したとき，物体の有限変位が図 11.4 に示すような曲線 C_1，C_2 に沿って生ずるものとする．X，Y および C_1，C_2 の具体的な関数形を次表 11.1 に示すような形とする．このとき x が OP 間，すなわち x 方向座標値 0 から 2 までの 2 通り（No.1，No.2）の有限変位をする場合について仕事 W_{C1}，W_{C2} をそれぞれ計算して結果を考察せよ．

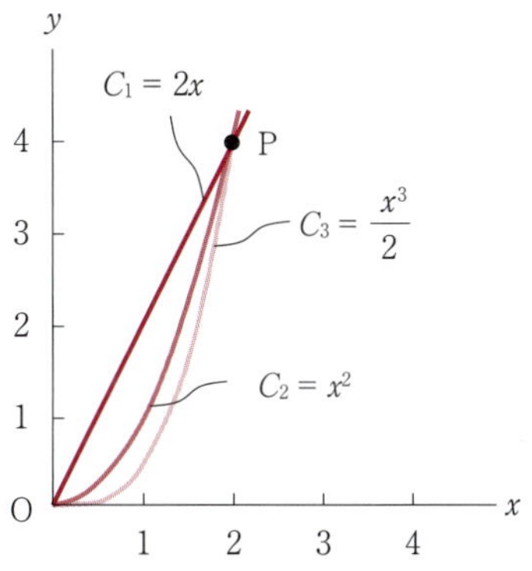

図 11.4　経路 C_1，C_2，C_3 と仕事

表 11.1　力 F_x，F_y および変位 C_1，C_2 の関数形

No.	X	Y	C_1	C_2
1	xy	x^2	$y=2x$	$y=x^2$
2	$2xy$	x^2	$y=2x$	$y=x^2$

【解答】

No.1 の場合

C_1，C_2 をパラメータ τ を作って表示すると

$$C_1 : x = \tau,\ \ y = 2\tau \rightarrow X = 2\tau^2,\ \ Y = \tau^2$$

$$C_2 : x=\tau,\ y=\tau^2 \rightarrow X=\tau^3,\ Y=\tau^2$$

式（11.2）から

$$W=\int (Xdx+Ydy)$$

となる．したがって

$$\begin{cases} W_{C1}=\int_0^2\left[2\tau^2\dfrac{dx}{d\tau}+\tau^2\dfrac{dy}{d\tau}\right]d\tau=\int_0^2[2\tau^2+\tau^2\cdot 2]d\tau=\dfrac{32}{3} \\ W_{C2}=\int_0^2\left[\tau^3\dfrac{dx}{d\tau}+\tau^2\dfrac{dy}{d\tau}\right]d\tau=\int_0^2[\tau^3+\tau^2\cdot 2\tau]d\tau=16 \end{cases}$$

となる．

No.2 の場合

$$C_1 : x=\tau,\ y=2\tau \rightarrow X=4\tau^2,\ Y=2\tau$$
$$C_2 : x=\tau,\ y=\tau^2 \rightarrow X=2\tau^3,\ Y=\tau^2$$

したがって

$$\begin{cases} W_{C1}=\int_0^2\left[4\tau^2\dfrac{dx}{d\tau}+\tau^2\dfrac{dy}{d\tau}\right]d\tau=\int_0^2[4\tau^2+2\tau^2]d\tau=16 \\ W_{C2}=\int_0^2\left[2\tau^3\dfrac{dx}{d\tau}+\tau^2\dfrac{dy}{d\tau}\right]=\int_0^2[2\tau^3+\tau^2\cdot 2\tau]d\tau=16 \end{cases}$$

となる．この結果を眺めると No.1 の場合は仕事の計算結果が一致せず，経路に依存していることがわかり，No.2 の場合には結果が同一で，経路に依存しないことがわかる．すなわち No.2 の場合は，（0, 0）から（2, 4）の両点を結ぶいかなる経路を取っても仕事の量は同一になる．ちなみに表 11.1 の No.2 の場合に C_1，C_2 とは別の変位曲線として

$$C_3 : y=x^3/2$$

を考えてみる．同じようにパラメータ表示して仕事を計算すると

$$C_3 : x=\tau,\ y=\frac{\tau^3}{2} \rightarrow X=\tau^4,\ Y=\tau^2$$

$$W_{C3}=\int_0^2\left[\tau^4\frac{dx}{d\tau}+\tau^2\frac{dy}{d\tau}\right]d\tau=\int\left(\tau^4+\frac{3}{2}\tau^4\right)d\tau=16$$

となり，やはり同一の仕事の量となる．このように仕事の量が経路に依存しない力は後述のポテンシャルエネルギーから導出される力，すなわち**保存力**（conservative force）に相当する．

11.2 動力と効率

11.2.1 ◆ 動力

機械等の能力を測る尺度として単時間あたりにできる仕事が考えられる．この単時間あたりにする仕事は，動力（Power）として定義される．すなわち

$$P=\frac{dW}{dt}=\frac{\boldsymbol{F}\cdot dS}{dt}=\boldsymbol{F}\cdot\frac{dS}{dt}=\boldsymbol{F}\cdot\boldsymbol{v} \tag{11.4}$$

となる．ここに $\boldsymbol{v}=dS/dt$ で速度ベクトルである．動力はスカラー量で，SI 単位系では［N·m/s］=［J/s］の単位を持つ．動力に対する特別な単位はワット［W］であり，これは毎秒 1 ジュールの仕事あるいはエネルギーに等しく

1［W］=1［J/s］

である．欧米における動力の慣習的単位として馬力［hp］が使われており，1 馬力の他の単位との換算は以下のとおりである．

1[hp] = 550[ft·lb/s] = 33,800[ft·lb/min] = 746[W]

11.2.2 ◆ 効率

機械等にエネルギー源として外部からなされる仕事と，機械等が外に対して行う仕事の比 η は，効率（efficiency）として定義される．

$$\eta=\frac{W_{output}}{W_{input}}$$

η は 1 より小さくなる．なぜならば機械等の内部では必ずエネルギー損失があり，内部でエネルギーを生み出すことはできないからである．

11.3 エネルギー

11.3.1 ◆ ポテンシャルエネルギー

図 11.5 に示すように，落下している質点が重力に逆らってなされる仕事 U_g は，ある高さの点を原点に取れば

$$U_g=mgy \tag{11.5}$$

となる．この U_g は仕事をなす能力の尺度とも考えられ，この場合は重力に関連するので，重力ポテン

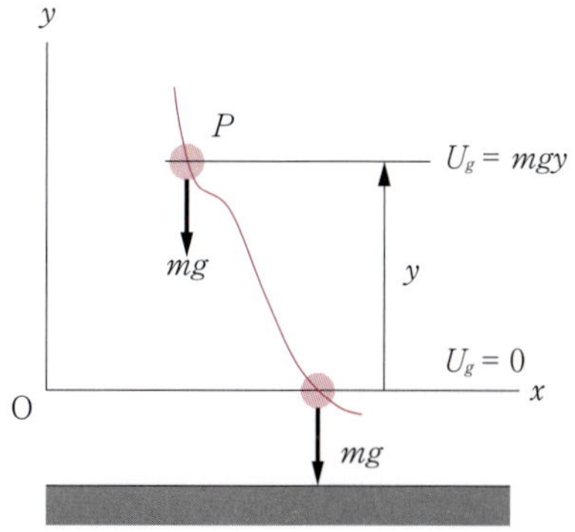

図 11.5　重力によるポテンシャルエネルギー

シャルエネルギー（gravitational potential energy）と呼ばれる．式（11.5）を y で微分して負の符号を付ければ

$$-\frac{dU_g}{dy} = -mg \tag{11.6}$$

となり，質点に作用する重力（$Y=-mg$）が得られる．

この概念を次のように拡張して一般的に，ポテンシャルエネルギーは次のように定義される．

いま力 $\boldsymbol{F}$ が，座標（x, y, z）のみのスカラー関数 $U(x, y, z)$ から以下のように導出されるとき，x，y，z 方向の力 X，Y，Z はポテンシャル力あるいは保存力（conservative force）と呼ばれ，U はポテンシャル（関数）と呼ばれる．

$$X=-\frac{\partial U}{\partial x},\quad Y=-\frac{\partial U}{\partial y},\quad Z=-\frac{\partial U}{\partial z} \tag{11.7}$$

あるいは

$$\boldsymbol{F}=-\nabla U \tag{11.8}$$

ここに $\nabla=\left(\frac{\partial}{\partial x}, \frac{\partial}{\partial y}, \frac{\partial}{\partial z}\right)$ なる演算子で傾斜（gradient）を表す．傾斜ベクトルの幾何学的意味は，二次元のポテンシャル関数の場合で考えてみると理解しやすい．図 11.6 に示すように二次元のポテンシャル関数 $U(x, y)$ を考え，縦軸にその値を取る．この図ではイメージ的にポテンシャル関数が凸状の山形の分布をしている．その等しい値を結んだ線（等高線に相当）の一点 P における傾斜ベクトルは，等高線の P 点の接線に直交して頂上に向かう方向を向いており，ポテンシャル力（保存力）は，それと逆向きを向いている．ポテンシャル力（保存力）のみからなる場をポテンシャル場（potential field）あるいは保存場（conservative field）と呼ぶ．重力ポテンシャルの例では，P 点から Q 点までのポテンシャルエネルギーは，PQ 間の距離ではなく，その高さ差である変位 y のみで決まり，x 方向の変位には依存しない．すなわち PQ 間でどのような経路を取っても変わらず，すなわち経路に依存しない．

この拡張したポテンシャルエネルギーの概念もこの点を含むべきで，それは図 11.7 に示すように空間内の任意の点 1 から点 2 の間のポテンシャルエネルギーは 1 ～ 2 間の経路 C_1，C_2，C_3

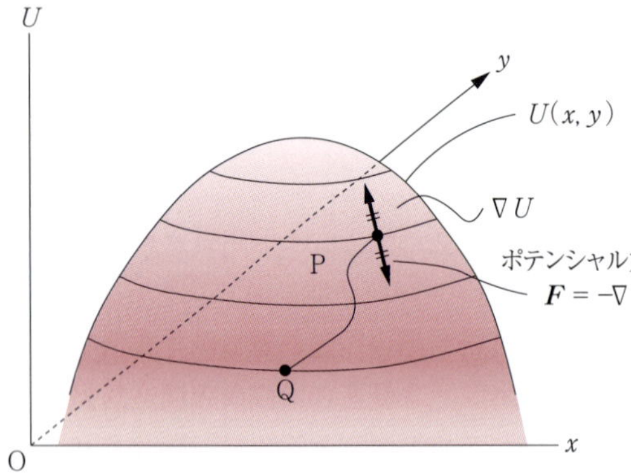

図 11.6　傾斜ベクトルとポテンシャル力

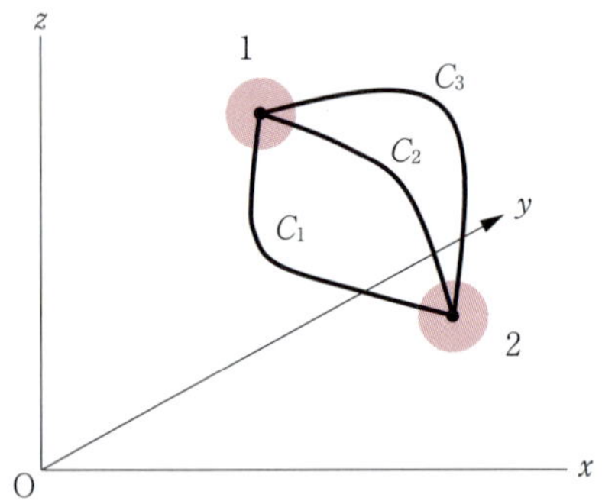

図 11.7　ポテンシャル力のなす仕事と経路

に依存しないことが必要となる．すなわちポテンシャル力による仕事

$$W_{12} = -\int_1^2 \left[\frac{\partial U}{\partial x} dx + \frac{\partial U}{\partial y} dy + \frac{\partial U}{\partial z} dz \right] = -\int_1^2 \partial U = U_1 - U_2 \tag{11.9}$$

となる必要がある．式（11.9）は数学的には U が完全微分あるいは全微分ができる形

$$dU = \frac{\partial U}{\partial x} dx + \frac{\partial U}{\partial y} dy + \frac{\partial U}{\partial z} dz \tag{11.10}$$

と表現できることであり，U の x，y，z に関する微分順序が交換可能なことが条件とされる．

ここでポテンシャル力のなす仕事 W の性質を整理すると

① 経路に無関係

② 閉経路では $W=0$

③ W はポテンシャルエネルギーとして蓄積

となる．なお〔例題 11.2〕の№.2 の場合の力（X, Y）は，ポテンシャル関数 $U=-x^2y$ を考えると

$$X = \frac{\partial U}{\partial x} = 2xy, \quad Y = -\frac{\partial U}{\partial y} = x^2 \tag{11.11}$$

となる．よって，X，Y はポテンシャル力となり，そのなす仕事は例題 11.2 で示したように経路に依存しない結果となる．

例題 11.3　線形バネのポテンシャルエネルギー

図 11.3 に示す線形バネのポテンシャルエネルギーを求めよ．

【解答】　前出の図 11.3（a），（b）で考えた線形バネには，その変位 x に逆らう復元力 $X=-kx$ が生じている．ポテンシャル関数 U が存在するならば，$X=-\partial U/\partial x=-dU/dx=-kx$ より，

$$U = \int kxdx = \frac{1}{2}kx^2 \tag{11.12}$$

となる．したがって線形バネのポテンシャルエネルギーは式（11.12）で与えられ，またバネの復元力はポテンシャル力あるいは保存力である．

11.3.2 ◆ 運動エネルギー

図 11.8 に示すように，質点 m が外力 $\boldsymbol{F}$ の作用下で曲線に沿って移動する場合の仕事を考えてみる．質点の位置ベクトルを $\boldsymbol{r}$ として，微小時間 dt の間に曲線に沿って移動する変位を $d\boldsymbol{r}$ で表す．質点が曲線上の 1 から 2 までの間になされる仕事 W_{12} は以下で表される．

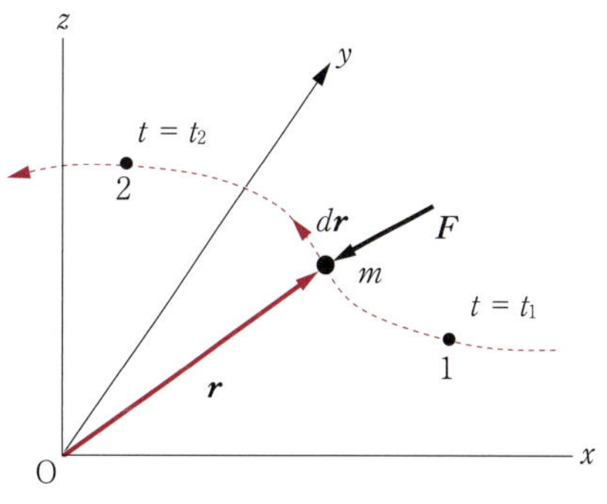

図 11.8　曲線に沿って移動する場合の仕事

$$W_{12}=\int_1^2 \boldsymbol{F}\cdot d\boldsymbol{r}=\int_1^2 \boldsymbol{F}\cdot\frac{d\boldsymbol{r}}{dt}\cdot dt=\int_1^2 \boldsymbol{F}\cdot\boldsymbol{v}dt=\int_1^2 m\boldsymbol{a}\cdot\boldsymbol{v}dt=\int_1^2 m\dot{\boldsymbol{v}}\cdot\boldsymbol{v}dt=\int_1^2 m\dot{v}vdt$$
$$=\left[\frac{1}{2}mv^2\right]_1^2=\frac{1}{2}mv_2^{\,2}-\frac{1}{2}mv_1^{\,2} \qquad (11.13)$$

ここに上式の変形過程で下記の関係を使用している．

$$\boldsymbol{v}=\frac{d\boldsymbol{r}}{dt},\quad \boldsymbol{a}=\frac{d\boldsymbol{r}^2}{dt^2}=\dot{\boldsymbol{v}},\quad \boldsymbol{F}=m\boldsymbol{a}$$

$$\frac{d}{dt}(\dot{v}^2)=2\dot{v}v,\quad v(t_1)=v_1,\quad v(t_2)=v_2$$

ここで，$T=\frac{1}{2}mv^2$ とおくと，T は静止状態から速度 v に達する際の質点のなす仕事を表しており，運動エネルギー（kinetic energy）と呼ばれる．

11.3.3 ◆ 全エネルギーの保存則

式（11.13）は $T_1=\frac{1}{2}mv_1^{\,2}$，$T_2=\frac{1}{2}mv_2^{\,2}$ とおけば

$$W_{12}=T_2-T_1 \qquad (11.14)$$

と表される．あるいは

$$T_2=T_1+W_{12} \qquad (11.15)$$

と表現でき，T_2 は T_1 に点1～2間になす仕事 W_{12} を加えたものとして表される．ここで質点に作用する力 $\boldsymbol{F}$ が保存力のみとすると，式（11.9）から式（11.14）の左辺 W_{12} は点1と点2のポテンシャルエネルギー U_1，U_2 で表されるので，以下の関係が得られる．

$$W_{12}=T_2-T_1=U_1-U_2 \qquad (11.16)$$

式（11.16）から

$$T_1+U_1=T_2+U_2=E(=const.) \qquad (11.17)$$

の，エネルギー保存の式が得られる．すなわち保存力のみが作用する保存場では

（ポテンシャルエネルギー）+（運動エネルギー）=一定

となる．

ここで注意が必要なことは，前記のエネルギーの保存則は保存力のみが作用する保存場だけで成立するということである．非保存力，例えば摩擦力や減衰力，あるいは一般的な外力の作用下では成立しない．一般的に考えると物体に作用する合力 $\boldsymbol{F}$ は保存力 $\boldsymbol{F}_c$ と非保存力 $\boldsymbol{F}_{nc}$ で構成される．

$$\boldsymbol{F}=\boldsymbol{F}_c+\boldsymbol{F}_{nc} \qquad (11.18)$$

式（11.2）から図 11.1 を参照すると，点 1 から点 2 へ曲線に沿って移動する間になす仕事は

$$W_{12}=\int_1^2 \boldsymbol{F}\cdot d\boldsymbol{s}=\int_1^2 \boldsymbol{F}_c\cdot d\boldsymbol{s}+\int_1^2 \boldsymbol{F}_{nc}\cdot d\boldsymbol{s} \tag{11.19}$$

と書ける．上式の右辺第 1 項は保存力による仕事なので，式（11.9）から点 1 と点 2 の間のポテンシャルエネルギーの差である U_1-U_2 で表される．第 2 項は非保存力による仕事である．一方，この曲線に沿う運動の間になされる仕事 W_{12} は，運動方程式を基に導いた式（11.13）で評価されるので

$$W_{12}=U_1-U_2+W_{12}{}^{nc}=T_2-T_1 \tag{11.20}$$

となる．

ここに $W_{12}{}^{nc}$ は，式（11.19）の第 2 項 $\int_1^2 \boldsymbol{F}_{nc}\cdot d\boldsymbol{s}$，すなわち非保存力によってなされる仕事を表す．式（11.20）から

$$U_1+T_1+W_{12}{}^{nc}=U_2+T_2 \tag{11.21}$$

となる．このように保存力以外の力，非保存力が混在するような非保存場では，式（11.17）のようなエネルギーの保存則は成立しないが，非保存力によってなされる仕事の項を加えてやれば，同じような形の式が成立することがわかる．

例題 11.4　斜面に沿って落下する質点の運動

図 11.9（a）のように水平と θ の角度をなす斜面に沿って質点が落下する運動を考えてみる．このとき静止位置から距離 s 落下した時の速度 v を①斜面が滑らかな場合，②斜面が粗い場合の二つの場合について求めよ．

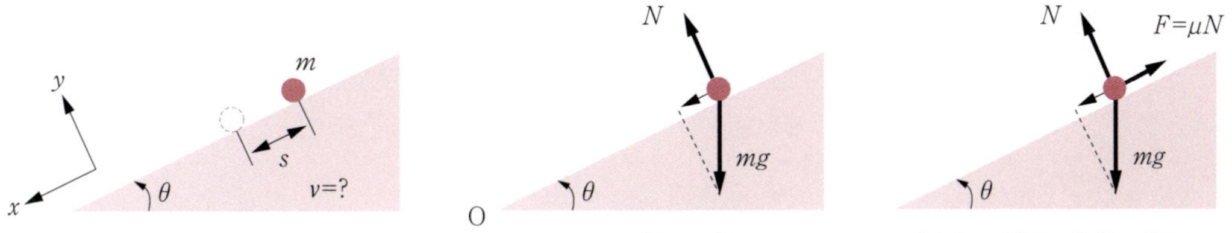

図 11.9　ポテンシャル力のなす仕事と経路

【解答】

①　斜面が滑らかな場合

質点に作用する力は，図 11.9（b）のように保存力である重力 mg のみである．したがって保存場の問題となり，式（11.17）のエネルギーの保存則が成式する．静止状態のポテンシャルエネルギー，運動エネルギーを U_1，T_1，距離 s 落下したときのポテンシャルエネルギー，運動エネルギーを U_2，T_2 とすれば

$$U_1=mgs\sin\theta,\quad T_1=0\quad (v_1=0)$$

$$U_2=0,\quad T_2=\frac{1}{2}mv^2$$

となり，式（11.17）の保存則 $U_1+T_1=U_2+T_2$ から

$$mgs\sin\theta=\frac{1}{2}mv^2\quad \therefore\ v=\sqrt{2(g\sin\theta)s}$$

② 斜面が粗い場合

この場合には図 11.9（c）のように非保存力である摩擦力が存在する．したがって式（11.17）の保存則は使えず，式（11.21）の関係式を使う必要がある．斜面の動摩擦係数を μ_k とすれば摩擦力 F は，質点に作用する垂直抗力 N より

$$F=\mu_k N$$

となる．N は重力の面に垂直成分と大きさは等しく，逆向きであるので

$$N=mg\cos\theta$$

したがって式（11.20）から

$$U_1+T_1+\int_0^S\mu_k(mg\cos\theta)\cdot ds=U_2+T_2$$

$$mgs\sin\theta-\mu_k(mg\cos\theta)\cdot s=\frac{1}{2}mv^2\quad \therefore\ v=\sqrt{2gs(\sin\theta-\mu_k\cos\theta\cdot s)}$$

例題 11.5　ケーブルで移動するブロックの速度

図 11.10 に示すようなバネと連絡した摩擦が無視できるスライダー機構の先に，質量 100kg のブロックをバネの自然長の静止点 A からケーブルに 500N の力を加えて移動させる．このときブロックがケーブルの滑車の真下の点 B に到達したときの速度 v を計算せよ．なお，バネ定数を 20N/m とする．また，滑車はスライダー機構より 1 m 上方にあるものとする．

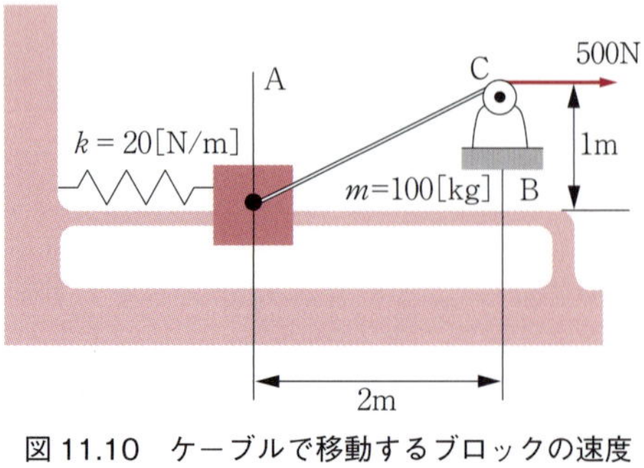

図 11.10　ケーブルで移動するブロックの速度

【解答】　この問題を運動方程式を立てて解くことは複雑となる（読者に運動方程式を立ててみることを勧める）．したがってこの場合も式（11.21）を使って計算をする．式（11.21）の左辺は

$$U_1+T_1=\frac{1}{2}\cdot 50\cdot 0^2+\frac{1}{2}\cdot 100\cdot 0^2+0.236\times 500=47.2[\mathrm{N/m}]$$

となる．右辺はケーブルの移動距離$\sqrt{2^2+1^2}-2=0.236[\mathrm{m}]$ の間，500[N] の力がなした仕事である．一方，式 (11.21) の右辺は

$$U_2+T_2=\frac{1}{2}\cdot 20\cdot 2^2+\frac{1}{2}mv^2=100+\frac{1}{2}\ 100\cdot v^2[\mathrm{N/m}]$$

となり，

$$118=40+50v^2 \quad \therefore\ v=1.98[\mathrm{m/s}]$$

例題 11.6　人工衛星の速度

図 11.11 に示すように質量 m の人工衛星を地球を回る楕円軌道に乗せる．この人工衛星が地球の表面からの距離 $h_1=500$ [km] で速度 $v_1=30{,}000$ [km/h] の速度を持っているとする．この人工衛星が距離 $h_2=1200$ [km] の地点 B に達する時の速度 v_2 を求めよ．

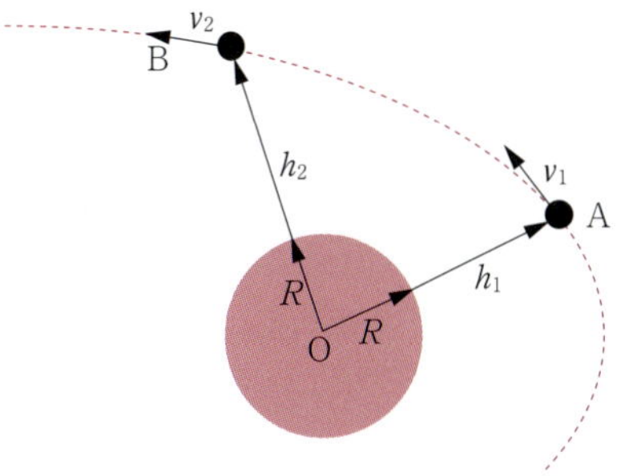

図 11.11　楕円軌道に投入された人工衛星の速度

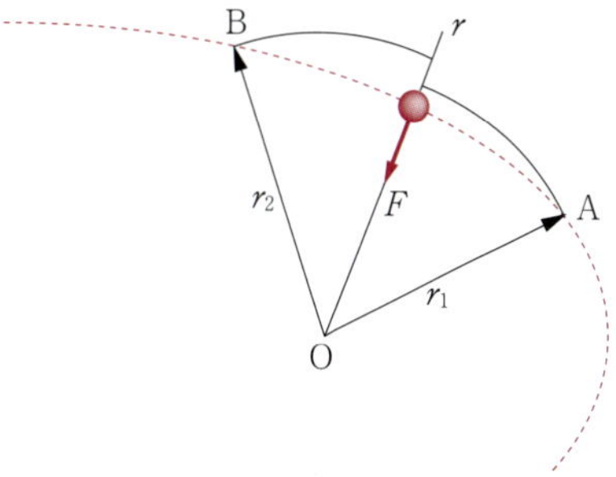

図 11.12　万有引力によってなされる仕事

【解答】 人工衛星は大気圏外で運動しているので，衛星に作用する力は地球の万有引力のみである．地球の質量を m_e，半径を R とすると作用する万有引力 F は

$$F=\frac{Gmm_e}{r^2}=\frac{gR^2\cdot m}{r^2} \tag{11.22}$$

ここで，r は人工衛星と地球との距離で地球表面上では $r=R$ のとき $Gm_e=gR^2$ となる関係を使っている．F によってなされる仕事 W_{12} は，F の作用線，すなわち半径成分のみであるので，図 11.12 を参考にして

$$W_{12}=-\int_{r_1}^{r_2}Fdr=-mgR^2\int_{r_1}^{r_2}\frac{dr}{r^2}=mgR^2\left(\frac{1}{r_2}-\frac{1}{r_1}\right)$$

となる．よって式 (11.21) より

$$\frac{1}{2}mv_1{}^2 + mgR^2\left(\frac{1}{r_2} - \frac{1}{r_1}\right) = \frac{1}{2}mv_2{}^2$$

この式に以下の数値を代入して v_2 を求める．

$$v_1 = 30{,}000[\mathrm{km/h}],\ g = 9.8[\mathrm{m/s}],\ R = 6371[\mathrm{km}],$$
$$r_2 = h_2 + R = 1000 + 6371 = 7371[\mathrm{km}],\quad r_1 = h_1 + R = 500 + 6371 = 6871[\mathrm{km}]$$

この結果

$$v_2 = 7663[\mathrm{m/s}]\,(= 27590[\mathrm{km/h}])$$

となる．

例題 11.7　垂直な面内を円運動する質点

図 11.13 のように質量の無視できる長さ l の棒の一端に質量 m の質点が取り付けられ，他端 C を中心に垂直面内を回転する運動を考える．この質点が円の頂上に到達できるような最下点 O における速度 v_0 を求めよ．

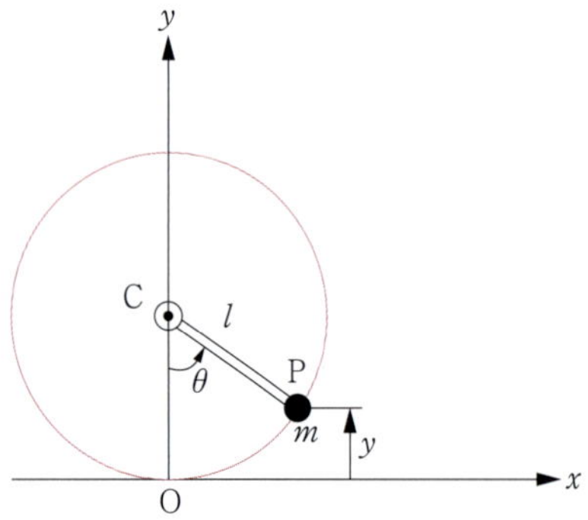

図 11.13　垂直面内を円運動する物体

【解答】　図のように角度 θ の時の質点の高さ y は

$$y = l(1 - \cos\theta)$$

と表され，したがってポテンシャルエネルギーは

$$U = mgl(1 - \cos\theta)$$

で与えられる．いま角度 θ_1 のときの速度を v_1，θ_2 の時の速度を v_2 とすると，エネルギーの保存則から

$$T_1 + U_1 = T_2 + U_2$$

ここに

$$T_1=\frac{1}{2}mv_1{}^2,\quad T_2=\frac{1}{2}mv_2{}^2,\qquad U_1=mgl(1-\cos\theta_1),\quad U_2=mgl(1-\cos\theta_2)$$

である．したがって

$$\frac{1}{2}mv_1{}^2+mgl(1-\cos\theta_1)=\frac{1}{2}mv_2{}^2+mgl(1-\cos\theta_2)$$

となり，この式から

$$v_2{}^2=v_1{}^2+2gl(\cos\theta_2-\cos\theta_1)$$

いま $v_1=v_0$ とおくと

$$v_2{}^2=v_0{}^2+2gl(\cos\theta_2-1)\qquad\therefore\ v_2=\sqrt{v_0{}^2+2gl(\cos\theta_2-1)}$$

円の頂上に到達できるためには

$$v_2\geqq 0$$

したがって $v_0\geqq\sqrt{2gl(1-\cos\theta_2)}$ となる．

例題 11.8　糸で連結された２質点の運動

図 11.14 に示すように糸で連結された質量 m_1 の物体と質量 m_2 の物体が滑らかな床および斜面上を運動している．このとき両物体の加速度 a を求めよ．

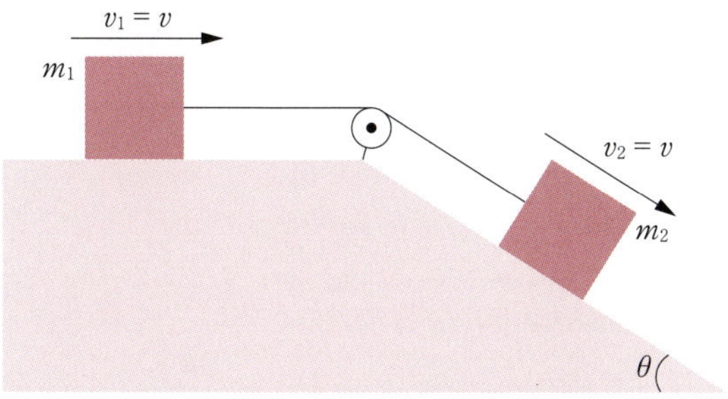

図 11.14　連結された２質点の運動

【解答】　物体の加速度は共通の大きさになるが，その方向は異なり，ベクトルで加速度を表示すれば $\boldsymbol{a}_1$，$\boldsymbol{a}_2$ と異なることに注意が必要である．$a=|\boldsymbol{a}_1|=|\boldsymbol{a}_2|$ である．両物体の速度 v も方向が異なり，$v=|\boldsymbol{v}_1|=|\boldsymbol{v}_2|$ となる．系全体の運動エネルギー T は次式となる．

$$T=\frac{1}{2}(m_1+m_2)v^2$$

したがって微小時間 dt のときの T の増分 dT は

$$dT=(m_1+m_2)v\frac{dv}{dt}dt=(m_1+m_2)vadt$$

となる．一方，斜面に沿って質点 m_2 は微小時間 dt の間には距離 vdt だけ落下して，そのときのポテンシャルエネルギーの変化 dU は

$$dU=-m_2gvdt\sin\theta$$

となる．床，斜面とも滑らかでエネルギーが保存されると考えれば下記の式が成立する．

$$dT+dU=0$$

したがって

$$(m_1+m_2)vadt-m_2gvdt\cdot\sin\theta=0$$

となり，

$$a=\frac{m_2}{m_1+m_2}g\sin\theta$$

となる．

第 11 章　演習問題

［1］図 E11-1 のようにジェットコースターが半径 18m のトラックの頂上を 30km/h で通過した後，水平のところまで走行したときの速度 v を求めよ．摩擦は全て無視でき，また六つの車両の重量は全て同一とする．

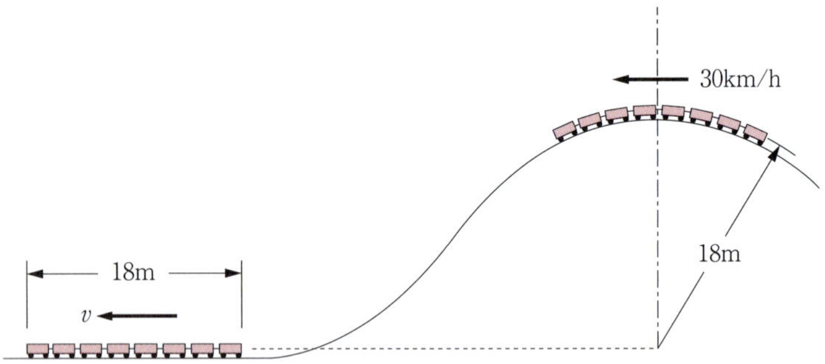

図 E11-1

［2］体重 60kg の人が質量 12kg の自転車に乗って走行している．自転車の車輪は薄く，質量 1.5kg で直径が 0.74m である．自転車の後輪に 298W のパワーを与えて滑らずに転がすときの加速度を求めよ．ここに，この瞬間の速度は 5m/s となった．

図 E11-2

［3］質量 m のブロックが下図 E11-3 のような二つの径路を滑り，A 点から B 点まで移動するときの全仕事量を以下の二つの場合について求めよ．

①摩擦が無視できる場合

②摩擦係数を全て同一で μ とする場合

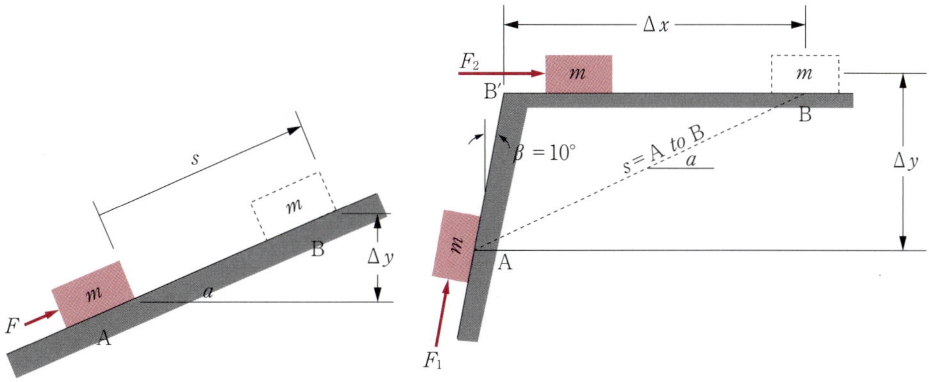

図 E11-3

［4］図のようにトラックベッドを油圧ジャッキによって $\theta=30°$ まで傾斜したときの全仕事を計算せよ．トラックベッドの質量は 10 ton とする．

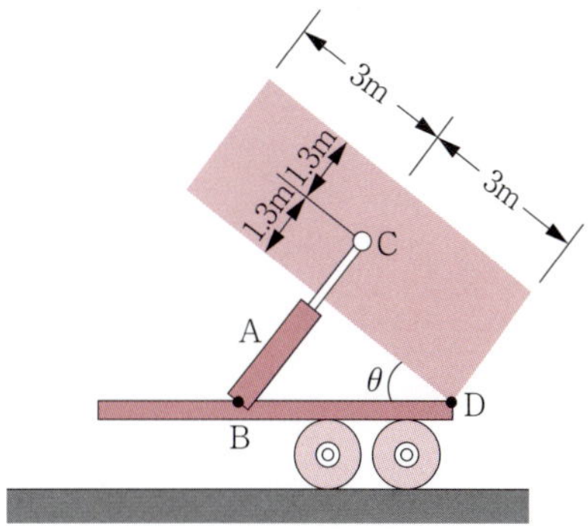

図 E11-4

［5］図 E11-5 のように質量 30.9kg の棒がバネで一端を支えられ，斜め（$\theta=45°$）に他の一端が床の上に置かれた状態で保持されている．保持を除き棒が落下するとき，棒が床に水平になるときの棒の点 A，B の速度を求めよ．床と棒の間の摩擦は無視できるほど小さいとする．

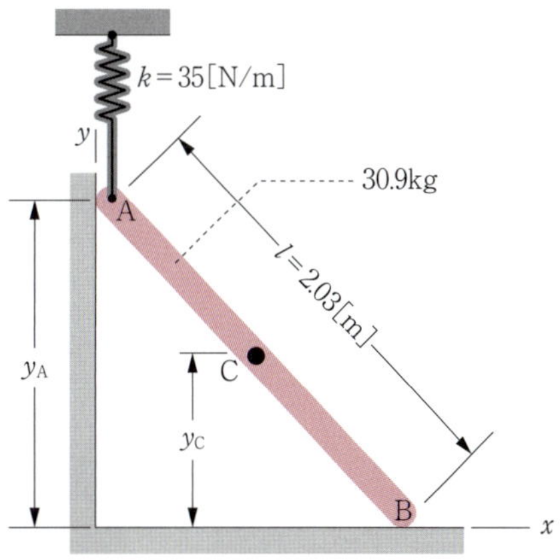

図 E11-5

［6］質量 $m_1=2{,}000$［kg］のエレベータの箱が質量 $m_2=200$［kg］の一様な円板の滑車で $m_3=1{,}800$［kg］で降下するモデルを考える．$y=30$［m］まで降下したときのエレベータの箱 m_1 の速度を求めよ．

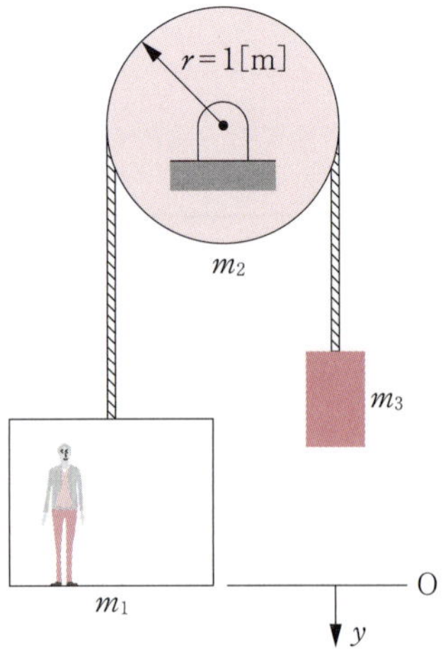

図 E11-6

［7］図 E11-7 のように質量 m の三つのボールが，質量の無視できる 120°の方向に接着された剛体フレームに取り付けられている．このとき力 F を突然作用したときの点 O の加速度とフレームの各加速度 $\ddot{\theta}$ を計算せよ．

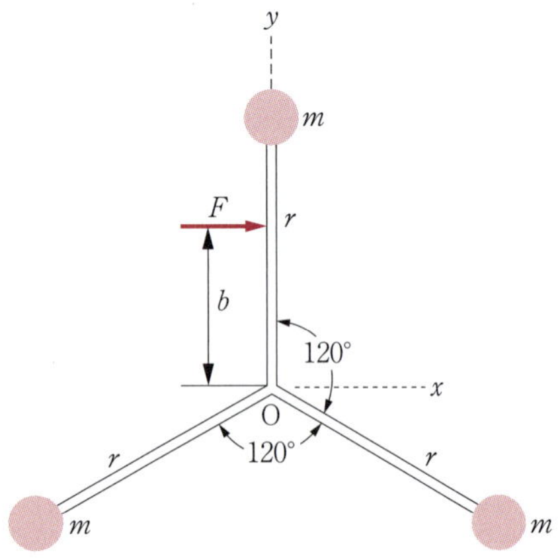

図 E11-7

［8］平らな台車が図 E11-8 のように一定速度 v_0 で走行している．このとき質量 m 荷物はケーブルで支えられているので，ケーブルには一定の荷重 P が加わっている．$x_0=b$ のとき，台車は静止して荷物も $x=0$ のところで静止している．このとき，地面に固定した座標系（図の $X=-x_0+x$）および台車に固定した座標系（図の x）の両方における仕事–エネルギー関係式を求めよ．

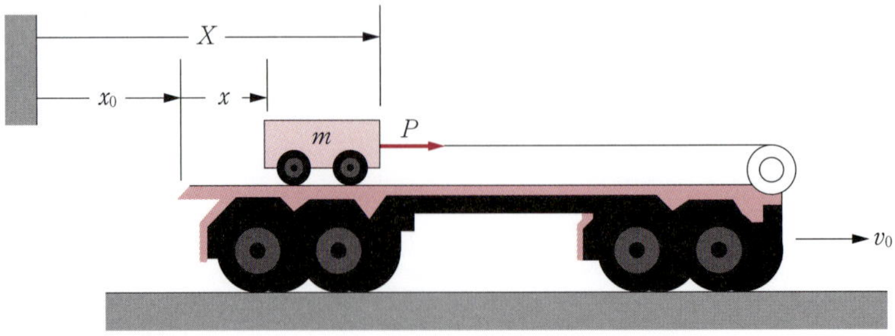

図 E11-8

［9］質量 M の衛星が四つの等しい質量 m の質点が質量のない剛体棒で図のように支持されている．このときスピン軸の回りの衛星の回転慣性半径を r_g として $\theta=0$ のときの衛星のスピン速度を ω_0 とするとき，θ の関数としてスピン速度 ω を表せ．

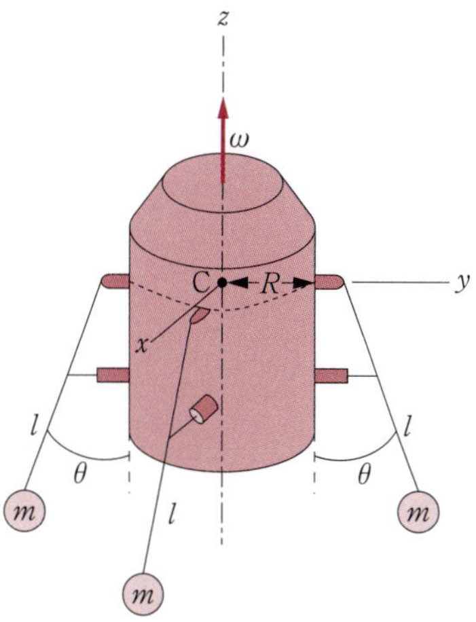

図 E11-9

［10］図 E11-10 の円盤が完全に回転するときのトルク M_B のなす仕事を求めよ．

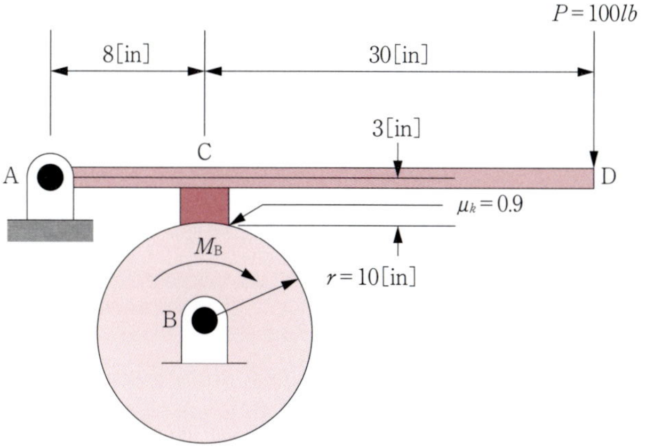

図 E11-10

第12章

力積，運動量，衝突

OVERVIEW

本章ではまず併進（直線）運動に関する力積(impulse)，運動量（momentum）の概念を述べ，その相互の関係と運動量の保存則について説明をする．次に角度変化運動に関する角力積（angular impulse）と角運動量（angular momentum）の概念を述べ，それら相互の関係と角運動量の保存則について説明する．最後に二つの物体が衝突(impact)する際の解析に運動量の概念が，効果的に応用できることを示す．

ハインリヒ・ルドルフ・ヘルツ
(Heinrich Rudolf Hertz)
1857 年～1894 年，ドイツ

- 物理学者
- マクスウェルの電磁気学を発展，光電効果，ダイポールアンテナ
- 接触力学（ヘルツ接触）
- ヘルツコーン(波面伝播形状の一種)
- 周波数を示す SI 単位のヘルツ［Hz］は彼に由来

12.1 直線運動に関する直線力積と運動量

12.1.1 ◆ 直線運動の場合の運動量の概念

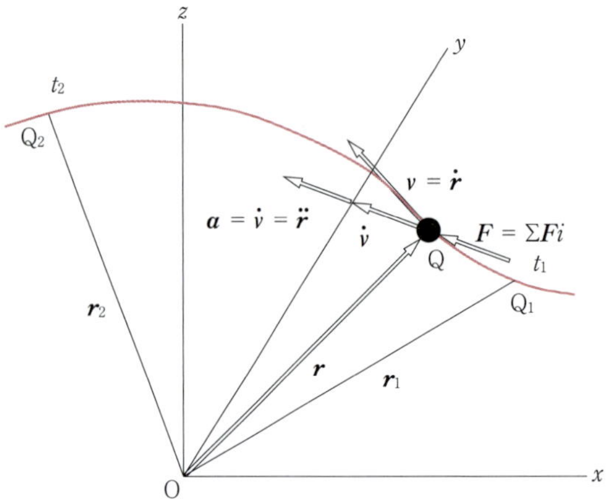

図 12.1　三次元空間内の質点の運動量

図 12.1 に示すような，三次元空間内の質点の任意の曲線に沿う運動を考える．質点に関するニュートンの第 2 法則，すなわち運動方程式は m が時間に関して一定であるとすると

$$\boldsymbol{F} = \sum_{i=1}^{n} \boldsymbol{F}_i = m\boldsymbol{a} = m\dot{\boldsymbol{v}} = \frac{d}{dt}(m\boldsymbol{v}) \tag{12.1}$$

と書ける．ここで式（12.1）の右辺の被微分部分 $m\boldsymbol{v}$ を

$$\boldsymbol{P} = m\boldsymbol{v} \tag{12.2}$$

と書き，$\boldsymbol{P}$ を**直線運動量**（linear momentum），あるいは単に**運動量**（momentum）と呼ぶ．ニュートンの第 2 法則は下記のようになり

$$\boldsymbol{F} = \frac{d\boldsymbol{P}}{dt}$$

“質点に作用する外力は，直線運動量の時間あたりの変化率に等しい” とも解釈できる．式（12.1）を x，y，z 座標成分に分けて記すと

$$X = \frac{d}{dt}(m\dot{x}) = \frac{dP_x}{dt}, \quad Y = \frac{d}{dt}(m\dot{y}) = \frac{dP_y}{dt}, \quad Z = \frac{d}{dt}(m\dot{z}) = \frac{dP_z}{dt} \tag{12.3}$$

となる．ここに $\boldsymbol{F} = (X, Y, Z)^T$，$\boldsymbol{v} = (\dot{x}, \dot{y}, \dot{z})^T$，$\boldsymbol{P} = (P_x, P_y, P_z)^T$ である．

12.1.2 ◆ 直線運動量と力積の関係

式（12.1）の運動方程式を点 Q_1 の時刻 t_1 から Q_2 に達する時刻 t_2 まで時間積分を行うと

$$\int_{t_1}^{t_2} \boldsymbol{F} dt = \int_{t_1}^{t_2} \sum_{i=1}^{n} \boldsymbol{F}_i dt = [m\boldsymbol{v}]_{t_1}^{t_2} = m\boldsymbol{v}_2 - m\boldsymbol{v}_1 = \boldsymbol{P}_2 - \boldsymbol{P}_1 = \Delta \boldsymbol{P} \tag{12.4}$$

となる．力と微小時間の積は**直線力積**（linear impulse），あるいは単に**力積**（momentum）として定義され，式（12.4）は，直線力積の時間的変化は運動量の変化に等しいことを意味している．

式（12.4）は次式

$$\boldsymbol{P}_1 + \int_{t_1}^{t_2} \sum \mathrm{F}_i dt = \boldsymbol{P}_2 \tag{12.5}$$

となり，“時間 t_2 の直線運動量 $\boldsymbol{P}_2$ は，時刻 t_1 の直線運動量 $\boldsymbol{P}_1$ に力積の変化の総和を加えたものになる”ことを示している．

12.1.3 ◆ 直線運動量の保存法則

式（12.4）において合力 $\boldsymbol{F}=\sum_{i=1}^{n}\boldsymbol{F}_i$ が $\boldsymbol{0}$ であれば

$$\Delta \boldsymbol{P} = m\boldsymbol{v}_2 - m\boldsymbol{v}_1 = \boldsymbol{0}$$

となり，

$$m\boldsymbol{v}_2 = m\boldsymbol{v}_1 \tag{12.6}$$

となる．式（12.6）は運動量が変化しない，すなわち運動量が**保存**（conservation of linear momentum）されていることを示す．すなわち“質点に作用する外力の合力がある時間区間で $\boldsymbol{0}$ であるならば，その時間区間で直線運動量は保存される”，このことを**直線運動量の保存則**（principle of conservation of linear momentum）と呼ぶ．

さて，ここで図 12.2 に示すような n 個の多質点系 m_1, m_2, $\cdots$, m_n を考えてみる．質点 i に作用する力 $\boldsymbol{F}_i$ は，外力の合力 $\boldsymbol{F}_{Ei}$ と，他の質点から受ける内力 $\boldsymbol{F}_{Iij}(j=1, 2, \cdots, n)(j \neq i)$ の合力 $\boldsymbol{F}_{Ii}$ の和である．内力は質点間が剛体棒やバネで連結された場合を考えると理解が容易である（9 章 9.5 参照）．

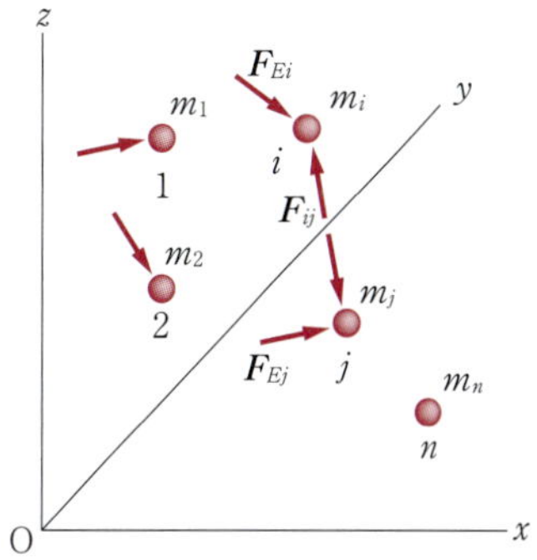

図 12.2　多質点系における運動量保存

したがって質点 m_i に関してニュートンの第 2 法則を適用すると

$$\frac{d}{dt}(m_i\boldsymbol{v}_i) = m_i\dot{\boldsymbol{v}}_i = \boldsymbol{F}_i = \boldsymbol{F}_{Ei} + \boldsymbol{F}_{Ii} \tag{12.7}$$

となる．ここに $\boldsymbol{F}_{Ii}=\sum_{j=1}^{n}\boldsymbol{F}_{Iij}$ である．式（12.7）を全質点に関して合計すると

$$\sum_{i=1}^{n} \frac{d}{dt}(m_i\boldsymbol{v}_i) = \sum_{i=1}^{n} \boldsymbol{F}_{Ei} + \sum_{i=1}^{n} \boldsymbol{F}_{Ii} \tag{12.7$'$}$$

となる．図 12.2 に見られるように，質点 j から質点 i に作用する内力 $\boldsymbol{F}_{Iij}$ と質点 i から質点 j に

作用する内力 $\boldsymbol{F}_{Iji}$ は作用・反作用の関係で大きさが等しく方向が逆，すなわち

$$\boldsymbol{F}_{Iij} = -\boldsymbol{F}_{Iji} \tag{12.8}$$

となるので

$$\sum_{i=1}^{n} \boldsymbol{F}_{Iij} = \boldsymbol{0} \tag{12.9}$$

となる．したがって式（12.7′）は

$$\sum_{i=1}^{n} \frac{d}{dt}(m_i \boldsymbol{v}_i) = \sum_{i=1}^{n} \boldsymbol{F}_{Ei} \tag{12.10}$$

となる．ここで外力の合計，すなわち式（12.10）の右辺が $\boldsymbol{0}$ であれば，

$$\sum_{i=1}^{n} \frac{d}{dt}(m_i \boldsymbol{v}_i) = \boldsymbol{0}$$

となり

$$\boldsymbol{P} = \sum_{i=1}^{n} \boldsymbol{P}_i = \sum_{i=1}^{n} m_i \boldsymbol{v}_i = const. \tag{12.11}$$

よって，運動量は保存される．

例えば図 12.3 に示すようなバネで連結された二つの質点 m_1，m_2 の運動量の合計は，外力が加わらなければ

$$m_1 v_1 + m_2 v_2 = const. \tag{12.12}$$

となり保存される．

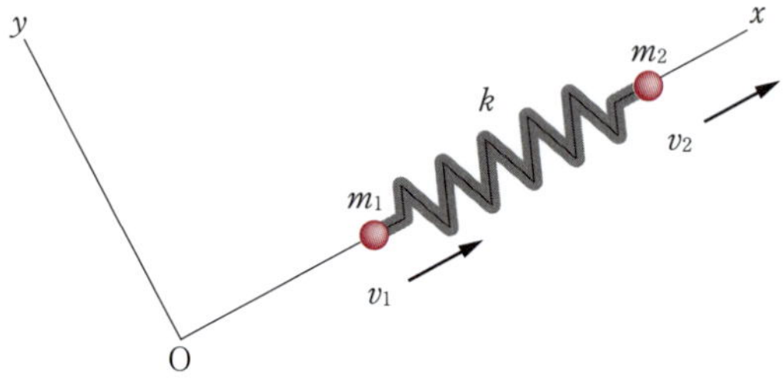

図 12.3　バネで連結された二つの質点の運動

例題 12.1　弾丸を撃ち込まれたブロックの運動

図 12.4 に示すような水平面を速さ $v_1 = 10$ [m/s] で，x 軸から 45° 右方向に運動している質量 5 [kg] のブロックに，質量 50g の弾丸が速さ $v_2 = 500$ [m/s] で撃ち込まれ，一体となり運動すると仮定する．衝突直後の一体となった速度 $\boldsymbol{v}$（ベクトル量）を求めよ．

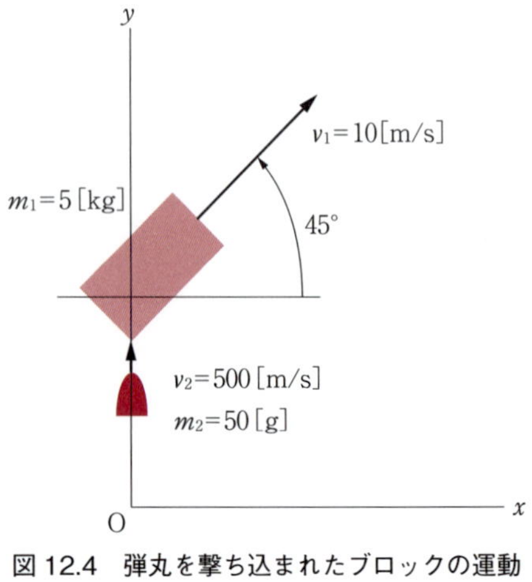

図 12.4　弾丸を撃ち込まれたブロックの運動

【解答】　両物体は衝突後一体となっているので，衝突直後に両質点が剛体棒で連結された場合と考えられ，衝突の際の力は内力であり，運動量は保存される．よって

$$0.05\times500\,\boldsymbol{j}+5\times10(\cos45°\cdot\boldsymbol{i}+\sin45°\cdot\boldsymbol{j})=(5+0.05)\boldsymbol{v}$$

となり，この式から

$$\boldsymbol{v}=7.07\boldsymbol{i}+12.1\boldsymbol{j}$$

となる．$\boldsymbol{v}$ の大きさと方向は次のようになる．

$$v=|\boldsymbol{v}|=\sqrt{7.07^2+12.1^2}=14.0\,[\mathrm{m/s}]$$

$$\tan\theta=\frac{12.1}{7.07}=1.71 \quad\rightarrow\quad \theta=\tan^{-1}1.71$$

例題 12.2　**ロケットの推進**

図 12.5（a）に示すように，時刻 t のとき，ロケットが速度 v で飛行しているとする．ここで重力の影響が小さく無視できるとすれば，ロケットに作用する力は推力のみである．図 12.5（b）において微小時刻 Δt 経過するときに燃焼したロケットの燃料を Δm としたときにロケットに対して v_0 の速度で噴射されるものとする．このときロケットの初速を v_1，最終速度を v_f とするとき，v_f を求めよ．

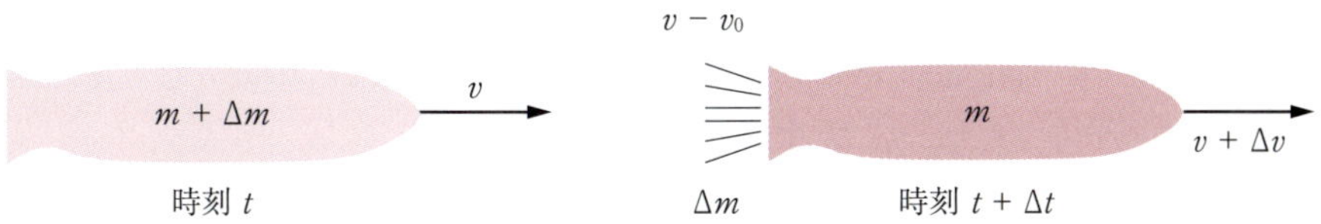

図 12.5　ロケットの推進

【解答】　燃料噴射前後の運動量の保存則は成立すると考えて

$$(m+\Delta m)v=m(v+\Delta v)+\Delta m(v-v_0)$$

この式から

$$\Delta v=v_0\frac{\Delta m}{m}$$

となる．この式は Δt が十分に小さいときは近似式として成立する．したがってこの式を用いると

$$v_f-v_1=v_0\sum\frac{\Delta m}{m}$$

となる．この式で $t\rightarrow0$ にして Δm が減少するので，v_f-v_1 が負の値を取ると考えると

$$v_f-v_1=-v_0\int_{m_1}^{m_f}\frac{dm}{m}=v_0 ln\left(\frac{m_1}{m_f}\right)$$

となる．よって，

$$v_f = v_0 l_n \left(\frac{m_1}{m_f} \right) + v_1$$

12.2 角力積と角運動量

12.2.1 ◆ 角運動量の概念

前述の 12.1 節では直線運動に関する運動量，すなわち直線運動量について説明した．ここでは似た概念として角度変化に対する角運動量の概念を説明しよう．

図 12.6 に示すような 3 次元空間内で，曲線に沿って運動する質点 m を考える．時刻 t における Q 点の直線運動量 $\boldsymbol{P}$ は $\boldsymbol{P} = m\boldsymbol{v}$ で与えられる．Q 点の位置ベクトルを $\boldsymbol{r}$ として次のような $\boldsymbol{P}$ と $\boldsymbol{r}$ の外積（ベクトル積）を考える．

$$\boldsymbol{H}_{\mathrm{O}} = \boldsymbol{r} \times m\boldsymbol{v} \tag{12.13}$$

外積の定義から $\boldsymbol{H}_{\mathrm{O}}$ の大きさ H_{O} は $H_{\mathrm{O}} = |\boldsymbol{H}_{\mathrm{O}}| = rmv \sin\theta = A$ で与えられる．ここに A は $\boldsymbol{P}$ ベクトルと $\boldsymbol{r}$ ベクトルが形成する平面内の平行四辺形の面積を表し，またベクトルの方向はこの平面に垂直で，$\boldsymbol{r} \to \boldsymbol{P}$ を回す際の右ネジの方向を向く．この $\boldsymbol{H}_{\mathrm{O}}$ ベクトルを O 点回りの Q 点における質点 m の角運動量（angular momentum）と呼ぶ．ベクトル $\boldsymbol{H}_{\mathrm{O}}$ の成分を（$H_{\mathrm{O}x}, H_{\mathrm{O}y}, H_{\mathrm{O}z}$），速度ベクトル $\boldsymbol{v}$ の成分を（v_x, v_y, v_z）とすれば

$$\begin{cases} \boldsymbol{H}_{\mathrm{O}} = H_{\mathrm{O}x}\boldsymbol{i} + H_{\mathrm{O}y}\boldsymbol{j} + H_{\mathrm{O}z}\boldsymbol{k} \\ \boldsymbol{v} = v_x\boldsymbol{i} + v_y\boldsymbol{j} + v_z\boldsymbol{k} \end{cases} \tag{12.14}$$

と表すことができる．ここに $\boldsymbol{i}$，$\boldsymbol{j}$，$\boldsymbol{k}$ は x，y，z 座標方向の単位ベクトルである．行列式を用いると $\mathrm{H_O}$ ベクトルは，$\boldsymbol{r}$ の成分を（x, y, z）とすれば

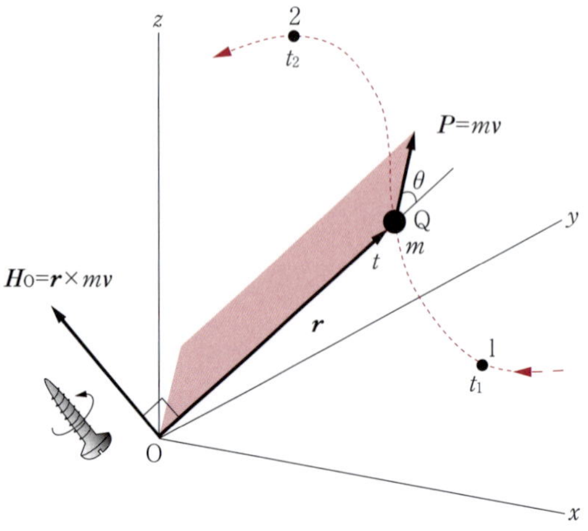

図 12.6　角運動量の概念

$$\boldsymbol{H}_O = m\begin{vmatrix} \boldsymbol{i} & \boldsymbol{j} & \boldsymbol{k} \\ x & y & z \\ v_x & v_y & v_z \end{vmatrix} = m(v_z y - v_y z)\boldsymbol{i} + m(v_x z - v_z x)\boldsymbol{j} + m(v_y x - v_x y)\boldsymbol{k} \tag{12.15}$$

となり $H_{Ox} = v_z y - v_y z$, $H_{Oy} = v_x z - v_z x$, $H_{Oz} = v_y x - v_x y$ となる．角運動量の単位は SI 単位系では，$[\mathrm{kg \cdot (m/s) \cdot m}] = [\mathrm{kg \cdot m^2/s}] = [\mathrm{N \cdot m \cdot s}]$ である．

12.2.2 ◆ 角運動量と角力積の関係

質点に働くすべての力 $\boldsymbol{F}_1$，$\boldsymbol{F}_2$, …，$\boldsymbol{F}_n$ の合力を $\boldsymbol{F}$ とすれば，$\boldsymbol{F} = \sum_{i=1}^{n} \boldsymbol{F}_i$ となる．また，点 O における この合力のモーメントを $\boldsymbol{M}_O$ とすれば

$$\boldsymbol{M}_O = \boldsymbol{r} \times \boldsymbol{F} = \boldsymbol{r} \times m\dot{\boldsymbol{v}} \tag{12.16}$$

となる．ここで角運動量の式（12.13）を時間微分すると

$$\begin{aligned} \dot{\boldsymbol{H}}_O &= \dot{\boldsymbol{r}} \times m\boldsymbol{v} + \boldsymbol{r} \times m\dot{\boldsymbol{v}} \\ &= \boldsymbol{v} \times m\boldsymbol{v} + \boldsymbol{r} \times m\dot{\boldsymbol{v}} = \boldsymbol{r} \times m\dot{\boldsymbol{v}} \end{aligned} \tag{12.17}$$

となる．ここで，$\boldsymbol{v} \times \boldsymbol{v} = \boldsymbol{0}$ の関係を用いて式（12.17）の第 1 項を消去している．式（12.17）を式（12.16）に代入すれば

$$\boldsymbol{M}_O = \dot{\boldsymbol{H}}_O \tag{12.18}$$

の関係式が得られる．すなわち“固定点 O の回りの質点 m に作用する外力のモーメントは，O 点回りの質点 m の角運動量の時間変化に等しい”ことがわかる．

ここで質点 m の時刻 t_1 の経路上の点 1 から時刻 t_2 の経路上の点 2 の間のモーメントの時間積分を考えてみると

$$\int_{t_1}^{t_2} \boldsymbol{M}_O\, dt = \boldsymbol{H}_O \Big|_{t_1}^{t_2} = \boldsymbol{H}_{O2} - \boldsymbol{H}_{O1} = \Delta \boldsymbol{H}_O \tag{12.19}$$

あるいは

$$\boldsymbol{H}_{O2} = \boldsymbol{H}_{O1} + \int_{t_1}^{t_2} \boldsymbol{M}_O dt \tag{12.20}$$

となる．点 2 の角運動量は点 1 の角運動量にモーメント $\boldsymbol{M}_O$ の t_1 から t_2 の時間変化の総和（積分）を加えたもので

$$\int_{t_1}^{t_2} \boldsymbol{M}_O dt = \int_{t_1}^{t_2} \sum_{i=1}^{n} \boldsymbol{M}_{Oi} dt \tag{12.21}$$

は**角力積**（angular impulse）と呼ばれる量である．角力積の単位は角運動量の単位と同じで $[\mathrm{N \cdot m \cdot s}]$ となる．

12.2.3 ◆ 角運動量の保存則

式（12.20）において外力によるモーメント $\boldsymbol{M}_o$ がある時間区間において 0 となるならば

$$\boldsymbol{H}_{O2}=\boldsymbol{H}_{O1} \tag{12.22}$$

となり，角運動量が保存される．これは**角運動量の保存則**（law of conservation of angular momentum）と呼ばれる．

ところで直線運動のところで考えた図 12.2 に示す多質点系でも，外力によるモーメントの総和 $\boldsymbol{M}_{EO}$ が 0 ならば，内力によるモーメントの総和 $\boldsymbol{M}_{IO}$ は 0 となるので，角運動量の総和 $\boldsymbol{H}_O$ は

$$\boldsymbol{H}_O=\sum_{i=1}^{n}\boldsymbol{H}_{Oi}=\text{const.} \tag{12.23}$$

となり保存されることがわかる．

例題 12.3　単振子の運動

図 12.7（a）に示すような長さ l のワイヤの先端に質量 m の質点が付いている単振子の運動を考える．振子の振れ角が θ のときの図の紙面に垂直上向きの z 軸回りの角運動量 H_z を求め，H_z をもとにこの系の運動方程式を求めよ．

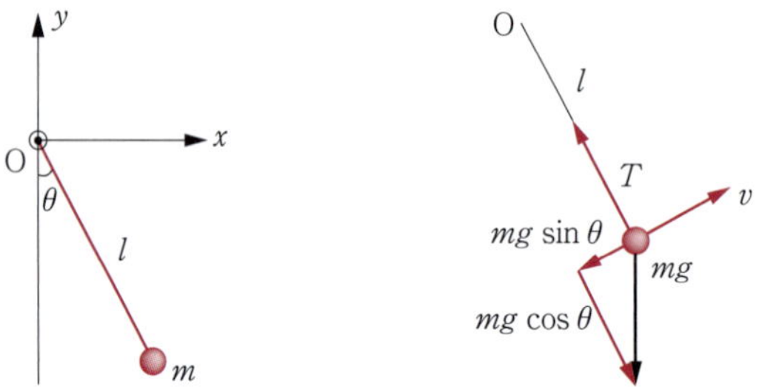

図 12.7　単振子の運動

【解答】　図 12.7（b）に示すようなフリーボディを描くと，角運動量 H_z は容易に

$$H_z=mlv$$

と求められる．一方，z 軸に作用する外力のモーメントは接線方向の重力の成分のみが関与するので

$$M_z=-mgl\sin\theta$$

となる．したがって

$$M_z=\dot{H}_z=ml\dot{v}=ml(l\ddot{\theta})=ml^2\ddot{\theta} \quad \therefore \quad -mgl\sin\theta=ml^2\ddot{\theta}$$

$$\ddot{\theta}=-\frac{g}{l}\sin\theta$$

例題 12.4　回転する棒上を移動する２質点の運動

図 12.8 に示すような質量 m の二つの質点が，水平に角速度 ω 回転する棒に中心から同一の位置に付けられている．質点は中心から左右対称の距離を保ったまま中心方向へ移動できる機構が付いているものとする．これは遊園地の乗物を簡単にモデル化したものである．初期の半径位置を r_1，そのときの棒の回転の角速度を ω_1 とすると半径位置が r_2 のときの角速度 ω_2 を求めよ．

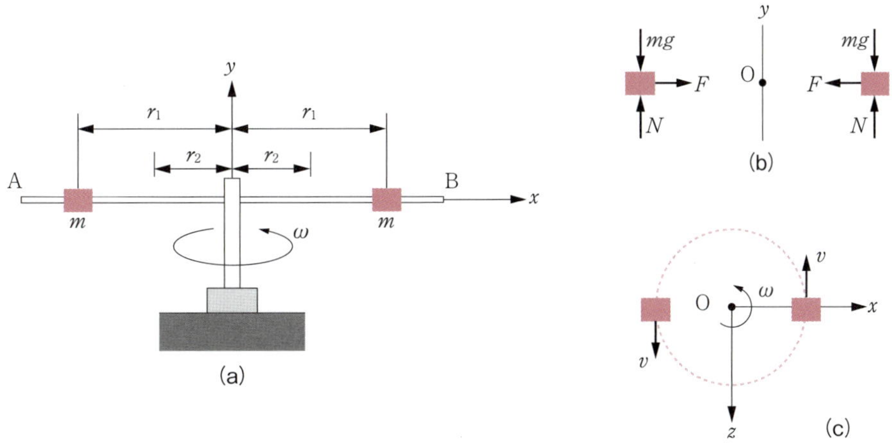

図 12.8　回転する棒上を移動する２質点の運動

【解答】　半径 r_1 における系全体の O 点に関する角運動量を H_1，半径 r_2 における O 点に関する角運動量を H_2 とすると角運動量の保存則から

$$H_1 = H_2$$

となる．ここで

$$H_1 = mr_1v_1 = 2(r_1mr_1\omega_1),\quad H_2 = mr_2v_2 = 2(r_2mr_2\omega_2)$$

であるので

$$\omega_2 = \frac{{r_1}^2}{{r_2}^2}\omega_1$$

となる．

例題 12.5　半球容器内の質点の運動

図 12.9 のような滑らかな半球容器内で，鉛直の中心軸 OO' から半径 r_0 のところにある水平な一点 A から，接線方向に初速度 v_0 を与えて質点を運動させる．この質点が，A から距離 h 下にあって鉛直軸からの半径が r の点 B を通過するとき，質点の速度 v の大きさと，B 点を通る容器の水平接線に対してなす角度 θ を求めよ．ただしこの角度 θ は，B における半球面に接する平面内で測られる角度である．

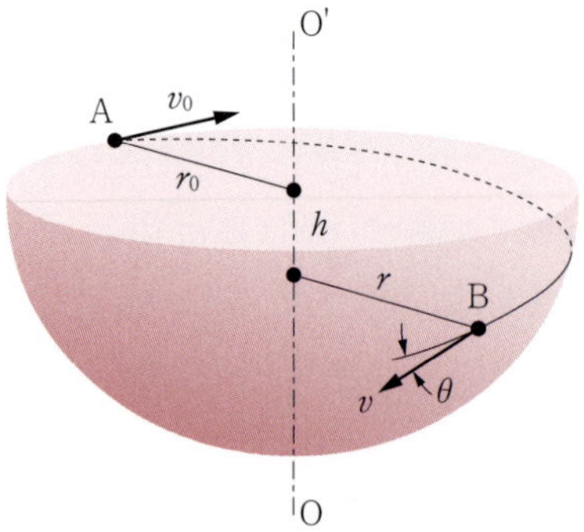

図 12.9　半球容器内の質点の運動

【解答】 質点に働く力は，その重力と，容器の滑らかな表面から受ける垂直抗力である．どちらの力も軸 OO' まわりにモーメントを生み出さないので，角運動量はこの軸のまわりに関して保存される．こうして

$$[(H_O)_1=(H_O)_2] \quad mv_0r_0=mvr\cos\theta$$

さらに，全エネルギーが保存されることから $E_1=E_2$ となり，運動エネルギー T と重力によるポテンシャルエネルギー U_g の和が保存され，次式が成り立つ．

$$[T_1+U_{g1}=T_2+U_{g2}] \quad \frac{1}{2}mv_0^{\,2}+mgh=\frac{1}{2}mv^2+0$$

$$v=\sqrt{v_0^{\,2}+2gh}$$

これらの式から v を消去して，$r^2=r_0^{\,2}-h^2$ を代入すると

$$v_0r_0=\sqrt{v_0^{\,2}+2gh}\sqrt{r_0^{\,2}+h^2}\cos\theta \qquad \therefore\ \theta=\cos^{-1}\frac{1}{\sqrt{1+\dfrac{2gh}{v_0^{\,2}}}\sqrt{1-\dfrac{h^2}{r_0^{\,2}}}}$$

12.3 衝　突

二つの物体がぶつかる**衝突**（impact）と呼ばれる現象を考えてみよう．まず簡単なために同一直線上を運動する二つの物体の衝突すなわち**正面衝突**あるいは向心直衝突（direct central impact）を考え，次に異なる直線上を運動してその交点で衝突する，いわゆる**斜め衝突**あるいは向心斜め衝突（oblique central impact）を考えてみよう．いずれも 12.1 節で説明した力積と運動量の概念の応用で問題の解法が可能となる．

12.3.1 ◆ 正面衝突

図 12.10（a）に示すような同一直線上を同じ方向に運動している質量 m_1，速度 v_1 の物体と質量 m_2，速度 v_2 の二つの球を考えてみよう．$v_1>v_2$ であれば衝突が起こり，二つの球体は接触す

る．その接触力は直線と同一方向を向く．このような衝突は**正面衝突**（direct central impact）と呼ばれる．衝突して両球が接触している状態では剛体球では接触面における変形は生じない．一方，弾性体や塑性体では接触面において大きな変形が生じる．弾性体では時間の経過とともに変形は回復し，塑性体では変形が回復せずに，いわゆる永形変形が残ることになる．衝突して接触面で生ずる接触力は二つの球に対して大きさが同じで方向が反対となる，いわゆる内力と見なされる．したがって図 12.10（b）では直線運動量は保存され，

$$m_1 v_1 + m_2 v_2 = (m_1 + m_2) v_0 \tag{12.24}$$

となる．この状態は前述の図 12.3 のバネの剛性が大きくなり，∞ となったものと考えてもよい．

ここで衝突後の二つの球の運動を予想すると図 12.10（c）のように二つの球はこのまま一体となったまま運動をするか，あるいは再び離れて運動するかであろう．この違いを明確にするために次に述べる**反発係数**（coefficient of restitution）の概念を説明する．

(a) 衝突前（$v_1 > v_2$）

(b) 衝突中（v_0）

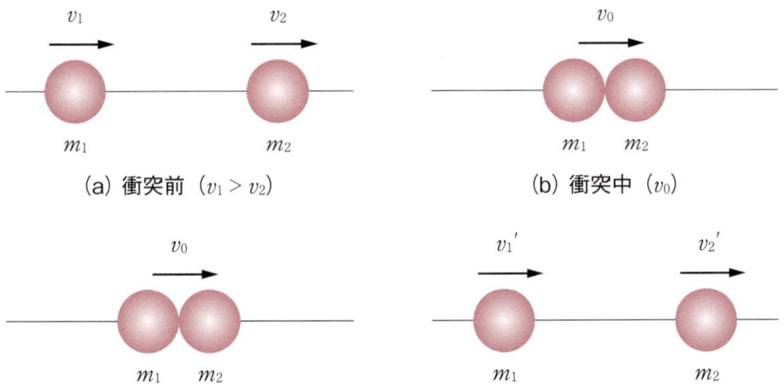

(c) 衝突後の運動

図 12.10　同一直線状の二つの球の衝突

12.3.2 ◆ 反発係数

二つの球の衝突前の近づく相対速度 $(v_1 - v_2)(>0)$ と衝突後に離れた場合の相対速度 $-(v_1' - v_2') = (v_2' - v_1')(>0)$ を考え，その比（正の値となる）

$$e = \frac{v_2' - v_1'}{v_1 - v_2} = -\frac{v_2' - v_1'}{v_2 - v_1} \tag{12.25}$$

を**反発係数**（coefficient of restitution）と呼ぶ．この反発係数は，以下に導出過程を示すように衝突して変形が進行するときの力積と回復時の力積の大きさの比を表している．質点 1 の変形中と回復時の力積の比を e' とすれば

$$e' = \frac{\int_{t_0}^{t} F_r dt}{\int_{0}^{t_0} F_d dt} = \frac{m_1(v_0 - v_1')}{m_1(v_1 - v_0)} = \frac{v_0 - v_1'}{v_1 - v_0} \tag{12.26}$$

となり同様に質点 2 に対する力積の比は

$$e'=\frac{v_2'-v_0}{v_0-v_2} \tag{12.27}$$

となる．これらの二つの力積の比は同一で e' としている．式（12.23），式（12.24）から v_0 を消去すれば

$$e'=\frac{v_2'-v_1'}{v_1-v_2} \tag{12.28}$$

となり，先の反発係数 e と等しくなる．すなわち $e=e'$ となることがわかる．反発係数 e は0〜1の値を取る正の数で，その大きさにより運動エネルギーが保存されるかがわかるだけでなく，表12.1に示すように物性とエネルギー損失に関しての情報も得られる．実際の同一金属・材料の衝突では，e の値は相対速度に依存して図12.11に定性的に示すように相対速度が小さい時は $e=1$ に近くなり，相対速度が大きくなるとほぼ一定値を取る．したがって e の値は相対速度が大きくなければ一定値を取らない．

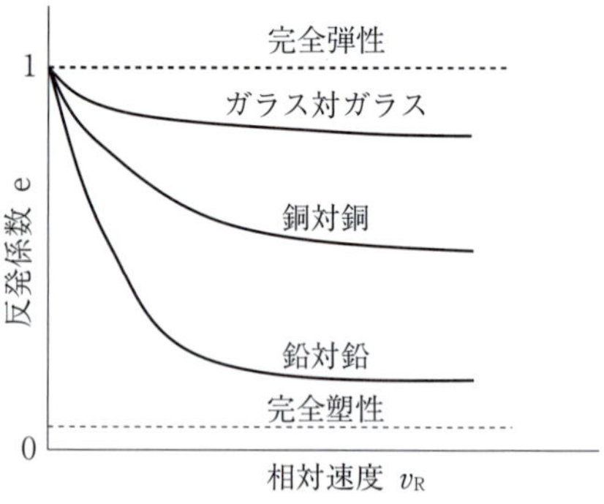

図 12.11　相対速度と反発係数の関係

表 12.1　反発係数 e の値と物性およびエネルギー損失

反発係数 e	衝突現象と物性	運動エネルギー
1	・完全弾性衝突（perfectly elastic impact） ・弾性	エネルギー損失無
0	・非弾性衝突あるいは完全塑性衝突（Inelastic impact or perfectly plastic impact）（二つの物体は一体化） ・塑性	エネルギー損失有 （熱の発生，弾性応力波の発生と散逸音の発生塑性変形）
$0<e<1$	・弾性衝突と塑性衝突の間 ・永久変形が残るが一体化しない衝突	エネルギー損失有

例題 12.6　完全弾性衝突後と完全塑性衝突後の二球の速度

図12.10に示すような質量 m_1 と m_2 の二つの球がそれぞれ速度 v_1，v_2 で中心線が一致する，いわゆる向心直衝突をする一般的な場合に反発係数を e としたときの衝突後の両球の速度を求め，考察せよ．また $e=0$，$e=1$ となる特別の場合についても衝突後の両球の速度を求めて考察せよ．

【解答】　①　$e=0$ の場合

運動量の保存法則が成立するので

$$m_1v+m_2v_2=m_1v_1'+m_2v_2'$$

反発係数の定義から

$$e=\frac{v_2'-v_1'}{v_2-v_1}$$

両式から衝突後の v_1'，v_2' 速度を求めると

$$\begin{cases} v_1'=v_1-\dfrac{m_2}{m_1+m_2}(1+e)(v_1-v_2)=\dfrac{(m_1-m_2)v_1+2m_2v_2}{m_1+m_2} \\ v_2'=v_2+\dfrac{m_1}{m_1+m_2}(1+e)(v_1-v_2)=\dfrac{(m_2-m_1)v_2+2m_1v_1}{m_1+m_2} \end{cases}$$

となる．上式の衝突後の速度 v_1 は幾何学的には図 12.12 のように v_1 と v_2 の間を $(m_2+m_2e):(m_1-m_2e)$ に内分した点を表す．v_2' も同様である．

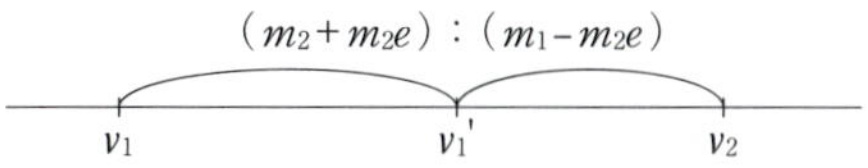

図 12.12　衝突後の速度式の幾何学的意味

② $e=1$（完全弾性衝突）の場合

$$\begin{cases} v_1'=\dfrac{(m_1-m_2)v_1+2m_2v_2}{m_1+m_2} \\ v_2'=\dfrac{(m_2-m_1)v_2+2m_1v_1}{m_1+m_2} \end{cases}$$

となり，$m_1=m_2=m$ とすると

$$v_1'=v_2,\quad v_2'=v_1$$

となり，速度が逆になることがわかる．

③ $e=0$（完全塑性衝突）の場合

$$v=v_1'=v_2'=\frac{m_1v_1+m_2v_2}{m_1+m_2}$$

12.3.3 ◆ 心向き斜め衝突

図 12.13 に示すような中心線が一致し，速度の方向が異なる二つの球の衝突は心向き斜め衝突あるいは向心斜め衝突（oblique central impact）と呼ばれる．同図に示してあるように速度 $\boldsymbol{v}_1$，$\boldsymbol{v}_2$ を x，y の成分 (v_{1x}, v_{1y})，(v_{2x}, v_{2y}) に分解するとこの衝突現象を解析することができる．

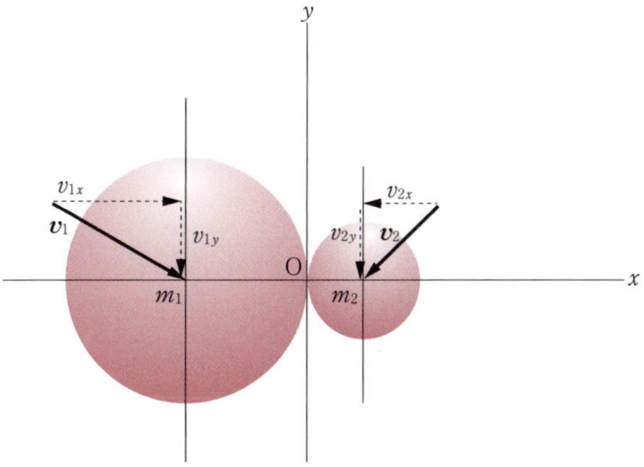

図 12.13　同一直線状の二つの球の衝突

① x 方向（心向き方向）の運動

上記 12.3.1 項，12.3.2 項で述べた心向

き衝突と同一の解析で運動を求めることができる.

② y 方向（向心と直交方向）の運動

$$v_{1y}' = v_{1y},\quad v_{2y}' = v_{2y}$$

となる.

例題 12.7　二つの球の衝突（心向き斜め衝突）

図 12.14 に示すような質量 $m=2$[g] の静止している（速度 $v_1=0$）球 1 に，速度 $v_2=8$[m/s] で直径と質量が同一の球 2 が衝突する場合を考える．両球間の反発係数を $e=0.5$ とするとき，次の各問に答えよ．

① 二つの球の衝突後の速度を求めよ

② 衝突によって失われるエネルギーを求めよ

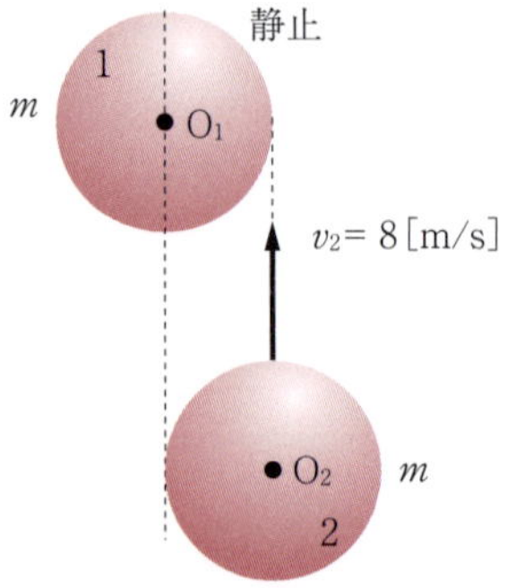

図 12.14　二つの球の衝突（心向き斜め衝突）

【解答】

① 両球が接した時の幾何学的関係を図 12.15（a）に示す．両球の衝突点を P とすると両球の中心 O_1 と O_2 を結んだ直線 O_1O_2 は，水平線 O_3O_2 と 60° の角度をなす．すなわち三角形 $O_1O_2O_3$ は正三角形となる．この衝突は心向き斜め衝突である．したがって心向き方向（直線 n の方向）とその直交方向（直線 t の方向）の成分に分けて考える．球 2 の速度 v_2 の n 方向と t 方向の成分 v_{2n}，v_{2t} は，図 12.15（b）から

$$v_{2n} = v_2 \cos 30° = \frac{\sqrt{3}}{2} v_2 = \frac{\sqrt{3}}{2} \times 8 = 4\sqrt{3} = 6.93[\text{m/s}]$$

$$v_{2t} = v_2 \sin 30° = \frac{1}{2} v_2 = 4[\text{m/s}]$$

となる．直線 n 方向は向心衝突であるので，運動量は保存される．両球の質量を m とし，衝突後の量を $'$ を付して表すと

$$mv_{1n} + mv_{2n} = mv_{1n}' + mv_{2n}'$$

$$0 + 6.93 = v_{1n}' + v_{2n}'\ [\text{m/s}] \quad \rightarrow \quad v_{1n}' + v_{2n}' = 6.93\ [\text{m/s}] \tag{1}$$

となる．一方，反発係数 $e=0.5$ であるので

$$e=\frac{v_{2n}'+v_{1n}'}{v_{1n}-v_{2n}}=\frac{v_{2n}'+v_{1n}'}{6.93-0}=0.5$$

$$\rightarrow\quad v_{1n}'+v_{2n}'=3.47\ [\mathrm{m/s}] \qquad (2)$$

(1)，(2) を連立させて v_{1n}'，v_{2n}' を求めると

$$v_{1n}'=5.20[\mathrm{m/s}],\quad v_{2n}'=1.73[\mathrm{m/s}]$$

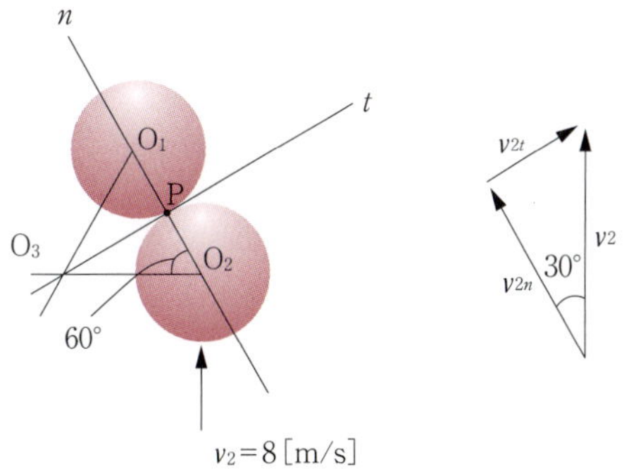

図 12.15　二つの球の衝突時の幾何学的関係

直線 t 方向は，力が作用していないので各球の運動量が保存される．したがって

$$mv_{1t}=mv_{1t}' \quad \therefore v_{1t}'=v_{1t}=0$$
$$mv_{2t}=mv_{2t}' \quad \therefore v_{2t}'=v_{2t}=4\ [\mathrm{m/s}]$$

ここで n 方向成分と t 方向成分を合成すると

$$v_1'=\sqrt{v_{1n}'^2+v_{1t}^2}=\sqrt{5.20^2+0^2}=5.20\ [\mathrm{m/s}],\quad v_2'=\sqrt{v_{2n}'^2+v_{2t}^2}=\sqrt{1.73^2+4^2}=2.64\ [\mathrm{m/s}]$$

② 衝突前後の運動エネルギーを T，T' とすれば

$$T=\frac{1}{2}mv_1^2+\frac{1}{2}mv_2^2=0+\frac{1}{2}\times0.002\times8^2=0.64[\mathrm{J}]$$

$$T'=\frac{1}{2}mv_1'^2+\frac{1}{2}mv_2'^2=\frac{1}{2}\times0.002\times(5.20^2+2.64^2)=0.001\times34.0=0.34[\mathrm{J}]$$

$$\therefore \Delta T=T-T'=0.30\ [\mathrm{J}]$$

第 12 章　演習問題

［1］2000kg の質量の車が 1000kg のトレーラーを引いて，90km/h の速度で走行している．車がブレーキをかけてから 1 秒後における車とトレーラーの間に作用する力を求めよ．車と路面との動摩擦係数は $\mu_k=0.9$ とせよ．

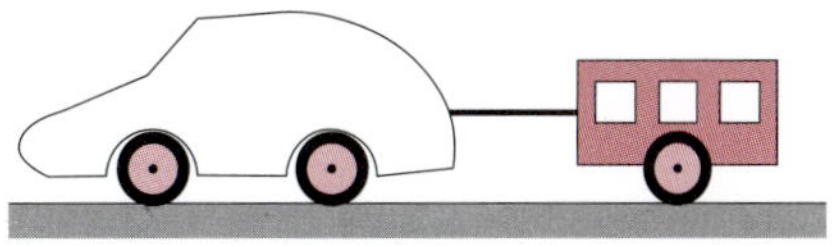
図 E12-1

［2］図 E12-2 は遊園地の乗り物のモデル図である．質量 $m=272$[kg] の二つの椅子は初め $r_1=60$[cm] の位置にあり $\omega_1=1$ rad/s の角速度で回転している．機構が作動して椅子は $r_2=30.5$[cm] の位置まで滑らかに移動したとするとき，移動後の角速度 ω_2 を計算せよ．

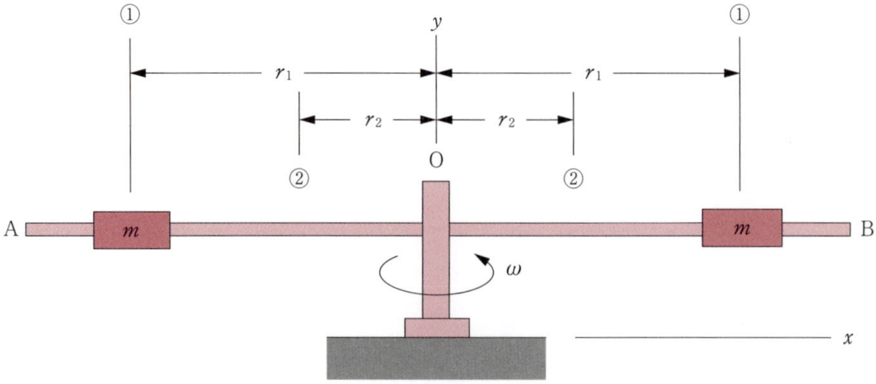

図 E12-2

［3］図 E12-3 のようなバネに支持された質量 2kg の質点に外力が作用している．バネの自然長を 0.3m，その剛性を 400N/m とする．$\theta = 30°$のとき，力 F はベクトルで $\boldsymbol{F} = 100\boldsymbol{i} - 70\boldsymbol{j}$[N] のとき，質点の速度 v は $\boldsymbol{v} = 3\boldsymbol{i} - 6\boldsymbol{j}$ [m/s]，長さ $l = 0.5$[m] となったときの O 点回りの角運動量 $\boldsymbol{H}_0$ とその速度変化量 $\dot{\boldsymbol{H}}_0$ を求めよ．

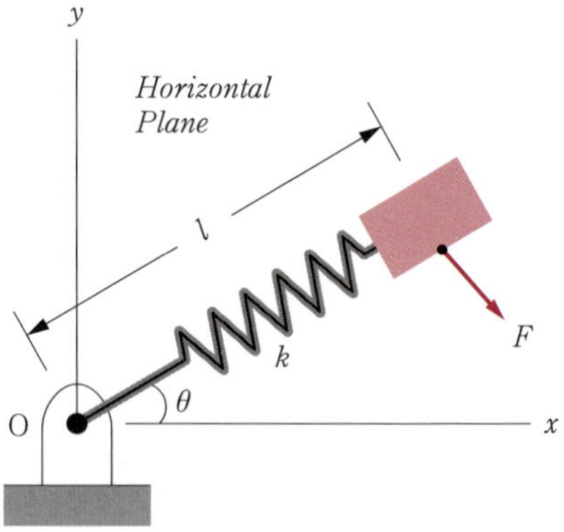

図 E12-3

［4］質量と摩擦が無視できる定滑車の左側には質量 M の重りが吊るされ，右側には同一質量 M の人がぶら下がっている．重りと人の重心の位置は同一高さにあり，はじめは静止している．人がロープを手繰って登り始めた時に系の力，加速度，変位がどのようになるかを論じよ．重りの運動も論じよ．

図 E12-4

［5］高速道路の分岐点には図12-5のAのように自動車の衝突変形を緩和するためのバンパーが設置されている．質量2000kgの車が40m/sの速度でバンパーに衝突したときの衝突力の大きさを求めよ．車はバンパーに衝突後0.2秒後に静止したとせよ．

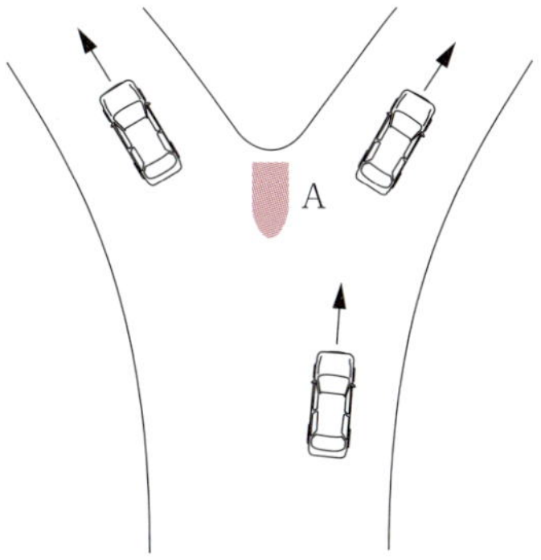

図E12-5

［6］図E12-6のように，質量 $m_B = 2000$[kg] で静止（$v_B = 0$）している車Bに質量 $m_A = 1500$[kg] で速度 $v_A = 10$[km/h] の車Aが追突する場合を考える．衝突後，車Aが3[km/h] の速度を持ったとして，反発係数 e を求めよ．また吸収されたエネルギーを計算せよ．

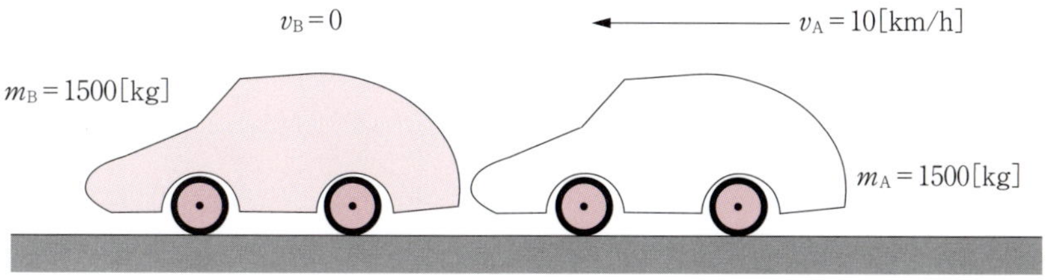

図E12-6

［7］二つの質量がバネで結合されており，圧縮をかけてバネを縮めた状態で静止するように保持されている．保持を除いた場合に二つの質点は振動するが，その重心は一定となることを示せ．

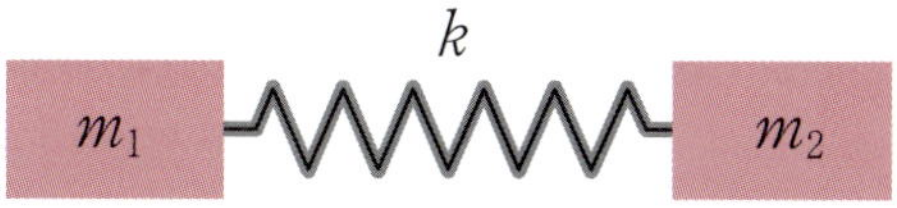

図E12-7

［8］図E12-8に示すような壁と床に衝突する小球の運動を考える．小球の質量を m として，壁に θ の角度で衝突して跳ね返り，床に ϕ の角度で衝突した後に，v_f の速度を得たものとする．壁，床の摩擦が無視できるとして，角度 ϕ および速度 v_f を求めよ．

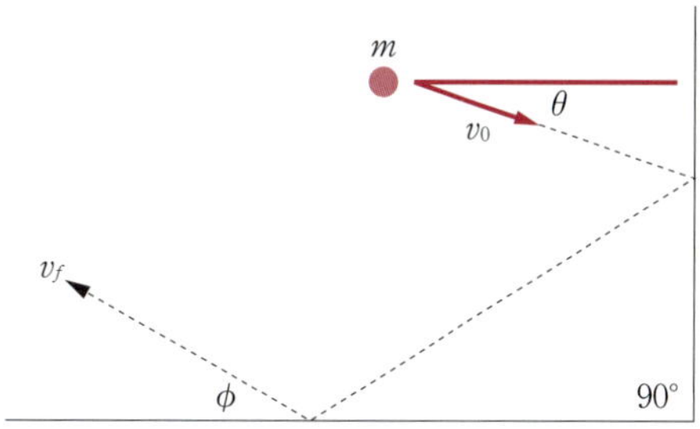

図E12-8

［9］図 E12-9 のように質量 m_1 で半径 r_1 の球が，質量 m_2 で半径が r_2 の静止している球に角度 α，速度 v での斜め衝突を考える．二つの球は摩擦が小さいため，二つの球は接線方向の力は作用せずに滑る状態となる．このとき，垂直方向（球の中心を線を結んだ方向）の二つの球の衝突後の速度を求めよ．

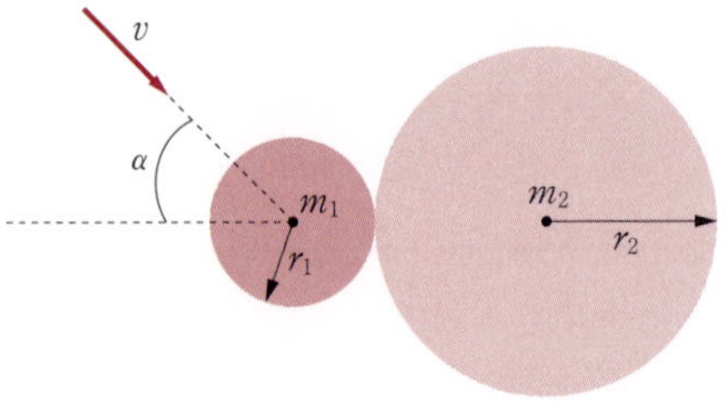

図 E12-9

［10］ビリヤードのゲームで，キュー（棒）で突かれたボール A によって 8 番の玉が右隅のポケット B に入った．ボール A と 8 は質量が等しく直径も同一で，5.08cm である．また球どうしの反発係数 $e = 0.9$ とする．このときキューで突かれたボール A が前方のクッションに衝突する位置を左側のポケット C からの距離 x として，その値を求めよ．

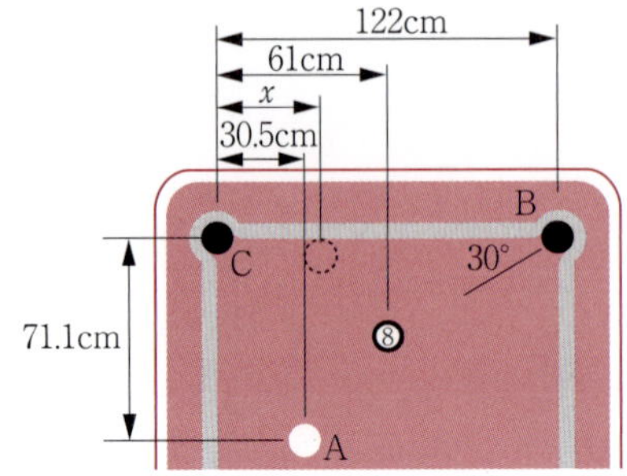

図 E12-10

【静的力学的に平衡状態の問題の解析的な解法手順】

静力学では平衡状態にある物体の未知の量である支点反力，外力，外力モーメントなどを求める問題が多いので，その解析的な解法は既に例題では紹介しているがここではその解法手順を以下に改めて整理しておく．三次元空間問題に対する一般的な記述となっているが二次元空間問題の場合は，例えばz方向の成分を全て除けばよい．

手順1　フリーボディダイアグラムの作成

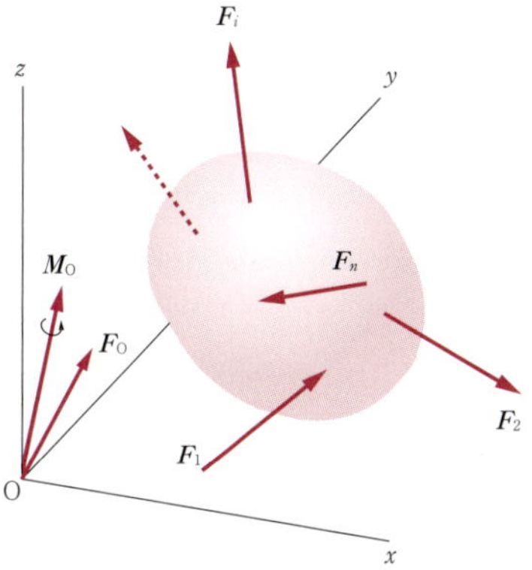

物体（質点あるいは剛体）に作用する外力や外力モーメントを全て記したフリーボディダイアグラムの作成（支点反力，支点反力モーメントも含む．方向や大きさが未知のものは作用点に暫定的に記す）

手順2　外力や外力モーメントの三次元空間内における力の平衡条件式

力，モーメントの平衡条件式［式（6.1）］，［式（6.2）］を立式

$$\boldsymbol{F} = = \sum_{i=1}^{n} \boldsymbol{F}_i = \boldsymbol{0} \Rightarrow \begin{cases} \sum_{i=1}^{n} X_i = 0 \\ \sum_{i=1}^{n} Y_i = 0 \\ \sum_{i=1}^{n} Z_i = 0 \end{cases} \quad (6.1)$$

$$\boldsymbol{M} = \sum_{i=1}^{n} \boldsymbol{M}_i = \boldsymbol{0} \Rightarrow \begin{cases} \sum_{i=1}^{n} (y_i Z_i - z_i Y_i) = \sum_{i=1}^{n} M_{xi} = 0 \\ \sum_{i=1}^{n} (z_i X_{ii} - x_i Z_{ii}) = \sum_{i=1}^{n} M_{yi} = 0 \\ \sum_{i=1}^{n} (x_i Y_{ii} - y_i X_{il}) = \sum_{i=1}^{n} M_{zi} = 0 \end{cases} \quad (6.2)$$

手順3　未知の量である支点反力，外力，外力モーメントの算出

平衡条件式から未知の量である支点反力，外力，外力モーメントなどを算出

手順4　解析結果の検証

参考文献

○序論ならびに第1章

力学の歴史や形成に関連する箇所に関しては特に下記の文献を参考にした.

（1）M. フルールツ 著，喜多秀次・田村松平 訳『力学の発展史』（1977），みすず書房.

（2）マックス・ヤンマー 著，高橋毅・大槻義彦 訳『力の概念』（1981），講談社.

（3）マックス・ヤンマー 著，大槻義彦・葉野田義和・斎藤威 訳『質量の概念』（1977），講談社.

（4）ニュートン 著，中野猿人 訳『プリンシピア』（1978），講談社.

（5）山本義隆 著，『重力と力学的世界』（2001），現代数学社.

（6）三輪修三 著，『機械工学史』（2000），丸善.

（7）日本機械学会 編，『機械工学 SI マニュアル』（1994），日本機械学会.

○第1章～第12章

記述内容に関しては特に下記の文献を参照した.

（8）奥村敦史 著，『静力学の基礎と応用』（1976），早稲田大学（講義資料）.

（9）奥村敦史 著，『メカニックス入門』（1984），共立出版.

（10）J. P. Den Hartog, "*Machanics*",（1948）, Dover.

（11）J. L. Meriam, L. G. Craige, "*Engineering Mechanics, second editions, Statics (Vol.1), Dynamics (Vol.2)*"（1986）, Jhon Wiley and Sons.

（12）B. I. Sandor, "*Engineering Mechanics, second Edition, Statics and Dynamics*"（1987）, Prentice-Hall.

（13）G. W. Housner, D. E. Hudson, "*Applied Mechanics, Statics (Vol.1), Dynamics (Vol.2)*"（1959）, Van Nostrand & Maruzen.

（14）Timoshenko and Young, "*Engineering Mechanics*"（1995）, McGraw Hill.

（15）山内恭彦 著，『一般力学』（1970），岩波書店.

（16）『機械工学便覧（基礎編 α 2），機械力学』（2002），日本機械学会.

（17）A. P. フレンチ 著，『MIT 物理 力学』（1985），培風館.

○演習問題

各章の演習問題作成に関しては特に下記の文献を参照した.

（18）J. P. Den Hartog, "*Machanics*",（1948）, Dover.

（19）J. L. Meriam, L. G. Craige, "*Engineering Mechanics, second editions, Statics (Vol.1), Dynamics (Vol.2)* "（1986）, Jhon Wiley and Sons.

（20）B. I. Sandor, "*Engineering Mechanics, second Edition, Statics and Dynamics*"（1987）, Prentice-Hall.

（21）G. W. Housner, D. E. Hudson, "*Applied Mechanics, Statics (Vol.1), Dynamics (Vol.2)*"（1959）, Van

Nostrand & Maruzen.

(22) Timoshenko and Young, "*Engineering Mechanics*" (1995), McGraw Hill.

(23) 後藤憲一・山本邦夫・神吉健 著,『力学演習』(2003), 共立出版.

(24) 野上茂吉郎 著,『力学演習』(1998), 裳華房.

演習問題の略解

第１章

［１］(a) $\boldsymbol{F}_1=9/5\,\boldsymbol{i}-12/5\,\boldsymbol{j}$ ($l=3/5,\ m=-4/5$)［N］，$\boldsymbol{F}_2=5/\sqrt{5}\,\boldsymbol{i}+5/2\sqrt{5}\,\boldsymbol{j}=\sqrt{5}\,\boldsymbol{i}+\sqrt{5}/2\,\boldsymbol{j}$ ($l=2/\sqrt{5},\ m=1/\sqrt{5}$)［N］，$\boldsymbol{F}_3=-1/\sqrt{2}\,\boldsymbol{i}+1/\sqrt{2}\,\boldsymbol{j}=-\sqrt{2}/2\,\boldsymbol{i}+\sqrt{2}/2\,\boldsymbol{j}$ ($l=-1/\sqrt{2},\ m=1/\sqrt{2}$)［N］ (b) $\boldsymbol{F}_1=-\sqrt{6}\,\boldsymbol{i}+\sqrt{6}/3\,\boldsymbol{j}-\sqrt{6}\boldsymbol{k}$ ($l=-2/\sqrt{6},\ m=1/\sqrt{6},\ n=-1/\sqrt{6}$)［N］，$\boldsymbol{F}_2=4\sqrt{13}/13\,\boldsymbol{i}-6\sqrt{13}/13\boldsymbol{k}$ ($l=2/\sqrt{13},\ m=0,\ n=-3/\sqrt{13}$)［N］，$\boldsymbol{F}_3=\sqrt{2}\,\boldsymbol{j}-\sqrt{2}\boldsymbol{k}$ ($l=0,\ m=1/\sqrt{2},\ n=-1/\sqrt{2}$)［N］ ［２］表参照 ［３］$200\times9.8=1960$［N］ ［４］32.2［ft/s^2］= 386［in/s^2］ ［５］表参照 ［６］(a) $M_c=7\times0.35=2.45$［N·m］ モーメントはハンドルの直径に比例するので同一のモーメントを得るためには直径が大きいほど加える力は小さくて済む． (b) O 点のモーメント $M_{\mathrm{O}}=-565$ ($g=9.8\mathrm{m/s^2}$) ［７］A 点 30［kgf］，B 点 60［kgf］ ［８］$T_c=73.5$［N］，$T_b=98.0$［N］，$T_a=122.5$［N］ ［９］$T_{\mathrm{CD}}=46.0$［N］ ［10］省略

［２］(a)

$\boldsymbol{F}_i$	$F_i=(\lvert\boldsymbol{F}_i\rvert)$	方向余弦		各軸方向の力	
		l_i	m_i	$X_i=lF_i$	$Y_i=m_iF_i$
$\boldsymbol{F}_1$	3	$3/\sqrt{10}$	$1/\sqrt{10}$	$9/\sqrt{10}$	$3/\sqrt{10}$
$\boldsymbol{F}_2$	3	$1/\sqrt{5}$	$-2/\sqrt{5}$	$3/\sqrt{5}$	$-6/\sqrt{5}$
$\boldsymbol{F}_3$	2	$-1/\sqrt{2}$	$1/\sqrt{2}$	$-2/\sqrt{2}$	$2/\sqrt{2}$
Σ				$9/\sqrt{10}+3/\sqrt{5}-2/\sqrt{2}$	$3/\sqrt{10}-6/\sqrt{5}+2/\sqrt{2}$

［２］(b)

$\boldsymbol{F}_i$	$F_i=(\lvert\boldsymbol{F}_i\rvert)$	方向余弦			各軸方向の力		
		l_i	m_i	n_i	$X_i=lF_i$	$Y_i=m_iF_i$	$Z_i=n_iF_i$
$\boldsymbol{F}_1$	5	$7/\sqrt{67}$	$-3/\sqrt{67}$	$-3/\sqrt{67}$	$35/\sqrt{67}$	$-15/\sqrt{67}$	$-15/\sqrt{67}$
$\boldsymbol{F}_2$	3	$-2/\sqrt{13}$	$3/\sqrt{13}$	0	$-6/\sqrt{13}$	$9/\sqrt{13}$	0
$\boldsymbol{F}_3$	3	$1/\sqrt{3}$	$-1/\sqrt{3}$	$-1/\sqrt{3}$	$3/\sqrt{3}$	$-3/\sqrt{3}$	$-3/\sqrt{3}$
Σ					$35/\sqrt{67}-6/\sqrt{13}+3/\sqrt{3}$	$-15/\sqrt{67}+9/\sqrt{13}-3/\sqrt{3}$	$-15/\sqrt{67}-3/\sqrt{3}$

［５］(a)

$\boldsymbol{F}_i$	$F_i=(\lvert\boldsymbol{F}_i\rvert)$	方向余弦		各軸方向の力		モーメントの腕		モーメント
		l_i	m_i	$X_i=lF_i$	$Y_i=m_iF_i$	x_i	y_i	$M_i=x_iY_i-y_iX_i$
$\boldsymbol{F}_1$	5	$1/\sqrt{10}$	$3/\sqrt{10}$	$5/\sqrt{10}$	$15/\sqrt{10}$	6	2	$80/\sqrt{10}$
$\boldsymbol{F}_2$	4	$1/\sqrt{5}$	$-2/\sqrt{5}$	$4/\sqrt{5}$	$-8/\sqrt{5}$	4	4	$-48/\sqrt{5}$
$\boldsymbol{F}_3$	1	$-1/\sqrt{2}$	$1/\sqrt{2}$	$-1/\sqrt{2}$	$1/\sqrt{2}$	2	1	$3/\sqrt{2}$
Σ								$80/\sqrt{10}-48\sqrt{5}+3\sqrt{2}$

［5］(b)

$\boldsymbol{F}_i$	$F_i=$ $(\lvert\boldsymbol{F}_i\rvert)$	方向余弦			各軸方向の力			モーメントの腕			モーメント		
		l_i	m_i	n_i	$X_i=lF_i$	$Y_i=m_iF_i$	$Z_i=n_iF_i$	x_i	y_i	z_i	$M_{xi}=y_iZ_i-z_iY_i$	$M_{yi}=z_iX_i-x_iZ_i$	$M_{zi}=x_iY_i-y_iX_i$
$\boldsymbol{F}_1$	3	$1/\sqrt{2}$	$1/\sqrt{2}$	0	$3/\sqrt{2}$	$3/\sqrt{2}$	0	4	4	4	$12/\sqrt{2}$	$12/\sqrt{2}$	0
$\boldsymbol{F}_2$	2	$-1/\sqrt{3}$	$-1/\sqrt{3}$	$1/\sqrt{3}$	$-2/\sqrt{3}$	$-2/\sqrt{3}$	$2/\sqrt{3}$	4	4	0	$8/\sqrt{2}$	$-8/\sqrt{2}$	$-16/\sqrt{3}$
$\boldsymbol{F}_3$	3	1	0	0	3	0	0	0	2	0	0	6	0
Σ											$20/\sqrt{2}$	$4/\sqrt{2}+6$	$-16/\sqrt{3}$

第2章

［1］①作図による方法→図参照　［2］図参照　［3］・［4］例題2.1，例題2.2参照　［5］方向余弦 $\delta_l=(6\sqrt{37},1\sqrt{37})$，$\delta_m=(2\sqrt{29},5\sqrt{29})$，$F_l=\dfrac{1}{\triangle}\begin{vmatrix}3/\sqrt{2} & 2/\sqrt{29}\\ -3/\sqrt{2} & 5/\sqrt{29}\end{vmatrix}$，$F_m=\dfrac{1}{\triangle}\begin{vmatrix}6/\sqrt{37} & 3/\sqrt{2}\\ 1/\sqrt{37} & -3/\sqrt{2}\end{vmatrix}$，$\triangle=6\sqrt{37}\cdot5/\sqrt{29}-1/\sqrt{37}\cdot2/\sqrt{29}=28/\sqrt{1073}$　［6］$R_A=9/4, M_A=0$[N]　［7］$\boldsymbol{F}_O=(0,-500,-300)$[N]，$\boldsymbol{M}_O=(0,1200,-1000)$[N·m]　［8］$\boldsymbol{F}_O=(707,-3549)$[N]，$\boldsymbol{M}_O=-34450$[N·m]　［9］$\boldsymbol{F}_O=(0,50,0)$[N]，$\boldsymbol{M}_O=(383,456)$[N·m]　［10］合力 $\boldsymbol{R}=270\,\boldsymbol{i}$[kN]，$(y,z)=(-4.00,2.33)$[m]

［1］

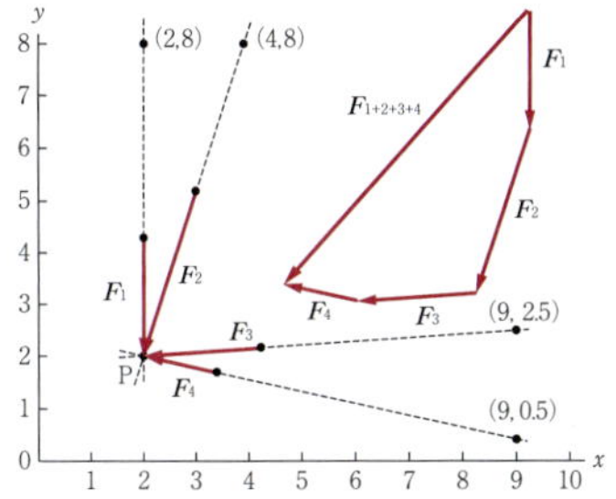

［2］

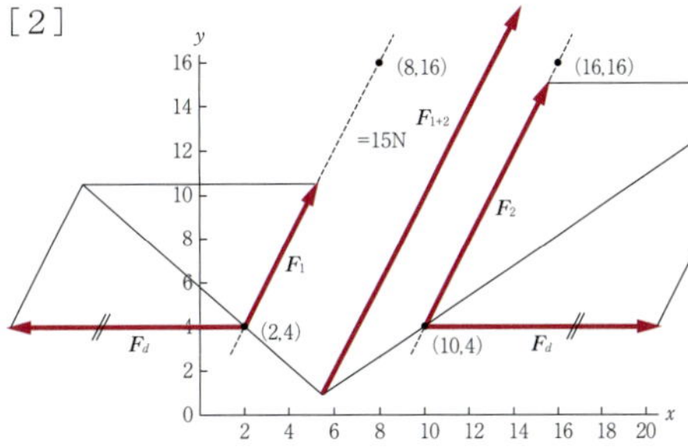

第3章

［1］(a) $R_A=-ql/8$，$M_A=0$，$R_B=-3ql/8$，$M_B=0$　(b) $R_A=-ql$，$M_A=ql^2/2$，$R_B=0$，$M_B=0$　(c) $R_A=-q_0l/2$，$M_A=0$，$R_B=0$，$M_B=q_0l^2/6$　［2］$x=49/9$，$y=28/9$　［3］省略　［4］$R_O=2q_0l/\pi$，$M_O=q_0l^2/\pi$　［5］$P_z=pR/(2t)$，$P_l=pR/(2t)$　［6］省略　［7］平均圧力 $P_{av}=14.72$[kPa]，$R=14.72\times3\times6=265$[kN]　［8］$C_x=1.21$[N]，$C_y=2.72$[N]　［9］$T_{max}=67.3$[kN]　［10］$P=5.22$[kN]（C点から0.285mの点が作用点）

第4章

［1］①$\mu_s=\tan\alpha$　②$455/\sqrt{3}$N（垂直抗力223N，摩擦力$223/\sqrt{3}$N）　［2］①445N　②$\mu=0.5$　［3］・［4］次頁の図参照　［5］0.535kN　［6］ブロックBのつりあい式：$P+50\times9.8\sin30°-F_1-F_2=0$（$F_1$，$F_2$は上下に作用する摩擦力），$P_{max}=93.8$[N]　［7］両ブロック間に作用する力を T（作用・反作用）としてつりあい式を立てる→つりあっていない．　［8］$m_0=6$[kg]　［9］省略　［10］十分大きすぎる．

［3］

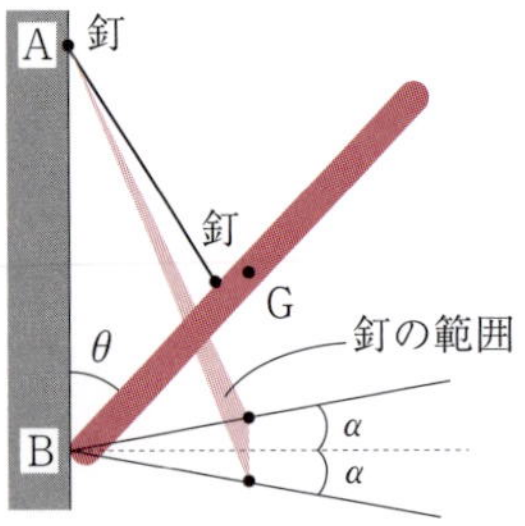

［4］

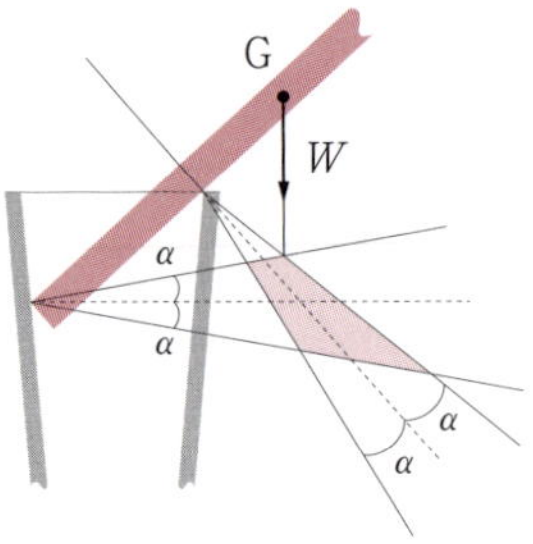

第5章

［1］(a) $s=5-3=2$（不静定）(b) $s=2-3=-1$：(不安定) (c) $s=3-3=0$（静定）(d) $s=4-3=1$（不静定）［2］静定はり：(a) と (c)，不静定はり (b) と (d)．(a) $R_A=3P/4+3ql/32$，$M_A=0$，$R_B=P/4+5ql/32$，$M_B=0$ (c) $R_B=P+ql/4$，$M_A=Pl/4+5ql^2/32$，$R_A=0$，$M_B=0$ ［3］(b)→静定，(a)→不安定 (c) → 不 静 定 ［4］$R_A=P_1+q_0l/6-P_2$，$M_A=-P_1l/3+7q_0l^2/54-\frac{2}{3}lP_2$ ［5］$M_A=-500$［N·m］，$R_A=-212$［N］，$M_B=0$，$R_B=0$ ［6］$F_{AF}=424$［N］，$F_{BE}=424$［N］ ［7］$A_x=-500$［N］，$A_y=-1066$［N］，［8］$|\boldsymbol{F}_B|=F_B=190.2$［N］ ［9］省略 ［10］節点法（method of joit）を用いると便利．$|\boldsymbol{F}_{DE}|=F_{DE}=11.6$［kN］

［3］

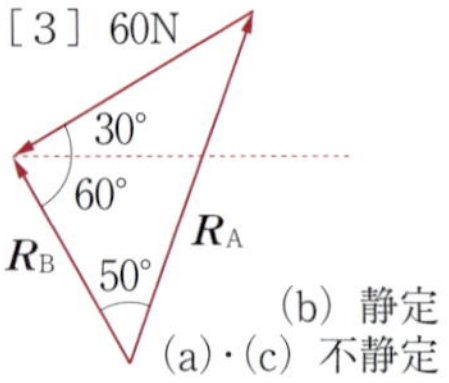

［10］

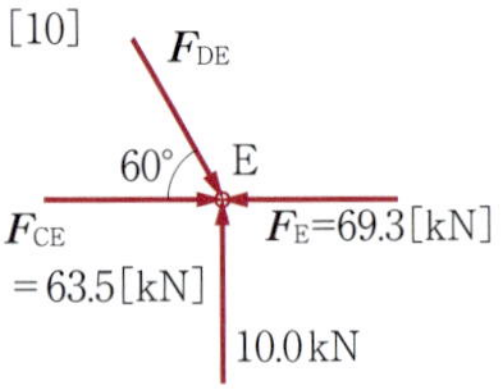

第6章

［1］① $x=3B/4$, $y=5B/4$ ② $r=5B/[4\mu(1+2mg/\sqrt{\mu^2W^2+m^2g^2})]$ ［2］表参照 ［3］図参照 ［4］［5］［6］［7］省略 ［8］ステップ高さ $h_s=r-r\tan\theta=r\left(1-\frac{a/f-r}{b}\right)$，必要トルク：$T=r\sin\alpha\cdot R_R$ $H=a/\tan\alpha \rightarrow H-r=a/\tan\alpha-r=a/f-r$，$\tan\theta=\frac{H-r}{b}=\frac{a/f-r}{b}$ ［9］$x_s=\frac{g(l-2a)}{2ak}\left\{\left(\frac{m}{2}+M\right)l-\left(m+M\right)a\right\}$

［10］$F_{Ax}-2.17$［kN］，$F_{Ay}=2.59$［N］，$|F_{BD}|=F_{BD}=3.34$［kN］（$l=1/\sqrt{2}, m=1/\sqrt{2}$）［11］49N ［12］①静定 ②

$$X_A=\frac{[P\{2\sin(\alpha+\beta)-\sin\alpha\cdot\cos\alpha\}-mg\cos\alpha\cdot\cos\beta]}{2\sin(\alpha+\beta)},\quad Y_A=\frac{[mg\{2\sin(\alpha+\beta)-\cos\alpha\cdot\sin\beta\}-P\sin\alpha\cdot\sin\beta]}{2\sin(\alpha+\beta)}$$

③ $P=14.8$［N］ ［13］① $T_A=88.2$［N］，$T_B=88.2$［N］，$T_C=118$［N］ ② $\boldsymbol{F}=400\boldsymbol{i}-693\boldsymbol{k}$ ［14］①物体の自由度 $D_f=3$，点Aの拘束度2，点Bの拘束度 $3-2=1\rightarrow 2$，4 ② $N_A=392(1-\tan\theta)=0\rightarrow\theta=\pi/4$ ［15］① $R_A=121$［kN］（前輪1輪），$R_B=173$［kN］（後輪1輪） ②省略 ③ $C_x=2.60$［kN］，$D_x=2.60$［kN］，

力［N］	方向余弦		X_i	Y_i	着力点		モーメント
	$\cos\alpha_i$	$\cos\beta_i$			x_i	y_i	$x_iY_i-y_iX_i$
$F_1=2$	$\sqrt{2}/2$	$-\sqrt{2}/2$	$\sqrt{2}$	$-\sqrt{2}$	4	3	$-\sqrt{2}$
$F_2=1$	1	0	1	0	0	1	-1
$F_3=3$	$2\sqrt{5}/5$	$\sqrt{5}/5$	$6\sqrt{5}/5$	$3\sqrt{5}/5$	-3	0	$-9\sqrt{5}/5$
$F_4=2$	$-\sqrt{2}/2$	$-\sqrt{2}/2$	$-\sqrt{2}$	$-\sqrt{2}$	1	3	$2\sqrt{2}$
F			$1+6\sqrt{5}/5$	$-2\sqrt{2}+3\sqrt{5}/5$			$-1+3\sqrt{2}-9\sqrt{5}/5$

［3］(a)

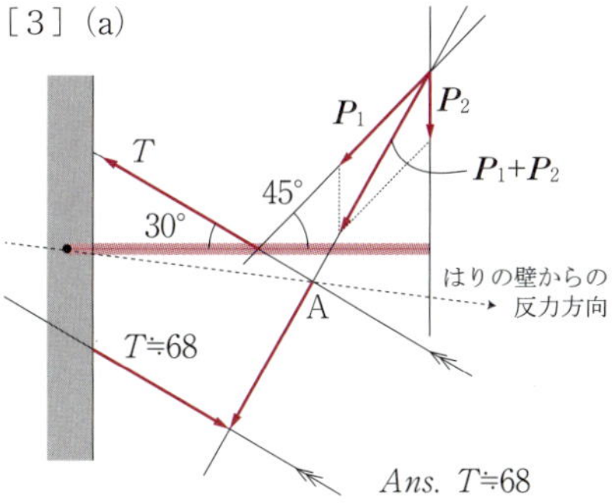

［3］(b)

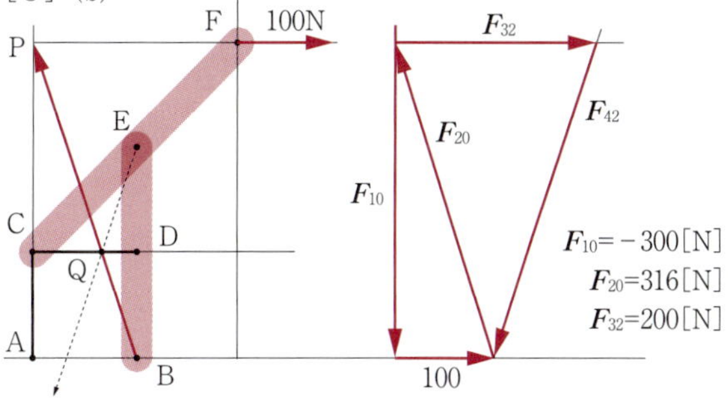

$D_y=249$[kN]　[16]　$\boldsymbol{T}_{\mathrm{CD}}=-400\,\boldsymbol{i}+88.9\,\boldsymbol{j}-267\boldsymbol{k}$[N]，$\boldsymbol{T}_{\mathrm{CE}}=-907\,\boldsymbol{i}+605\,\boldsymbol{j}$[N]　[17]　$R_{\mathrm{A}}=117$[N]，$R_{\mathrm{B}}=313$[N]　[18]　(a)　$R_{\mathrm{A}}=10\sqrt{13}$[N]，$R_{\mathrm{B}}=20\sqrt{2}$[N]　(b)　$R_{\mathrm{A}}=15$[N]，$R_{\mathrm{B}}=15$[N]，$T=15\sqrt{10}$[N]　[19]　省略　[20]　$T_{\max}=2$[kN]

第7章

［1］$v_{\max}=-3.35$[m/s]　［2］$y=24.73$[m]　［3］$t=7$[s]，$D=120$[m]　［4］$t=77.8$，$x=3036$[m]　［5］エレベーターの人の受ける加速度は重力加速度 $g=9.8$[m] と上昇加速度の逆向きの加速度の和 $a_{ta}=-9.8+\dfrac{1}{2}v_a t_a$[m/s^2]，$a_{tb}=-9.8$[m/s^2]　［6］$\boldsymbol{a}_{\mathrm{A}}=\boldsymbol{\omega}\times(\boldsymbol{\omega}\times\boldsymbol{r})+\dot{\boldsymbol{\omega}}\times\boldsymbol{r}+2\boldsymbol{\omega}\times\boldsymbol{v}_R+\boldsymbol{a}_R$（$\boldsymbol{v}_R$，$\boldsymbol{a}_R$ は回転座標における速度ベクトル，加速度ベクトル）$\boldsymbol{\omega}=20\boldsymbol{k}$，$\boldsymbol{r}=r\boldsymbol{i}$，$\dot{\boldsymbol{\omega}}=0$，$\boldsymbol{v}_R=\dot{r}\boldsymbol{i}$，$\boldsymbol{a}_R=\ddot{r}\boldsymbol{i}$，$\boldsymbol{a}_{\mathrm{A}}=(-400r+\ddot{r})\boldsymbol{i}+40\dot{r}\boldsymbol{j}$（$r$ は質点の半径方向変位）［7］$T=27.6$[kN]　［8］$v_{1h}=0.00432$[km/h]，$v_{100h}=0.432$[km/h]　［9］$\rho_{\mathrm{B}}=163$[m]　[10]　$v=38.7$[m/h]

第8章

［1］$v=v_0e^{(-2.16\times10^{-3})x}$　［2］$N=1790$[N]　［3］(a)　$\boldsymbol{F}_b=-12.6\times10^{-10}\boldsymbol{i}$[N]　(b)　$\boldsymbol{F}_a=-3.14\times10^{-11}\boldsymbol{i}$[N]　［4］$S=M\log\{(a+bv_0)/a\}/b$　［5］$\theta_0=60°$　［6］物体Aは下方に動く．$T=96$[N]，$a_{\mathrm{A}}=1.45$[m/s^2]，$a_{\mathrm{B}}=0.724$[m/s^2]　［7］$T=2\pi\sqrt{\{(mg/k)+l\}/g}=2\pi\sqrt{l(1+mg/kl)/g}$　［8］$s=64.3$[m]　［9］省略　[10]　(a)　$P=4953$[N]　(b)　$P=5527$[N]

第9章

［1］(a)　$y_s=mg/(k_1+k_2)$　(b)　$f=\omega/2\pi=2\pi\sqrt{(k_1+k_2)/m}$　［2］運動方程式 $Gm_1m_e/(R+h)^2=mv^2/(R+h)$，$v=R\sqrt{g/(R+h)}=7.72$[km/s]　［3］$\rho_0=73.6$[m]，$\rho_T=47.8$[m]　［4］①9.8[N]　②$v_1=2.29$[m/s]，$h_1=0.232$[m]　③$T_2=23.7$[N]　④$h_3=0.265$[m]　［5］$F_{\mathrm{A}}=170$[N]，$F_{\mathrm{B}}=1129$[N]，$F_{\mathrm{C}}=3408$[N]　［6］(a)　1m下，4.43[m/s]　(b)　5.05[m]　［7］①省略　②運動方程式 $mR\ddot{\theta}=mg\sin\dot{\theta}$，$mR\theta^2=-N+mg\cos\theta$　③$vdv=atds\rightarrow v^2=2gR\sin\theta\rightarrow v=\sqrt{2gR\sin\theta}$　④$\theta=\pi/2$ で $v=r\omega$，$\omega=\sqrt{2gR}/r$　［8］$s=-1/2(g\sin\beta)\cdot t^2+\{x-x_0-(\dot{x})_0t\}\cos\beta+vt+s_0$，$\dot{s}=-g(\sin\beta)\cdot t+\{\dot{x}-(\dot{x}_0)_0\}\cos\beta+v$　［9］$m=(a+b)M/(g+b)$　[10]　略　[11]　$\tan^{-1}(1/\mu_s)\leqq\theta\leqq\pi/2$　[12]　①$\ddot{s}=g\{\sin\alpha-(\mu_1m_1+\mu_2m_2)\cos\alpha/(m_1+m_2)\}$　②$T=0.511$[N]　[13]　①$0.634l$，$0.366l$　②$s=a\cos h\{\sqrt{(1+\sqrt{3})g/2l}\cdot t\}$　[14]　$R=(M+m_1+m_2)g-(m_1\sin\theta_1-m_2\sin\theta_2)\beta=[1-(m_1\sin\theta_1-m_2\sin\theta_2)\}^2/\{(m_1+m_2)(M_1+m_1+m_2)-(m_1\cos\theta_1+m_2\cos\theta_2)\}\times(M+m_1+m_2)g$

[15]　$R=\rho gx+\rho v^2$　[16]　$v-v_0=u\log\left\{\left(\dfrac{m_1+m_2+m_3+\mu_1+\mu_2+\mu_3}{m_1+m_2+m_3+\mu_2+\mu_3}\right)\cdot\left(\dfrac{m_2+m_3+\mu_2+\mu_3}{m_2+m_3+\mu_3}\right)\cdot\left(\dfrac{m_3+\mu_3}{m_3}\right)\right\}$

$-g(t_1+t'_1+t_2+t'_2+t_3)$ ※ t_i：i 段ロケット燃料が消費される時間，t'_i：切り離しの時間 [17] 速度 $v=m_0v_0/(m_0-\mu t)$，進行距離 $x=-m_0v_0\log(1-\mu t/m_0)/\mu$ [18] $a=g/(3\sqrt{3})$ [19] $r/r_1=1/(1-m\omega^2/k)$ [20] $\theta=\tan^{-1}(a/g)$，$P=(M+m)a$

第10章

[1] ① $I_G=ml^2/12$，$I_A=ml^2/3$ ② $I_G=m(a^2+b^2)/12$，$I_A=m(a^2/3+b^2/12)$ ③ $I_G=m(a^2+b^2)/18$，$I_A=m(a^2+3b^2)/18$ ④ $I_G=mr^2/2$，$I_A=mr^2/4$ [2] ① $I_P=m(r^2/2+x^2)$ ② $m(r^2/2+x^2)\ddot{\theta}=-mgx\sin\theta$ ③ $\omega=\sqrt{gx/(r^2/2+x^2)}$ ④ $x=r/\sqrt{2}$ [3] ① $F_0=mg/2$，$F_P=mg/2$ ② $I_G=ml^2/12$ ③・④ $I_0\ddot{\theta}=(ml/3)\ddot{x}_G=mgl/2$ ⑤ $x_G=3g/2$ ⑥ $mg/4$ [4] $a_1=\{m_1r_1(\sin\theta_1-\mu_1\cos\theta_1)-m_2r_2(\sin\theta_2+\mu_2\cos\theta_2)\}r_1g/(I+m_1r_1^2+m_2r_2^2)$ [5] 省略 [6] $f=\sqrt{2g\sin\alpha/h}/2\pi$ [7] $a=14[\mathrm{m/s^2}]$ [8] 省略 [9] $v_{\max}=830[\mathrm{m/s}]$，$v_{\min}=770[\mathrm{m/s}]$ [10] $\boldsymbol{v}_D=d\omega\boldsymbol{i}$，$v_0=r\omega\boldsymbol{i}$，$\boldsymbol{v}_A=2r\omega\boldsymbol{i}$，$\boldsymbol{v}_B=r\omega\boldsymbol{i}+r\omega\boldsymbol{j}$ [11] ① $t_1=2v_o/(7\mu g)$ ② $5vo/7$ ③ $W=Mv_o^2/7$ ④一定の中心速度：$x=5v_07$，および一定の角速度 $\theta=5v_0/(7r)$ で滑らずに転がり続ける．[12] $\boldsymbol{v}_A=27.8\boldsymbol{i}+27.8\boldsymbol{j}[\mathrm{m/s}]$，$\boldsymbol{v}_B=47.5\boldsymbol{i}-19.6\boldsymbol{j}[\mathrm{m/s}]$ [13] $\omega=\sqrt{g\cdot m(1+\cos\theta)/[a\{M+m(1-\cos\theta)\}]}$ [14] $R_2\geqq 0$ で $\dfrac{MR_1}{M}=\dfrac{Mgl_2}{l_1+l_2-\mu h}$，$a=-\mu R_2/M=\mu gl_1/(l_1+l_2+\mu' h)$ [15] 前輪1個に作用する摩擦力 $F_1=N(M+I_2/b_2)/\{2a\cdot(M+I_1/a^2+I_2/b^2)\}$ [16] 時刻 t_1 で滑りが止まり，$\tan\alpha<3\mu$ のときは滑らずに転がり落ち，$3\mu<\tan\alpha$ のときは滑りながら転がり落ちる．$t_1=u_0/\{g(\sin\alpha+3\mu'\cos\alpha)\}$，$t_2=t_1+3u_1/(2g\sin\alpha)$ [17] $t=a\omega_0/\{g(\sin\alpha+3\mu'\cos\alpha)\}$ [18] ① $\ddot{x}_G=4g/17[\mathrm{m/s^2}]$，$\ddot{\theta}=4g/(17r)[\mathrm{rad/s^2}]$，$\ddot{y}_G=8g/17[\mathrm{m/s^2}]$ ② $\ddot{x}_G=0.17g[\mathrm{m/s^2}]$，$\ddot{\theta}=0.74g/r\ [\mathrm{rad/s^2}]$，$\ddot{y}_G=0.91g[\mathrm{m/s^2}]$ [19] $a=5g/9$ [20] $\theta=\cos^{-1}(10/17)$ の位置 [21] 省略 [22] ① $\boldsymbol{\omega}=\boldsymbol{\omega}_x+\boldsymbol{\omega}_z=4\boldsymbol{i}+6.28\boldsymbol{k}[\mathrm{rad/s}]$ ② $\boldsymbol{a}=\dot{\boldsymbol{\omega}}=\dot{\boldsymbol{\omega}}_x+\dot{\boldsymbol{\omega}}_z$，$\dot{\boldsymbol{\omega}}_x=\boldsymbol{\omega}_z\times\boldsymbol{\omega}_x=6.28\boldsymbol{k}\times 4\boldsymbol{i}=25.1\boldsymbol{j}[\mathrm{rad/s^2}]$ $\therefore \boldsymbol{a}=25.1\boldsymbol{j}[\mathrm{rad/s^2}]$ ③ $\boldsymbol{v}=\boldsymbol{\omega}\times\boldsymbol{r}=-4.35\boldsymbol{i}-1.60\boldsymbol{j}+2.77\boldsymbol{k}[\mathrm{m/s}]$ ④ $\boldsymbol{a}=\boldsymbol{\omega}\times\boldsymbol{r}+\boldsymbol{\omega}\times(\boldsymbol{\omega}\times\boldsymbol{r})=\boldsymbol{a}\times\boldsymbol{r}+\boldsymbol{\omega}\times\boldsymbol{v}=20.1\boldsymbol{i}-38.4\boldsymbol{j}-6.40\boldsymbol{k}[\mathrm{m/s^2}]$ [23] (1) $I=3Ma^2/10$ (2) ① $|\boldsymbol{L}|=I\Omega=3M\Omega a^2/10$ ② $|\boldsymbol{N}|=3Mgh\sin\theta/4$ ③ $\boldsymbol{N}=\boldsymbol{\omega}\times\boldsymbol{L}$ ④ $T=4\pi\Omega a^2/(5gh)$

第11章

[1] $v=72.7[\mathrm{km/h}]$ [2] $a=0.714[\mathrm{m/s^2}]$ [3] ① (a) $U_{AB}=WS\sin\alpha$ (b) $U_{AB}=WS\sin\alpha$ ② (a) $U_{AB}=(W\sin\alpha+\mu W\cos\alpha)s$ (b) $U_{AB}=(W\sin\alpha+\mu W\tan 10°\sin\alpha+\mu W\cos\alpha)s$ [4] $W=441,300[\mathrm{N\cdot m}]=441300[\mathrm{J}]$ [5] 運動エネルギー：$T_1=0$（静止），$T_2=\dfrac{1}{2}I_C\omega^2+\dfrac{1}{2}mv_C^2$ ポテンシャルエネルギー：$V_{1g}=mgy_c$，$V_{2g}=0$（重力），$V_{1e}=0$，$V_{2e}=\dfrac{1}{2}ky_A^2$（バネ） エネルギー保存：$T_1+V_1=T_2+V_2$，$\omega=1.98[\mathrm{rad/s}]$ [6] 省略 [7] O 点の加速度：$\boldsymbol{a}_O=F/(3m)\boldsymbol{i}$，フレームの角加速度：$\ddot{\boldsymbol{\theta}}=Fb/(3mr^2)\boldsymbol{k}$ [8] 地面に固定した座標系：$PX=\dfrac{1}{2}m(X^2-v_0^2)$ → $W=Px+mv_0\dot{x}=\dfrac{1}{2}m\dot{x}^2+mv_0\dot{x}$ 移動座標：$W_{rel}=Px=\dfrac{1}{2}m\dot{x}^2$ 両者の差：$W-W_{rel}=mv_0\dot{x}$ [9] $\omega=(Mr_g^2+4mR^2)\omega_2/\{Mr_g^2+4m(R+l\sin\theta)^2\}$ [10] $U=1680[\mathrm{lb\cdot ft}]$

第12章

[1] 3270[N] [2] $H_{01}=rmv=2(r_1mr_1\omega_1)$ ※初期角運動量，$H_{02}=2(r_2mr_2\omega_2)$ ※最終角運動量，$\omega_2=4[\mathrm{rad/s}]$ [3] $\boldsymbol{H}_0=-6.43\boldsymbol{k}[\mathrm{kg\cdot m^2/s}]$，$\dot{\boldsymbol{H}}_0=-43.1\boldsymbol{k}[\mathrm{N\cdot m}]$ [4] ①重りは，人と同じ高さで上昇する ②人が静かに上昇すると，重りは，はじめの高さのまま留まる [5] $F_{av}=400[\mathrm{kN}]$ [6] $e=(v_{B2}-v_{A2})/(v_{A1}-v_{B1})=0.225$，$\dfrac{1}{2}m_Av_{A1}^2+\dfrac{1}{2}m_Bv_{B1}^2+U_{12}=\dfrac{1}{2}m_Av_{A2}^2+\dfrac{1}{2}m_Bv_{B2}^2$ → $U_{12}=-3140[\mathrm{N\cdot m}]$ [7] 省略 [8] $v_f=-ev_0$，$\phi=0$ [9] $v_{1x}=(m_1-m_2)V\cos\alpha/(m_1+m_2)$，$v_{1y}=\dot{V}\sin\alpha$ $v_{2x}=2m_1V\cos\alpha/(m_1+m_2)$，$v_{2y}=0$ [10] $x=41.7[\mathrm{cm}]$

索　引

あ

アットウッドの機械（Atwood's machine）　*180*
アナロジー（analogy）　*192*

う

ヴァリニヨン（Varignon）　*40*
運動エネルギー（kinetic energy）　*217, 224*
運動学（kinematics）　*125*
運動の三法則（Three laws of motion）　*148*
運動量（momentum）　*152, 180, 235, 236*
運動量保存法則（law of conservation of momentum）　*180*
運搬加速度（acceleration of transportation）　*138*
運搬速度（velocity of transportation）　*138*
運搬力（force of transportation）　*151*

え

遠心力（centrifugal force）　*134, 173, 197*

お

大きさ（magnitude）　*13*

か

解析力学（analytical mechanics）　*2*
回転（rotation）　*139*
回転変位（rotation）　*28, 92*
角運動量（angular momentum）　*240*
角運動量の保存則（law of conservation of angular momentum）　*242*
角力積（angular impulse）　*235, 241*
角運動量（angular momentum）　*235*
重ね合わせの原理（principle of superposition）　*167*
仮想仕事（virtual work）　*157*
仮想仕事の原理（principle of virtual work）　*157*
仮想変位（virtual displacement）　*157*
加速度（acceleration）　*129*
ガリレオ（Galileo）　*12*
ガリレオ系（Galileo's system）　*150*
換算質量（reduced mass）　*152*
慣性系（inertial system）　*150*
慣性抵抗（inertia resistance）　*156*
慣性半径（radius of gyration）　*198*
慣性モーメント（moment of inertia）　*189, 192*
慣性力（inertia force）　*151, 155*
乾燥摩擦（dry friction）　*77*

き

機械系の基礎力学（fundamental mechanics of mechanical systems）　*5*
機械系の力学（mechanics of machine or mechanical systems）　*3*
機構（mechanism）　*93*
基本単位（fundamental units）　*17*
求心加速度（centipetal acceleraton）　*134*
強制振動系（forced vibration system）　*168*
共点的な力系（concurrent force system）　*36*
共面的な力系（coplaner force system）　*37*
極性ベクトル（polar vector）　*23*
曲率（curvature）　*133*
曲率中心（center of curvature）　*132*
曲率半径（radius of curvature）　*133*

く

偶力（couple of forces あるいは単に couple）　*25*
偶力の腕（arm of couple）　*25*
クーロン摩擦（Coulomb's friction）　*77*
くさび（wedge）　*79*
鎖の規則（chain rule）　*206*
クルマンの方法　*117*

け

傾斜（gradient）　*222*
ケプラー（Kepler）　*12*

こ

合成（composition） 35
剛節（rigid joint） 97
構造力学（structural mechanics） 4
拘束条件（constraint condition） 27
拘束度（degrees of constraints） 93
剛体（rigid body） 27, 189, 190
剛体振子（rigid body pendulum or compound pendulum） 198
公理（axioms） 148
効率（efficiency） 221
後輪駆動（rear drive） 83
古典力学（classic theory of mechanics） 1, 2
固有（natural） 170
固有角振動数（natural angular velocity, natural angular frequency） 169, 170
固有振動数（natural frequency） 170
コリオリ加速度（Coriolis' acceleration） 142
コリオリ力（Corioli's force） 151
転がり摩擦（rolling friction） 76, 84
転がり摩擦力（rolling friction force） 84

さ

歳差運動（prrecession） 210
材料力学（mechanics of materials） 4
作用線（line of application） 13
作用点（point of application） 13
作用・反作用の法則（law of action and reaction） 29, 153

し

時間（time） 17
軸性ベクトル（axial vector） 23
次元 18
仕事（work） 217
仕事率（power） 217
質点（particle） 27, 164
質量（mass） 15, 17
質量中心（center of force） 55, 61
射影法（projection method） 37
周期（period） 170
重心（center of gravity） 61
自由振動系（free vibration system） 168
集中力（concentrated force） 13
自由度（degrees of freedom） 27, 92
重力（weight, gravity） 15, 16, 56
重力単位系（weight units system） 16
重力ポテンシャルエネルギー（gravitational potential energy） 221
潤滑（lubrication） 76
章動（nutation） 210
衝突（impact） 235, 244
正面衝突（direct central impact） 244, 245
初期条件（initial condition） 169
振動学（theory of vibrations） 2, 4
心向き斜め衝突（oblique central impact） 247

す

図心（center of area, centroid） 65
滑り摩擦（sliding friction） 76

せ

正則歳差運動 210
静定（statically determinate） 97
静定系（statically determinate） 91
成分法（component method） 37
静摩擦力（static friction force） 76
静力学的に等価な系（statically equivalment system） 105, 119
静力学の基本法則（fundamental princi-ples of statics） 9
絶対加速度（absolute acceleration） 138
絶対速度（absolute velocity） 138
絶対単位系（absolute units system） 17
絶対変位（absolute displacement） 137
前輪駆動（front drive） 83

そ

相互作用（mutual action） 153
相対速度（relative velocity） 138, 139
相対変位（relatire displacement） 137
速度（velocity） 129
塑性力学（mechanics of plastic materials） 4

た

体積力（body force） 13, 56
ダランベールの原理（d'Alembert's Principle） 151, 155
単位（units） 15
単振動（simple vibration or oscillation） 169
弾性学（mechanics of elastic materials） 4
弾性体（elastic body） 92
単振子（simple pendulum） 172
断面一次モーメント（moment of area） 65
断面力（stress resultant） 154

ち

力の三角形（force triangle） 36
力の多角形（force polygon） 36
力の伝達性の法則（transmission of forces） 29

力の分解（resolution, decomposition） 44
力の平行四辺形の法則（parallelogram's law of forces） 29
着力点 13
中心軸（central axis of force system） 48
直線運動量（linear momentum） 236
直線運動量の保存則（principle of conservation of linear momentum） 237
直線力積（linear impulse） 237

て

ディメンション（dimension） 18
デカルト（Decartes） 12

と

等時性（isochronism） 174
動的反力（dynamic reaction） 156
動摩擦力（kinetic friction force） 76
動力（Power） 221
動力学（dynamics） 125, 148
動力学概論 156
動力学の基本法則（fudamental laws of dynamics） 147
トライボロジー（tribology） 76
トラス（truss） 97

な

内部摩擦（internal friction） 76
内力（internal force） 154
長さ（length） 17
斜め衝突 244

に

ニュートン（Newton） 12
二力相殺の法則（add nothing） 29

ね

ねじ（screw, wrench） 48
熱力学（thermo-dynamics） 4

は

配置（configuration） 92
反発係数（coefficient of restitution） 245
万有引力の法則（law of universal gravitation） 148

ひ

比重量（specific weight） 60
表面力（surface force） 13

ふ

不静定（statically indeterminate） 97
不静定系（statically indeterminate） 91
プリンキピア（Philosophiae naturalis Principia Mathematica） 148
分解 35
分布力（distributed force） 12, 55, 56

へ

平衡条件（equilibrium condition） 106
平衡維持の法則（equilibrium state） 29
並進変位（translation） 27, 92
ベクトル（vector） 13
ベクトル積（vector product） 24
ベクトルの外積（outer product） 24
変位（displacement） 92, 129
変分法（variational caliculus or principle） 2

ほ

方向（direction） 13
方向余弦（direction cosine） 13
保存（conservation of linear momentum） 237
保存場（cinservative field） 217, 222
保存力（conservative force） 217, 220, 222
ポテンシャルエネルギー（potential energy） 217
ポテンシャル場（potential field） 222
ポテンシャル力 222
骨組構造（framed structure） 97

ま

摩擦（friction） 75
摩擦角（friction angle） 78
摩擦の法則（law of friction） 76
摩擦力（friction force） 76
摩耗（wear） 76

み

見かけ上の力（apparent force） 151
密度（density） 60

め

面積力（area force） 56

も

モーメント（moment） 22
モーメントの腕（moment arm） 22

ゆ

有限要素法（finite element method） 4
誘導単位（derived units） 18

ら

り

れ

著者紹介

山川　宏（やまかわ ひろし）

略　歴

1975年　早稲田大学大学院理工学研究科　博士課程修了

1976年　早稲田大学理工学部専任講師（工学博士）

1982年～1983年　米国　スタンフォード大学，アリゾナ大学客員研究員

1983年～2017年　早稲田大学理工学部教授（2007年～2017年　理工学術院教授（改組））

2017年　早稲田大学名誉教授

専　門

機械力学，振動工学，構造力学，最適設計，宇宙構造学

著　書

「最適化デザイン」(1993) 培風館

「最適設計ハンドブック」編集委員長（2003）朝倉書店

「機械系の振動学」(2014) 共立出版

「機械系の材料力学」(2017) 共立出版　他

機械系の基礎力学

Fundamental Mechanics of Mechanical Systems

2012年 11月30日 初版1刷発行

2024年 3月25日 初版6刷発行

著　者　山川　宏　© 2012

発　行　**共立出版株式会社** / 南條光章

東京都文京区小日向 4-6-19

電話　03-3947-2511（代表）

〒112-0006 / 振替口座 00110-2-57035

www.kyoritsu-pub.co.jp

印　刷
製　本　錦明印刷

一般社団法人
自然科学書協会
会員

検印廃止

NDC 423.9, 501.3, 501.31

ISBN 978-4-320-08189-5

Printed in Japan